普通高等教育"十二五"规划教材

化工安全原理与应用

董文庚　苏昭桂　编著

中国石化出版社

内 容 提 要

本书以化学品的燃烧、爆炸特性为主，以毒性特性为辅，针对所有存在危险化学品的场所，阐述了物质特性与发生相关事故之间的关系，注重基础知识、技术原理和工程措施三者之间的关联关系，力求读者明晰工程安全措施的原理，在内容选择上重视科学性、新颖性和实用性。全书分为13章，涵盖了以下五个方面的内容：燃烧与爆炸基础知识；毒理学与职业卫生；化学物质的危险特性及分类；预防火灾爆炸事故的技术原理与应用；限制事故殃及范围和降低事故后严重程度的技术原理与应用。

本书以教材的形式编写，既可作为高等学校安全工程及相关专业的教材，也可供有关教师、科技人员、工程技术人员以及研究生参考。

图书在版编目(CIP)数据

化工安全原理与应用／董文庚，苏昭桂编著．—北京：中国石化出版社，2013.9
普通高等教育“十二五”规划教材
ISBN 978-7-5114-2344-3

Ⅰ．①化…　Ⅱ．①董…　②苏…　Ⅲ．①化工安全-高等学校-教材　Ⅳ．①TQ086

中国版本图书馆 CIP 数据核字(2013)第 214816 号

中国石化出版社出版发行
地址：北京市东城区安定门外大街 58 号
邮编：100011　电话：(010)84271850
读者服务部电话：(010)84289974
http://www.sinopec-press.com
E-mail：press@sinopec.com
北京科信印刷有限公司印刷
全国各地新华书店经销
*
787×1092 毫米 16 开本 19 印张 474 千字
2014 年 1 月第 1 版　2014 年 1 月第 1 次印刷
定价：45.00 元

前　言

凡是存在危险化学品的场所都是危险源，对危险源的控制措施缺失、失效或措施不当就可能导致事故的发生。在危险化学品的生产、使用、储存、运输等过程中，危险性来源于三个方面：一是化学物质本身的危险特性，如易燃性、爆炸性、氧化性、毒性、腐蚀性、反应性等；二是化学物质所处的条件，如高温、高压、潮湿等条件，高温高压的水蒸气和铁水都具有很强的危险性；三是危险物质的量，数量大则事故后果更严重。

由于危险化学品品种繁多，危险特性各异，生产过程日趋复杂，可能导致的事故种类也多。实际上，不仅仅是化工工业过程，任何存在危险化学品的工业过程或场所都需要相应的安全技术措施。虽然各类工业过程各异，但所有存在危险化学品的场所，其安全措施都是针对物质的危险特性和工艺条件制定的，而许多安全措施的技术原理是相通的，即在不同的场所限制危险源灾变为事故的措施也存在共性的规律。本书编写的目的就是要总结出这些共性规律，介绍其基本原理和应用方法。

本书以教科书的形式编写，旨在强调与危险化学品有关过程的安全技术原理和应用，可供有兴趣的工程技术人员，包括安全设计工程师、安全评价师、安全管理人员参考，以及作为安全工程专业本科生和硕士研究生的教材。有人说过“熟知就等于生存，忽视基本原理就会招致灾难。”所以，工程技术人员熟悉危险性和安全技术原理是重要的。虽然本书书名为《化工安全原理与应用》，但其内容的适用范围不仅仅限于通常定义的化工生产过程，凡是有危险物质的场所都适用，比如液体化工原料港口、汽车加油站、油田原油集输站、天然气输送管道、煤气烧制瓷器工厂等等。从事实际技术工作时，必须遵守相关设计规范的要求，虽然本书不介绍设计规范内容，但有助于对相关条款规定的理解，即解决“所以然”的问题，利于毕业生向工程技术人员的转变。

本书内容主要包括三部分，第一部分是燃烧与爆炸的基础理论，介绍了可燃气体、易燃液体蒸气、可燃粉尘等发生火灾、爆炸的基本规律和概念；第二部分介绍了防止发生火灾爆炸事故发生的安全技术措施原理及应用，以燃爆事故发生的基本条件为思路，从预防爆炸性体系的形成和预防引爆源出现两个方面介绍，引爆源部分介绍了明火、高温表面、电火花、静电放电火花、雷击和放热反应失控等方面的防范措施原理和技术应用；第三部分是限制事故危害范围和降低事故后果严重度的工程技术措施原理与应用，主要内容包括化工园区规划、总平面布置、厂房安全、火灾应急处置、超压保护等。关于职业危害部分没有作为重点，只在第二章介绍了毒理学与职业卫生方面的基础知识，因为有这方面专著和教材。

全书内容分为13章，其中第1章至第9章由董文庚执笔，第10章至第13章由苏昭桂执笔，全书由董文庚统稿。每章的后面附有内容小结和习题，供读者思考重点内容时参考。

作者多年来从事安全工程专业教学工作和建设工程的安全评价工作，以及安全评审和事故调查工作，深知熟悉安全生产知识的重要性。为此，书中内容力求深入浅出，通俗易懂，便于自学，有助于安全技术知识的普及。

在本书撰写过程中，作者阅读了大量著作和论文，以及事故调查报告，不仅丰富了知识，也作为撰写的参考资料，在此对这些文献的作者们表达至诚的谢意。在撰写此书过程中，得到许多同行朋友们的帮助和鼓励，在此也表示深深的谢意。

由于作者学识水平有限，书中错误与不当之处在所难免，恳请读者批评指正。

作者
于河北科技大学

目　录

第 1 章　燃烧与爆炸基础理论 …… (1)
1.1　燃烧 …… (1)
1.1.1　燃烧及燃烧三要素 …… (1)
1.1.2　气体燃烧 …… (4)
1.1.3　液体燃烧 …… (5)
1.1.4　固体燃烧 …… (12)
1.1.5　燃烧速度 …… (17)
1.2　燃烧理论 …… (19)
1.2.1　燃烧的活化能理论 …… (19)
1.2.2　燃烧的连锁反应理论 …… (20)
1.3　气体爆炸 …… (22)
1.3.1　化学爆炸与物理爆炸 …… (22)
1.3.2　分解爆炸 …… (24)
1.3.3　混合气体爆炸 …… (26)
1.4　爆炸极限的计算 …… (34)
1.4.1　单组分爆炸极限的计算方法 …… (34)
1.4.2　混合体系爆炸极限的计算 …… (36)
1.4.3　爆炸极限的三角坐标图表示法 …… (40)
1.5　粉尘爆炸 …… (44)
1.5.1　粉尘爆炸体系的形成 …… (44)
1.5.2　粉尘爆炸机理 …… (45)
1.5.3　粉尘爆炸的特点 …… (47)
1.5.4　粉尘爆炸的影响因素 …… (50)
1.5.5　粉尘的爆炸指数 …… (54)
1.6　最小点火能 …… (54)
思考题 …… (56)
第 2 章　毒物学和职业卫生 …… (59)
2.1　毒物侵入人体途径 …… (59)
2.2　毒物的毒物学参数 …… (60)
2.3　毒物的分类 …… (61)
2.3.1　纯组分的分类 …… (61)
2.3.2　无整体可用急性毒性试验数据的混合物的分类——搭桥原则 …… (62)
2.3.3　按混合物组分进行混合物的分类(加合性公式) …… (63)
2.4　职业接触限值 …… (64)
2.5　工作场所职业卫生评价参数 …… (66)

2.6　气态有毒有害物质的检测 …… (69)
2.7　工作场所有毒蒸气浓度计算预测 …… (72)
2.8　厌氧微生物产生硫化氢 …… (75)
思考题 …… (75)
第3章　化学品分类及其危险特性 …… (77)
3.1　爆炸物的理化危险特性 …… (77)
3.2　气态物质的理化危险特性 …… (78)
3.2.1　易燃气体 …… (78)
3.2.2　易燃气溶胶 …… (78)
3.2.3　氧化性气体 …… (79)
3.2.4　压力下气体 …… (80)
3.3　易燃物质的理化危险特性 …… (81)
3.3.1　易燃液体 …… (81)
3.3.2　易燃固体 …… (81)
3.4　自反应物质或混合物的理化危险特性 …… (81)
3.5　自热和自燃物质的理化危险特性 …… (82)
3.6　遇水放出易燃气体的物质或混合物的理化危险特性 …… (83)
3.7　金属腐蚀剂的理化危险特性 …… (83)
3.8　氧化性物质的理化危险特性 …… (83)
3.8.1　氧化性液体 …… (83)
3.8.2　氧化性固体 …… (84)
3.8.3　有机过氧化物 …… (84)
3.9　毒性、腐蚀性及致病性物质 …… (86)
3.10　吸入危险 …… (88)
思考题 …… (88)
第4章　预防形成爆炸性体系 …… (89)
4.1　泄漏的预防 …… (89)
4.2　通风排出可燃气体 …… (90)
4.3　可燃气体检测与报警 …… (91)
4.4　惰性化处理 …… (94)
4.4.1　最小氧气浓度 …… (95)
4.4.2　惰性化处理方法 …… (96)
4.5　热分解爆炸及其预防 …… (101)
4.6　富氧环境火灾 …… (106)
4.7　排水暗沟爆炸性蒸气 …… (108)
4.8　控制投料速度和投料比 …… (109)
4.9　防止反应体系形成 …… (110)
思考题 …… (113)
第5章　明火和高温表面的危害与防范 …… (115)
5.1　明火 …… (115)
5.1.1　加热操作 …… (115)

5.1.2 爆炸性气体存在场所动火 …… (115)
5.2 高温热表面 …… (118)
5.3 摩擦与撞击产生火花 …… (119)
5.3.1 防爆工具及其用途 …… (119)
5.3.2 不发火地面 …… (120)
思考题 …… (122)
第6章 爆炸危险环境中电火花的防范 …… (123)
6.1 气体爆炸危险区域 …… (123)
6.1.1 释放源 …… (123)
6.1.2 爆炸性危险区域 …… (125)
6.1.3 通风及其对爆炸性危险区域范围的影响 …… (126)
6.1.4 爆炸性危险区域划分的方法 …… (130)
6.1.5 爆炸性危险区域分类划分的目的 …… (134)
6.2 气体爆炸危险区域用防爆电气的防爆原理与分类 …… (136)
6.2.1 电火花的产生 …… (136)
6.2.2 防爆电气的防爆原理 …… (136)
6.2.3 防爆电气的分类 …… (139)
6.3 爆炸性气体危险物质分类、分级和分组 …… (142)
6.4 防爆电气设备选型 …… (150)
6.5 爆炸性气体危险区域电气线路的安全措施 …… (153)
6.6 可燃性粉尘环境区域分类 …… (155)
6.6.1 可燃性粉尘释放源及其环境的分类 …… (156)
6.6.2 可燃性粉尘环境分区实施方法 …… (157)
6.7 可燃性粉尘环境使用的电气设备 …… (158)
6.7.1 粉尘层的危险性 …… (158)
6.7.2 可燃性粉尘环境使用的防爆电气 …… (159)
6.8 可燃性粉尘环境电气设备选型 …… (160)
6.8.1 根据粉尘环境区域和粉尘类型选型 …… (160)
6.8.2 根据粉尘点燃温度选型 …… (162)
6.8.3 根据防爆型式选择设备 …… (163)
6.8.4 可燃性粉尘环境电气线路的安装安全 …… (163)
思考题 …… (164)
第7章 静电放电危害的防范 …… (165)
7.1 静电起电机理分析与静电电荷的积累 …… (165)
7.1.1 静电起电机理及静电的特点 …… (165)
7.1.2 静电电荷的积累与泄漏 …… (168)
7.2 静电放电及其引发燃烧爆炸事故的条件 …… (171)
7.2.1 静电放电形式 …… (171)
7.2.2 静电放电能量和放电条件 …… (173)
7.3 液体流动产生静电 …… (175)
7.3.1 可燃液体产生静电 …… (175)

7.3.2 可燃液体静电量和危险评估 …………………………………………… (178)
7.4 粉体流动产生静电 ……………………………………………………… (184)
7.4.1 粉体静电的产生 ………………………………………………… (184)
7.4.2 粉体静电放电引发粉尘爆炸事故案例 …………………………… (186)
7.5 气体流动产生静电 ……………………………………………………… (187)
7.6 防范静电放电危害的技术措施 ………………………………………… (189)
7.6.1 减少液体静电的产生量 ………………………………………… (189)
7.6.2 加速液体静电电荷的消散 ……………………………………… (191)
7.6.3 液体静电电荷的中和消散 ……………………………………… (194)
7.6.4 粉体料仓静电的消除 …………………………………………… (195)
7.7 人体静电及其危害与防范 ……………………………………………… (196)
7.7.1 人体静电 ………………………………………………………… (196)
7.7.2 人体静电放电的防范措施 ……………………………………… (197)
思考题 ……………………………………………………………………… (199)
第8章 易燃易爆场所雷电危害的防范 …………………………………… (201)
8.1 雷云及雷电的种类 ……………………………………………………… (201)
8.1.1 雷云及雷击过程 ………………………………………………… (201)
8.1.2 雷电的种类 ……………………………………………………… (202)
8.2 雷电的危害 ……………………………………………………………… (203)
8.2.1 直击雷 …………………………………………………………… (203)
8.2.2 闪电感应 ………………………………………………………… (206)
8.2.3 闪电电涌侵入 …………………………………………………… (207)
8.3 雷电危害的防范措施 …………………………………………………… (208)
8.3.1 雷电防范概述 …………………………………………………… (208)
8.3.2 直击雷雷击的防范措施 ………………………………………… (208)
8.3.3 闪电感应的防范措施 …………………………………………… (213)
8.3.4 闪电电涌侵入的防范措施 ……………………………………… (215)
8.4 建筑物防雷分类和火灾爆炸危险场所防雷措施 ……………………… (217)
8.4.1 建筑物防雷分类 ………………………………………………… (217)
8.4.2 火灾爆炸危险场所的防雷措施 ………………………………… (219)
思考题 ……………………………………………………………………… (226)
第9章 化学反应失控爆炸的预防 ………………………………………… (227)
9.1 化学反应失控的致因 …………………………………………………… (227)
9.1.1 阿伦尼乌斯公式 ………………………………………………… (227)
9.1.2 化学反应体系的 Semenov 热温图 ……………………………… (227)
9.1.3 导致反应失控的因素 …………………………………………… (229)
9.2 二次反应引发爆炸 ……………………………………………………… (230)
9.3 潜在危险反应的辨识 …………………………………………………… (232)
9.3.1 引言 ……………………………………………………………… (232)
9.3.2 利用公共文献 …………………………………………………… (232)
9.3.3 利用已有知识判定危险反应 …………………………………… (233)
思考题 ……………………………………………………………………… (236)

第 10 章　化工厂选址与总平面布置 ……（237）
10.1　工厂安全设计的基础资料 ……（237）
10.1.1　气象资料 ……（237）
10.1.2　地质地震资料 ……（237）
10.1.3　火灾危险性分类 ……（238）
10.2　化工园区安全规划与化工厂选址的安全措施 ……（244）
10.3　工厂总体平面布置中的安全措施 ……（246）
10.3.1　总体平面布置安全措施的总体要求 ……（246）
10.3.2　防火间距 ……（247）
思考题 ……（248）
第 11 章　厂房建筑安全措施 ……（249）
11.1　建筑物耐火等级 ……（249）
11.1.1　建筑构件耐火极限 ……（249）
11.1.2　厂房和仓库的耐火等级 ……（250）
11.2　爆炸性危险厂房的隔离 ……（253）
11.3　厂房与仓库的爆炸泄压 ……（254）
11.4　厂房安全疏散 ……（255）
思考题 ……（257）
第 12 章　火灾应急处置与火焰阻隔 ……（258）
12.1　火灾分类和灭火 ……（258）
12.1.1　火灾的定义与分类 ……（258）
12.1.2　灭火的基本原理与方法 ……（258）
12.2　常用灭火剂及其灭火原理 ……（260）
12.2.1　灭火剂 ……（260）
12.2.2　灭火剂的选择 ……（263）
12.3　灭火器及其配置设计 ……（264）
12.3.1　灭火器 ……（264）
12.3.2　灭火器的配置设计 ……（266）
12.4　灭火设施 ……（273）
12.5　阻火器的原理与结构 ……（276）
12.5.1　机械阻火器的熄火间隙与灭火直径 ……（276）
12.5.2　机械阻火器的结构 ……（278）
思考题 ……（280）
第 13 章　设备超压保护 ……（281）
13.1　安全阀 ……（281）
13.2　爆破片 ……（284）
13.3　安全泄放量的计算 ……（288）
13.3.1　压力容器安全泄放量的计算 ……（288）
13.3.2　安全阀排放能力的计算 ……（289）
13.3.3　爆破片排放面积的计算 ……（291）
思考题 ……（292）
参考文献 ……（293）

第 1 章　燃烧与爆炸基础理论

化工生产过程的危险性主要源于三个因素，即物质的燃爆特性、物质的毒性及腐蚀性、生产工艺参数控制的高温高压性。本章主要介绍发生燃烧的条件、燃烧理论及气态物质和粉尘发生爆炸的规律及其影响因素等内容。虽然本书是介绍化工安全原理，但内容完全适用于其它具有易燃易爆和有毒物质的场所，比如港口化学品码头中油品输送与储存、纺织行业的黏胶纤维生产、淀粉等粉状食品原料的生产场所等。

1.1　燃烧

在人类文明的发展过程中，“火”的利用起到了极其重要的推动作用，一旦“火”失去控制也能摧毁人类的文明成果，失去控制意味着“火”变成了火灾。深入认识燃烧的本质、掌握着火的条件、探索其基本规律，对制定防范火灾及爆炸事故的对策措施能起到重要的作用。

1.1.1　燃烧及燃烧三要素

1.1.1.1　燃烧

18 世纪末，法国化学家拉瓦锡(A. L. Lavoisiser)在他人发现氧气存在的基础上，做了大量有关与氧发生化学反应的试验，认为燃烧是氧气与可燃物之间发生的化学反应，反应过程中同时发出光和热，从根本上否定了燃烧的燃素说。即燃烧是可燃物质与助燃物质之间发生的一种发光发热的剧烈氧化还原反应。根据现在对燃烧的认识，助燃物质包括氧气、含氧气的空气或其他气态氧化性物质。在燃烧化学反应中，失掉电子的物质被氧化，获得电子的物质被还原，即在燃烧过程中有新物质生成，例如：

$$2H_2 + O_2 \longrightarrow 2H_2O$$

$$C + O_2 \longrightarrow CO_2$$

$$CH_4 + 2O_2 \longrightarrow CO_2 + 2H_2O$$

燃烧通常是在空气中进行的，所以空气(其中的氧气)为常见的助燃物质，但实际上还有许多种物质可以作为助燃物质，如氢气与氯气燃烧反应生成氯化氢，氯气也是助燃物质。

$$2H_2 + Cl_2 \longrightarrow 2HCl$$

燃烧过程是氧化还原化学反应的过程，是否所有的氧化还原反应都是燃烧过程呢？燃烧过程应具有如下三个特征：

① 生成新的物质；

② 放热；

③ 发光和(或)发烟。

通常情况下，物质处于高温状态才发光，这里所说的光是指可见光和紫外光，不包括红外光，缓慢的化学反应导致的温度较低，不能发可见光，所以只有剧烈的氧化还原反应才是燃烧，可燃物质在空气中的缓慢氧化不是燃烧。燃烧属于氧化还原反应，但氧化还原反应不全是燃烧。

生成新的物质表明反应产物与参与燃烧的物质完全不同，木材燃烧生成木炭、灰烬以及CO_2和H_2O(水蒸气)；酒精、丙酮、甲苯等有机溶剂在空气中燃烧则变成CO_2和H_2O，在氧气供应不足情况下的不完全燃烧还会产生CO。电炉丝通电时，既发光又放热，但没有新物质生成，所以不是燃烧过程。

在燃烧反应过程中，总是伴随着化学键的断裂和生成，断键过程吸收热量，成键过程放出热量，成键过程放出的热量远远大于断键过程吸收的热量，所以燃烧总是放出大量的热量。因为断键需要能量，所以燃烧开始时需要一定的初始温度，温度低于一定值时燃烧不会发生。根据物理化学学科中的自由能理论，燃烧反应物的自由能$G_{反应物}$高，燃烧过程放出热量，产物的自由能$G_{产物}$低，整个过程中物质的自由能减小，即$G_{反应物} > G_{产物}$，$\Delta G = G_{产物} - G_{反应物}$为负值，所以燃烧过程开始后能自发进行。铁、铝、锌等金属在空气中被氧化成金属氧化物，铜溶解在硝酸中，都是自发的放热过程，但没有光放出，因此也不是燃烧过程。

燃烧能发出光也是由于急剧放出大量的热量造成的，燃烧产物——气体、固体粒子、半分解产物等处于炽热状态，被热量激发到较高的能量状态，在其自发返回到低能量状态时，多余的能量以光的形式放出，因此放光。生石灰和水反应生成氢氧化钙，同时放出热量，但热量不足以使其发出可见光，因此不属于燃烧。有些物质燃烧时只发烟而不发光。

上面所述燃烧为广义的燃烧，通常所说的燃烧主要是指可燃物质与空气中的氧气反应的燃烧，属于狭义的燃烧，多数火灾的燃烧属于狭义的燃烧。

由于燃烧反应过程中的反应物的“旧键”断裂需要能量，所以具有足够高温度的反应体系才能燃烧。在点火阶段完成后，燃烧产生的热量就是提高反应物温度的热源，燃烧点把邻近各层混合物加热到燃点，火焰开始蔓延。火焰放出的热量及反应速度决定了加热强度，燃烧体系初始温度越高，反应速度就越快，燃烧过程也越猛烈。

1.1.1.2 燃烧三要素

燃烧发生必须具备三个必要条件，即燃烧三要素(又称为火三角，如图1-1所示)。同时存在且相互作用的可燃物、助燃物、点火源是构成燃烧的三个要素，三者同时存在是燃烧的必要条件，缺少三者中的任何一条，都不能导致燃烧发生。所以人们也称燃烧的三个必要条件为燃烧三角形。

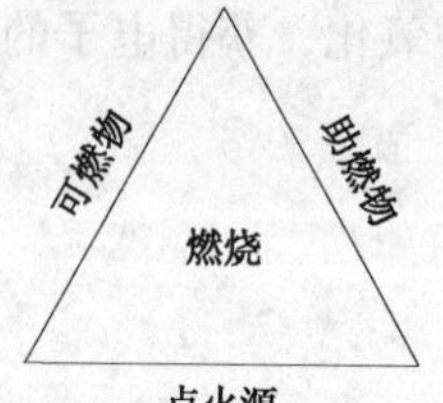

图1-1 燃烧三要素

(1) 有可燃物存在

可燃物是指在标准状态下的大气中能够燃烧的物质，广义地讲，凡是能够燃烧的物质都是可燃物质。通常，物质都处于氧气含量约为21%的空气中，在此条件下能燃烧才是可燃物质，它们可以是固态的，如木材、棉纤维、煤等；或是液态的，如酒精、汽油、甲苯等；也可以是气态的，如甲烷、乙炔、一氧化碳等。可燃物质大部分是有机物，少量为无机物，可燃物在燃烧过程中都是还原剂。上述说法也不是绝对的，如果某物质在氧气浓度较高的情况下，或者在只有其他助燃性气体存在的情况下也能够燃烧，则这种物质也是可燃物。

(2) 有助燃物存在

助燃物本身也参与化学反应，在燃烧反应中为氧化剂。该氧化剂为处于高氧化状态、具有强氧化性、与可燃物质相结合能够导致燃烧的物质。“助燃”的本意是帮助、支持燃烧，此处的含义是参与反应的物质，概念不能混淆。能够作为氧化剂的物质很多，包括气态、液态和固态物质，其中气体，如空气(其中的氧)、氧气、氯气、氟气等，都能与可燃物质发生剧烈的氧化反应；液体和固体，如硝酸钾、硝酸锂等硝酸盐，高氯酸、氯酸钾等氯的含氧酸及其盐类，高锰酸钾、重铬酸钾、重铬酸钠等高价金属盐，过氧化钾、过氧化钠等过氧化物。火灾中最常见的助燃物质就是空气。在化学品生产、储存过程中，固体氧化剂与易燃化学品直接接触时发生氧化反应，氧化反应就会产生热量，热量积累到一定程度就会成为点火源，引发可燃物与空气之间的着火燃烧。

(3) 有能导致着火的能量

此能量一般称为点火源或引火源，高温灼热体、撞击或摩擦所产生的热量或火花、电气火花、静电火花、明火、化学反应热、绝热压缩产生的热能等都是点火源。

虽然燃烧三要素内容比较简单，但十分重要。其重要性体现在火灾危险源的分析辨识方面，一个场所有无发生火灾的可能性，主要看有无可燃物和点火源同时存在的可能性。

可燃物、助燃物、点火源这三个要素同时存在也不肯定能发生燃烧反应，还必须具备两个充分条件。

(1) 可燃物与助燃物达到一定的浓度比例

空气中可燃物质(指气体或蒸气)浓度不足则燃烧不能发生。实践观察发现，在室温20℃的同样条件下，用点燃的火柴去瞬间接近汽油和柴油时，汽油会立即燃烧起来，而柴油却不燃烧。这是因为在此条件下，沸点高的柴油挥发出的蒸气数量少，在油面上方积聚的油气浓度达不到燃烧的浓度，而汽油在此温度下已经达到足够的浓度。家庭厨房中的燃气少量泄漏后再次点火也不会发生火灾，也是因为燃气浓度还没有达到能够连续燃烧的浓度，而大量泄漏就很容易发生火灾。同样，氢气浓度低于4%时也不能被点燃。另外，助燃气体浓度低也不能燃烧。正常情况下空气中氧气浓度为21%，当浓度降低到14%～16%时，多数可燃物质就会停止燃烧。在相对密闭的环境中燃烧时，环境中氧含量会逐渐减少，当氧含量低于14%时，燃着的木块也会熄灭，而将只留存暗火的火柴棍放到氧气中又会重新剧烈燃烧起来。

“可燃物与助燃物达到一定的浓度比例”包含两层含义，一是可燃物与助燃物都必须在一定浓度范围内，二是两者的浓度要满足一定比例。此处的浓度是指单位体积空间中可燃气体或助燃气体的质量，显然质量/体积浓度与压力有关，而常用的体积分数与压力无关。

如果可燃物是固体，则其不能与气体混合(不包括粉尘)，也就没有浓度之说，只有氧气浓度的影响。

(2) 点火源的强度(温度和热量)要足够大

电焊渣的温度可达1200℃以上，很容易引起空气中汽油、丙酮、甲苯等易燃液体的蒸气发生燃烧或爆炸，但若该火花落在木块上，就不一定引起燃烧。这是因为焊渣温度虽高，但能量总量不足，无法将木块加热到燃烧温度，当大量焊渣不断落在同一木块上时，就可以引起木块燃烧。人体静电放电火花很容易使汽油蒸气着火，而绝对不会引发机油燃烧。

综上所述，当燃料、氧化剂和点火源(或称为引火源、引燃源)处于所需水平时，就会发生燃烧。这也就意味着如果没有燃料或者燃料的量不足、没有氧化剂或氧化剂的量不足、点火源的能量不足以引发燃烧，这三条之中的任何一条出现时，燃烧或者火灾是不会发生的。

在化学工业中，可以列举出如下一些燃料、氧化剂、点火源的例子。

燃料：固体——塑料、纤维、木粉、橡胶、锌粉；

液体——汽油、丙酮、乙醇、乙醚、戊烷；

气体——乙炔、丙烷、氢气、一氧化碳、天然气。

氧化剂：固体——金属过氧化物、硝酸铵、高氯酸钾、过硫酸铵；

液体——高氯酸、硝酸、过氧化氢、有机过氧化物；

气体——空气、氧气、氯气、氟气。

引火源：火焰、电气火花、静电火花、机械碰撞火花、高温表面。

工程实践证明，只是消除或减少引火源，对防止火灾不是很有效，因为大多数易燃物质的最小点火能都非常低，而工厂中的引火源又很多。因此在有火灾爆炸危险的场所，不仅要消除引火源，还要尽最大的努力来防止可燃爆性混合物的形成，比如防范泄漏。

1.1.2 气体燃烧

与固体和液体相比，气体燃烧历程最简单，也最易燃烧，只要提供足够的点火能量(大于等于相应气体的最小点火能)，便能着火燃烧。可燃气体在空气、氧气或其他助燃气体中燃烧时，二者相互混合，可燃物质和助燃物质间的燃烧反应在同一相态(均为气相)中进行，如氢气在氧气中的燃烧，煤气在空气中的燃烧，这种燃烧过程称为均相燃烧。根据可燃气体与助燃气体是在燃烧前混合还是在燃烧时扩散混合，气体燃烧可分为混合燃烧和扩散燃烧。

(1) 混合燃烧

混合燃烧也称为预混燃烧、动力燃烧，可燃气体与空气或与氧气预先混合成的混合气体的燃烧称为混合燃烧。除在内燃机内的燃烧外，通常混合燃烧都是指预混气体经小孔或窄缝喷出时的同时燃烧。在混合燃烧时，由于燃料气体分子已与氧分子充分混合，不需要扩散过程，所以燃烧速度很快，温度也高，火焰稳定且火焰较短。如果两种气体按照化学计量比例混合，其燃烧时，燃烧充分，不需要对不参与反应的多余气体进行加热，燃烧热全部用于产物气体的加热，所以火焰温度较高。这种情况也包括与空气的化学计量比例混合燃烧，此时需要被加热的氮气的量最少。

混合气体的燃烧需要一定的条件，当混合气体从小孔或窄缝中高速喷出时，马上点燃开始燃烧，燃烧的速度很快，混合气体燃烧呈稳定燃烧，属于层流火焰。燃烧石油液化气时，灶具的结构使纯液化气喷出，通过气流卷吸作用与空气先行混合，之后的燃烧也就属于混合气体燃烧。当气体喷出的速度低于气体燃烧的速度时，火焰可能循着气体流出的孔或缝进入容器或管道内部，此种现象称为回火，回火极易导致混合气体爆炸。

如果可燃气体泄漏或从喷嘴喷出后没有马上点燃，而是与空气混合，当达到一定浓度时，只要遇到火源被点燃，由于混合气体火焰传播速度极快，整个混合气体空间几乎同时发生燃烧，瞬间释放出大量的热量，并生成大量新的气体，导致压力急剧升高，压缩周围的空气形成冲击波，此情况就属于混合气体爆炸。

根据前面的叙述可知，混合气体高速喷出时点燃属于混合燃烧，而在某一空间形成混合气体后再点燃则发生爆炸。

(2) 扩散燃烧

单纯的可燃气体从容器或管道中喷出，与周围的空气(或氧气)互相接触扩散，边混合边燃烧，这种燃烧称为扩散燃烧，扩散燃烧时扩散混合因素起着控制燃烧速度的作用。在工程中的扩散燃烧具有三个特点：①可燃气体与空气分别送入燃烧室，边混合边燃烧；②可燃物与空气中的氧气进行化学反应所需的时间，与通过混合扩散形成可燃混合气体所需时间相比，几乎可以忽略不计；③燃烧火焰的长度较长，且多数呈橙黄色。扩散混合时间几乎决定了扩散燃烧所需时间，气流速度、流动状况(层流或湍流)、气体流经物体的形状和大小等因素都是影响混合扩散的因素。

扩散燃烧还可分成两种情况：稳定扩散燃烧和喷流式燃烧。在稳定扩散燃烧中，可燃气体与空气分别喷入燃烧室，可燃气体喷出来多少就与空气混合多少，也就烧掉多少，只要控制得好就不会发生爆炸。稳定扩散燃烧的燃烧速度取决于可燃气体流出的速度，此类燃烧强度较低，容易扑灭(关闭可燃气体即可)。可燃气体从压力管道、压力容器或其他压力场所喷入大气时的燃烧称为喷流式燃烧，比如气体从高压储罐中喷出的燃烧、天然气井井喷时的燃烧。此类燃烧的特点是火焰高、燃烧强度大，不切断气源很难扑救。在扩散燃烧中，如果与可燃气体接触的氧气量偏低，燃烧不完全而产生黑烟甚至炭黑。

1.1.3 液体燃烧

1.1.3.1 液体的燃烧过程

可燃液体，尤其是汽油、乙醇、丙酮等易燃液体，在燃烧时都有很高的火焰，表明燃烧反应过程不是发生在液相，而是发生在气相中，即液体首先蒸发变成蒸气，蒸气再与空气中氧气发生燃烧反应，由于热蒸气都往上方运动，所以都有较高的“火苗”。高沸点的液体，如食用油、煤油等，在常温下不易直接点燃，需要借助于具有毛细虹吸作用的棉线灯芯点燃，火苗也朝上。这都能从侧面证明液体燃烧不是液体直接燃烧，而是液体蒸气燃烧，即液体蒸发变成蒸气后才能燃烧。根据燃烧三要素，可燃物与助燃物充分接触时燃烧才能发生，液体只有蒸发成蒸气才能与空气充分混合接触，这可从理论上说明液体是蒸发后才燃烧。

常温下处于气态的可燃物分子量小，分子结构较简单，燃烧过程也简单。液体燃烧需要吸收热量作为气化相变热，由于相变热相对于气态温度升高所需的热量是较大的，所以液体燃烧的速度通常受相变速率(蒸发速率)制约。易挥发液体的燃烧速度也快，相反，难挥发液体的燃烧速度慢，其火焰高度低就是其特点的反映。

难挥发液体的分子量一般较大，在燃烧反应过程中，分子的热分解过程明显，其燃烧过程比气体燃烧过程复杂，但比固体燃烧过程简单。

1.1.3.2 液体的闪燃与闪点

在一定温度下，液体及其蒸气处于平衡状态时，蒸气所具有的压力为该温度下的饱和蒸气压，简称蒸气压。液体的蒸气压是液体的重要性质参数，它仅与液体的分子间力及温度有关，而与液体的数量及液面上方空间的大小无关。若液面上方空间很大，由于扩散作用，蒸气分子浓度一般很低，其蒸气分压总是低于其饱和蒸气压，所以蒸发过程不断进行。

根据液体燃烧历程可知，液体燃烧实际上是液体的蒸气在燃烧。当液体温度较低时，由于蒸发速度很慢，液面上方蒸气浓度较小(即小于后面要介绍的爆炸下限浓度)，蒸气与空气的混合气体发生氧化反应释放出的热量不足以维持燃烧所需的最低温度，所以遇到点火源也是点不着的。随着液体温度升高，蒸发速度加快，液面上方蒸气分子浓度增大，当蒸气分子浓度增大到接近着火浓度(爆炸下限)时，蒸气与空气的混合气体遇到点火源就能闪出着火火花，但随即熄灭。液体发生一闪即灭而不是持续燃烧的现象，是因为其表面温度不高，蒸发速度显著小于燃烧速度，蒸气来不及补充被烧掉，而仅能维持一瞬间的燃烧。

这种在可燃液体的上方，蒸气与空气的混合气体遇火源发生的一闪即灭的瞬间燃烧现象称为闪燃。在规定的实验条件下，液体表面能够产生闪燃的最低温度称为液体的闪点。液体温度高于闪点温度时，一旦点燃就不会再自行熄灭，燃烧能够持续。液体能够被点燃且能持续燃烧 5s 以上时液体的最低温度称为液体的燃点。液体的闪点低于其燃点，一般相差 1 ~ 5℃，闪点越低，其差值越小，而难挥发的高闪点液体的闪点和燃点差别较明显，这主要是由于高闪点液体蒸发速率随液体温度升高的变化率较小所致。

闪点是表明液体易燃特性的重要参数，不同性质的液体其闪点也不同，有些差别还很大，液体的闪点是由其挥发性决定的，也就是其数值与分子间力和分子量密切相关，挥发性越强的液体其闪点越低。液体的闪点越低，表明其火灾危险性大。虽然闪点一般是表征液体物质性能的参数，但硫、萘和樟脑等固体在室温或略高于室温的条件下即能挥发或升华，当温度足够高时，在周围空气中的浓度也能达到闪燃的浓度，所以也有闪点。

液体的闪点一般要用专门的开杯式或闭杯式闪点测定仪测得。用开杯式闪点测定仪测定时，盛装被测液体容器是敞口的，点火电极置于液面上方，而闭杯式闪点测定仪测定时被测液体和置于液面上方的点火电极都密闭在容器中。采用开杯式闪点测定仪时，由于蒸气向空间的连续扩散，气相空间不能像闭杯式闪点测定仪那样产生饱和蒸气与空气的混合物，所以测得的闪点要略大于采用后者测得的闪点。开杯式闪点测定仪一般适用于测定闪点高于 100℃ 的液体，而闭杯式闪点测定仪适用于闪点低于 100℃ 的液体。常见易燃液体的闪点一般都是闭杯闪点。图 1 - 2 和图 1 - 3 分别为开口杯闪点测定仪和闭口杯闪点测定仪的原理示意图。

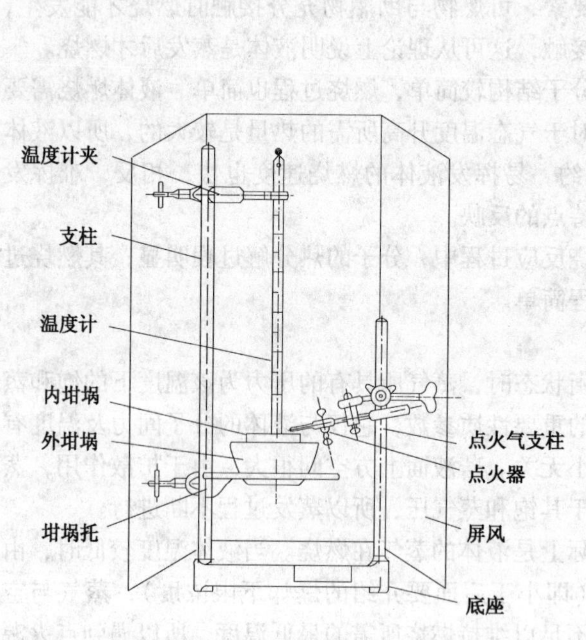

图 1 - 2　开口杯闪点测定仪

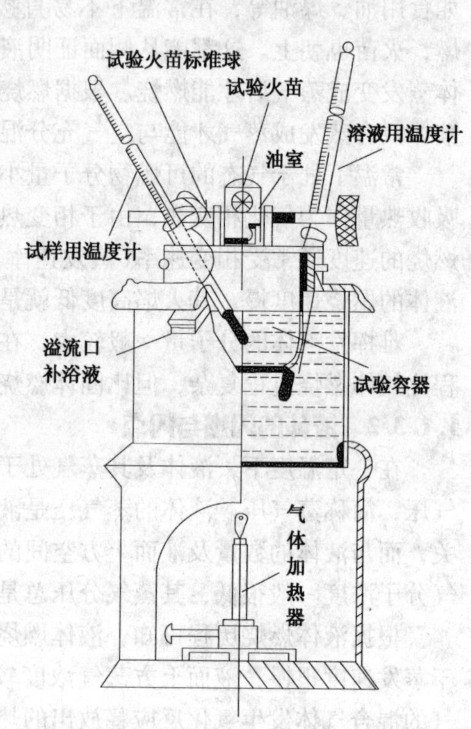

图 1 - 3　塔古闭杯式闪点测定仪

闪点测定仪中点火装置能产生足够强度的电火花，这样液体蒸气能否被点燃就只与蒸气的浓度有关，而与点火源强度无关。这也能说明液体的闪点是与其挥发性密切相关的参数，凡是有利于挥发的因素都能降低其闪点，相反，不利于挥发的因素都将导致闪点增高。换句话说，在一定的温度下蒸气压越高的液体，其闪点也低。不同种类的液体，其分子间力不同，分子量或分子体积也不同，分子挣脱液体液面吸引力的束缚，蒸发进入液面上方的气相且达到闪燃所需的浓度时所需的温度也不同，所以不同种类液体的闪点也不同，甚至差别较大。闪点是表征可燃液体火灾危险程度大小的最重要参数，可燃液体的温度高于其闪点时，就随时都有被火点燃的危险。一些常见的易燃液体的闪点列于表 1－1。

表 1－1　部分易燃液体的闪点

物质名称	闪点/℃	物质名称	闪点/℃	物质名称	闪点/℃
戊烷	< -40.0	甲醇	11	氯乙烷	-50
异戊烷	< -50.1	乙醇	12.8	溴乙烷	< -20
环戊烷	< -6.7	丙醇	25	氯丙烷	< -17.8
己烷	-22.8	丁醇	28.9	氯丁烷	-9.4
环己烷	-20.0	戊醇	32.7	溴丁烷	18.9
庚烷	-3.9	异丙醇	11.7	烯丙基氯	-32
辛烷	13.3	异丁醇	31.6	氯苯	28.9
异辛烷	-12.0	乙醛	-37.8	1，2－二氯乙烷	13.3
壬烷	31.0	丙醛	-9.4～7.2	1，1－二氯乙烯	-17.8
乙基环丁烷	< -15.6	丙烯醛	-26.1	二硫化碳	-30
乙基环戊烷	<21	丙酮	-17.8	乙硫醇	<26.7
乙基环己烷	35	丁醛	-6.7	乙腈	5.6
甲基环己烷	-3.9	甲乙酮	-6.1	丙烯腈	0
苯	-11.1	环己酮	43.9	硝基甲烷	35.0
甲苯	4.4	乙酸	42.8	硝基乙烷	27.8
乙苯	15	甲酸甲酯	-18.9	亚硝酸乙酯	-35
邻二甲苯	17	甲酸乙酯	-20	氰化氢	-17.8
间二甲苯	25	醋酸甲酯	-10	吡啶	<2.8
对二甲苯	25	醋酸乙酯	-4.4	轻石脑油	< -20.0
苯乙烯	32	醋酸丙酯	14.4	重石脑油	-22～20
环氧乙烷	< -17.8	醋酸丁酯	22	汽油	<20
环氧丙烷	-37.2	醋酸丁烯酯	7.0	喷气燃料	<28
乙醚	-45	丙烯酸甲酯	-2.9	煤油	<45
乙基甲基醚	-37.2	呋喃	<0		
二丁醚	25	四氢呋喃	-14.4		

注：表中闪点数据源于《石油化工可燃气体和有毒气体检测报警设计规范》GB 50493—2009。

由于液体的分子间力大小和分子量大小决定了液体的挥发特性，所以闪点也与其密切相关，且变化规律相似。一般地说，可燃液体多数是有机化合物。有机化合物根据其分子结构不同，可分成若干类。同类有机物在结构上相似，在组成上相差一个或多个系差（—CH_2—）。这种在组成上相差一个或多个系差且结构上相似的一系列化合物称为同系物。同系物中各化合物互称同系物。同系物虽然结构相似，但分子量却不相同。分子量大的分子结构变形大，分子间力大，蒸发困难，同样温度下其蒸气浓度低，闪点就高，否则闪点就低。因此，同系物的闪点具有以下规律：同系物闪点随分子量增加而升高、同系物闪点随沸点的升高而升高、同系物闪点随比重的增大而升高、同系物闪点随蒸气压的降低而升高，见表 1－2。

表 1-2　部分醇和芳烃的物理参数

物质		分子式	分子量	相对密度 d_4^{20}	沸点/℃	20℃时的蒸气压/kPa	闪点/℃
醇类	甲醇	CH_3OH	32	0.792	64.56	11.82	11
	乙醇	C_2H_5OH	46	0.789	78.1	5.87	12.8
	正丙醇	C_3H_7OH	60	0.804	97.2	1.93	25
	正丁醇	C_4H_9OH	71	0.810	117.8	0.63	28.9
	正戊醇	$C_5H_{11}OH$	88	0.817	137.8	0.37	32.7
芳烃类	苯	C_6H_6	78	0.873	80.36	9.97	-11.1
	甲苯	$C_6H_5CH_3$	92	0.866	110.8	2.97	4.4
	乙苯	$C_6H_5(C_2H_5)$	106	0.879	146.0	2.18	15

同系物中正构体比异构体闪点高，见表 1-3。在碳原子数相同的异构体中，支链数增多，造成空间障碍增大，使分子间距离变远，从而使分子间力变小，闪点下降。表中丁醇和异丁醇的闪点属于例外。

表 1-3　正构体与异构体的闪点比较

物质名称	沸点/℃	闪点/℃	物质名称	沸点/℃	闪点/℃
正戊烷	36.07	< -40.0	正己酮	127.5	35
异戊烷	27.8	< -51.1	异己酮	119	17
正辛烷	125.67	13.3	正丙醚	91	-11.5
异辛烷	99.24	-12.0	异丙醚	69	-13
丙醇	97.2	25	甲酸正戊酯	132	33
异丙醇	82.8	11.7	甲酸异戊酯	123.5	25.5
丁醇	117.0	28.9	正丙胺	46	-7
异丁醇	108.0	31.6	异丙胺	32.4	-18

1.1.3.3　混合液体的闪点

(1) 两种完全互溶的可燃液体的混合液体的闪点

在易燃液体中掺入挥发性较差的可燃液体时，根据道尔顿分压定律可知，总蒸气压是两种液体蒸气压之和，当两种组分的蒸气浓度达到某一特征值时出现闪燃现象。这类混合液体的闪点一般低于各组分的闪点的加权平均值，并且较接近含量大的组分的闪点。例如纯甲醇闪点为11℃，纯乙酸戊酯的闪点为28℃。当60%的甲醇与40%乙酸戊酯混合时，混合液体的闪点并不等于 $11\times60\%+28\times40\%=17.8$℃，而是等于13℃左右，见图 1-4。图中实线为混合液体实际闪点变化曲线；虚线为混合液体加权平均值闪点计算值。可见易挥发的甲醇对混合液体的闪点影响最大，当乙酸戊酯含量超过80%时，混合液体闪点主要由其决定。类似的还有甲醇和丁醇(闪点36℃)1∶1 的混合液，其闪点等于16℃左右，而不是 $0.5\times(11+36)=23.5$℃，见图 1-5。在煤油中加入1%的汽油，煤油的闪点要降低10℃以上。此例也说明，闪点差别较大的液体相混合时，低闪点液体降低混合液体闪点的作用较明显，其火灾危险性变化较大，在使用燃料油时，如果低沸点组分含量超标则容易发生火灾，其原因是相同的。

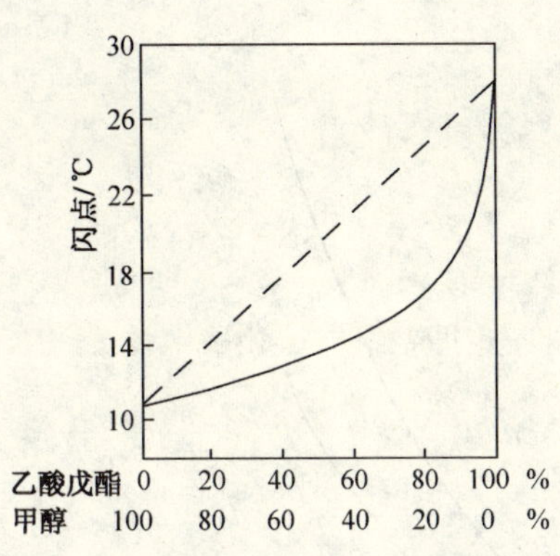

图1-4 甲醇与乙酸戊酯混合液的闪点随其组成的变化

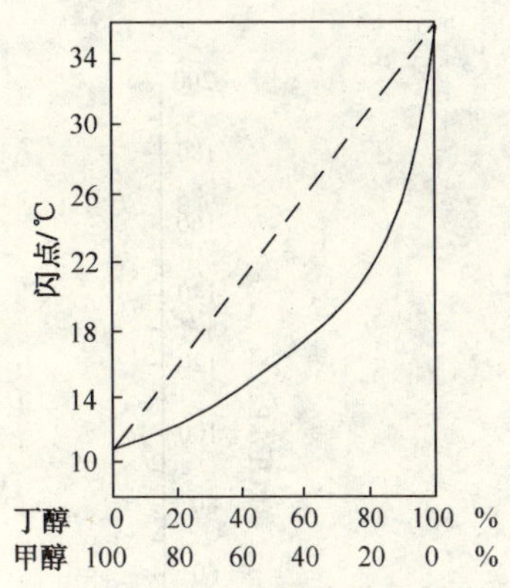

图1-5 甲醇与丁醇混合液的闪点随其组成的变化

在上述两种情况下，闪点发生变化的本质原因是什么？是混合液体中的组成与其混合气相的组成不同所致。在相同的温度下，低闪点液体的蒸气压高于高闪点液体的蒸气压。环境温度下，在混合液体液面上方的混合气体中，低闪点液体的蒸气压（与浓度成正比）与高闪点液体的蒸气压之比值高于液相中低闪点组分含量与高闪点组分含量的比值，闪点差别越大，比值的差别越大，即混合气相与混合液相的组成不一样，气相中低闪点液体蒸气比例偏高。

从图1-4和图1-5看出，在高闪点液体中混入少量的低闪点液体，则混合液体的闪点显著下降，所以少量低闪点液体混入不易燃液体中，将使其火灾危险性显著提高。少量的煤焦油属于不易燃液体，但煤焦油储罐（或罐车）也会发生猛烈爆炸，原因是低含量的苯、甲苯等物质易挥发，在一定条件下，其蒸气在容器内液面上方的空间可形成爆炸性混合气体。

（2）可燃液体与不可燃液体混合液体的闪点

在可燃液体中掺入互溶的不燃液体，其闪点随着不燃液体含量增加而升高，当不燃组分含量达一定值时，混合液体不再发生闪燃。如果可燃液体的闪点已知，可以根据道尔顿分压定律计算混合溶液的闪点。

【例1-1】 甲醇的闪点是11℃，在此温度时的饱和蒸气压为 $p_{sat}=8.3kPa$。请计算质量分数为75%的甲醇水混合溶液的闪点是多少？

解： 设100g甲醇水溶液。甲醇（CH_3OH）的分子量为32，其中甲醇的质量为75g，摩尔数为75/32=2.34；水分子的分子量为18，水的质量为25g，摩尔数为25/18=1.39。甲醇的摩尔分数为 $x=2.34/(2.34+1.39)=0.63$。

甲醇水溶液蒸气中甲醇的分压 p

$$p=xp'_{sat} \tag{1-1}$$

溶液的温度升高至闪点温度时，蒸气中甲醇的分压 $p=8.3kPa$。此时溶液的蒸气压

$$p'_{sat}=p/x=8.3/0.63=13.2kPa$$

在图1-6中查得该蒸气压时，溶液的温度约21℃，即闪点为21℃。

根据此方法计算不同浓度醇溶液的闪点，结果见表1-4。计算数据表明，甲醇或乙醇水溶液的质量分数降低到20%时，其闪点仍低于60℃。所以与水互溶的可燃液体发生火灾时，采用加入水的方法灭火是不可以的，不仅液体溢出导致火灾范围加大，且一般不能灭火。

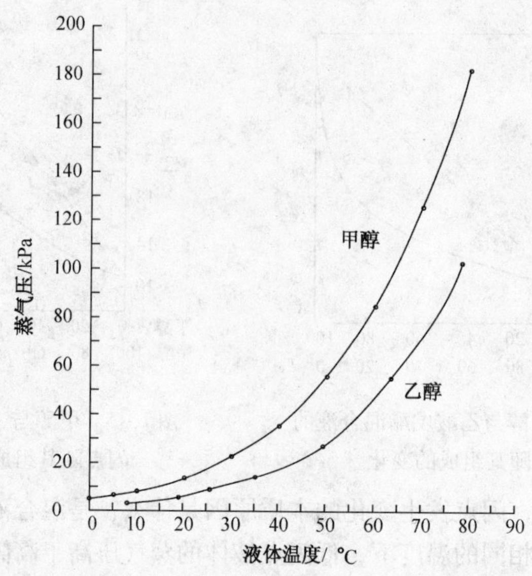

图1－6　甲醇、乙醇的蒸气压随温度的变化（大气压力下）

表1－4　醇水溶液的闪点

溶液中醇的含量/%	溶液闪点/℃	
	甲醇	乙醇
100	11	12.8
75	21	25
50	31	39
30	44	49.5
20	54	58.5
10	73	75.5

1.1.3.4　原油火灾的沸溢燃烧和喷溅燃烧

（1）原油燃烧的热波特性

许多可燃的有机液体物料成分较单一，属于单组分液体。有些燃料，如汽油、煤油、柴油等，是多种组分的混合物，对其进行蒸馏时，从组分初始馏出到蒸馏结束，液体温度变化范围称为沸程，但各组分的沸点差别较小，即沸程较窄。单组分液体或沸程较窄的混合液体燃烧时，火焰释放的部分热量以辐射、对流、传导的方式传递给液体表面，液面温度升高蒸发速率加快，从液相变为气相的相变过程消耗热量，燃烧一定时间后，液面温度基本恒定，蒸发速率也基本恒定，达到稳定燃烧。在稳定燃烧时，火焰高度基本不变，单位时间的热量释放量基本稳定。

经“稳定”工序处理后的石油既含有低沸点组分，也含有蜡油、沥青等高沸点组分，同时还含有一定量的水分，其组成复杂，和简单液体相比，原油具有如下特点：

① 黏度较大（相对于煤油、柴油等）；

② 沸程宽，高低沸点物质混合；

③ 含有一定量的水。

由于没有固定的沸点，在燃烧过程中，火焰向液面传递的热量首先使低沸点组分蒸发进入燃烧区燃烧，而沸点较高的重质部分，则携带在表面接受的热量向液体深层沉降，形成一个热的锋面向液体深层迁移，重质成分构成的热锋面逐渐向下层深入，并加热冷的液层。这一现象称为液体的热波特性，热的锋面称为热波。

热波的初始温度等于液面的温度，等于该时刻原油中最轻组分的沸点。随着原油的连续燃烧，液面蒸发组分的沸点越来越高，热波的温度会由150℃逐渐上升到315℃，比水的沸点高得多。

热波在液层中向下移动的速度称为热波传播速度，它比液体的直线燃烧速度(即液面下降速度)快。在已知某种油品的热波传播速度后，就可以根据燃烧时间估算液体内部高温层的厚度，进而判断含水的重质油品是否会发生沸溢和喷溅。因此，热波传播速度是扑救重质油品火灾时要用到的重要参数。

热波传播速度是一个十分复杂的技术参数，其主要影响因素包括：

① 油品的组成。油品中轻组分越多，液面蒸发气化速度越快，燃烧越猛烈，油品接受火焰传递的热量越多，液面向下传递的热量也越多；此外，轻组分含量越大，则油品的黏性越小，高温重组分沉降速度越大。因此，油品中轻组分越多，热波传播速度越大。

② 油品中含水量。在一定的数值范围内(如小于4%)，含水量增大，热波传播速度加快。这是因为含水量大的油品黏度小，油品中的高温层易沉降。但含水量大于6%时，油品燃烧不稳定；而含水量超过10%时，点燃很困难，即使着火了，燃烧也不稳定，影响热波传播速度。

③ 油品贮罐的直径。试验研究表明，在一定的直径范围内，油品的热波传播速度随着贮罐直径的增大而加快。但当直径大于2.5m后，热波传播速度基本上与贮罐直径无关。

④ 贮罐内的油品液位。贮罐内的油品发生液面燃烧时，如果液位较高，空气就较容易进入火焰区，燃烧速度就快，火焰向液面传递的热量就多，所以热波传播速度就快；反之，液位低，热波传播速度就慢。例如，含水量为2%的原油，在贮罐中油面距离罐口高度分别为145mm和710mm时，热波的传播速度分别为5.94mm/min和5.00mm/min。

(2) 重质油品的沸溢燃烧和喷溅燃烧

含有水分、黏度较大的重质石油产品，如原油、重油、沥青油等，发生燃烧时，有可能产生沸溢现象和喷溅现象。

原油黏度比较大，且都含有一定的水分。原油中的水一般以乳化水和水垫水两种形式存在。所谓乳化水是原油在开采、输送、初加工过程中，原油中的水由于强力搅拌成的细小水珠并悬浮于油中而成。在储罐内长时间放置后，油水分离，水因密度大而沉降在底部形成水垫。图1－7反映出乳化水和水垫水的存在位置。

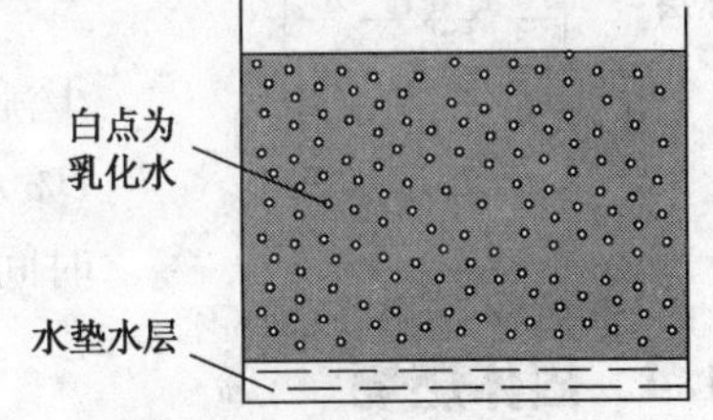

图1－7　原油储罐中乳化水和水垫水的存在位置

在热波向液体深层运动时，由于热波温度远高于水的沸点，因而热波会使油品中的乳化水和低沸点组分汽化，大量的蒸气气泡在浮力作用下穿过油层向液面上浮，在向上移动过程中形成油包气的气泡，也就是油的一部分形成了含有大量蒸气气泡的泡沫。这样，必然使液体体积膨胀，致使向外溢出，同时部分未形成泡沫的油品也被下面的蒸气膨胀力抛出罐外，使液面猛烈沸腾起来，就像“跑锅”一样，这种现象叫沸溢（见图 1－8）。除乳化水外，原油中的低沸点组分在热波的加热下，也会汽化，也是形成沸溢的原因。

从沸溢过程的描述中可以看出，沸溢的形成必须具备三个条件：

① 原油具有形成热波特性的基本条件，即沸程宽，成分的密度相差较大；

② 原油中含有乳化水和低沸点组分，水遇热波变成蒸汽；

③ 原油黏度较大，使水蒸气和其他成分的蒸气从下向上穿过油层的阻力较大。如果原油黏度较低，水蒸气很容易通过油层，就不容易形成沸溢。

热波特性的形成是由于重质物质在液面的积累并携带大量的热量下沉所致，重质物质的逐渐积累是由于轻质组分被“选择性”地蒸发后剩余的高分子量物质，由于液体黏度较大，不能再进行溶解混合，重质组分在表面及近表面积累，并接受火焰的热辐射，温度增高。重质组分的积累如图 1－9 所示。

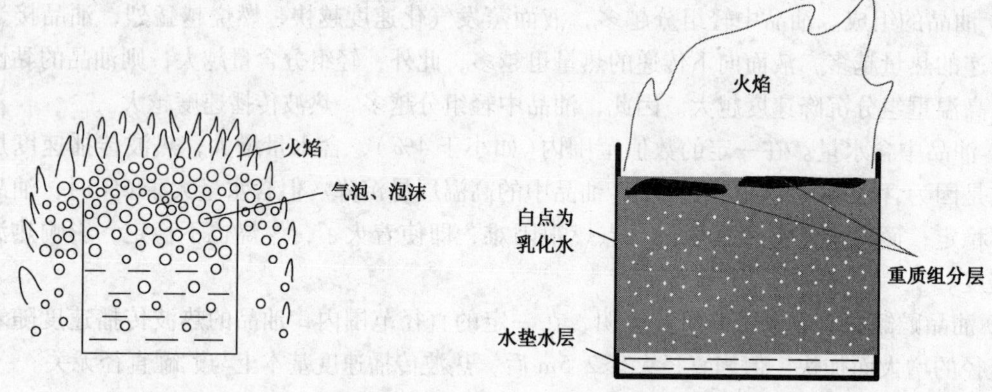

图 1－8　原油燃烧时的沸溢　　图 1－9　沸点较高的重质组分在液面积累

随着燃烧的进行，热波的温度逐渐升高，热波向下传递的距离也加大，当热波达到水垫时，水垫的水大量蒸发，压力快速增大，蒸汽体积迅速膨胀，以至把水垫上面液体层的一部分抛向空中，向罐外喷射，这种现象叫喷溅（见图 1－10）。有资料报道，原油储罐发生喷溅时，着火的原油可被喷射抛出 70～120m。喷溅时主要有如下危害：①下层的易燃成分喷出，导致火灾更加猛烈，危及扑救人员的人身安全；②被喷出的原油可能携带着火苗，使更大范围内可燃物被引燃，火灾范围扩大。

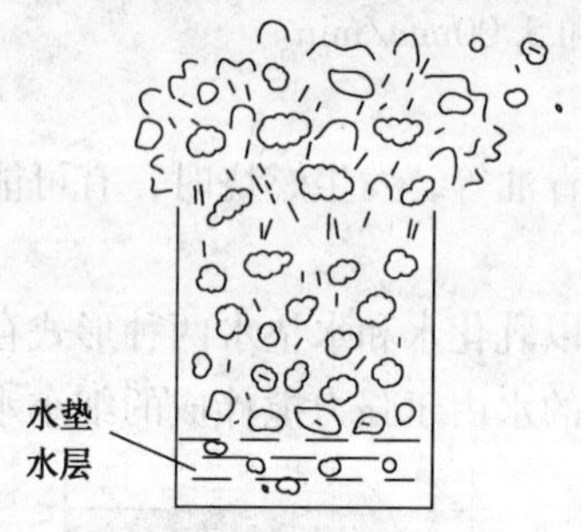

图 1－10　原油燃烧时的喷溅现象

一般情况下，发生沸溢要比发生喷溅的时间早得多。发生沸溢的时间与原油种类、水分含量有关。根据实验，含有 1% 水分的石油，经 45～60min 燃烧就会发生沸溢。喷溅发生时间与油层厚度、热波移动速度以及油的燃烧线速度有关。

1.1.4　固体燃烧

可燃固体种类繁多，分布广泛，有很多火灾爆炸事故是因为可燃固体燃烧引起的。在化工企业及使用、储存可燃危险化学品的场所，化学品既有合成橡胶、合成纤维、各类塑料制品等合成的有机固体可燃物，也有木材、纸张、植物纤维等植物性固体可燃物。在建筑物火灾中，燃烧的物质主要是可燃固体，包括建筑材料、装饰材料、家具、办公用品、纺织品等等，所以研究固体可燃物的着火、燃烧也是本书基础知识之一部分。

1.1.4.1 固体可燃物质的燃烧形式

除木炭、金属等少数可燃物外，多数固体可燃物在着火之前，都会有因受热而发生热分解的过程，在热分解过程中，释放出可燃性气体，可燃性气体着火后，形成气相燃烧火焰（即火苗），称为分解燃烧，属于有焰燃烧。可以说，固体燃烧时的火焰就是固体分解燃烧的表现，热解产生的气体温度高，向上运动，运动过程中发生燃烧反应，炙热的气体高温放光就形成了火焰。燃烧剩余的灰烬是由少量碳和不燃物组成的固体残留物。热解后产生的炭层不能再热解，一般在稍后的时间才开始燃烧，称为固体表面燃烧，属于无焰燃烧。木材类物质的燃烧通常是分解燃烧和表面燃烧交替或同时进行的。上述内容是对有机固体可燃物一般着火过程的描述，可由图1－11表示。在实际的火灾过程中，不同类型可燃物的燃烧过程也存在较大的差异。

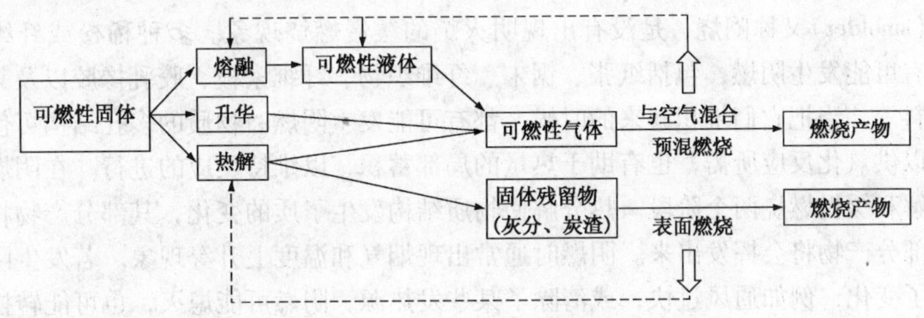

图1－11 固体可燃物的燃烧过程

根据各类可燃固体的燃烧方式和燃烧特性，固体燃烧的形式大致可分为六种。

（1）蒸发燃烧

硫、蜡烛、松香、沥青等受热融化的可燃固体，在受到火源加热时，先熔融、再蒸发，随后蒸气再与氧气发生燃烧反应，这种形式的燃烧一般称为蒸发燃烧。樟脑、萘等易升华物质，在燃烧时不经过熔融过程，但其燃烧现象也可看作是一种蒸发燃烧。

（2）表面燃烧

不可分解的可燃固体（如木炭、焦炭等）的燃烧反应是在其表面由氧和物质直接作用而发生的，称为表面燃烧。这是一种无火焰的燃烧，有时又称之为异相燃烧。

（3）分解燃烧

可燃固体，如木材、纤维、塑料、纸张、秸秆等有机材料，在受到火源加热时，先发生热分解，随后分解出的可燃挥发分与氧发生燃烧反应，这种形式的燃烧一般称为分解燃烧。在此类燃烧中。分解产生的气体或蒸气是主要参与燃烧反应的物质，由于热解产生的气态物质的初始温度较高，浮力作用使其向上运动，因此火苗向上，形成典型的火焰，因此分解燃烧属于有焰燃烧。表面燃烧没有火焰，是因为其不能分解出可燃的气体。

图1－12显示的是固体颗粒的燃烧历程。颗粒受外部热量加热时，首先把常温下能够稳定结合存在的水分逐渐析出，当温度达到几百摄氏度时，固体颗粒开始热分解，热分解产生的气态物质称为挥发分，当温度达到挥发分的自燃点或局部有点火源引燃，则挥发分开始燃烧，即固体发生明火燃烧。由于有机固体物质燃烧是热解生成的气体在燃烧，而气体温度高，在向上方移动的过程中燃烧，所以这类固体燃烧属于有焰燃烧，挥发分释放完毕后就剩

余不可分解的炭粒和灰渣。

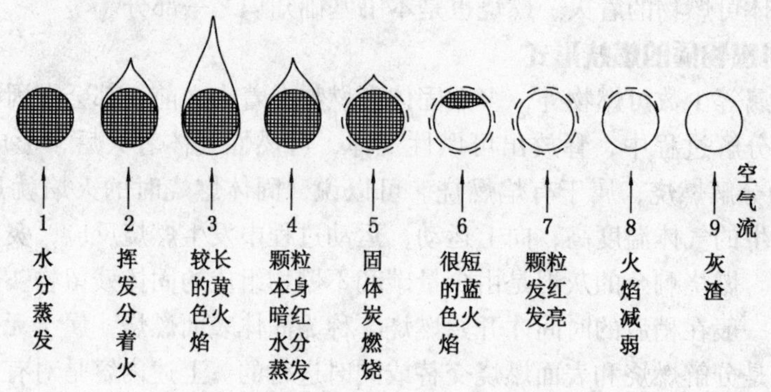

图 1-12　有机固体颗粒的燃烧历程

(4) 阴燃

阴燃(smolder)又称闷烧，是没有出现明火焰的缓慢燃烧现象。多种稀松或纤维状的固体物质都有可能发生阴燃，包括纸张、锯末、纤维织物、纤维素板、胶乳橡胶以及某些多孔热固性塑料等。当把它们堆积起来的时候，都有可能发生阴燃。物质的多孔结构可使少量空气渗入，以供氧化反应所需，也有助于热量的局部蓄积，以维持反应的进行。在阴燃的过程中有热分解和缓慢燃烧两个阶段。热分解使物质结构发生了质的变化，其部分产物将发生缓慢燃烧，部分产物将会挥发出来。阴燃时通常出现烟气和温度上升等现象。若发生阴燃的环境条件有了变化，例如通风过快，或清除了某些发热源，阴燃可能熄灭，也可能转换成有焰燃烧。

(5) 轰燃

轰燃(flashover)又称为闪燃。在室内火灾发生后，当第一着火物或第二着火物形成的火势足够大时，高温可引起室内其他绝大多数可燃物发生热解、气化，当气体可燃物的浓度达到着火极限之后，在室内形成全室气相火焰的现象。在轰燃发生后，着火区域的热辐射反馈能引起有限空间内可燃物的表面在瞬间全部卷入猛烈燃烧状态。判断是否为轰燃的判据为：①上层热烟气平均温度达到 600℃；②地面处接受的热流密度达到 $20kW/m^2$。在室内火灾中，当火灾规模增长至使判据①得到满足时，热烟气对附近可燃物的辐射和对流传热，就可使常见可燃物发生热解并析出足够多的可燃性气体。通常此时热烟气对地面的热辐射也足以产生足够的热流，使判据②得到满足。所以采用这两个判据来判断轰燃的发生与否。影响轰燃发生最重要的两个因素是辐射和对流情况，也就是上层烟气的热量得失关系，如果接收的热量大于损失的热量，则轰燃可以发生。轰燃的其他影响因素有通风条件、房间尺寸和烟气层的化学性质等。

(6) 回燃

回燃(backdraft)又称复燃、爆燃。在封闭空间内发生火灾时发生的一种火势突然增强的燃烧现象。在通风不良的密闭空间内，当其中发生火灾燃烧时，空气内氧浓度必将迅速降低，未完全燃烧程度会越来越严重，大量热解与不完全燃烧产生的可燃气体将积存在室内。此时封闭空间突然形成某种开口，使外界新鲜空气进入，就会造成两者大规模的混合。室内尚存有余火，或出现某种其他点火源，室内将发生猛烈的气相燃烧，大团火焰甚至可从空气入口处冲出室外。许多建筑火灾是在门窗关闭的房间内发生的，燃烧产生的高温所导致的窗玻璃破碎、木门烧穿以及为灭火而突然将门打开都会突然形成新的通风口，控制不当就会发生回燃。此现象的突然性、破坏性强大，可对前来灭火的人员造成严重威胁。

有时描述粉尘，尤其是煤粉尘受热后的快速着火燃烧为爆燃，其含义包含了轰燃和爆燃两个含义。

这里需要指出的是，上述各种燃烧形式的划分不是绝对的，有些可燃固体的燃烧往往包含着两种或两种以上的形式。例如，在适当的外界条件下，木材、棉、麻、纸张等的燃烧会明显地存在分解燃烧、阴燃、表面燃烧等形式。

1.1.4.2 表征固体火灾危险性的参数

评定气体火灾危险性的主要参数是爆炸极限下限及其浓度范围，评定液体火灾危险性的参数主要是闪点，而固体燃烧特性比较复杂，评定其火灾危险性的参数包括如下内容：

（1）熔点、闪点和燃点

固体熔点是固体变为液体的初始温度，熔点较低意味着其容易液化，火灾危险性也大。某些低熔点可燃固体发生闪燃的最低温度就是其闪点，具有闪点的固体物质数量较少。此处的熔点并非专指晶体物质的熔点，也包括只有软化点的物质，如固体石蜡。

固体燃点是指对可燃固体加热到一定温度，遇明火点燃能发生持续燃烧时固体的最低温度。因为固体被点燃着火需经历受热、热解、气体分解、着火等过程，在燃点温度下要能够完成热解和产物气体分解两个过程，产生足够量的可燃气体，能够维持持续燃烧。

熔点、闪点和燃点是评定固体火灾危险性的重要参数。一般地，熔点越低的可燃固体，闪点和燃点也越低，火灾危险性越大。燃点是评价固体火灾危险性的主要参数之一。

（2）热分解温度

固体热分解温度是指可燃固体受热发生分解的初始温度，它也是评定热分解性固体的火灾危险性的主要参数之一。可燃固体的热分解温度越低，则燃点也越低，火灾危险性也越大。表 1-5 列出了几种可燃固体的热分解温度和燃点。

表 1-5 几种可燃固体的热分解温度与燃点

固体名称	热分解温度/℃	燃点/℃	固体名称	热分解温度/℃	燃点/℃
硝化棉	40	180	棉花	120	210
赛璐珞	90~100	150~180	木材	150	250~295
麻	107	150~200	蚕丝	235	250~300

（3）自燃点

可燃固体在空气中受热时，能自动着火燃烧的最低温度就是其自燃点。在自燃点温度下，热能不仅要使固体热解、分解生成足够量的可燃气体，还要引燃生成的可燃气体，所以一种固体的自燃点要高于其燃点。自燃点越低的固体，越容易着火燃烧，因而其火灾危险性越大。表 1-6 列出了常见物质的自燃点。固体的燃点与自燃点差别较大，如棉花的燃点是 210℃，自燃点是 255℃。从理论上讲，物质在空气中被加热到某一温度就会燃烧，但固体在燃烧之前需要发生一系列的分解过程，所以点燃情况下开始燃烧的温度（燃点）与纯粹靠加热被引燃的温度（自燃点）有明显的区别，通常自燃点高于燃点。燃点和自燃点都是表征可燃固体火灾危险性的主要参数。

表 1-6　常见物质的自燃点

物质名称	自燃点/℃	物质名称	自燃点/℃
棉花	255	有机玻璃	450~462
报纸	230	聚酰胺	424
白松	260	醋酸纤维素	475
聚乙烯	349	硝酸纤维素	141
聚氯乙烯	454		

(4) 比表面积

比表面积是指单位体积固体的表面积。相同的可燃固体，比表面积越大，火灾危险性越大。就可燃粉尘而言，比表面积大小对爆炸下限、最小引爆能、最大爆炸压力等参数有着极其明显的影响。一般情况是，随着粉尘的比表面积增大，其爆炸下限降低，最小引爆能变小，而最大爆炸压力增大。如不考虑固体粉尘颗粒内的孔隙，则颗粒越细小，比表面积越大。

(5) 极限氧指数

极限氧指数(LOI，Limit Oxygen Index，也简称为氧指数)是判断聚合物材料可燃性的参数，由费尼莫(Fenimore)和马丁(Martin)在 1966 年最早提出，由于检测该参数的数据重现性较好，能够用于定量评价，所以得到广泛应用。所谓极限氧指数是指在规定的试验条件下，刚好能够维持材料持续燃烧时所需要的氮/氧混合气体中最低氧含量的体积分数。氧指数可由式(1-2)表示：

$$LOI = \frac{[O_2]}{[O_2] + [N_2]} \times 100\% \tag{1-2}$$

式中　$[O_2]$——试验时的氧气流量；

$[N_2]$——试验时的氮气流量。

检验材料氧指数的试验装置如图 1-13 所示。点火器从上端点燃垂直放置的试样，通过改变混合气体中的氧浓度，使材料在一定时间内维持自燃烧到适宜的标线为止。这种方法数据重复性好、试验方法和设备简单，所以被广泛应用。试验时，材料是在最上端被点燃，然后火焰向下传播，这种传播方式与实际火灾中火焰的传播不完全相同，所以，用它来衡量材料的燃烧性也引起了许多质疑和争论。

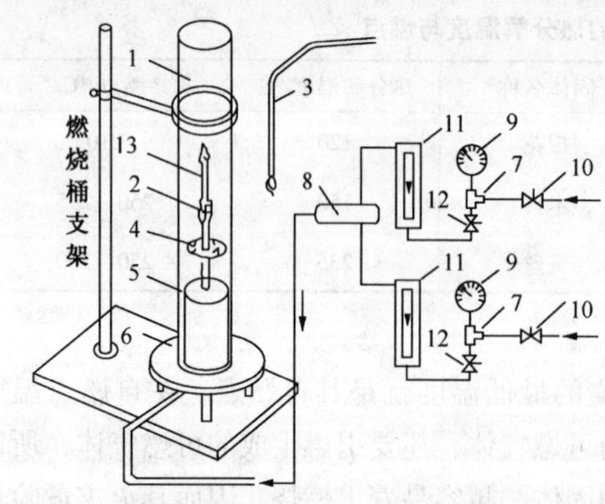

图 1-13　氧指数的测试装置

1—玻璃燃烧筒；2—试样夹；3—点火器；4—金属网；5—放玻璃珠的筒；6—底座；7—三通；8—气体预混合器；9—压力表；10—稳压阀；11—转子流量计；12—调节阀；13—燃烧着的试样

氧指数是评价各种固体物质相对燃烧性能的一种表示方法，也是评价可燃固体(尤其是人工合成高聚物材料)火灾危险性的重要指标。氧指数越小的高聚物，燃烧时对氧气的需求量越小，或者说燃烧时受氧气浓度的影响越小，因而火灾危险性越大。材料的 LOI 大于 21(空气中氧气的浓度是 21%)时，则在室温下，材料在空气中无法燃烧；而 LOI 为 25~27 则意味着材料需要在很高的外加热气流下才能燃烧。硬质 PVC 的 LOI 为 45~50，软质 PVC 也可以很容易达到 27，而木材和大多数塑料的 LOI 分别为 21~22 和 17~18。

一般认为氧指数小于 22 的属易燃材料(在高温的火场中，高温能促进燃烧)；氧指数在 22~27 之间的属难燃材料；而氧指数大于 27 的属高难燃材料。材料经阻燃处理后，其氧指数会有不同程度的提高。表 1-7 列出了某些常见高聚物的氧指数。

表 1-7 常见高聚物材料的极限氧指数

物质名称	氧指数	物质名称	氧指数	物质名称	氧指数
聚苯乙烯	18	聚苯并咪唑	41	氯丁橡胶	26
聚乙烯醇	22	聚醚酰亚胺	41	硅橡胶	26~39
聚氯乙烯	45	聚糠醇	31	缩醛共聚物	15
聚苯氧	28	酚醛树脂	35	聚碳酸酯	27
聚砜	32	环氧树脂	20	聚四氟乙烯	>95

除了上述参数外，对于可燃粉尘和炸药，还有其他重要的评定火灾爆炸危险性的参数，如粉尘的爆炸浓度下限、炸药的感度等。

1.1.5 燃烧速度

(1) 气体燃烧速度

气体的扩散燃烧速度受气体扩散速度的制约，其影响因素较多，测定比较困难，数据可比性较差。预混气体的混合燃烧过程不需要扩散，燃烧速度主要取决于燃气和助燃气体的化学反应特性，数值的可比性强，其反应速度一般高于扩散燃烧。毫无疑问，燃烧速度也是衡量气体燃烧性能的参数。

紊流(湍流)燃烧影响因素多，相比之下，层流燃烧干扰因素少。为了消除器壁效应的干扰差异，一般是测定混合气体在 25.4mm 的管道中的火焰传播速度。部分气体的火焰传播速度见表 1-8。

表 1-8 部分气体在 25.4mm 管道中的火焰传播速度

气体名称	最大传播速度/(m/s)	可燃气体在空气中的含量/%	气体名称	最大传播速度/(m/s)	可燃气体在空气中的含量/%
氢气	4.83	38.5	丁烷	0.82	3.6
一氧化碳	1.25	45	乙烯	1.42	7.1
甲烷	0.67	9.8	炼焦煤气	1.70	17
乙烷	0.85	6.5	焦炭发生煤气	0.73	48.5
丙烷	0.82	4.6	水煤气	3.1	43

氢气分子的结构最简单，在燃烧时，只发生受热升温和氧化过程。甲烷、乙烷、丙烷等气体的分子结构稍复杂，在受热后，还需要发生分解，之后才发生氧化燃烧，其过程较复杂，因此其燃烧(火焰传播)速度较慢。可以想象，分子体积越大，分解过程越复杂，其速度也越慢。在使用可燃气体作为燃料时，燃烧速度越快，越不易控制，危险性也越大。

混合气体在管道中传播时，器壁效应(见燃烧的连锁反应理论)是明显的，管径越小，效应越明显，传播速度越慢，因此试验都采用相同管径的试验装置是十分必要的。甲烷与空气混合气体在不同管径管道中的传播速度见表 1-9。对所有管径，都是甲烷浓度 10% 时燃烧速度最快，浓度增大或减小，燃烧速度都减小，这一现象与后面要介绍的燃烧极限理论相吻合。火焰传播所需的热量来源于火焰释放热量，由于热气体的浮力作用，热量向上传递符合自然规律。因此，试验管道竖向放置，在下面引燃，火焰向上传播时速度较快，向下或向两侧传播的速度都慢。

表 1-9 甲烷与空气混合气体在不同管径管道中的传播速度 cm/s

甲烷浓度/%	管径 2.5cm	管径 10cm	管径 20cm	管径 40cm	管径 60cm	管径 80cm
6	23.5	43.5	63	95	118	137
8	50	80	100	154	183	203
10	65	110	136	188	215	236
12	35	74	80	123	163	185
13	22	45	62	104	130	138

（2）液体燃烧速度

液体燃烧速度有两种表示方式，即燃烧线速度和质量燃烧速度。

燃烧线速度(V)是指单位时间内燃烧掉的液层厚度。可以表示为

$$V=\frac{H}{t} \qquad (\mathrm{mm/h}) \tag{1-3}$$

式中 H——液体燃烧掉的厚度，mm；

t——烧掉上述液层厚度所需时间，h。

质量燃烧速度(G)是指单位时间内单位面积(m^2)燃烧的液体的质量(kg)，可以表示为

$$G=\frac{g}{s\cdot t} \qquad [\mathrm{kg/(m^2\cdot h)}] \tag{1-4}$$

式中 g——液体燃烧掉的液体质量，kg；

t——燃烧持续的时间，h；

s——着火燃烧的液面面积，m^2。

液体燃烧过程步骤包括受热升温、蒸发(相变)、热分解、氧化燃烧，其中蒸发步骤速度最慢，是燃烧速度的制约因素。影响蒸发速率的因素包括分子间作用力、分子量、液体温度、液体热容、相变热、火焰温度、着火容器的直径和液面位置等。一般规律是，沸点越低，蒸发越快，燃烧速度也越快。几种易燃液体的燃烧速度见表 1-10。

表 1-10 几种常见易燃液体的燃烧速度

液体名称	燃烧速度	
	燃烧线速度/(mm/h)	质量燃烧速度/[kg/(m² · h)]
苯	189	165.37
乙醚	175	125.84
甲苯	161	138.29
航空汽油	126	91.98
车用汽油	105	80.85
二硫化碳	105	132.97
丙酮	84	66.36
乙醇	72	57.6
煤油	66	55.11

(3) 固体的燃烧速度

固体燃烧过程最复杂，对于分解燃烧，热分解速度制约着整体的燃烧速度的快慢。含有硝基的固体，如硝化纤维，因硝基具有热不稳定性，且具有氧化性，易于分解，所以其燃烧速度较快。固体的燃烧速度与其存在形态也有关，细小、疏松、多孔的物质燃烧快。典型的例子是檩条和刨花，刨花燃烧速度很快，檩条燃烧相对慢些。大部分固体的燃烧属于分解燃烧，而分解速度与温度密切相关，温度越高，分解越快，燃烧也越快。俗话说“火大无湿柴”就是指温度高有利于分解着火。

在固体的下部点燃，火焰直接加热未燃部分，燃烧速度就快。

对安全生产，最主要的是防止意外着火。一般燃烧速度快的物质也容易着火，所需要的点火能量也低。尽管日常见到的固体火灾较多，但和气体、液体相比，固体发生意外火灾的概率稍低。

1.2 燃烧理论

虽然燃烧是司空见惯的现象，但对燃烧本质的认识也是逐渐深入的。燃烧理论就是对燃烧过程和燃烧本质进行解释的理论。

1.2.1 燃烧的活化能理论

燃烧过程是一种化学反应过程，根据分子碰撞理论，分子间相互碰撞是发生化学反应的必要条件。有人计算，在标准状况下，$1dm^3$体积内分子互相碰撞约10^{28}次/s。为什么只是将两种物质(如氢气和氧气)混合不一定发生燃烧呢？相互碰撞的分子之间会产生一定的排斥力，阻止分子之间相互接近(直接碰撞)，没有足够能量的分子不会发生氧化还原反应，即碰撞属于无效碰撞。当分子获得足够的能量后，其动能增加，在碰撞时能引起分子中原子或原子团之间结合键减弱，分子内部发生重排，氧化还原反应发生。这些具有足够能量、在相互碰撞时能发生化学反应的分子称为活化分子，活化分子之间的碰撞属于有效碰撞。在温度较低时，分子具有的平均能量比较低，而在温度较高时，分子具有的平均能量比较高。无论是高温还是低温，各个分子的能量也不是平均分布的，有的高有的低，近似呈高斯分布，能量比较高的部分所占比例比较少，但随着温度的升高，分子的平均能量随之增高。因此，在温度低时，不是绝对不能发生反应，而是能够发生反应的分子所占的比例很小，表现出反应速度极慢，不会引发燃烧反应。活化分子的能量必须比平均能量高出一定量时才能够发生反应。使常温下的普通分子变成活化分子所需的能量称为活化能，不给分子提供活化能，分子就不能克服活化能这个能垒。正是有活化能的存在，可燃气体分子才有高出常温很多的着火点，也才有本来反应非常剧烈的两种物质在低温下混合时也不反应的现象。图1-14为活化能理论示意图。

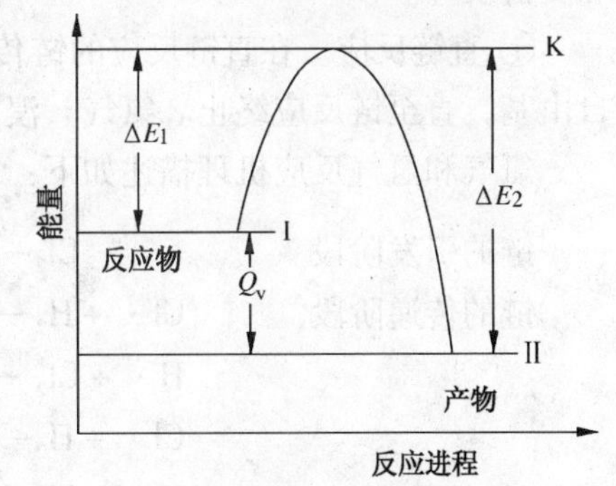

图1-14 活化能理论示意图

图1-14中纵坐标表示分子能量，横坐标表示反应进程。能级Ⅰ代表反应物的初始能级，能级Ⅱ代表生成物的能级，能级Ⅰ>能级Ⅱ，两者的差值Q_v为反应放出的热量——反应热效应，其值也等于ΔE_2 -

ΔE_1，ΔE_1为活化能，ΔE_2为能级 K 与能级Ⅱ的能量差，能级 K 是活化分子所具有的最低能级。分子只有获得足够的能量，达到能级 K 时才能发生燃烧反应。

当有火源接触可燃物质时，部分分子获得能量成为活化分子，活化分子数量增加，有效碰撞增加，其放出的热量及火源提供的能量能够活化其他分子。

活化能理论指出了可燃物、助燃物两种气体分子发生氧化反应的可能性和反应的条件。根据该理论，体系温度提高有利于燃烧反应的发生，达到一定温度时，明显的燃烧就可能出现。

根据活化能理论，温度对着火起着决定性作用，所以有时也称活化能理论为燃烧的"热理论"。由于活化能理论能够解释许多现象，尤其是温度在着火过程中的作用，所以也是一种重要的理论。

1.2.2 燃烧的连锁反应理论

燃烧的连锁反应理论又称为链式反应理论。该理论认为，气态分子之间的燃烧反应，不是两个分子直接反应生成最后产物，而是活性分子自由基与分子之间的作用，其每一步的反应结果除生成一个产物分子外，同时还生成一个或几个新的自由基，新自由基继续参与下一轮的反应，又产生新的自由基和产物，如此延续下去形成一系列连锁反应，直到反应物消耗殆尽为止。在燃烧过程中，自由基是不可缺少的一个环节，自由基的密度高则燃烧速度快，反之则燃烧速度降低，甚至熄灭。燃烧过程中，自由基与可燃物或助燃物分子反应，又生成新的自由基，周而复始，直至燃烧结束，每一个自由基就是燃烧"链条"中的一个"链节"。

连锁反应有直链反应与支链反应两大类。不管是直链反应还是支链反应，整个反应过程都有链的引发、链的传递和链的终止三个阶段。

① 链引发。借助于光照、加热等方法使反应物分子断裂产生自由基的过程，称为链引发。

② 链传递。它是自由基与反应物分子发生反应的步骤。在链传递过程中，旧自由基消失的同时又产生新的自由基，从而使化学反应能继续下去。

③ 链终止。如果自由基与器壁碰撞，或者两个自由基复合，或者与第三个惰性分子相撞后，则失去能量而成为稳定分子，则链反应被终止。

按照一个自由基参与一次燃烧反应所生成新自由基的数量多少，链锁反应分为直链反应和支链反应。

① 直链反应。在直链反应的链传递过程中，每消耗一个旧自由基的同时又生成一个新自由基，直至链反应终止。氯气、溴素与氢气的反应就是典型的直链反应例子。

氯气和氢气反应机理描述如下：

链的引发阶段　　$Cl_2 \xrightarrow{h\nu} 2Cl\cdot$　（$h\nu$ 表示光量子，一般为紫外光）

链的传递阶段　　$Cl\cdot + H_2 \longrightarrow HCl + H\cdot$

$H\cdot + Cl_2 \longrightarrow HCl + Cl\cdot$

$Cl\cdot + H_2 \longrightarrow HCl + H\cdot$

$H\cdot + Cl_2 \longrightarrow HCl + Cl\cdot$

……

链的终止　　　　　$H\cdot + Cl\cdot \longrightarrow HCl$

$$Cl\cdot + Cl\cdot \longrightarrow Cl_2$$

$$H\cdot + H\cdot \longrightarrow H_2$$

在直链反应中，一旦形成自由基，生成 HCl 的反应就会反复进行，在整个链传递过程中 Cl·等自由基数量始终保持不变，即每消耗一个自由基，就又生成另一个自由基。在链传递过程中，自由基数目保持不变的反应就称为直链反应。

上述反应表明，最初的自由基(也是活性中心)是在光辐射、热分解等能源的作用下生成的，自由基具有比普通分子更高的能量，其活性非常强，容易与其他种类的分子反应生成新分子及新的自由基，也容易自行结合成原来的分子。自由基是连锁反应中的链条，在反应中不能缺少。

② 支链反应。所谓支链反应是指一个自由基在链传递过程中，生成最终产物的同时产生两个或两个以上的自由基活性中心，使反应变得更为复杂。自由基的数目在反应过程中是随时间增加的，因此反应速率是加速的。现以 H_2 和 O_2 的反应来说明支链反应机理和特点。

链的引发　　　　$H_2 + O_2 \xrightarrow{\triangle} 2HO\cdot$

链的传递　　　　$HO\cdot + H_2 \longrightarrow H\cdot + H_2O$

链的支化传递　　$H\cdot + O_2 \longrightarrow O\cdot + HO\cdot$

$$O\cdot + H_2 \longrightarrow H\cdot + HO\cdot$$

$$H\cdot + O_2 + M \longrightarrow HO_2\cdot + M$$

$$HO_2\cdot + H_2 \longrightarrow H_2O + HO\cdot$$

链的终止　　　　$2H\cdot \longrightarrow H_2$

$$H\cdot + HO\cdot \longrightarrow H_2O$$

$$H\cdot + H\cdot \xrightarrow{\text{器壁}} H_2$$

这就是说，一个自由基 H·参加反应后，经过一个链传递形成最终产物 H_2O 的同时产生多个 H·或 HO·，这些自由基又能生成更多的自由基。

链的引发需要外来能源激发，使分子键被破坏生成第一个自由基；链的传递是自由基与分子反应；链的终止为导致自由基消失的反应。

氢分子最简单，碳氢化合物燃烧时还要产生其他中间产物分子，中间产物再分解，最后的产物才能形成新的链环，且分子结构越复杂其中间过程越多，反应机理也越复杂，既有支链反应，也包含着直链反应，所以有学者认为碳氢化合物的燃烧是一种退化的支链反应。

连锁反应理论很受学者推崇，是因为该理论解释了一些其他理论不能或不好解释的事实，比如用卤代烃灭火剂灭火的机理，该理论认为是卤代烃分子捕获了火焰气体中的自由基，使自由基密度减小，致使燃烧不能维持；再比如火焰在小尺寸的容器中燃烧速度慢，是由于器壁捕获了部分自由基，或者是自由基碰撞器壁时能量传递给了器壁失去活性而被销毁。这些事实说明自由基在气相中和在器壁上都有消失或被销毁的可能。自由基与器壁碰撞而消失的现象称为器壁效应，凡是增加分子及自由基与器壁(或颗粒表面)碰撞的概率，都能强化器壁效应，其直接表现是反应速率减慢。根据化学反应动力学理论和连锁反应理论，连锁燃烧反应的速度不仅与反应物浓度、能量、传播速度、自由基的生成有关，还与自由基销毁速度有关。

活化能理论认为：体系温度提高，将增加活化分子的数量，使燃烧反应加快；连锁反应理论认为：体系温度提高，将增加初始自由基的数量，提高燃烧反应速率。体系的温度提高，将加快燃烧反应速率，在这一观点上，两种理论是相同的，只是加速反应的解释机理有差异。

活化能理论和连锁反应理论都是针对燃烧反应的，没有直接讨论引发着火问题，但也可认为体系温度升高有利于体系着火。谢苗诺夫热自燃理论认为，一个可燃体系(包括可燃物和助燃物)能否着火取决于体系温度能否自行升高。热自燃理论认为可燃物与助燃物(如空气)能够自行反应并释放热量，如果体系初始温度不是太低，释放热量的速率就可能始终大于体系向环境散失热量的速率，这样则体系温度升高，并加速可燃物与助燃物之间氧化还原反应的速度，释放热量的速度也不断加速，当温度达到自燃点时，反应速度发生突跃，体系的高温致使物质发光，燃烧开始。

可以认为，可燃体系受外部热量加热，或受明火加热，或提高环境温度，都是提高体系初始温度的因素，无论提供热量多与少，都提高了氧化还原反应的速率，都必须是使反应速率和释放热量的速率足够高时，燃烧过程才开始。

1.3 气体爆炸

1.3.1 化学爆炸与物理爆炸

爆炸是具有压力势能的气体突然释放其能量，压缩周围空气形成冲击波，对设备、对建筑、对人造成破坏或伤害，并伴随巨大声响的现象。爆炸可分为多种形式，但都有被压缩的气体参与，爆炸后气体由压缩状态变成常压状态。根据爆炸前后是否产生新的气体，可将爆炸分为化学爆炸和物理爆炸两类。

(1) 化学爆炸

化学爆炸过程中都有化学变化过程，瞬间释放大量能量，并伴随高压新气体的生成。TNT炸药爆炸是快速的分解反应，分解产物几乎都是气体，产生的气体被炸药分解反应释放的热量加热，而使气体具有巨大的压力，爆炸过程也是压力释放过程。爆竹爆炸是黑火药爆炸，同样也是气体生成、压缩、压力冲破障碍的释放过程。煤矿矿井瓦斯爆炸反应可写成$CH_4+2O_2 = CO_2+2H_2O$，虽然反应后分子数没有增加，但爆炸反应释放的热量使气体具有压力而形成冲击波。天然气输送管道发生破裂事故时，天然气与空气混和，遇火源引发着火，由于反应极为快速，混合气云几乎是同时反应，瞬间释放的能量造成超压而形成冲击波。氯酸钾与硫黄的粉状混合物受到机械冲击也会发生爆炸，同样也是产物气体的压力释放所致。如果没有气体参与，化学反应释放的热量就不能形成压力，当然也就无法形成冲击波。虽然非分解性化学爆炸的化学反应与燃烧相同，但爆炸进行的速度极快，瞬间完成，局部压力骤然增加，释放形成冲击波，而燃烧过程反应速度相对较慢，很难形成具有破坏作用的冲击波。

(2) 物理爆炸

物理爆炸是指在发生爆炸过程中，被压缩的气体瞬间释放能量，压缩周围的气体形成冲击波，而参与爆炸的气体没有发生化学变化的爆炸过程。气体钢瓶受热时，内部压力增大，当超过容器的承压能力极限时，瓶体破裂，气体压力瞬间释放，冲击波炸飞瓶体碎块。当蒸汽锅炉意外超压时，如安全阀不能及时释放压力，也会发生爆炸，爆炸后水分子没有改变。

大量钢水意外撒漏到地面上并覆盖住少量水时，炽热的钢水迅速将水变成水蒸汽，由于不能释放而具有很高压力并发生爆炸，可将钢水推到很远的地方，但水分子也没有变化。空气压缩机气体出口后的缓冲气柜，也可能由于超压、腐蚀等原因发生爆炸。物理爆炸也具有极大的破坏作用，有时是与化学爆炸相伴发生的。煤焦油深加工的产物之一是粗酚(酚类的混合物)，对粗酚进一步分离常采用减压蒸馏法，假如酚在其蒸气馏出管处因温度低凝结，凝结物将管堵塞住，内部空间将与外部隔开，设备由敞开体系变成密闭体系，负压变正压，假如蒸馏釜底继续加热，设备内压力继续升高，只要超过设备承受能力，就会发生破裂爆炸，物料没有发生化学变化，属于物理爆炸。如果蒸气喷出后与空气混合接触后爆炸就属于化学爆炸。先发生物理爆炸，造成混合爆炸体系，之后就地又发生化学爆炸，这类事故很多。

(3) 爆炸的特征

爆炸的内部特征是气体和能量在极短时间和有限体积内产生、积累，造成高温、高压。其外部特征是对外部形成急剧突跃的压力冲击，造成机械性破坏作用，周围介质受振动产生声响。一般将爆炸现象区分为两个阶段：先是某种形式的能量以一定的方式转变为原物质或产物的压缩能；随后物质由压缩态膨胀，在膨胀过程中做机械功，进而引起附近介质的变形、破坏或移动。

综上所述，爆炸一般具有如下特征：

① 爆炸过程进行得很快，一次爆炸在瞬间即完成；

② 爆炸点附近的压力瞬间急剧上升；

③ 发出或大或小的声响；

④ 爆炸点周围的介质发生震动或邻近物体受到冲击破坏。

(4) 化学爆炸分类

根据化学爆炸发生的机理，可将化学爆炸分为爆炸物分解爆炸、爆炸物与空气的混合爆炸两种类型。如果将化学爆炸按爆炸反应物质分类则有：

① 纯组分可燃气体热分解爆炸。此类爆炸又称为简单分解爆炸。纯组分气体由于分解反应产生大量的热能和气体而引起的爆炸，爆炸不需要氧气存在，甚至有时也不需要明火引火源，只需受热引发。

② 可燃气体混合物爆炸。可燃气体或可燃液体蒸气与助燃气体，如空气按一定比例混合，在引火源的作用下引起的爆炸。

③ 可燃粉尘爆炸。可燃固体的微细粉尘，以一定浓度呈悬浮状态分散在空气等助燃气体中，在引火源作用下引起的爆炸。

④ 可燃液体雾滴爆炸。可燃液体被喷成雾状分散在空气中时，被引燃而发生的爆炸。由于雾滴的蒸发，此类爆炸与液体蒸气爆炸相似。

⑤ 可燃气云爆炸。大量的压缩气体泄漏后与空气混合，由于温度低使空气中水蒸气凝结，呈现为薄雾状气云，在风速较慢的情况下，气云慢速移动或呈滞留状态。密度比空气小的气云逐渐浮于上方，反之则沉于地面，滞留于低洼处，与空气混合达到其爆炸极限时，在引火源作用下即可引起爆炸。此类爆炸与可燃气体混合物爆炸的实质是相同的。

⑥ 固体强氧化剂与可燃固体粉末混合物爆炸。固体强氧化剂与易燃固体以粉体形式混合后，受到机械冲击或强热作用时引发的爆炸，如氯酸钾与硫磺混合物的爆炸。

⑦ 有机过氧化物受热分解爆炸。有机过氧化物中含有—O—O—(氧-氧)化学键，其具有热不稳定性和强氧化性，如在用冰醋酸与双氧水反应合成过氧乙酸时，物料中含有高浓度

的过氧乙酸，当混合液体温度超过某温度时，就会发生热分解爆炸(又称为热爆炸)。

由于前三种爆炸发生的次数较多，本书主要讨论前三种，只要掌握了原理，其他爆炸就好理解了。热爆炸有其特殊性，将在第9章中专门讨论。

1.3.2 分解爆炸

根据爆炸物分子结构特点，分解爆炸分为简单分解爆炸和复杂分解爆炸两类。

(1) 简单分解爆炸

非含氧分子，在没有氧气存在的条件下，受触发分解生成气体，并释放大量热量，由此造成的爆炸称为简单分解爆炸。

乙炔铜、乙炔银、叠氮化铅、叠氮化银等乙炔类化合物和叠氮类化合物分子结构极不稳定，受轻微震动即能分解起爆，爆炸是由分子分解产生的气体造成的。叠氮化银的爆炸反应如下：

$$AgN_6 \longrightarrow Ag + 3N_2 \uparrow$$

在此类物质的爆炸反应中没有氧气参与，所以能够在缺氧的环境中发生。由于乙炔能与铜反应生成乙炔铜，所以储存乙炔的金属钢瓶附件铜合金中，铜含量不能超过70%。该安全规定的另一意义是防止分解爆炸引起瓶内乙炔的爆炸。用乙炔火焰进行气焊焊接时，不能使用含银的焊条也是为了防止生成乙炔银。

能够发生分解爆炸的气体包括：乙炔、乙烯、环氧乙烷、臭氧、联氨、丙二烯、甲基乙炔、乙烯基乙炔、一氧化氮、二氧化氮、氰化氢、四氟乙烯等，即使没有氧气存在，它们也能够被“点燃”爆炸。这些气体分解爆炸的内因是它们具有较高的分解热，一般说来，分解热在80kJ/mol以上的气体，在一定外因(温度和压力)作用下，其分解产生分解热的速率就相当可观，其就是爆炸的能量来源。发生分解爆炸的气体只有在压力高于某一数值时才能发生，此压力称作该气体分解爆炸的临界压力，低于临界压力时，分解爆炸不会发生。

乙炔是常见的且临界压力较低的一种分解爆炸性气体，其分解爆炸时的能量密度比它在空气中完全燃烧(爆炸)时大一倍以上，因此不仅应注意它与空气混合的爆炸，使用时还应注意压力不能超过临界压力，防止分解爆炸。乙炔分解爆炸的临界压力是1.4MPa，在该压力以下不会发生分解爆炸。乙炔的分解爆炸反应方程式为：

$$C_2H_2 \longrightarrow 2C(固) + H_2 \uparrow + 226kJ$$

乙炔分解爆炸产生的热量很大，如果无热损失，爆炸温度可以高达3100℃。

由于乙炔在高压状态下极易发生分解爆炸，其防范措施是将乙炔气体低压充装到钢瓶中，此钢瓶与其他气体钢瓶不同，瓶内充填了多孔状的硅酸镁，孔内以丙酮充填，乙炔是溶解在丙酮中，这样既改变了乙炔的存在状态，也吸收并散失少量乙炔分解产生的热量，避免了热量积累，同时也减少了溶剂的摇晃。引发乙炔分解爆炸所需的能量随着乙炔压力的增加而显著降低，如图1-15所示。

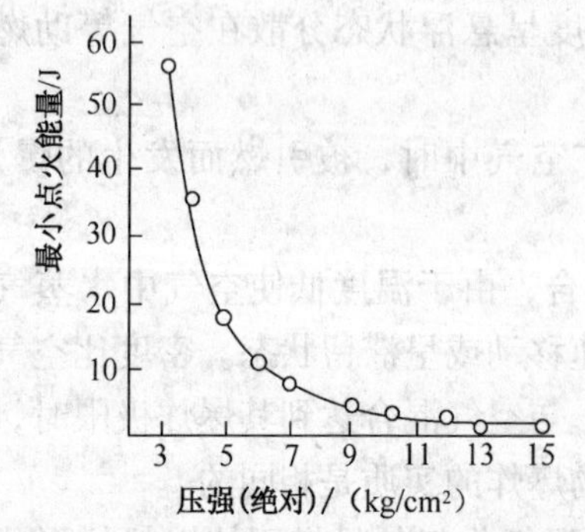

图1-15 引发乙炔分解爆炸的最小能量随乙炔压力的变化($3kg/cm^2$以上范围的数据)($1kg/cm^2 = 98.07kPa$，是工程上常用的压强单位，称为工程大气压)

乙烯分解爆炸所需要的能量也随压力的升高而降低，若有氧化铝存在，分解爆炸则更易发生。乙烯在0℃的分解爆炸临界压力是4MPa，故在高压下加工或处理乙烯，具有与可燃气体－空气混合物同样的危险性。用高压法工艺生产乙烯时，压力高达200MPa，尽管采取了相应的安全措施，分解爆炸事故也不能完全避免发生。乙烯分解爆炸反应方程式为：

$$C_2H_4 \longrightarrow C(固) + CH_4\uparrow + 127.4kJ$$

分解爆炸性气体及蒸气在纯气体状态下最小点火能随物质种类的不同而有很大差异，现将单一乙炔气体的最小点火能随压力的变化规律作简单介绍。

图1－15显示了乙炔的压力与最小点火能的关系(不能与乙炔/空气混合气体的最小点火能混淆，可以看成引爆热能)。可以看出，在低压下点火能很高，在绝对压力为3kg/cm^{2}时，约为57J，而在绝对压力为1kg/cm^{2}时，约为120J(图中没有显示)，但随着压力的增加，点火能急剧减小，有人推断，在25kg/cm^{2}时点火能约为0.2J，这个数值与可燃气体/空气的最小点火能相当，所以乙炔在加压的条件下是极不稳定的。

(2) 复杂分解爆炸

能够发生复杂分解爆炸的物质自身既含有可燃的C、H元素，又含有助燃的O元素，还含有不稳定的C—N、H—N、O—N、N—N基团结构，它们遇到外界能量刺激时，立即发生自燃烧反应，即燃烧所需的氧是由自身分解产生的，并放出大量的热量，使C—N键、O—N键、N—N键受热分解而断裂，很快转化为爆炸。自燃烧不是真正的燃烧，而是分解反应，但反应过程中C和H元素都转变成CO_2和H_2O。通常的炸药爆炸属于复杂分解爆炸，如硝化甘油的爆炸反应如下：

$$C_3H_5(ONO_2)_3 \longrightarrow 3CO_2\uparrow + 2.5H_2O\uparrow + 1.5N_2\uparrow + 0.25O_2\uparrow$$

反应产物全部是气体，同时释放大量的热量，反应时间只有十万分之几秒，爆炸压力上升速度极快，所以形成的冲击波破坏性极强。

一般而言，复杂分解爆炸物质的危险性要小于简单分解爆炸物质。

发生分解爆炸的化合物大都具有如下基团结构：

$—NO_2$	硝酸盐类物质
$—N=N\equiv N$	叠氮化合物
$—O—N=C$	雷酸盐类物质
$—ClO_3$	氯酸盐类
NX_3	氮卤化物
$—C\equiv C—$	乙炔类物质
$=N\equiv N$	重氮类物质

炸药爆炸的触发因素一般是热量，因此也称为热爆炸。同样，简单分解爆炸也属于热爆炸。凡是在单纯热的作用下，易爆物质在几何尺寸与温度相适应的时候能发生自动的不可控制的爆炸现象就称为热爆炸。对于气体，“几何尺寸”是指其容器的几何尺寸，而对于固体爆炸物，是指其自身的尺寸，例如梯恩梯炸药，当药柱半径是60cm时，其临界温度是140℃，低于该温度就不发生爆炸。尺寸越小，临界温度越高。气体的分子间距远大于固体，分解时对周围分子的加热作用弱一些，所以需要加压来减小分子间距，压力是其制约因素，所以气体分解爆炸的临界条件是压力。不同种类气体的分解反应性不同，分解反应的动力学速度也有差异，所以临界压力也各不同。

易爆物质的热爆炸是易爆物体系内的一种不可控制的内加热效应，热量可以来自外部加热，也可以来自内部自身的自发化学反应热。在适宜的几何尺寸、绝热等条件下，所有易爆物质或者能进行放热反应的物质都可以出现自行引燃，甚至爆炸的现象。对于工程爆破常用的硝铵炸药，储存库内空气湿度增加则有利于其发生自热反应。

对于易分解爆炸物质，分解反应是任何时候都在发生的，分解反应的速度同样与温度有关，低温时反应速度很慢，温度越高，分解速度越快，放热速度也越快。按照化学动力学原理，放热反应过程的速度随温度的增加而呈指数增加，而按传热学原理，散热过程的速度随温度的变化呈线性关系。

如果散热速度大于放热速度，体系温度不会升高，也就不会出现热引燃。如果放热速度大于散热速度，体系温度持续上升，反过来又促使分解速度进一步加快，爆炸物质温度达到临界温度时，分解速度进行得更快，就会突然地发生热爆炸。

假如放热速度正好等于散热速度，处于热平衡状态，温度不变，分解速度也不变。这时条件稍微改变就会使体系偏离这种平衡状态。炸药、黑火药等存放过程中有时自发爆炸就是这种情况。如制作鞭炮的药粉一旦受潮，放热速度将加快，平衡被打破，或者说是放热速度超过了散热速度，在储运过程中就爆炸。

1.3.3 混合气体爆炸

在所有的爆炸事故中，多数是混合气体爆炸。研究混合气体爆炸发生的条件及其规律，对于从事安全生产工作者是十分重要的，可以从理论上正确地指导制定防范爆炸事故的技术措施。

1.3.3.1 燃烧与爆炸的区别

从化学反应的本质来分析，可燃气体或易燃液体蒸气与空气所形成混合物的爆炸与燃烧没有本质上的区别，化学反应方程式相同，摩尔量气体释放的热量也相同，但区别是明显的，区别在哪里？通过下面的事故案例也许能得到答案。

某羊绒加工企业由于经营不善造成亏损，老板试图从保险公司骗取赔偿金。老板与羊绒仓库管理员每人提一桶汽油到仓库，将汽油倒在几乎空的破旧库房中，检查无误后，关闭门窗，两人退到室外，随后将划着火的火柴经门缝扔进库房内，本以为可以制造一起火灾，两人逃离现场即可安然无忧，但事实是发生了猛烈的爆炸，房倒屋塌，两人也命丧黄泉。经仔细对现场勘验和分析后，保险公司根据羊绒袋的铁钩数，认定只烧掉了两袋羊绒。如果倒出汽油后马上点火可能就是火灾，经一段时间后燃烧完毕，但间隔了一小段时间，汽油挥发出了大量蒸气，与空气混合形成了爆炸性气体混合物，引燃后整个室内空间内的混合气体几乎同时发生快速的燃烧，在瞬间就释放出了大量的热量，高温气体的瞬间高压形成冲击波，导致人亡物损的悲剧事故。据此可以得出如下结论：可燃气态物质与空气混合后就形成爆炸性混合物，爆炸过程释放能量是在瞬间完成的。液体燃烧过程包含了蒸发过程，且蒸发过程相对于燃烧过程是较慢的，即使是易挥发的汽油也是如此，所以燃烧释放热能的速率要比爆炸过程慢得多。

除形成气相混合物外，发生爆炸还必须具备三个必要的条件，即爆炸三要素。爆炸的三要素是：化学变化过程必须是放热的；化学变化过程必须是高速的；化学变化过程必须有大量的气体生成。三个要素相辅相成，缺一不可，否则爆炸不可能发生。

（1）反应过程必须是放热的

反应不放出足够的热量，不仅氧化还原反应进行得慢，放出的气体也不能被加热到足够高的温度，爆炸也不会发生。放热是爆炸的前提，但放出的热量必须足够多才能爆炸。爆炸是能够做功的，没有足够的热能当然也就不能做功。

（2）反应过程必须是高速的

没有足够快的反应速度，所放出的热量就不能保证爆炸产物的能量密度足够高。煤块在空气中燃烧是稳定的，徐徐放出反应热，如果把煤块粉碎磨成细粉，分散到空气中并达到一定浓度时，煤粉不仅燃烧，还会迅速由燃烧转变成爆炸，为什么？相同质量的煤粉其表面积非常大，与空气接触非常充分，因而反应速度快。1kg 的煤块和 1kg 的煤气的燃烧热都是 29000kJ，煤块完全燃烧需要 10min，而煤气与空气的混合物只需 0.2s 就燃烧完全，所以煤气很容易爆炸。炸药 TNT 的分解爆炸反应热只有 4184kJ，明显低于煤炭的燃烧热，但其爆炸时间只有十万分之一秒，分解出的气体可被加热到 2000～3000℃，在不大的空间内气体压力可达 10～40000MPa。

（3）反应过程必须有大量的气体生成

大家知道，气体的可压缩性很大，膨胀系数也很大。爆炸时，产生的气体相当于在等体积下被加热到很高的温度，因而压力极高，气体密度也极大，就像被压缩的弹簧，急速膨胀就产生冲击波。如果没有气体，就不会产生冲击波，也无法做功。总之，高温、高压、高能量气体的膨胀就形成爆炸，没有气体参加，再高的温度也不能形成爆炸。经常讲到的例子是铝热剂，铝热剂的反应是铝和氧化铁的反应，能产生高温，其反应式为：

$$2Al + Fe_2O_3 \longrightarrow Al_2O_3 + 2Fe + 828.4kJ$$

反应放出的热量能使产物被加热到 3000℃，可熔化铁合金，但没有气体生成，因此就不可能形成爆炸。

同燃烧三要素一样，讨论爆炸三要素也是为了在实际工作中，防范爆炸条件的形成，预防爆炸事故的发生。

1.3.3.2 爆炸极限

混合气体爆炸就是其快速的燃烧反应过程，根据化学反应的质量作用定律，化学反应的速度与反应物的浓度密切相关，对于燃烧反应来说，可燃气体和助燃气体两种气体中任何一种气体的浓度过低都导致反应速度过慢，释放热量的速率也太慢，爆炸和燃烧都不能发生。

有人对一氧化碳气体与空气的混合气体进行过试验，观察其燃爆情况随一氧化碳浓度的变化，结果见表 1－11。

表 1－11　一氧化碳与空气构成的混合物遇火源时的燃爆情况

CO 在混合气中所占体积比例/%	燃爆情况	CO 在混合气中所占体积比例/%	燃爆情况
<12.5	不燃不爆	30～80	燃爆逐渐减弱
12.5	轻度燃爆	80	轻度燃爆
12.5～30	燃爆逐渐加强	>80	不燃不爆
30	燃爆最强烈		

可见，一氧化碳只有在一定的浓度范围之内，燃烧的速度才足够快，从而产生爆炸，在此范围之外，就不可能发生爆炸。其他可燃气体也同样会发生类似的现象，如氢气在空气中浓度在 4.0%～75% 范围之外时，或天然气浓度在 5.3%～15% 范围之外时，或甲醇蒸气浓度在 6.7%～36% 范围之外时，都不会发生燃烧和爆炸，而其浓度处于所列浓度范围之内时，可以发生燃爆，且燃爆的剧烈程度也会随着浓度的增大，发生由弱到强，再由强到弱的变化过程。当一种反应物浓度较低时，发生反应的质点释放的热量与相邻质点距离大，热量

传递较慢，不能使其转变成高能态的活化分子，或者是生成新自由基的速率太慢，所以不能维持持续燃烧所需的高温，燃爆不能发生。当浓度处于化学计量浓度比例时，燃爆最剧烈。

通常，将可燃气体(或蒸气)和空气组成的混合气体遇火源即能发生爆炸时可燃气体的最低浓度称为爆炸下限(LEL，Lower Explosive Limit)，而将可燃气体和空气组成的混合气遇火源即能发生爆炸的可燃气体最高浓度称为爆炸上限(UEL，Upper Explosive Limit)。《消防基本术语》(GB/T 14107—93)对爆炸极限下的定义是：可燃气体、蒸气或粉尘与空气混合后，遇火会产生爆炸的最高或最低浓度。如无特殊说明，爆炸极限的浓度单位都是采用体积分数。

虽然说燃烧与爆炸的反应速度有区别，但在实际情况下，混合气体燃烧与爆炸没有明显的界限，也就是说在不燃不爆与爆炸之间没有专属于燃烧的浓度范围。基于上述原因，有的学者对混合气体的爆炸极限给出如下定义：可燃气体或蒸气与空气(或氧)组成的混合物在点火后可以使火焰蔓延的最低浓度，称为该气体或蒸气的爆炸下限(也称燃烧下限 LFL)；同理，能使火焰蔓延的最高浓度称为爆炸上限(燃烧上限 UFL)。表 1－11 中的情况描述也没有使用燃烧，而是使用燃爆一词。所以爆炸极限也称为燃爆极限或燃烧极限，由于爆炸极限使用最广泛，本书也继续使用爆炸极限这个术语。实际上，液体在其闪点温度下形成的饱和蒸气浓度就是该液体爆炸极限的下限。

部分可燃气体(蒸气)在空气中的爆炸极限值见表 1－12。

表 1－12　常见可燃气体在空气中的爆炸极限　　%(体)

物质名称	爆炸极限	物质名称	爆炸极限	物质名称	爆炸极限
甲烷	5.0～15.0	环氧乙烷	3.6～100	氯乙烷	3.8～15.4
乙烷	3.0～15.5	环氧丙烷	2.8～37	溴乙烷	6.7～11.3
丙烷	2.1～9.5	甲基醚	3.4～27.0	氯丙烷	2.6～11.1
丁烷	1.9～8.5	乙醚	1.9～36	氯丁烷	1.8～10.1
戊烷	1.4～7.8	乙基甲基醚	2.0～10.1	溴丁烷	2.6～6.6
己烷	1.1～7.5	二甲醚	3.4～2.7	氯乙烯	3.6～33
庚烷	1.1～6.7	二丁醚	1.5～7.6	烯丙基氯	2.9～11.1
辛烷	1.0～6.5	甲醇	6.7～36	氯苯	1.3～7.1
壬烷	0.7～5.6	乙醇	3.3～19	1,2－二氯乙烷	6.2～16
环丙烷	2.4～10.4	丙醇	2.1～13.5	1,1－二氯乙烯	7.3～16
环戊烷	1.4～—	丁醇	1.4～11.2	硫化氢	4.3～45.5
异丁烷	1.8～8.4	戊醇	1.2～10	二硫化碳	1.3～5.0
环己烷	1.3～8.0	异丙醇	2.0～12	乙硫醇	2.8～10.0
异戊烷	1.4～7.6	异丁醇	1.7～19.0	乙腈	4.4～16.0
异辛烷	1.0～6.0	甲醛	7.0～73	丙烯腈	3.0～17.0
乙基环丁烷	1.2～7.7	乙醛	4.0～60	硝基甲烷	7.3～63
乙基环戊烷	1.1～6.7	丙醛	2.9～17	硝基乙烷	3.4～5.0
乙基环己烷	0.9～6.6	丙烯醛	2.8～31	亚硝酸乙酯	3.0～50
甲基环己烷	1.2～6.7	丙酮	2.6～12.8	氰化氢	5.6～40
乙烯	2.7～36.0	丁醛	2.5～12.5	甲胺	4.9～20.1
丙烯	2.0～11.1	甲乙酮	1.8～10	二甲胺	2.8～14.4
1－丁烯	1.6～10.0	环己酮	1.1～8.1	吡啶	1.7～12

续表

物质名称	爆炸极限	物质名称	爆炸极限	物质名称	爆炸极限
2-丁烯(顺)	1.7~9.0	乙酸	5.4~16	氢	4.0~75
2-丁烯(反)	1.8~9.7	甲酸甲酯	5.0~23	天然气	3.8~13
丁二烯	2.0~12	甲酸乙酯	2.8~16	城市煤气	4.0~—
异丁烯	1.8~9.6	醋酸甲酯	3.1~16	液化石油气	1.0~1.5
乙炔	2.5~100	醋酸乙酯	2.2~11.0	轻石脑油	1.2~—
丙炔	1.7~—	醋酸丙酯	2.0~3.0	重石脑油	0.6~—
苯	1.3~7.1	醋酸丁酯	1.7~7.3	汽油	1.1~5.9
甲苯	1.2~7.1	醋酸丁烯酯	2.6~—	喷气燃料	0.6~—
乙苯	1.0~6.7	丙烯酸甲酯	2.8~25	煤油	0.6~—
邻-二甲苯	1.0~6.0	呋喃	2.3~14.3	一氧化碳*	12.5~74.2
间-二甲苯	1.1~7.0	四氢呋喃	2.0~11.8	氨；氨气*	15.7~27.4
对-二甲苯	1.1~7.0	氯代甲烷	10.7~17.4		

注：表中数据除带*者取自《常用化学危险品安全手册》(中国医药科技出版社，1992)外，其他数据取自《石油化工可燃气体和有毒气体检测报警设计规范》GB 50493—2009。

1.3.3.3 爆炸极限测定

爆炸极限的测定一般采用传播法，测定装置见图1-16。图中为《空气中可燃气体爆炸极限测定方法》(GB/T 12474—2008)中规定的测定装置示意图，是在常温常压下测定可燃气体/空气混合物爆炸极限的实验装置。其主要部件是长(1300±50)mm，内径为ϕ(60±5)mm的硬质玻璃爆炸反应管，管底装有通径不小于ϕ25mm泄压阀，安放在可升温至50℃的恒温箱内，电火花点火能量大于混合物最小点火能，放电电极位于管横截面中心，距反应管底部不小于100mm，电极间距为34mm。点火电极为1.5mm直径的钨棒。

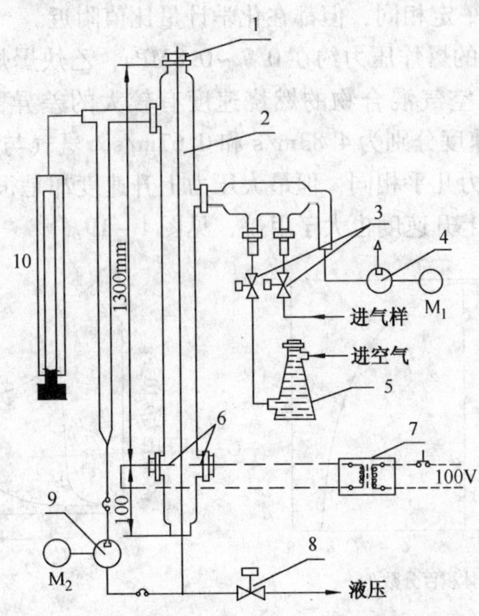

图1-16 可燃气体爆炸极限测定装置

1—安全塞；2—反应管；3—电磁阀；4—真空泵；5—干燥瓶；6—火花放电电极；7—电压互感器；8—液压电磁阀；9—搅拌泵；10—压力计；M_1、M_2—电动机

测试原理：首先将爆炸管内抽成真空，真空度不大于667Pa，停泵后5min，压力表下降不大于267Pa，然后用分压法配制混合气体，充以一定浓度的可燃气与空气的混合气体，用循环泵使可燃气混合均匀(搅拌5～10min)，之后停止搅拌，打开反应管底部泄压阀，再用电极点火，观察火焰传播情况(能否升至管顶)。火焰传播的最低浓度或最高浓度(可燃气的体积百分含量)，即为该可燃气的爆炸下限或爆炸上限。

1.3.3.4 气体爆炸指数

在相对密闭的容器中，可燃气体与空气的混合物发生爆炸时，压力随时间变化的示意曲线见图1－17。在曲线的上升阶段，压力上升速度 dp/dt 能够反应爆炸燃烧速度的快慢，也就是衡量爆炸强度的尺度(即爆炸强度)。压力上升速度的定义是：在爆炸压力－时间曲线的上升线段通过拐点的切线斜率，等于压力差除以时间差的比值，该比值即为上升速度，如图1－17中斜线所示，由于拐点处的斜率最大，所以此值也称为最大爆炸压力上升速度$(dp/dt)_{max}$。图中 p_{max} 为爆炸达到的最大压力，称为最大爆炸压力。

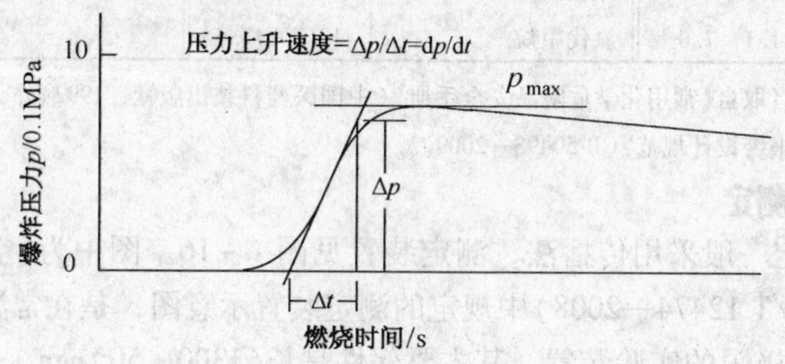

图1－17　可燃气爆炸压力上升速度 dp/dt 与最大爆炸压力 p_{max}

根据前面的内容可知，可燃气体或液体蒸气在混合气体中的体积分数不同时，燃烧速度不同，爆炸最大压力也不同(见图1－18)，压力上升最大速度也随之而变化，都有极大值，二者对应的体体积分数不一定相同，但都在化学计量比值附近。

常见可燃气体(蒸气)的爆炸压力约在0.7～0.8MPa，乙炔爆炸压力约为1MPa，相差不是太大。不同可燃气体与空气混合物的燃烧速度有较大的差异，如氢气(38.5%)和甲烷(9.8%)气体的火焰传播速度分别为4.83m/s 和0.67m/s，氢气与甲烷气同样以化学当量计算量混合，其最大爆炸压力几乎相同，但最大压力上升速度却是很不相同，氢气火焰传播速度快于甲烷，其最大压力上升速度也大于甲烷，见图1－19。

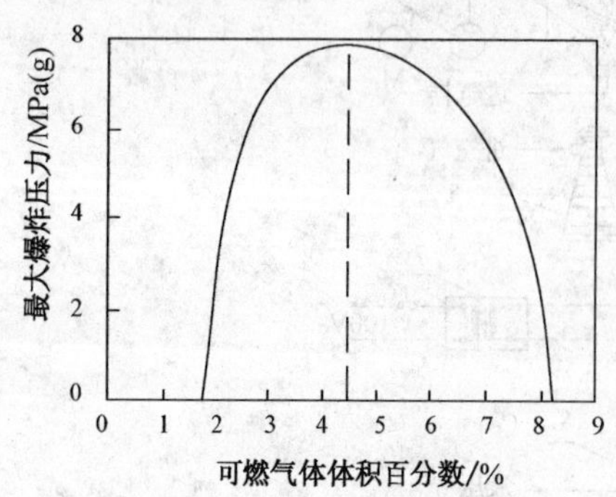

图1－18　最大爆炸压力与体积分数的关系

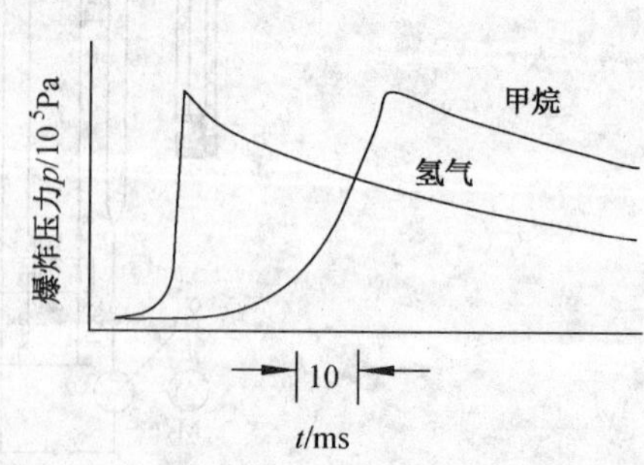

图1－19　密闭容器中甲烷和氢气爆炸压力变化过程(化学计量混合物)

如果点燃位置不是在容器的中心，而是在容器的边缘，爆炸火焰很快与器壁接触而消散了部分热量，于是压力上升速度就会减小，而爆炸压力变化不大，略有下降。压力上升速度还与容器的容积有关，容积越大压力上升速度越慢。

用最大爆炸压力上升速率的对数对容器容积的对数作图，可得出一条斜率为 -1/3 的直线。这种可燃气体（或蒸气）的最大爆炸压力上升速率与容器体积的关系，称为"三次方定律"。据此，定义最大压力上升速率$(dp/dt)_{max}$与爆炸容器容积(V)的立方根之乘积为爆炸指数K_g，即

$$K_g = \left(\frac{dp}{dt}\right)_{max} V^{\frac{1}{3}} \tag{1-5}$$

式中 K_g——气体的爆炸指数。

根据 GB/T 803—2008《可燃气体/空气混合物爆炸指数测定方法》的规定，气体爆炸指数在 1m³ 的标准爆炸装置中测定，如图 1-20 所示。测定装置的主体是一个长径比为 1∶1 的圆柱形爆炸容器，容积为 1m³。外设一个容积为 5L 的小室，可用空气将其加压到 2MPa，通过快速动作阀门和内径为 ϕ19mm 的管子与爆炸容器相连，设置小室的作用是便于容器内形成湍流。快速动作阀与爆炸容器内呈半圆形、内径为 ϕ19mm 的管子相连，半圆形管子上钻有若干个 ϕ4~6mm 的小孔，小孔总面积约为 300mm²。可燃气体/空气混合物由电火花点燃，火花间隙位于容器的几何中心，电极极板间距为 3~5mm，爆炸压力由安装在容器器壁上的压力传感器测得。

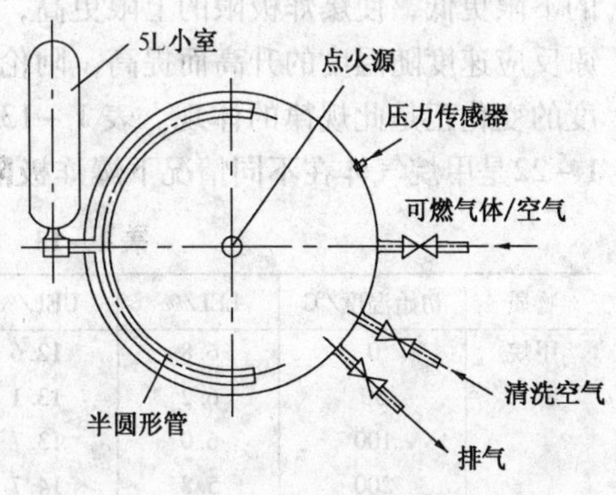

图 1-20 1m³ 爆炸指数标准爆炸试验装置

测定静止的可燃气体/空气混合物的爆炸指数时，先在 1m³ 容器内配制可燃气体/空气混合物，启动压力记录仪，然后开动点火源，记录爆炸压力-时间曲线。在一个较宽的浓度范围内对可燃气体/空气混合物进行爆炸测试，分别绘制出 p_m、$(dp/dt)_m$ 及 K_g 随浓度的变化曲线，之后，从曲线中求出各种比例的可燃气体/空气混合物的 p_{max}、$(dp/dt)_{max}$ 及 $K_{g(max)}$ 值，也可以由公式(1-5)直接求出 $K_{g(max)}$ 值。

测定湍流可燃气体/空气混合物的爆炸指数时，先在 1m³ 容器内配制可燃气体/空气混合物，在 5L 小室内充入 2MPa 压缩空气，启动压力记录仪后启动快速动作阀门，在给定点火延迟时间后点火，使湍流混合气体发生爆炸，记录爆炸压力-时间曲线。在不同的浓度比例范围内对可燃气体/空气混合物进行爆炸测试。数据处理方法与静止可燃气体/空气混合物爆炸指数测试相同。

最大爆炸压力、爆炸指数随可燃气体浓度的变化曲线见图 1-21，都在某浓度时出现最大值。由于不同气体浓度时，p_{max}和$(dp/dt)_{max}$的数值变化较大，为了准确反映一种气体的特性，一般情况下，气体的 p_{max} 和$(dp/dt)_{max}$都是指最有利浓度时的最大值，即哪一浓度下测得的数值最大，就取其数值作为该气体的 p_{max} 和$(dp/dt)_{max}$。如果要反映某特定浓度时的最大爆炸压力和最大爆炸压力上升速率，就应具体说明测定时的浓度。

1.3.3.5 影响爆炸极限数值的因素

(1) 体系初始温度的影响

根据化学反应动力学可知，初始温度越高，反应物分子内能越高，反应活性也越高。低

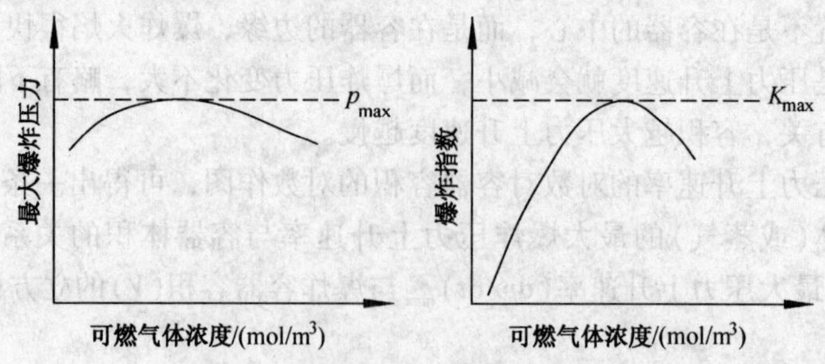

图 1-21　最大爆炸压力、爆炸指数随可燃气体浓度的变化曲线

温时在爆炸极限浓度以外的混合物，在高温时也可能发生燃爆。初始温度提高将使爆炸极限的下限更低，使爆炸极限的上限更高，也就是随着温度的提高，爆炸极限范围变宽。氧化还原反应速度随温度的升高而提高，阿伦尼乌斯定律早已对此做出明确的解释，爆炸极限随温度的变化正是此规律的体现。表 1-13 是三种常见物质的爆炸极限随温度变化的数据。图 1-22是甲烷气体在不同情况下爆炸极限随初始温度的变化情况。

表 1-13　初始温度对爆炸极限的影响

物质	初始温度/℃	LEL/%	UEL/%	物质	初始温度/℃	LEL/%	UEL/%
甲烷	0	6.8	12.6	煤气	20	6.00	13.4
	50	6.2	13.1		100	5.45	13.5
	100	6.0	13.7		200	5.05	13.8
	200	5.8	14.7		300	4.40	14.25
	300	5.5	15.8		400	4.00	14.70
	400	5.2	16.8		500	3.65	15.35
丙酮	0	4.2	8.0		600	3.35	16.40
	50	4.0	9.8		700	3.25	18.75
	100	3.2	10.0				

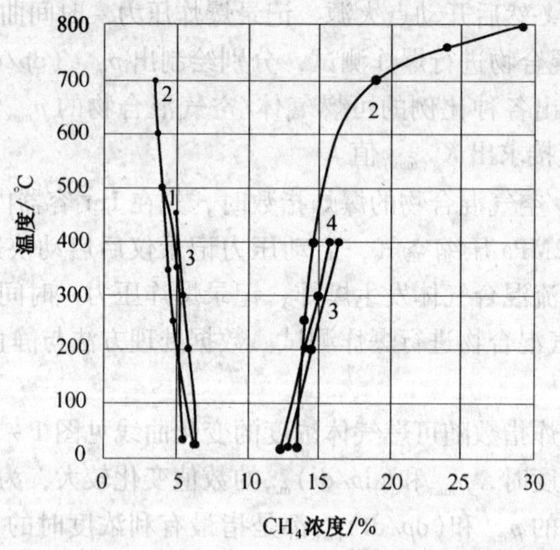

图 1-22　甲烷在空气中的爆炸极限随初始温度的变化

1—100cm³ 亨佩耳球管；2—密闭容器，直径 2cm，长 50cm；

3—密闭容器，直径 2.5cm，长 150cm；4—密闭容器，直径 1.8cm，长 150cm

气体物质爆炸极限的上限和下限随温度的变化关系可用下面的公式表示：

$$LEL_t = LEL_{25} - 8 \times 10^{-4} LEL_{25}(t-25) \tag{1-6}$$

$$UEL_t = UEL_{25} + 8 \times 10^{-4} UEL_{25}(t - 25) \tag{1-7}$$

式中 LEL_t、UEL_t——分别为在温度 t 时的爆炸下限和爆炸上限(体),%;

LEL_{25}、UEL_{25}——分别为在25℃时的爆炸下限和爆炸上限(体),%;

t——混合气体的温度,℃。

(2) 体系初始压力的影响

混合气体的体积百分数不随压力的增加而增加，但压力增加时单位体积内气体的质量增加，分子间距缩小，碰撞几率增加，就如同质量作用定律的效果，更容易被引燃(氧化反应速度更快)，所以爆炸极限随之加宽。通常，爆炸上限随着压力上升而增加的较为显著，而下限变化较小。相反，如果体系初始压力降低，爆炸极限范围变窄，当压力降低到一定程度时，上限与下限重合，此时的压力为一个临界值，压力低于临界值，则系统不燃不爆。压力降低导致爆炸极限范围变窄的原因是质量浓度降低，压力变化时体积百分数不变化。表1-14为甲烷爆炸极限随压力的变化关系。对于在密闭容器内进行的工艺过程，负压操作是一种安全措施，其安全的原因也在于此。

表1-14 压力对甲烷爆炸极限的影响

初始压力/kPa	爆炸下限/%	爆炸上限/%
98.1	5.6	14.3
981	5.9	17.2
4903	5.4	29.4
12258	5.7	45.7

也有违反上述规律的例子，比如一氧化碳，压力越高，爆炸范围越窄。目前，理论上还无法对此现象做出公认的解释。

(3) 惰性介质的影响

在爆炸性混合气体中混入 N_2、CO_2、水蒸气等惰性气体，则爆炸极限范围缩小，当惰性气体浓度达到一定数值时，爆炸极限的上下限重合，混合物不燃不爆，如图1-23所示。由图可见，惰性气体对爆炸上限影响较大。另外，不同惰性气体的阻燃效果有较大差异，CO_2的阻燃效果明显优于 N_2，实践证明，四氯化碳的阻燃效果比 CO_2还要好得多。

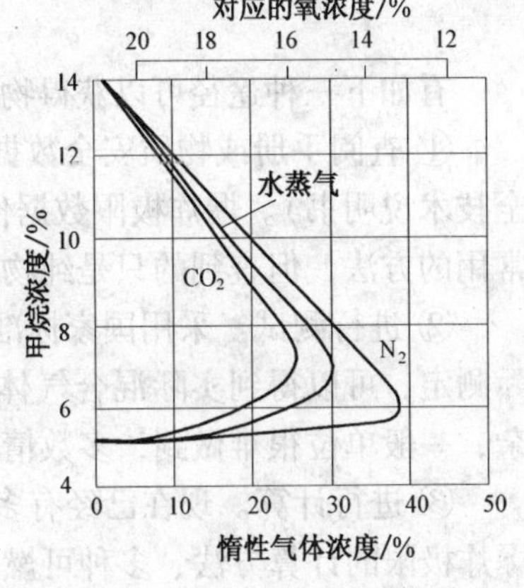

图1-23 甲烷爆炸极限随惰性气体浓度的变化

多数学者认为，惰性气体是通过减少氧气的浓度来缩小爆炸极限范围的，由于在爆炸上限时的氧气浓度本来就不富裕，加入惰性气体后就不能燃爆，所以其上限就降低，这时燃气浓度降低了，氧气浓度也降低了。对下限影响比较小的原因是，下限时氧的浓度本来就高，相对变化量较小。

在可燃液体储罐内上部空间充入氮气，在可燃气体气柜和易燃液体储罐退役时用惰性气体进行惰性化处理都是利用此原理。

可以认为空气是混入了氮气的氧气，燃气与纯氧气混合时爆炸范围宽，而在空气中就窄。图1-23中数据是在空气组成的基础上，又混入了惰性气体的结果。

（4）混合气体中含氧量的影响

正常情况下，空气中氧的浓度为21%，氧是燃烧爆炸的反应物质，氧浓度增加时，惰性组分氮气自然减少，混合气体的燃烧性必然增强，原来不能燃烧的燃气浓度就可能变成可以燃烧，爆炸极限自然也扩展。表1－15列出了部分可燃气体在纯氧气中的爆炸极限。表中数据表明，在氧气中爆炸极限比在空气中的范围宽的多。如甲烷在空气中的爆炸极限为5.3%～15%，在氧气中则扩展为5%～61%，其中上限变化最为明显。这也从侧面提示人们，在富氧环境下爆炸危险性更大。

表1－15　部分物质在纯氧气中的爆炸极限

分子式	物质名称	爆炸极限/%（v/v）	
		在纯氧气中	在空气中
CH_4	甲烷	5～61	5.0～15.0
C_2H_h	乙烷	3～66	3.0～15.5
C_3H_8	丙烷	2.3～55	2.1～9.5
C_4H_{10}	丁烷	1.8～49	1.9～8.5
C_2H_4	乙烯	3～80	2.7～36.0
C_3H_6	丙烯	2.1～53	2.0～11.1
C_2H_2	乙炔	2.8～93	2.5～100
CO	一氧化碳	15.5～94	12.5～74.2
H_2	氢	4～95	4.0～75
NH_3	氨；氨气	13.5～79	15.7～27.4
C_2H_3Cl	氯乙烯	4～70	3.6～33

注：由于数据来源不同，表中有些物质在纯氧气中的爆炸下限高于其在空气中的下限，误差是由测定条件和操作者操作方法等原因造成的，不能据此认为燃气与纯氧气混合时爆炸下限更高。

1.4　爆炸极限的计算

有如下三种途径可以获得物质爆炸极限参数：

① 查阅手册或物质安全数据说明书（MSDS，Material Safety Data Sheet，也译为化学品安全技术说明书）。爆炸极限数据作为物质的特性参数，在很多工具书中都能查找到。这是最常用的方法，但查到的只是纯物质的爆炸极限数据。

② 进行测试。采用国家标准《空气中可燃气体爆炸极限测定方法》中规定的方法进行实际测定，可以得到实际混合气体的爆炸极限值。由于需要专用的测试仪器，且测试方法复杂，一般单位很难做到，多数情况下也没有必要自己测定。如有必要也可委托测定。

③ 进行计算。现在已经有多种计算可燃气体或可燃蒸气爆炸极限的方法，包括纯物质爆炸极限的计算方法、多种可燃气体组成的混合气体的爆炸极限计算方法、以及可燃气体与惰性气体混合物爆炸极限的方法，后两者更有实际意义，因为这些数据无处可查，而在实际工作中遇到的主要就是这些混合气体。

1.4.1　单组分爆炸极限的计算方法

如果查不到现成的爆炸极限数据，也可以通过计算获得。计算方法是由物质的其他特性数据及一些经验公式来计算，一般不如实际测定的数据准确，因此这类数据只能作参考之用。

(1) 根据闪点计算爆炸极限下限

对于可燃液体，在闪点的温度下，液体蒸气在液体表面与空气形成爆炸性混合物，对应的浓度就是爆炸极限下限。闪点下的饱和蒸气分压与其蒸气在混合物中的浓度成正比，利用这种关系可以推算出爆炸下限，计算公式如式(1-8)。

$$LEL = 100 \times \frac{p_{闪}}{p_{总}} \tag{1-8}$$

式中 LEL——为爆炸下限,%(体积);

$p_{闪}$——为闪点温度时易燃液体的饱和蒸气压，Pa；

$p_{总}$——为混合气体的总压，常压时为 1.013×10^5Pa。

(2) 根据完全燃烧时化学计量浓度近似计算

爆炸性气体完全燃烧时的化学当量浓度由式(1-9)计算。

$$C_0 = \frac{1}{1 + \frac{n_o}{0.21}} \times 100\% \tag{1-9}$$

式中 C_0——气体在完全燃烧时的化学计量浓度；

n_o——一个可燃气体分子完全燃烧所需的氧分子(O_2)数；

0.21——空气中氧气的体积分数。

以乙烷为例计算 C_0，乙烷完全燃烧时的化学反应方程式为：

$$C_2H_6 + 3.5O_2 \longrightarrow 2CO_2 + 3H_2O$$

一个乙烷分子完全燃烧时所需氧分子数 $n_o = 3.5$，所以

$$C_0 = \frac{1}{1 + \frac{n_o}{0.21}} \times 100\% = \frac{1}{1 + \frac{3.5}{0.21}} \approx 5.66\%$$

可燃气体的爆炸下限由下式计算：

$$LEL = 0.55C_0 \tag{1-10}$$

式中，0.55 为常数，乙烷的爆炸下限为：$LEL = 0.55 \times 5.66\% = 3.11\%$，文献值为 3.0。由计算式看出，分子越大，反应所需氧分子数越多，C_0越小，爆炸下限越低。

此法适用于链烷烃类有机气体，也可用来估算其他有机可燃气体的爆炸下限，但当应用于氢、乙炔，以及含有氮、氯、硫等的有机气体时，偏差较大，不宜应用。

氧化所需的氧分子数与分子量成正比，即分子量越大则 n_o越大，爆炸下限 $L_{下}$越低。对于烷烃，则分子的碳原子数越多，下限越低，上限也越低，但变化幅度低于下限。

(3) 根据爆炸下限计算爆炸上限

在常压和25℃条件下，碳氢化合物在空气中的爆炸上限与下限有如下关系：

$$UEL = 7.1(LEL)^{0.56} \tag{1-11}$$

如果在爆炸上限附近不伴有冷火焰，上式可简化为

$$UEL = 6.5\sqrt{LEL} \tag{1-12}$$

如果将式(1-10)代入式(1-12)，得

$$UEL \approx 4.8\sqrt{C_0} \tag{1-13}$$

此法主要适用于链烷烃在空气中爆炸上限的计算。

前面提到的冷火焰是指温度较低的火焰，燃烧时热量的释放量较小。常见的火焰都属于热火焰。

(4) 根据分子中所含碳原子数估算爆炸极限

脂肪族烃类化合物的爆炸极限与化合物中所含碳原子数 n_c 有如下近似关系：

$$\frac{1}{\mathrm{LEL}} = 0.1347n_c + 0.04343 \tag{1-14}$$

$$\frac{1}{\mathrm{UEL}} = 0.01337n_c + 0.05151 \tag{1-15}$$

1.4.2 混合体系爆炸极限的计算

(1) 多组分可燃性气体混合物爆炸极限的计算

在实际工作中经常遇到两元组分或两元组分以上的混合气体，在文献手册中查不到这些混合气体的爆炸极限数据。利用 Le. Chatelier(理・查特里)公式可以计算可燃气体或蒸气混合物的爆炸极限，计算所需参数包括各纯组分的爆炸极限和各组分的百分含量。Le. Chatelier 计算公式如下：

$$\mathrm{LEL_m} = \frac{100}{\sum_{i=1}^{n} \frac{V_i}{\mathrm{LEL}_i}} \tag{1-16}$$

式中 $\mathrm{LEL_m}$——混合气体的爆炸下限,%；

LEL_i——第 i 种组分的爆炸下限,%；

V_i——第 i 种组分在混合气体中的体积分数,%。如果用小数表示，则公式中的100 改为 1 即可，下同。

$$\mathrm{UEL_m} = \frac{100}{\sum_{i=1}^{n} \frac{V_i}{\mathrm{UEL}_i}} \tag{1-17}$$

式中 $\mathrm{UEL_m}$——混合气体的爆炸上限,%；

UEL_i——第 i 种组分的爆炸上限,%；

V_i——第 i 种组分在混合气体中的体积分数,%。

Le. Chatelier 公式只适用于混合气体中各组分气体的活化能 E、摩尔燃烧热 Q、活化(反应)概率 K 等近似相等的混合气。如果实际混合气体中各组分的上述热力学参数相差较大，在计算时会出现一些偏差，但仍有一定参考价值。另外，该式仅适用于各组分间不反应、燃烧时无催化作用的可燃气体混合物。注意：Le. Chatelier 公式直接使用时，仅适用于只由可燃气体组成的可燃混合气体。

【例 1-2】 某天然气的组成如下：甲烷 80%(爆炸极限 5.3% ~15%)、乙烷 15%(爆炸极限 3.0% ~16%)、丙烷 4%(爆炸极限 2.1% ~9.5%)和丁烷 1%(爆炸极限 1.5% ~8.5%)，计算天然气的爆炸下限和爆炸上限。

解：将各组分的爆炸下限数据代入式(1-16)得混合气体爆炸下限，结果如下式

$$\mathrm{LEL_m} = \frac{100}{\frac{80}{5.3} + \frac{15}{3.0} + \frac{4}{2.1} + \frac{1}{1.5}} = 4.41\%$$

而将各组分的爆炸上限代入式(1-17)得混合气体爆炸上限

$$\mathrm{UEL_m} = \frac{100}{\frac{80}{15}+\frac{15}{16}+\frac{4}{9.5}+\frac{1}{8.5}} = 14.68\%$$

多种可燃气体组成的混合气体的爆炸极限与组成比例直接相关，组成变化则极限值也随之变化。在应用 Le. Chatelier 公式时，必须注意 $V_1 + V_2 + \cdots + V_n = 1$ 或(100%)。

(2) 可燃气体与惰性气体混合物的爆炸极限

可燃气体与惰性气体混合后，爆炸极限范围变窄，有三种方法计算其爆炸极限。

1) Le. Chatelier 公式法

混合有惰性气体或其他不燃气体时，需对气体浓度进行变换。首先把每一种可燃气体的百分浓度变成其在可燃气体中所占的百分数，再代入 Le. Chatelier 公式中计算即可。

【例 1-3】 某回收煤气的组分平均含量为:

组分气体名称	CO	CO_2	N_2	O_2	H_2
体积分数/%	58	19.4	20.7	0.4	1.5

求该煤气的爆炸极限。

解：煤气中 CO 和 H_2 为可燃气体，其他为不燃气体。CO 和 H_2 的体积百分比之和为：58% +1.5% =59.5%，它们各自占可燃气体的百分比分别为：

$$V_{(\mathrm{CO})} = 58/59.5 \times 100 = 97.48\%$$

$$V_{(\mathrm{H_2})} = 1.5/59.5 \times 100 = 2.52\%$$

查表 1-12 得爆炸极限：CO 为 12.5% ~74.2%，H_2 为 4.1% ~74.0%。把数据分别代入式(1-16)和式(1-17)得

$$\mathrm{LEL_m} = \frac{100}{\frac{97.48}{12.5}+\frac{2.52}{4.1}} = 11.89\% \qquad \mathrm{UEL_m} = \frac{100}{\frac{97.48}{74.2}+\frac{2.52}{74}} = 74.63\%$$

由于可燃气体总浓度为 59.5%，处于爆炸极限范围之内，所以该气体有爆炸的危险。

【例 1-4】 某已知某混合气体的组成及爆炸极限数据如下：

组分气体名称	己烷	甲烷	乙烯	空气
体积分数/%	0.8	2.0	0.5	96.7
爆炸极限/%	1.1 ~7.5	5.0 ~16	2.7 ~36	

判断该混合气有无爆炸危险？

解：所有可燃气体体积分数之和为：0.8% +2.0% +0.5% =3.3%

算出每种可燃气体在所有可燃气体中的体积分数，即

$V_{己烷} = 0.8/3.3 = 24\%$

$V_{甲烷} = 2.0/3.3 = 61\%$

$V_{乙烯} = 0.5/3.3 = 15\%$

用 Le. Chatelier 公式计算

$$\mathrm{LEL_m} = \frac{100}{\sum_{i=1}^{3}\frac{V_i}{\mathrm{LEL}_i}} = \frac{100}{\frac{0.24}{1.1}+\frac{0.61}{5.0}+\frac{0.15}{2.7}} = 2.53\%$$

$$UEL_m = \frac{100}{\sum_{i=1}^{3} \frac{V_i}{UEL_i}} = \frac{100}{\frac{0.24}{7.5} + \frac{0.61}{15} + \frac{0.15}{36}} = 13.6\%$$

计算得出该混合气体的爆炸浓度范围为 2.53% ~13.6%，可燃气体总含量为 3.3%，处于爆炸极限范围内，所以这种混合气具有爆炸危险。注意：该法计算出来的爆炸极限浓度是纯可燃气体部分的浓度，不包括该混合气体中的非燃烧组分。

上述计算也可以不进行百分比换算，直接代入原始数据，但此时式(1 -16)和式(1 -17)中分子应由 100 改为所有可燃气体的百分浓度之和，即 $\sum_{i=1}^{n} = V_i$。

2）经验公式法

对于有惰性气体混入的混合物气体，可用下列经验公式计算。

$$LEL'_m = LEL_m \times \frac{\left(1 + \frac{B}{1-B}\right) \times 100}{100 + LEL_m \times \frac{B}{1-B}} \times 100\% \tag{1-18}$$

$$UEL'_m = UEL_m \times \frac{\left(1 + \frac{B}{1-B}\right) \times 100}{100 + UEL_m \times \frac{B}{1-B}} \times 100\% \tag{1-19}$$

式中　LEL'_m和 UEL'_m——含有惰性气体的可燃混合气的爆炸下限和上限，即把该混合气体作为一个整体，该整体再与空气混合时其所占体积分数；

LEL_m和 UEL_m——所研究的混合气体中可燃气体部分的爆炸上限或下限，即用 Le. Chatelier 公式法计算出来的爆炸极限；

B——惰性气体的体积分数。

【例 1 -5】 某混合气体的组成如下：

组分	H_2	CO	CH_4	CO_2	N_2	O_2
体积分数/%	12.4	27.3	0.7	6.2	53.4	0
爆炸极限/%	4 ~75	12.5 ~74	5.3 ~14			

试计算该混合气体的爆炸极限。

解：惰性气体有 CO_2和 N_2，二者的体积分数 B =59.6%。

利用 Le. Chatelier 公式法计算出来的可燃部分的爆炸极限为 7.46% ~69.16%。

由经验公式计算该混合气的爆炸上下限：

$$LEL'_m = 7.46 \times \frac{\left(1 + \frac{0.596}{1-0.596}\right) \times 100}{100 + 7.46 \times \frac{0.596}{1-0.596}} \times 100\% = 16.64\%$$

$$UEL'_m = 69.16 \times \frac{\left(1 + \frac{0.596}{1-0.596}\right) \times 100}{100 + 69.16 \times \frac{0.596}{1-0.596}} \times 100\% = 84.76\%$$

由图 1 -23 可知，不同惰性气体对甲烷的阻燃效果差别很大，对其他燃气的影响规律也大致如此，而经验公式只考虑了惰性气体体积百分数的影响，没有考虑阻燃能力的差异，因此经验公式(1 -18)和(1 -19)的计算结果不够准确，但仍不失为有一定参考价值。如果是作为工程设计依据，最好是采用实测数据。

3）查图计算法

可燃气体与惰性气体的二元混合气体的爆炸极限范围随惰性气体浓度与可燃气体浓度的比值的增加而逐渐减小，直至消失，把多对此类二元混合气体的爆炸极限变化曲线绘制成图(见图1－24)。在计算时，把实际含惰性气体的混合气体进行分组，每组中含有一种可燃气体和一种惰性气体，计算二者之和的百分含量，再根据实际的(惰性气体体积百分数/可燃气体体积百分数)比值，在图中查出爆炸极限的上限和下限，之后把每组的体积百分含量及从图中查出的对应的爆炸上限或下限代入 Le. Chatelier 公式中，计算整个混合气的爆炸下限或爆炸上限。

【例1－6】 某回收煤气的平均组成为：

组分名称	CO	CO_2	N_2	O_2	H_2
体积分数/%	58	19.4	20.7	0.4	1.5

求此煤气的爆炸极限。

解：先将可燃组分与非可燃组分分成下列两组混合组分：

第一组　58%(CO)＋19.4%(CO_2)＝77.4%($CO+CO_2$)

$$\frac{CO_2\%}{CO\%}=\frac{19.4}{58}=0.33$$

查图1－24得该组气体的 UEL＝70%，LEL＝17%

第二组　1.5% H_2＋20.7% N_2＝22.2%(H_2+N_2)

$$\frac{N_2\%}{H_2\%}=\frac{20.7}{1.5}=13.8$$

查图1－24得该组气体的 UEL＝76%，LEL＝64%

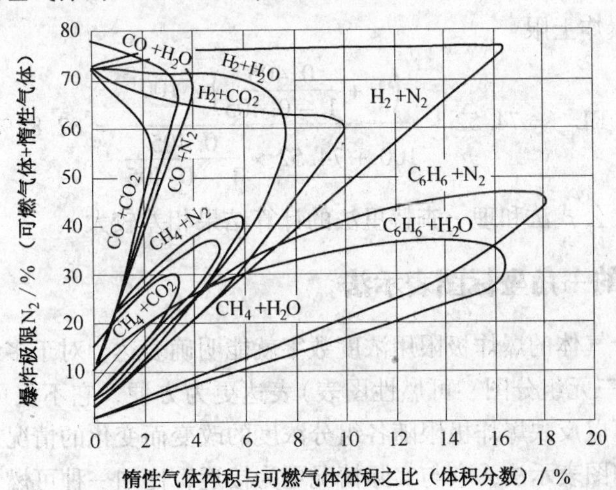

图1－24　用 N_2、CO_2、H_2O 和可燃气体混合时的爆炸极限

将计算出的每组气体的体积百分数、UEL、LEL 代入式(1－16)和式(1－17)中求出煤气的爆炸极限。

$$UEL_m=\frac{77.4+22.2}{\frac{77.4}{70}+\frac{22.2}{76}}=71.5\%$$

$$LEL_m = \frac{77.4 + 22.2}{\frac{77.4}{17} + \frac{22.2}{64}} = 20.3\%$$

注意：在上面采用公式的分子中，两个体积分数相加 $77.4 + 22.2 \neq 100$。

如果采用经验公式计算混合气体的爆炸极限，则过程如下：

首先计算 CO 和 H_2各自在可燃气体中的体积分数：

CO　　58/(58 + 1.5) = 97.5%

H_2　　1.5/(58 + 1.5) = 2.5%

查表 1－12 得爆炸极限 CO12.5% ~74.2%，$H_2$4.0% ~75%

惰性气体百分含量 $B = 19.4 + 20.7 + 0.4 = 40.5\%$

代入理・查特里公式(1－16)、(1－17)和经验公式(1－18)、(1－19)。

该混合气体可燃部分的爆炸下限

$$LEL_m = \frac{100}{\frac{97.5}{12.5} + \frac{2.5}{4.0}} = 11.87\%$$

该混合气体的爆炸下限

$$LEL_m = 11.87 \times \frac{\left(1 + \frac{0.405}{1 - 0.405}\right) \times 100}{100 + 11.87 \times \frac{0.405}{1 - 0.405}} = 18.46\%$$

该混合气体可燃部分的爆炸上限

$$UEL_m = \frac{100}{\frac{97.5}{74.5} + \frac{2.5}{75}} = 74.52\%$$

该混合气体的爆炸上限

$$UEL_m = 74.52 \times \frac{\left(1 + \frac{0.405}{1 - 0.405}\right) \times 100}{100 + 74.52 \times \frac{0.405}{1 - 0.405}} = 82.82\%$$

可以看出，经验公式法和理・查特里法的计算结果相差较大。

1.4.3　爆炸极限的三角坐标图表示法

双组分爆炸混合气体的爆炸极限用浓度数字就能明确表达，对于多组分体系则用三角坐标图示方法(又称为三元组分图、可燃性图表)表达更为方便，它不仅可以直观地反映爆炸极限范围，而且还可以反映爆炸极限随各组分浓度的改变而变化的情况。三元组分混合气体是最基本的爆炸范围图表示法，它与实际情况更为接近，比如一种可燃气体与空气组成的爆炸性混合气体，通常的爆炸极限数据只能说明其与组成正常的空气混合时的爆炸特性，如果氧气浓度发生变化，则爆炸极限值也会变化，一般的数据就不能反映空气中惰性组分含量变化对爆炸极限的影响规律。

(1) 三角坐标图中气体组成的表示方法

在实际的混合气体中，往往不仅只含有三种成分，还可能包含多种成分。用三角坐标图表达时，首先要对体系内气体进行组分分组，每一组中可以是一种成分，也可以是几种成分，即分成三种需要讨论或比较重要的气体组，分别计算浓度。一般有如下三种分组法：

① 由可燃气 F、助燃气 S 和惰气 I 三组组成；

② 由两种可燃气 F_1、F_2和助燃气 S 三组组成；

③ 由可燃气 F 和两种助燃气 S_1、S_2三组组成。

三角坐标图的每一个角顶点标示并代表一组组分，如图 1－25 所示。F、S、I 分别代表三组(或三种)气体，与各顶点相对的一系列直线代表该气体的等浓度线，离某顶点越近(线长度越短)的直线代表的该顶点物质浓度越高，相反，离顶点越远(越长)的直线代表的浓度越低，最长的边上各点处都表示与其相对的顶点物质浓度为零，各顶点处表示该物质的浓度为 100%，各物质的浓度值依次标示在代表该物质顶点的逆时针方向边，离顶点越远的点，浓度值越低。图中各点处三组气体的浓度之和都是 100%，顶点处只含有一组气体，三角形三个边上除顶点外的所有组成点处都含有两组气体，中间所有点都含有三组气体。以图 1－25 为例，上顶点处只含有 F 气体，即 F 的含量为 100%，左侧斜边各点都含有 F 和 S 两种气体，中间的 *m* 点含有 F、S、I 三组气体，该点处三组气体的浓度分别为：F50%、S20%、I30%。依据此规律可得，*n* 点只含有 S、I 两种气体，组成为 F0%、S70%、I30%，在 m 点和 n 点及其所在的斜直线上，I 的浓度都相等。

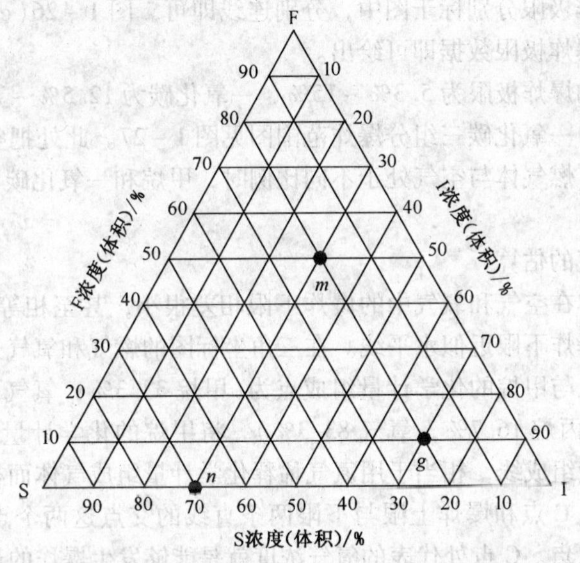

图 1－25　三元组分混合气体三角坐标图

(2) 爆炸极限范围在三角坐标图中的表示方法

对前述三种分组法，混合气体用三角坐标图表达爆炸浓度范围时，则分别如图 1－26 中 *a*、*b*、*c* 所示，图中斜线阴影部分相当于爆炸范围。根据浓度标示规则，图 1－26 中 X_1、X'_1为爆炸下限，X_2、X'_2为爆炸上限。如果让 S 代表空气中的氧气，I 代表空气中以氮气为主的其他气体，则图 1－26(a)中 A 点为空气的组成点，当向空气中混入可燃气体时，相当于对空气进行稀释，S 和 I 的比例始终不变，可燃气体的比例越高，代表三种气体组成的点越靠近 F 点，当无限稀释时，就到达 F 点，但组成点始终处在 AF 直线上。AF 是等边三角形坐标中的空气组分线，A 点处 O_2的体积分数为 21%，F 点处不含有空气，连接两点即为空气组分线。

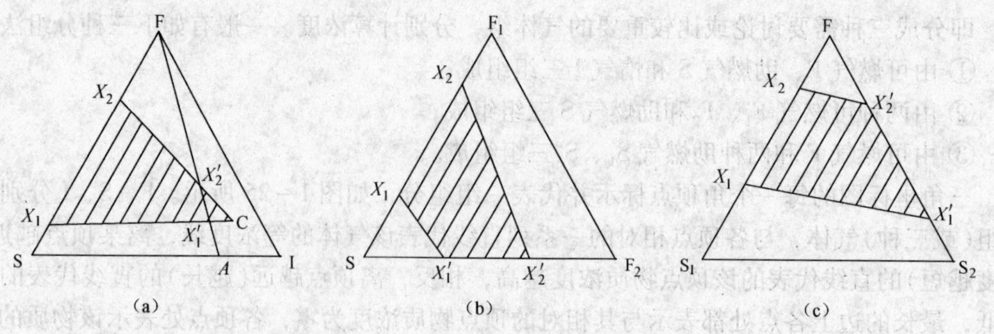

图 1－26　三种混合气体的爆炸范围图

X_1、X_2是可燃气 F 与氧气(S)混合时的爆炸下限和上限；X'_1、X'_2是可燃气 F 与空气混合时的爆炸下限和上限，如果 X_1、X_2、X'_1、X'_2四个极限点数据是已知的，在图中标出这些点，分别连接 X_1、X'_1两点和 X_2、X'_2两点间的直线，再分别延伸 $X_1X'_1$线和 $X_2X'_2$线，延长线相交于 C 点，则 ΔX_1X_2C 内的任一点的组成都处于爆炸范围之内。由此可以看出，用三角坐标图表示爆炸范围时，不仅能给出爆炸范围，而且能反映惰性气体浓度变化时，可燃气体爆炸极限范围的变化。图 1－26(b)中，S 代表空气，F_1 和 F_2代表两种可燃气体，将两种可燃气体在空气中的爆炸极限分别标于图中，分别连线即可。图 1－26(c)中，S_1 和 S_2代表两种助燃气体，只要有爆炸极限数据即可绘出。

在空气中，甲烷的爆炸极限为 5.3%～15%，一氧化碳为 12.5%～74.2%，根据上述方法绘制的空气、甲烷、一氧化碳三组分爆炸范围图见图 1－27。此处把空气作为一种组分对待。由此图可以查出可燃气体与空气处于不同比例时，甲烷和一氧化碳可发生爆炸的浓度比例关系。

(3) 极限氧气浓度的估算

绝大多数可燃气体在空气和氧气中的爆炸下限相差很小，甚至相等，在三角坐标图中，这两点的连接线，即爆炸下限近似水平线。在三角坐标图的燃气和氧气边找到两种气体的化学计量组成点，如氧气与甲烷的化学计量组成点为(甲烷 33.3%，氧气 66.6%)，再如丙烷的化学计量组成点为(丙烷 16.7%，氧气 83.3%)，将甲烷的化学计量点与氮气顶点连接，所得直线就是化学计量组成线，相当于用氮气稀释化学计量组成气体而得。化学计量组成线与爆炸下限直线的交点 C 点和爆炸上限与下限两条直线的交点这两个点，几乎就是同一个点，如图 1－28 中的 C 点。C 点处代表的氧气浓度就是能够发生爆炸的最低氧气浓度，称为

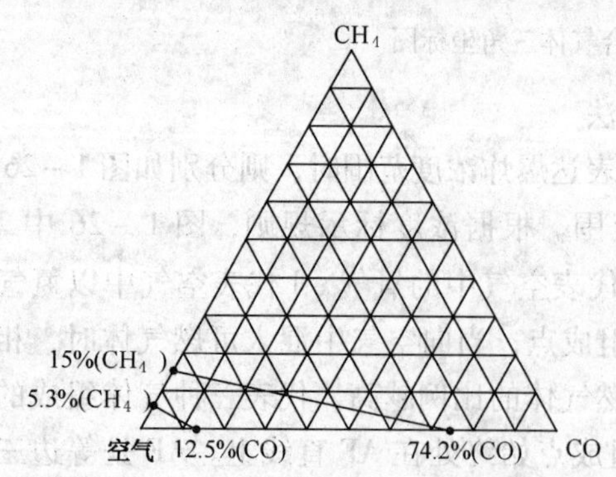

图 1－27　空气、甲烷、一氧化碳三组分爆炸范围图

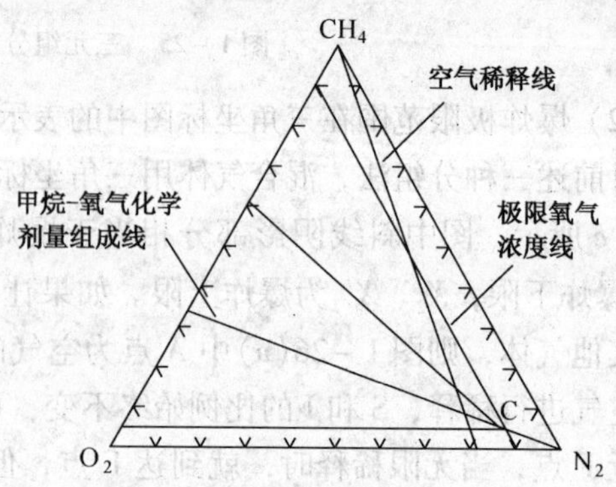

图 1－28　空气－甲烷体系极限氧气浓度

极限氧气浓度(LOC，Limit Oxygen Concentration)，氧气浓度再降低，就不再具有爆炸性，所以极限氧气浓度就是从助燃气体角度考虑的爆炸下限。如燃烧的化学计量方程为：

$$燃气分子 + z\ 氧气 = 完全反应的产物$$

则可由燃气的爆炸下限计算极限氧气浓度，计算公式为

$$LOC = z(LEL) \tag{1-20}$$

式中 z——燃气分子与氧气的化学计量反应式中氧气与燃气的摩尔系数比值。

甲烷的完全燃烧反应为 $CH_4 + 2O_2 = CO_2 + 2H_2O$，其爆炸下限为5%，根据式(1－20)计算其极限氧气浓度为LOC＝2×5%＝10%。丙烷的完全燃烧反应为 $C_3H_8 + 5O_2 = 3CO_2 + 4H_2O$，其爆炸下限为2.1%，其极限氧气浓度为LOC＝5×2.1%＝10.5%。大部分可燃气体的极限氧气浓度都在10%左右。在三角坐标图中，很容易确定极限氧气浓度，经过C点并与右斜边线平行的直线的右侧范围内各点的氧气浓度都低于极限氧气浓度。确切地说，用于估算极限氧气浓度的C点，应该是化学计量组成线与爆炸极限下限直线的交点。从图1－28估算的甲烷LOC值也近似等于10%。

(4) 用空气稀释时燃气安全浓度的图示法确定

如容器中充满了常压下的可燃气体，需要将其中的燃气用惰性气体，比如用氮气置换后才不具有燃爆危险。为减少氮气用量，可先用氮气稀释置换，达到某一浓度点(如图1－29中的S点)后，再用空气置换，这样可避免形成爆炸性混合气体。S点处的燃气浓度是用空气稀释时避免形成爆炸性混合气体的最大燃气浓度，可称为空气稀释最大燃气安全浓度。

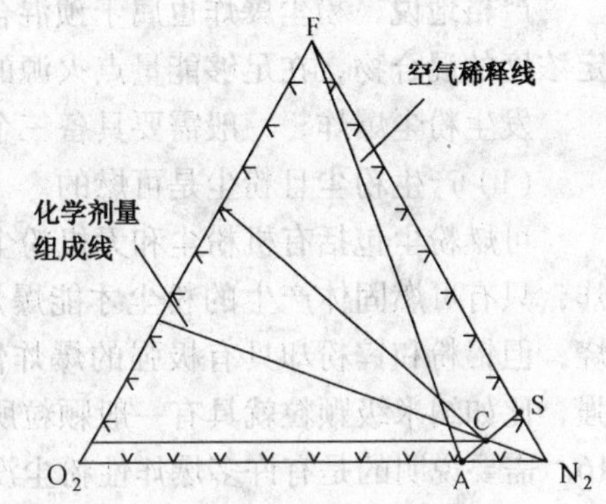

图1－29 三角坐标图图示法估测S点

由于多数燃气的可燃区域详细数据很难获得，所以S点的准确位置不能确定，但可以由三角坐标图近似获得。S点的气体只含有燃气和氮气，用空气对其进行无限稀释时，组成点移动的终点肯定是A点。C点是化学计量组成线与爆炸下限直线的交叉点，该点处燃气的浓度等于爆炸下限浓度。A点和C点的位置是确定的，如果连接A点和C点，并延长至F－N_2边线，交点为S点。根据三角坐标图的杠杆原理，在三角坐标图中，用一种气体(如空气)稀释体系气体，将改变混合气体组成点，移动的终点是A点，即由S点变到A点。在组成变化过程中，组成点的移动轨迹就在起始点S和终点A的直线连接线上。这样就可以肯定，用空气对处于S点的混合气体进行稀释时，浓度组成点的移动轨迹呈直线状，且必定经过C点，之后向A点移动。至此，把由AC连接线的延长线确定S点的方法原理介绍完毕。

S点的燃气浓度 c_s 也可由式(1－21)计算获得近似值，该式计算结果低于实验测定值，所以从安全角度考虑是可靠的。

$$c_s = \frac{LEL\%}{1 - z\left(\frac{LEL\%}{21}\right)} \tag{1-21}$$

式中 z——化学计量反应式中氧气与燃气分子数的比值。

1.5 粉尘爆炸

粉尘是指呈分散状态的固体物质。能够发生爆炸的粉尘，是指那些可燃性固体物质粉碎后形成的细小颗粒物质，且粉尘应能够在空气中飘浮一段时间。粉尘爆炸现象使粉尘比原来大块状固体的火灾危险性及危害性大得多。由粉尘爆炸导致的灾难性事故时有发生，1978年哈尔滨亚麻厂发生亚麻粉尘的爆炸，爆炸产生的冲击波在瞬间就将厂房夷为平地；2010年2月24日河北省秦皇岛扶宁县骊骅淀粉股份有限公司淀粉四车间发生的粉尘爆炸事故更是引起震惊。煤矿井下煤尘爆炸事故也时有发生。铝粉、锌粉爆炸事故更常见。虽然能够发生爆炸的粉尘颗粒很细小，但毕竟是还处于固体状态，因此粉尘爆炸与混合气体爆炸有诸多不同。为了有效地防止粉尘爆炸，需要了解其爆炸的机理、发生条件及特点，以便采取有针对性的工程技术预防措施。

1.5.1 粉尘爆炸体系的形成

严格地说，粉尘爆炸也属于预混合体系爆炸，一般是粉尘悬浮在空气中，与空气形成一定浓度的混合物，在足够能量点火源的作用下，粉尘爆炸就能够发生。

发生粉尘爆炸，一般需要具备三个方面的条件：

（1）产生粉尘且粉尘是可燃的

可燃粉尘包括有机粉尘和无机粉尘两大类。在一般条件下，并非所有的粉尘都能发生爆炸，只有可燃固体产生的粉尘才能爆炸。但有些物质，如金属铝、锌，通常本身并不能燃烧，但铝粉和锌粉却具有极强的爆炸性。粉尘的颗粒越细小，其吸附性和化学反应活性越强，比如纳米级颗粒就具有一般颗粒所不具有的一些特性。常见具有爆炸性的粉尘见表1－16。需要说明的是有许多爆炸性粉尘没有列入表中，实际工作中应根据粉尘的性质，或试验参数来确定某些特定粉尘是否具有爆炸性。

表1－16 常见的爆炸性粉尘

粉尘种类	举例
碳制品	煤、木炭、焦炭、活性炭等
饲料	鱼粉、血粉等
食品类	淀粉、砂糖、面粉、可可、奶粉、谷粉、咖啡粉等
木质类	木粉、软木粉、木质素粉、纸粉等
合成制品类	染料中间体、各种塑料、橡胶、合成洗涤剂等
农产加工品类	胡椒、除虫菊粉、烟草、原粮粉尘等
金属类	铝、镁、锌、铁、锰、锡、硅、硅铁、钛、钡、锆等

（2）粉尘以一定浓度悬浮在空气中

处于沉积（气凝胶状态）状态的粉尘是不能爆炸的，只有悬浮（气溶胶状态）的粉尘才可能发生爆炸。和液体只有蒸发后才能爆炸一样，粉尘飞扬起来后才能与空气很好地混合与接触，具有爆炸倾向的物质体系才形成。粉尘在空气中能否悬浮及悬浮时间长短取决于粉尘云的空气动力学稳定性，而它主要与粉尘的粒径、密度和环境的温度、湿度等因素有关。粒径大的粉尘不能在空气中较稳定地悬浮，粒径大于0.01mm时，则会较快地从悬浮状态沉降下来呈堆积状(沉积状态)，空气流动则能促使粉尘悬浮，而当粒径小于10^{-4}mm时，可以在空气中呈气溶胶形式，稳定地悬浮于空气中而不会沉降。一般来讲，粉尘粒径<0.42mm时就具有了爆炸危险性。实际的爆炸体系并不需要粉尘太长时间的悬浮，如飞扬起来的小麦面粉能爆炸，但飘浮的面粉也会缓慢地沉积下来。

与气态物质爆炸相同，悬浮粉尘只有其浓度处于一定的范围内才能爆炸。这是因为粉尘浓度太小，单位体积内释放燃烧放热太少，难以形成持续燃烧而无法爆炸；浓度太大时，则混合物中氧气浓度太小，也不会发生爆炸。所以粉尘也具有爆炸浓度极限。

(3) 点火源具有足够的强度

引爆混合气体所需的能量远小于引爆粉尘/空气混合物所需的能量，粉尘粒子的粒径越小所需的引爆能(点火能)越小，但仍然为碳氢混合气体的10倍左右。在引爆有机粉尘的过程中，包含了将粉尘颗粒热解生成可燃气体的过程，而引爆混合气体则没有此过程，所以引爆粉尘所需要的点火源强度要大得多，引爆过程持续的时间也长。如果有机粉尘长时间受热而发生热解(缺少氧气时也称为干馏)生成可燃气体，则很容易被引燃，其危险性接近于可燃气体，有些情况下也会成为引发爆炸的主要原因。在一些塑料颗粒料仓中，由于静电积累放电产生的火花就能引发爆炸，其原因是由于切粒过程中逸出少量的爆炸性气态单体降低了混合体系的最小点火能所致。

1.5.2 粉尘爆炸机理

固体的燃烧过程远比气体燃烧过程复杂得多，同样，粉尘爆炸也比混合气体爆炸复杂的多，它不是一个通常的气－固两相动力学过程，爆炸机理至今仍然不十分清楚，目前主要有两种观点，即气相点火机理和表面非均相点火机理。

(1) 气相点火机理

气相点火机理认为，粉尘点火过程分为颗粒加热升温、颗粒热分解或蒸发汽化以及热解气体与空气混合形成爆炸性混合气体并发火燃烧三个阶段，如图1－30所示。从图1－30中可以看出，粉尘气相点火过程可描述为：首先，粉尘颗粒通过热辐射、热对流和热传导等方式从外界获取能量，使颗粒表面温度迅速升高；当温度升高到一定值后，颗粒迅速发生热分解或气化形成气体；这些热分解或蒸发气体与空气混合形成爆炸性气体混合物，点燃着火发生气相反应，释放出化学反应热，热量传递使相邻粉尘颗粒发生升温、气化和点火。由此可见，粉尘气相点火机理与可燃气体/空气混合物点火机理有相同之处，但复杂得多。

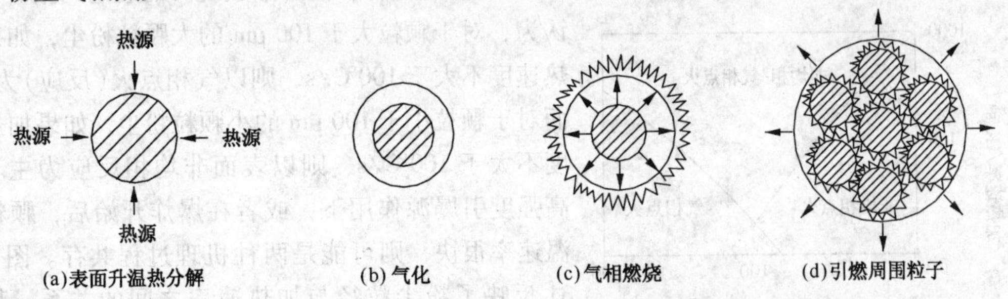

图1－30 粉尘气相点火机理过程示意图

目前，多数学者用气相点火机理描述有机粉尘爆炸过程，认为粉尘爆炸大致要经历如下三个过程：

一是接受引火源能量的粉尘粒子表面温度迅速提高，使其迅速地分解或干馏，产生的可燃气释放到粒子的周围气相中，该过程称为受热－气化；

二是可燃气与空气的混合物随后被火源引燃而发生有焰燃烧。这种燃烧开始通常在局部产生，其燃烧热通过辐射传递和对流传递方式，对周围粉尘颗粒加热，该过程称为气相燃烧；

三是火焰在传播过程中引起更多的粉尘颗粒发生气相燃烧，产生的热量促使越来越多的粉尘粒子分解或干馏，释放出越来越多的可燃气，使大量粉尘颗粒同时发生分解燃烧，热能高速释放，产生大量燃烧产物气体，反应区域压力急速升高，最终导致粉尘爆炸。

需要指出的是，上述过程是对能够释放（即热解产生）可燃气体的粉尘爆炸而言的。这类粉尘受热时释放可燃气，其中有的是通过热分解（如木粉、纸粉等）释放，有的是通过熔融蒸发（如硫磺）或升华（如樟脑粉、萘粉等）。从本质上讲，这类可热解粉尘的爆炸是可燃气体爆炸，只是这种可燃气体“贮存”在粉尘之中，粉尘受热后才释放出来。

这种机理假设比较适合于有机粉尘。很显然，用气相点火机理很难解释碳粉、金属粉尘等一般条件下不能转变或分解成气态的粉尘的爆炸机理。

(2) 表面非均相点火机理

表面非均相点火机理认为粉尘点火过程也分三个阶段。首先，氧气与颗粒表面直接发生反应，使颗粒发生表面点火；然后，挥发分在粉尘颗粒周围形成气相层，阻止氧气向颗粒表面扩散；最后，挥发分点火，并促使粉尘颗粒重新燃烧。因此，对于表面非均相点火过程，氧分子必须先通过扩散作用到达颗粒表面，并吸附在颗粒表面发生氧化反应，然后，反应产物离开颗粒表面扩散到周围环境中去。关于表面反应产物问题，目前主要存在两种观点，一种认为碳与氧反应直接生成二氧化碳；另一种则认为，在一般燃烧温度范围内（1000～2000K），碳首先与氧气发生反应生成一氧化碳，然后扩散到周围环境中去再被氧化成为二氧化碳。

木炭、焦炭和一些金属的粉尘，在爆炸过程中不释放可燃气，它们接受火源的热能后直接与空气中的氧气发生剧烈的氧化反应并着火，产生的反应热使火焰传播。在火焰传播过程中，炽热的粉尘或其氧化物加热周围的粉尘和空气，使高温空气迅速膨胀，从而导致粉尘爆炸。

(3) 两种爆炸反应机理共存

对于一种具体的粉尘，其爆炸是按照哪一种机理进行，尚未形成统一的理论判据。一般认为，对于颗粒大于 100 μm 的大颗粒粉尘，如果加热速度不大于 100℃/s，则以气相点火（反应）为主，而对于颗粒小于 100 μm 的小颗粒粉尘，如果加热速度不大于 100℃/s，则以表面非均相反应为主。在高强度引爆源作用下，或者在爆炸开始后，颗粒升温速率很快，则可能是两种机理过程共存。图 1－31 反映了粉尘粒径与加热速率之间的关系，其表明，在一定的条件下，气相点火与表面非均相点火不仅可以并存，而且可以相互转换。

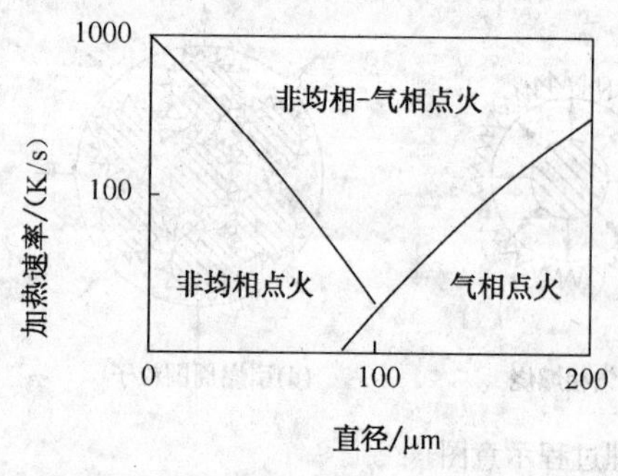

图 1－31　加热速率、粉尘直径与粉尘点火机理的关系

1.5.3 粉尘爆炸的特点

与混合气体爆炸相比，粉尘爆炸有如下特点：

① 粉尘爆炸比气体爆炸所需的点火能大、引爆时间长、过程复杂。这是由于粉尘颗粒比气体分子大得多，而且粉尘爆炸涉及热解、蒸发等一系列的物理和化学过程，既需要较高的外部能量，也导致粉尘爆炸的引爆时间稍长。这就有可能用快速装置探测爆炸的前兆，并遏制爆炸的发展(抑爆技术)。

② 笼统地讲，粉尘爆炸的最大爆炸压力略小于气体爆炸的最大爆炸压力，且粉尘爆炸时爆炸压力上升速度也比气体爆炸慢，但粉尘爆炸的压力下降速度也较慢，所以压力与时间的乘积(即爆炸释放的能量)较大，加上粉尘粒子边燃烧边飞散，爆炸的破坏性和对周围可燃物的烧损程度也较严重。粉尘颗粒不像气体那样能瞬间反应完全，而是持续略长时间，热量释放的瞬间能量密度不如气体大，由此导致最大压力略低、爆炸压力下降速度稍缓慢些。此特点可由图1-32表示。

③ 产生二次爆炸。粉尘爆炸产生的冲击波气浪会使沉积的粉尘被扬起，在新的空间内达到爆炸浓度而产生二次爆炸。另外，在粉尘一次爆炸地点、空气和燃烧产物受热膨胀，密度变小，极短时间内形成负压区，新鲜空气向爆炸点逆流，促成空气的二次冲击(简称“返回风”)。如爆炸地点周围存在沉积的粉尘，被气浪卷起后又形成爆炸体系，在一次爆炸残余的火星和高温等引火源作用下，被引爆发生二次爆炸。总之，一次爆炸的冲击波能将原先在地面、墙壁、设备表面等部位处于沉积状态的粉尘重新扬起是产生二次爆炸的基础条件，一次爆炸产生的热能也是二次爆炸的引火源。由于一次爆炸吹起的粉尘量可能更大，所以二次爆炸往往比初次爆炸压力更大，破坏更严重。多数的二次爆炸地点不是一次爆炸的原地点，而是冲击波能吹到的邻近地点，比如有门窗相连的相邻厂房。粉尘一次爆炸的冲击波卷起未爆粉尘导致二次爆炸的示意图见图1-33。

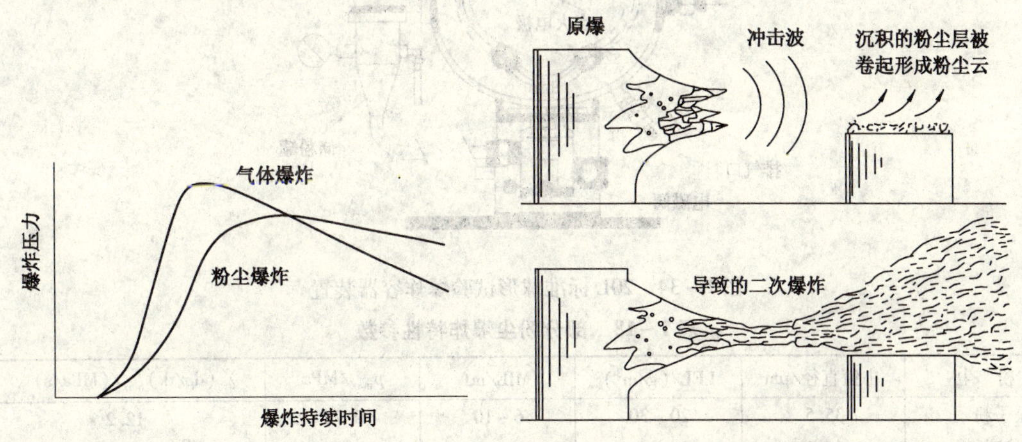

图1-32 气体爆炸与粉尘爆炸的特性比较　　图1-33 粉尘一次爆炸引起二次爆炸示意图

在连续化生产系统的管道中，这种二次爆炸可能连续出现，形成连锁爆炸，有的可能达到爆轰的程度，以致产生非常大的灾害，因此爆炸性粉尘气流输送时常常使用惰性气体，如氮气。

④ 有的粉尘爆炸事故不仅表现出爆炸连续性的特点(注意：二次爆炸与一次爆炸之间没有太明显的时间间隔)，而且随着爆炸的延续，反应速度和爆炸压力持续加快和升高，并呈

现出跳跃式的发展，因而表现出离起爆原点越远、破坏越严重的特点。特别是在爆炸传播途中遇有障碍物或拐弯处，爆炸压力会急剧上升。表 1－17 列出了煤尘的爆炸压力试验数据。有障碍物时，粉尘爆炸的传播受阻，爆炸冲击波向回反射，压力成倍增长。

表 1－17　煤尘的爆炸压力试验数据

距原爆炸点的距离/m	爆炸压力/Pa	
	无障碍物	有障碍物
91.5	2.91×10^{4}	1.58×10^{5}
120.9	4.51×10^{4}	5.72×10^{5}
137.2	1.10×10^{5}	1.05×10^{6}

⑤ 粉尘(尤其有机物的粉尘)的爆炸容易引起不完全燃烧，会产生大量的 CO 等不完全燃烧产物。这不但会造成人员中毒，而且在密闭场所还可能引起气体爆炸。相对来说，产生 CO 的量多于气体爆炸。

⑥ 粉尘的最小点火能(或称最小引爆能)高于混合气体。根据《可燃性粉尘环境用电气设备　第 10 部分：试验方法　粉尘与空气混合物最小点燃能量的测定方法》(GB 12476.10—2010)的定义，粉尘云最小点火能(MIE)是指在标准测试装置中，点燃粉尘云并维持火焰自行传播所需的最小能量。粉尘最小点火能可由 20L 标准球爆炸试验容器试验测得，见图 1－34。部分粉尘的最小点火能见表 1－18。

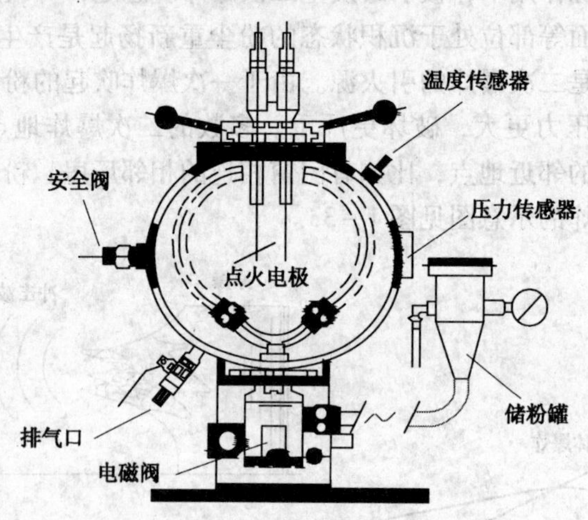

图 1－34　20L 标准球形试验爆炸容器装置

表 1－18　部分粉尘爆炸特性参数

粉　尘	中值直径/μm	LEL/(g/m³)	MIE/mJ	p_{max}/MPa	$(dp/dt)_{max}$/(MPa/s)
石松子粉	35.5	20～30	6～10	0.70	12.2
玉米淀粉	15.2	50～60	25～35	0.82	11.5
米粉(东北)	58.2	50～60	27～35	0.78	7.3
面粉	52.7	70～80	30～60	0.68	8.0
亚麻粉尘	65.3	60～70	6～9	5.70	8.7
硅钙粉尘	12.4	60	2～5	8.40	19.8
铝粉	13.5	—	2～6	5.90	450.0
烟煤	16.4	30～40	—	8.00	14.9
褐煤	17.5	40～50	—	7.50	14.5

⑦ 粉尘的爆炸极限是指在标准测试装置和方法下，粉尘/空气混合物(粉尘云)能够发生爆炸的浓度范围，包括爆炸下限和爆炸上限，一般用质量体积单位(如 g/m^3)表示，多数粉尘的爆炸下限在 15 ~ 60g/m^3之间，爆炸上限在 2 ~ 6kg/m^3之间。试验测试装置参见图 1 - 34。试验时先将足够量的试验粉尘放入储粉罐内，加压到 2.0MPa，容器内抽真空到 0.04MPa，如果点火后容器内所测压力(包括点火源压力)≥0.15MPa，则认为粉尘云发生了爆炸。逐渐减少粉尘浓度，重复上述过程，直到找到最低可爆浓度即为爆炸下限浓度。部分粉尘的爆炸极限参数见表 1 - 19。爆炸下限具有非常重要的意义，爆炸下限越低的粉尘，爆炸的危险性越大。

此外，反映粉尘爆炸特性的参数还有最大允许氧浓度、最低着火温度、爆炸指数等。

表 1 - 19　部分粉尘爆炸性特性参数表

粉尘种类	粉尘名称	高温表面堆积粉尘层(5mm)的引燃温度/℃	粉尘云的引燃温度/℃	爆炸下限浓度/(g/m^3)	粉尘平均粒径/μm
金属	铝(表面处理)	320	590	37 ~ 50	10 ~ 15
	铝(含脂)	230	400	37 ~ 50	10 ~ 20
	铁	240	430	153 ~ 204	100 ~ 150
	镁	340	470	44 ~ 59	5 ~ 10
	红磷	305	360	48 ~ 64	30 ~ 50
	炭黑	535	>600	36 ~ 45	10 ~ 20
	锌	430	530	212 ~ 284	10 ~ 15
	锆石	305	360	92 ~ 123	5 ~ 10
化学药品	萘	熔融	575	28 ~ 38	30 ~ 100
	蒽	熔融升华	505	29 ~ 39	40 ~ 50
	己二酸	熔融	580	65 ~ 90	—
	苯二(甲)酸	熔融	650	61 ~ 83	80 ~ 100
	无水苯二(甲)酸(粗制品)	熔融	605	52 ~ 71	—
	苯二甲酸腈	熔融	>700	37 ~ 50	—
	无水马来酸(粗制品)	熔融	500	82 ~ 112	—
	醋酸钠酯	熔融	520	51 ~ 70	5 ~ 8
	结晶紫	熔融	475	46 ~ 70	15 ~ 30
	四硝基咔唑	熔融	395	92 ~ 123	—
	阿司匹林	熔融	405	31 ~ 41	40 ~ 60
	萘酚染料	395	415	133 ~ 184	—
合成树脂	聚乙烯	熔融	410	26 ~ 35	30 ~ 50
	聚丙烯	熔融	430	25 ~ 35	—
	聚苯乙烯	熔融	475	27 ~ 37	40 ~ 60
	苯乙烯(70%)与丁二烯(30%)粉状聚合物	熔融	420	27 ~ 37	—
	聚乙烯醇	熔融	450	42 ~ 55	5 ~ 10

续表

粉尘种类	粉尘名称	高温表面堆积粉尘层(5mm)的引燃温度/℃	粉尘云的引燃温度/℃	爆炸下限浓度/(g/m³)	粉尘平均粒径/μm
合成树脂	聚丙烯腈	熔融炭化	505	35~55	5~7
	聚氨酯(类)	熔融	425	46~63	50~100
	聚乙烯四酞	熔融	480	52~71	<200
	聚乙烯氮戊环酮	熔融	465	42~58	10~15
	聚氯乙烯	熔融炭化	595	63~86	4~5
	聚乙烯(70%)与苯乙烯(30%)粉状聚合物	熔融炭化	520	44~60	30~40
	酚醛树脂(酚醛清漆)	熔融炭化	520	36~40	10~20
	有机玻璃粉	熔融炭化	485	—	—
天然树脂	硬质橡胶	沸腾	360	36~49	20~30
	天然树脂	熔融	370	38~52	20~30
	玷玭树脂(gumanime)	熔融	330	30~41	20~50
沥青蜡	硬蜡	熔融	400	26~36	50~80
农产品	裸麦粉	325	415	67~93	30~50
	糊精粉	炭化	400	71~99	20~30
	砂糖粉	熔融	360	77~107	20~40
	乳糖	熔融	450	83~115	—
纤维	软木粉	325	460	44~59	30~40
燃料	褐煤粉(生褐煤)	260	—	49~68	2~3
	油烟煤粉	235	595	41~57	5~11
	瓦斯煤粉	225	580	35~48	5~10
	焦炭用煤粉	280	610	33~45	5~10
	贫煤粉	285	680	34~45	5~7
	木炭粉(硬质)	340	595	39~52	1~2
	泥煤焦炭粉	360	615	40~54	1~2
	煤焦炭粉	430	>750	37~50	4~5

注：此表数据源于《爆炸和火灾危险环境电力装置设计规范》(GB 50058—92)附录四。

1.5.4 粉尘爆炸的影响因素

影响粉尘爆炸的因素很多，粉尘粒度和共存成分是最主要的影响因素。

(1) 粉尘的粒径和浓度

粒径是粉尘爆炸的重要影响因素。粒径越小的粉尘，比表面积越大，在空气中的分散度越大且悬浮的时间越长，吸附氧的活性越强，氧化反应速度越快，因此就越容易发生爆炸，即其最小点火能和爆炸浓度下限越小；而且最大爆炸压力和最大升压速度相应越大。如果要讨论其原因，可以作如下假设：气体是不可再分的小颗粒，粉尘是介于气体和大块固体之间的一种形态，粉尘由分子聚集而成，粒径越大聚集的分子越多，粒径越小，其爆炸特性越接近气体，相反，粒径越大，爆炸特性越接近大块固体。图 1－35 所示的铝粉爆炸试验结果和图 1－36 所示的有机物粉尘的爆炸试验结果都说明上述变化规律。图 1－36 中的 p_{max} 表示最大爆炸压力，即爆炸压力随时间变化曲线的最高点，$(dp/dt)_{max}$ 表示最大爆炸压力上升速度，其含义是爆炸压力上升速度的最大值，即压力上升曲线部分斜率最大点的斜率。两个参数都随粒径的减小而增大。

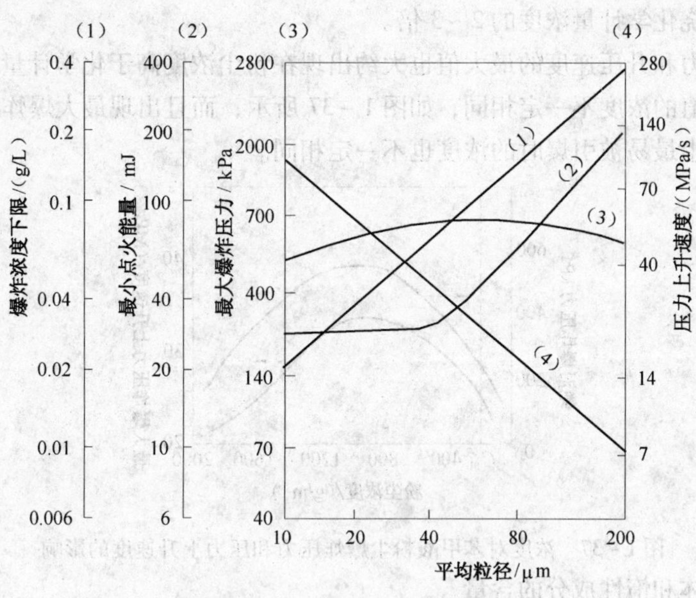

图 1－35　铝粉粉尘直径对爆炸参数的影响

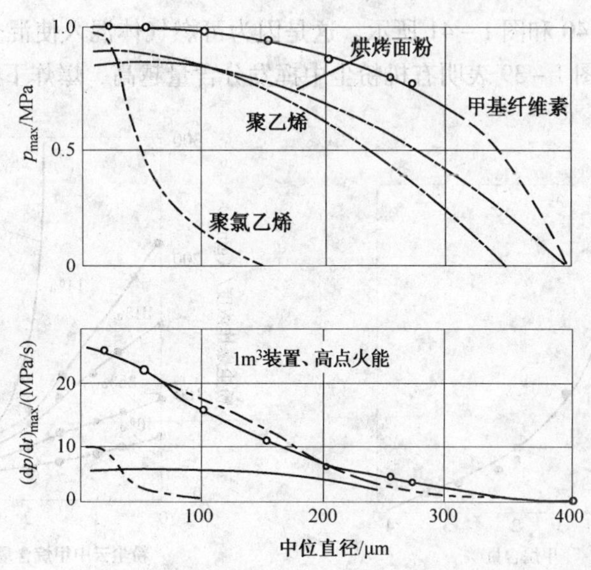

图 1－36　粉尘粒径对 p_{max} 与 $(dp/dt)_{max}$ 的影响

如果粉尘的粒度太大，它就会因此失去爆炸性能。如粒径大于400 μm的聚乙烯、面粉及甲基纤维素等粉尘不能发生爆炸；而多数煤尘粒径小于1/10～1/15mm时才具有爆炸能力。在大于爆炸临界粒径的粗粉尘中混入一定量的可爆细粉尘后，它就可能成为可爆混合物。颗粒直径越小，爆炸过程进行得越快，爆炸能量释放持续的时间越短，其爆炸特性越接近气体的爆炸特性。

可燃粉尘必须在其浓度处于爆炸浓度极限范围内才能发生爆炸，其最易被引爆的浓度一般高于其完全燃烧化学计量浓度的2～3倍。

粉尘爆炸压力和升压速度的最大值也大约出现在粉尘浓度高于化学计量浓度2～3倍时，但二者达到最大值的浓度不一定相同，如图1－37所示，而且出现最大爆炸压力或升压速度的粉尘浓度与粉尘最易被引爆时的浓度也不一定相同。

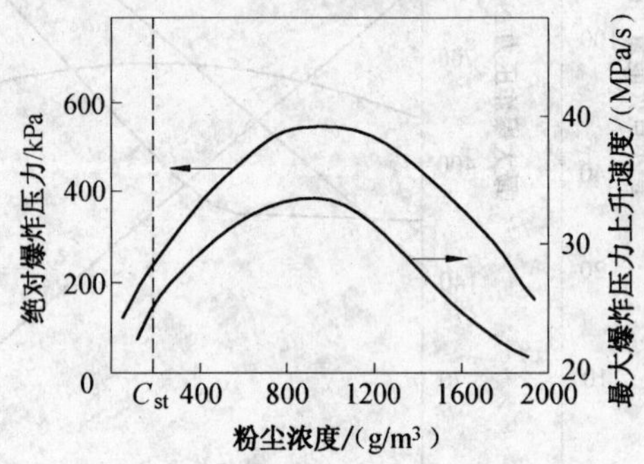

图1－37 浓度对苯甲酸粉尘爆炸压力和压力上升速度的影响

（2）可燃气体和惰性成分的含量

当可燃粉尘和空气的混合物中混入一定量的可燃气体时，粉尘的爆炸危险性显著增大，具体体现为最小点火能和爆炸下限降低，而最大爆炸压力和最大升压速度提高，如图1－38、图1－39、图1－40和图1－41所示。这是因为可燃气体混入使混合物容易被点燃，而且增大了燃烧速度。图1－39表明有机粉尘中挥发分含量越高，爆炸下限越低。

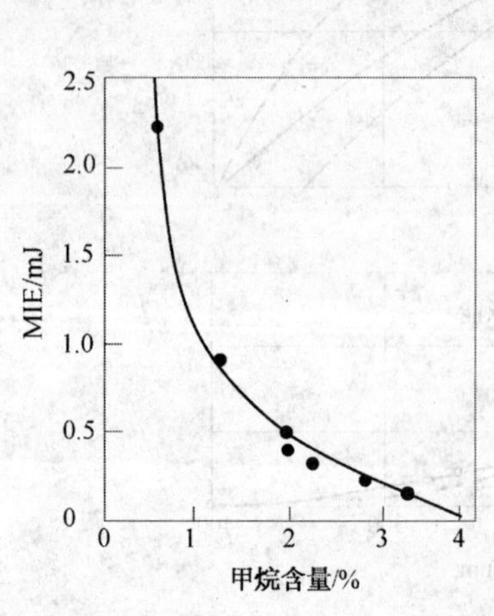

图1－38 甲烷含量对粉尘最小点火能的影响

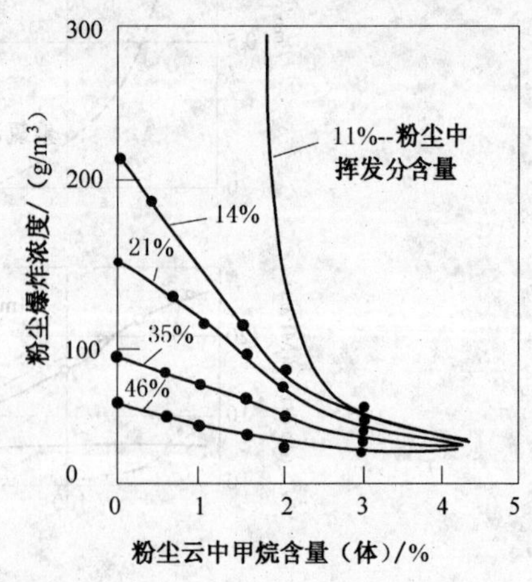

图1－39 甲烷含量对粉尘爆炸下限的影响

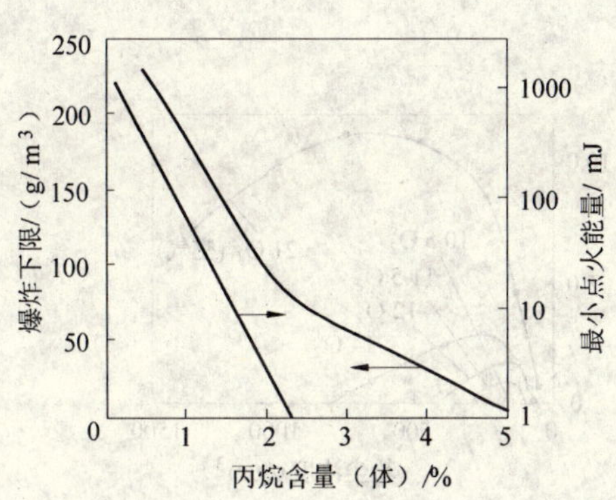

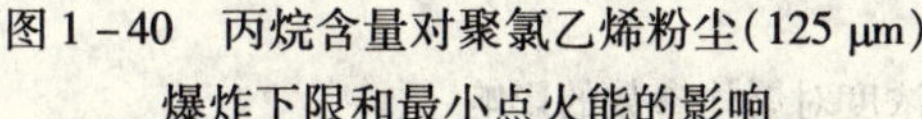
图 1-40　丙烷含量对聚氯乙烯粉尘(125 μm)爆炸下限和最小点火能的影响

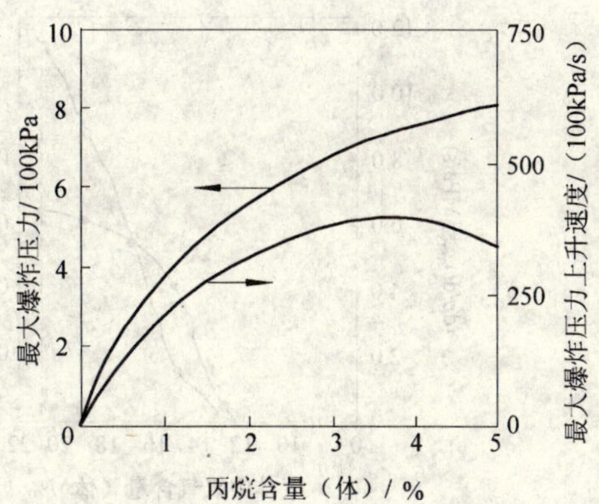

图 1-41　丙烷含量对聚氯乙烯粉尘(125 μm)最大爆炸压力和最大爆炸压力上升速度的影响

当可燃粉尘和空气的混合物中混入一定量的惰性气体时，不但会缩小粉尘爆炸的浓度范围，而且会降低粉尘爆炸的压力及升压速度，如图 1-42 所示。这主要是因为惰性气体的混入降低了粉尘环境的氧含量，使粉尘的爆炸性能降低甚至完全丧失。表 1-20 列出了用氮气惰化时，一些可燃粉尘爆炸环境的临界氧含量。注意：加入氮气时氧气浓度自然要降低。临界氧含量是能发生粉尘爆炸的最低氧气含量，加入 N_2 和 CO_2 等惰性气体后，氧气浓度低于临界氧浓度时爆炸自然就不能发生。

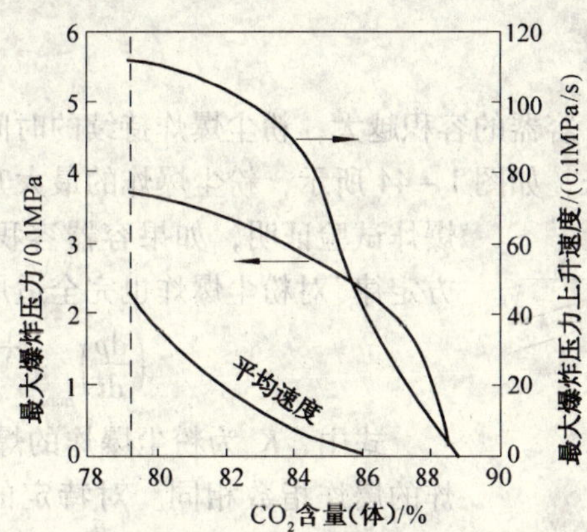

图 1-42　二氧化碳浓度和爆炸压力、升压速度及爆炸速度之间的关系

表 1-20　用 N_2 惰化时一些粉尘的临界氧含量　　%(体)

粉尘名称	临界氧浓度	粉尘名称	临界氧浓度	粉尘名称	临界氧浓度
烟煤尘	14.0	有机染料	12.0	松香粉	10.0
褐煤粉	12.0	硬脂酸钙	11.8	甲基纤维素	10.0
小麦粉	11	木粉	11.0	轻金属粉尘	4~6
月桂酸镉	14.0	玉米淀粉	9	铝粉	5
硬脂酸钡	13.0	树脂粉	10	锌粉	9

体系中氧气浓度从低到高改变时，粉尘的最大爆炸压力和最大爆炸压力上升速度都上升，如图 1-43(a)所示。在氧气浓度不变时，最大爆炸压力上升速度随着粉尘浓度的增加，先上升后下降，中间出现极大值，如图 1-43(b)所示。

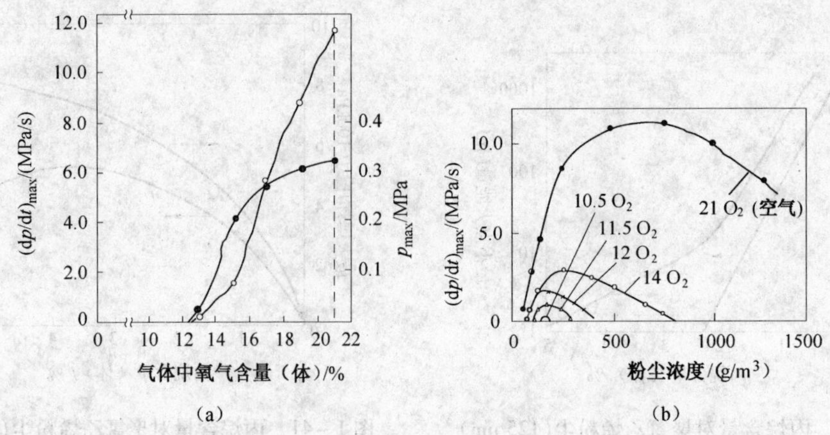

图1-43　粉尘爆炸体系中氧气浓度对爆炸参数的影响

可燃粉尘中混入惰性粉尘也会使其爆炸性能削弱甚至丧失，这是因为惰性粉尘具有冷却效界和抑制悬浮效果，有的惰性粉尘还具有负催化作用。

除了上述影响因素外，在实际条件下还会遇到其他一些影响因素，如粉尘/空气混合物的湍流度、粉尘颗粒的含水量、凝聚性及导热性等。在分析和解决实际粉尘爆炸的问题时，应根据现场条件综合考虑这些因素的影响。例如，粉尘含水量越高，则爆炸性越差，危险性也越小，因此，在有粉尘爆炸危险的场所增加空气湿度也是防止粉尘爆炸的一个重要措施。

1.5.5　粉尘的爆炸指数

同可燃气体爆炸一样，容器的容积越大，粉尘爆炸持续的时间越长，从爆炸开始到压力上升到最大值的时间也越长，如图1-44所示，粉尘爆炸的最大升压速度越小。大量的粉尘爆炸试验证明，如果容器容积 V 不小于 $0.04m^3$，“三次方定律”对粉尘爆炸也完全适用，即：

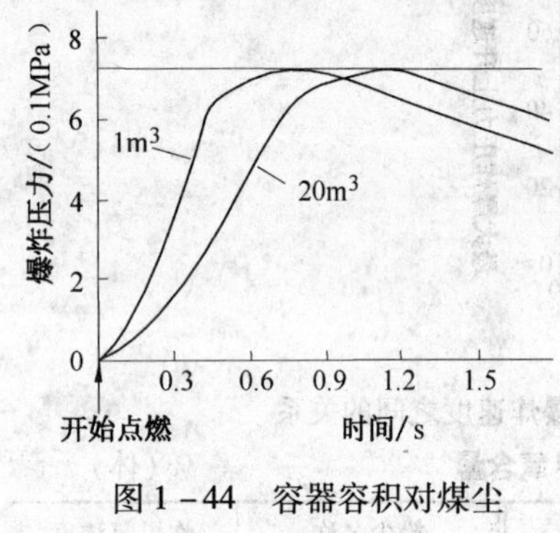

图1-44　容器容积对煤尘爆炸时间的影响

$$\left(\frac{dp}{dt}\right)_{max} V^{\frac{1}{3}} = K_{st} \qquad (1-22)$$

式中，K_{st} 为粉尘爆炸的爆炸指数，其含义与气体爆炸的爆炸指数相同。对特定的粉尘和标准的测定条件，K_{st} 近似为常数。由于实验装置的体积不会变化，各种粉尘都在相同规格的测试仪器上试验，所以 K_{st} 与 $(dp/dt)_{max}$ 成正比，因此爆炸指数能直接反映爆炸压力的最大上升速度。

1.6　最小点火能

在分析一个点火源能否把一种可燃物点燃或引爆的问题时，需要主要考虑两个问题，一是点燃或引爆某种特定可燃物所需能量的最小值，即多大能量的点火源可将其点燃；另一问题是现场可能出现的引火源可释放能量的最大值。

能将爆炸性混合气体点燃或将粉尘云引爆所需的最小能量即为最小点火能（MIE，Minimum Ignition Energy），通常用 E_{min} 表示，有时也称为最小引燃能。可燃气体的最小点火能是引发预混合气体发生剧烈反应所需的最低能量，剧烈反应是指燃烧或爆炸。因为化学反应的影响因素很多，所以测定的E_{min}数值与多种因素有关。首先是温度和压力，初始温度高、初始压力高则易着火，这时测定出的数值低于常温常压下测出的数值。点火能的大小还与百分浓度密切相关，可燃气体或者是可燃液体的蒸气与空气以不同比例混合时，点火能都不一样，通常在按照化学计量比例混合时点火能最小，有时可燃物所占的比例稍高一点时最低。在常温常压下，通过改变可燃气体与助燃气体的比例，在不同比例下再改变点火装置的点火能量，记录不同比例下能够点燃混合气体的最低能量，在这些最低能量中，数值最小的点火能值就是被试验气体的最小点火能。最小点火能是与一定的燃/助比例相对应的，其数值与可燃气体及助燃气体(通常是空气)的化学反应性有关，化学活泼性(即化学反应性)强的气体，其最小点火能也低，因此影响物质化学稳定性的因素都影响最小点火能的大小，如烷烃、烯烃及炔烃三类物质中，炔烃最活泼，其最小点火能也最低。为了使测定结果具有较强的可比性，通常，最小点火能是指在最易被点燃的浓度时的测定值。

表1－21列出一些最小点火能数据。如果比较不同资料的最小点火能数据，就会发现数值不完全一样，说明不同的实验者在不同的实验条件下得出的结果也有差异。最小点火能是物质的性能参数之一，其数值越小，说明其越容易被点燃，在某一场所，存在物质的最小点火能低说明其发生火灾或爆炸的危险性越大。

表1－21　部分可燃气体/空气混合物的最小点火能

可燃气体	E_{min}/mJ	可燃气体	E_{min}/mJ	可燃气体	E_{min}/mJ
甲烷	0.33	氢气	0.02	甲醇	0.22
乙烷	0.29	硫化氢	0.08	异丙醇	0.65
丙烷	0.31	乙炔	0.02	丙烯醛	0.14
戊烷	0.51	乙烯	0.10	丙醛	0.32
异丁烷	0.53	丙烯	0.28	乙醛	0.38
异戊烷	0.70	丁二烯	0.18	乙醚	0.49
庚烷	0.70	甲醚	0.38	异丙醚	1.14
异辛烷	1.35	醋酸甲酯	0.40	丙酮	1.15
环氧丙烷	0.19	醋酸乙酯	1.42	丁酮	0.63
环丙烷	0.24	丙基氯	1.08	二硫化碳	0.02
环戊烷	0.54	丁基氯	1.24	硫化氢	0.07
环己烷	1.38	异丙基氯	1.55	异丙胺	2.00

根据《可燃气体混合物最小点燃能量和灭火距离标准测试方法》(ASTM E582—88)，可燃气体/空气混合物最小点火能试验测试装置如图1－45所示。

位于容器中央的放电电极由不锈钢圆盘制成，可移动的电极与螺旋测微计相连，电极间距由测微计测定。可燃气体由高压静电电火花点燃，并通过调节电极间距找出可燃气体不发生着火的临界电极间隙所对应的点火能量即为最小点火能。在进行试验时，先将一定浓度的可燃气体装入球形反应容器内，并将电极间距设置的足够大，逐步增大电压直到电极间出现电火花，当观察到容器内出现火焰传播后，迅速切断高压电源，记录下电压值U，然后逐步减小电极间距，直到可燃气体不能点燃为止，此时电容的放电能量即为可燃气体在该浓度时的最小点火能E_{min}，即

$$E=\frac{1}{2}CU^2 \tag{1-23}$$

式中　C——放电电容的电容值。

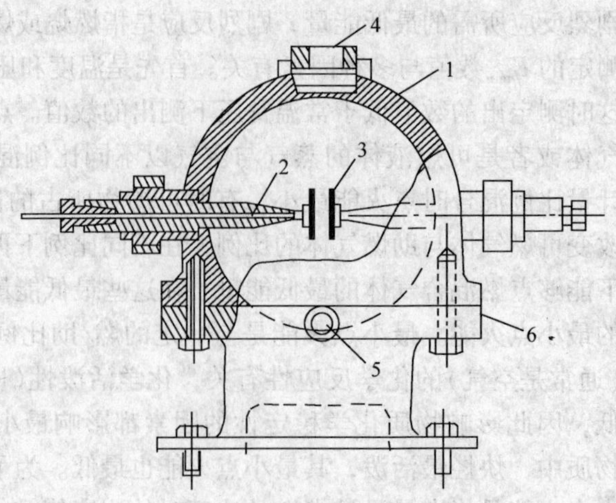

图1－45　可燃气体最小点火能测试装置

1—球形容器；2—电极；3—极板；4—观察窗；5—进气口；6—底座

式(1－23)没有考虑放电过程中的少量能量损失，一般实际有效放电量为95%～98%，因此实测值往往高于真实值。

思考题

1. 如何判定一种氧化还原反应是否属于燃烧过程？
2. 什么是燃烧三要素？在空气环境下不能被点燃的物质是否就是不可燃物质？
3. 固体强氧化剂与可燃物接触时能引发火灾。请叙述其着火过程。
4. 在燃烧必须具备的两个充分条件中包括“可燃物与助燃物达到一定的浓度比例”。请针对气体、液体、固体三种形态的可燃物解释其含义。
5. 对于同一种可燃气体，其混合燃烧和扩散燃烧的燃烧速度不同，解释其原因。
6. 某装置内需要燃烧燃气来加热，燃烧三要素在其内部以什么顺序出现才是安全的？假如第一次点火没成功，应如何做才能不发生爆炸？
7. 液体燃烧的哪些现象能表明液体是蒸发后才燃烧的？
8. 解释闪燃和闪点。为什么液体的燃点要高于其闪点？是否所有可燃液体的燃点与闪点的差值都相同？
9. 开杯式闪点与闭杯式闪点有何区别？
10. 液体闪点与其沸点有何关系？其与分子间作用力有何关系？
11. “液体的闪点越低其火灾危险性越大”的依据是什么？
12. 甲醇、乙醇、丙醇、丁醇、戊醇的闪点值是如何变化的？
13. 某些混合液体本身在常温下不具有可燃性，但其蒸气具有爆炸性。请说明其可能的原因。
14. 分别计算甲醇、乙醇的65%水溶液的闪点。
15. 为什么原油的燃烧具有热波特性？解释沸溢燃烧和喷射燃烧。
16. 可燃固体有哪几种燃烧形式？说明各燃烧形式的含义。
17. 在分解燃烧过程中，是热解释放出的挥发分在燃烧，挥发分是指什么？

18. 你认为褐煤的燃烧属于哪种形式的燃烧？

19. 解释固体的轰燃和回燃两个概念，比较分析其区别。

20. 木材、纸张、纤维等固体具有燃点和自燃点，分析解释其含义的区别。

21. 解释极限氧指数的含义，说明该指数的用途。

22. 为什么混合气体在管道中的层流燃烧速度与管径大小有关？燃烧速度与燃气/空气的体积比值有何关系？

23. 液体的燃烧速度与其沸点高低是否相关？液体火灾的火焰高度与其沸点高低是否相关？

24. 燃烧的活化能理论认为是哪种因素决定了燃烧反应的速度。

25. 燃烧的连锁反应理论认为燃烧分哪几个阶段？燃烧速度由什么决定？直链反应和支链反应有何区别？

26. 结合燃烧反应速度，阐述器壁效应的含义，什么情况下器壁效应更明显？

27. 解释化学爆炸和物理爆炸的概念，并阐述爆炸的特征。

28. 无论是化学爆炸还是物理爆炸，都有气体参与爆炸过程，请举例说明，并说明气体在爆炸过程中的作用。

29. 化学爆炸分为哪几类？气体分解爆炸和混合气体爆炸有哪些区别？

30. 什么是气体分解爆炸的临界压力？

31. 燃烧与爆炸有何区别？发生化学爆炸需要具备哪些条件？

32. 可燃气体与空气的含量比例发生变化时，混合气体的燃烧速度会发生怎样的变化？为什么气态物质都具有爆炸极限。

33. 有资料报道，环氧乙烷的爆炸上限是100%，请说明能达到100%的原因，哪类气体的爆炸上限能达到100%？

34. 叙述爆炸极限的含义，说明爆炸上限和下限随助燃气体中氧气含量增加的变化规律。

35. 烷烃类有机气体的爆炸下限和下限都随碳原子数增加而降低，请分析其原因。

36. 混合气体爆炸指数的大小能说明气体什么特性？根据燃烧速度与浓度的关系，分析气体爆炸指数在浓度变化时的变化规律。

37. 简单绘制最大爆炸压力、最大爆炸压力上升速度随可燃气体浓度增加的变化曲线。

38. 在体系初始温度提高时，爆炸上限和下限将如何变化？产生变化的原因是什么？

39. 当可燃气体与空气的混合气体中混入惰性气体时，其爆炸极限将发生什么变化？不同种类的惰性气体的影响效果是否相同？

40. 当可燃气体与富氧空气混合时，其燃爆特性参数将发生什么变化？请试分析发生这些变化的原因。

41. 根据单一气体爆炸极限的估算公式，总结烷烃类化合物的爆炸极限随分子量的变化规律。

42. 某天然气的组成如下：甲烷81%（爆炸极限5.0%～15%）、乙烷14%（爆炸极限3.0%～15.5%）、丙烷3%（爆炸极限2.1%～9.5%）和丁烷2%（爆炸极限1.9%～8.5%），计算混合气体的爆炸极限。

43. 乙醇（爆炸极限3.3%～19%）和乙醚（爆炸极限1.9%～36%）的蒸气按照3：1的比例混合，计算混合蒸气的爆炸极限。

44. 某高炉煤气的组成如下：甲烷 0.26%、一氧化碳 31%、氢气 1.74%、二氧化碳 10%、氮气 57%。请估算该高炉煤气的爆炸极限。

45. 某焦炉煤气的定量检测结果如下：甲烷 23.50%、一氧化碳 6.52%、氢气 54.9%、硫化氢 0.06%、二氧化碳 2.99%、氧气 0.61%、氮气 11.42%。计算其爆炸极限。

46. 某干馏工序产生的可燃气体的组成成分、体积百分含量及每种气体的爆炸极限列于下表中，计算其发生泄漏时的爆炸极限。

	C_nH_m	CH_4	CO	H_2	CO_2	N_2
含量/%	1	3	3	10	18	65
LEL/%	3.1	5	12.5	4.0	—	—
UEL/%	28.6	15	74.2	75	—	—

47. 经气相色谱法测定，某金属设备内的气体的组成为：甲烷(1.0%)、乙烯(2.0%)、己烷(2.0%)、二氧化碳(2.0%)、空气(93.0%)。假如需要对设备进行电焊维修，请判断混合气体是否能够被引燃。

48. 请在燃气－氧气－氮气体系的三角坐标图中，绘制出丁烷和一氧化碳的爆炸区域范围、化学计量组成线，以及空气稀释线，说出作图的步骤和道理。

49. 计算甲醇、丙酮的极限氧浓度(LOC)。

50. 绘制出甲烷与氢气混合气体在空气中爆炸极限变化范围图。

51. 叙述在三角坐标图中确定空气稀释最大燃气安全浓度的过程和原理。

52. 需要具备哪些条件时，粉尘爆炸才能发生？

53. 简述粉尘爆炸的气相点火机理和表面非均相点火机理。

54. 粉尘爆炸的最大爆炸压力和最大爆炸压力上升速度比气体爆炸时低，分析其原因。

55. 什么情况下会发生粉尘二次爆炸？什么情况下气体爆炸会引发粉尘爆炸？

56. 哪些现象能够说明“粉尘粒径越小，其爆炸特性越接近气体爆炸”这种说法是正确的？

57. 假如聚乙烯颗粒料中残留低浓度的乙烯气体，聚乙烯粉尘的爆炸特性会发生哪些变化？说明其原因。

58. 空气中氧气浓度增加时，粉尘的爆炸特性参数有何变化？

59. 什么是最小点火能？气体或粉尘的最小点火能参数有什么用途？

60. 气体最小点火能数值大小与气体分子的化学反应活性有什么关系？

第 2 章　毒物学和职业卫生

一种物质对人体有毒还是无毒并不是太容易区分。毒物学的基本观点是所有的物质或多或少都具有毒性。大量摄取砂糖、食盐也会对身体有危害，但这些物质一般不称作毒物。通常所说的毒物应该是具有急性毒性或者剧毒毒性的物质。可见物质对人体有害还是无害，还需要用“剂量”来区分，16 世纪的毒物研究者帕拉塞修斯(Paracelsus)曾陈述：“所有的物质都是有毒的，没有无毒的物质，恰当的剂量区分了毒物和药物”。《现代科学技术知识词典》对毒物的解释是“在一定条件下，较小剂量就能够对生物体产生损害作用或使生物体出现异常反应的外源化学物。毒物可以是固体、液体和气体，与机体接触或进入机体后，能与机体相互作用，发生物理化学或生物化学反应，引起机体功能或器质性损害，严重的甚至危及生命。”中毒是指有毒物质通过不同途径进入人体内，引起某些生理功能或组织器官受到急性健康损害的现象。本章介绍毒物的分类、职业接触限值和安全检测的知识。

2.1　毒物侵入人体途径

根据有毒物质的形态，通常可通过以下三种途径进入人体：①吸入，通过呼吸系统进入体内并抵达肺部；②皮肤吸收，通过皮肤隔膜渗透进入人体，或者是通过伤口进入皮肤及生物组织；③食入，通过嘴进入胃部。

吸入是经呼吸系统完成的，吸气时将呈气体、气溶胶(粉尘、烟、雾)状态的毒物经呼吸道进入人体。人体呼吸的作用是吸入氧气(空气)及呼出二氧化碳，氧气不能在体内贮存，人必须一刻不停地吸进新鲜空气。由于吸入肺部的空气中仅有部分氧气进行交换，所以每人每分钟需要吸入 8L 左右的空气，因此空气中有毒物质浓度越高被吸入的有毒物质量越大。呼吸系统由上呼吸道系统和下呼吸道系统构成，上呼吸道系统包括鼻子、鼻窦、嘴、咽喉、气管，下呼吸道系统包括肺及其支气管、肺泡等小结构。

上呼吸道的作用是润湿、加热、过滤空气，其比较湿润，因此对溶于水的毒物有较强烈的反应。卤化物(氯化氢、溴化氢)、氧化物(氮氧化物、二氧化硫、氧化钠)、氢氧化物(氢氧化钾、氢氧化钠、钠粉尘、氢氧化铵)等易溶于水的物质在黏液中可转化成酸或者盐，对上呼吸道危害较大，所以又称为上呼吸道毒物。

下呼吸道中的肺部包含数亿个肺泡，大量肺泡可形成大约 $70m^2$ 的气体交换面积，使进入肺泡的有毒物质很快能通过肺泡壁进入血液循环中，毒物随肺循环血液而流回心脏，然后不经过肝脏解毒，即直接进入体循环而分布到全身各处。可进入肺泡的细小尘粒如果不能溶解于水，则在肺中输送气体的通道内进行物理堵塞，阻塞气体的迁移，丧失部分气体交换功能，量较大时造成尘肺。如果细小尘粒有毒且可溶解，则溶解度越大，毒性危害越大。下呼吸道有毒物质包括硫化氢、光气、乙腈、丙烯腈、丙烯醛、石棉粉末、含硅粉尘、烟尘等。

在有毒物进入人体的三种途径中，吸入是最重要的途径。一般来讲，空气中的毒物浓度越高，粉尘状毒物粒子越小，毒物在体液中的溶解度越大，经呼吸道吸收的速度就越快。单纯的粉尘颗粒虽对人有害，但不属于毒物。

人体皮肤由外表皮(由死亡的干细胞组成的角质层)和真皮构成。人接触到某些毒物可透过完整的皮肤进入体内，进入血液循环。芳香族的氨基、硝基化合物，有机磷化合物，苯及同系物等脂溶性毒物可经皮肤直接吸收。某些气态毒物，如氰化氢，浓度较高时也可经皮肤进入体内。皮肤有病损时，不能经完整皮肤吸收的毒物，也能被大量吸收。

大多数有毒物质不太容易经皮肤渗入进入人体，然而有些物质却有较强的渗透性，如有机物苯酚，能经一小块皮肤渗入人体，并能达到足以致人死亡的量。虽然手掌皮肤较厚，但手掌皮肤粗糙孔洞多，导致吸收更快，也正是手掌接触毒物的机会最多。

在生产场所，单纯经口进入消化道吸收而引起中毒的机会比较少见。一般是由于手被毒物污染后直接用被沾污的手拿食物吃，而造成毒物随食物进入消化道。消化道吸收毒物的主要部位在小肠，尤其脂溶性毒物在肠内吸收较快。绝大部分由肠道吸入血循环的毒物，都将流经肝脏，一部分被解毒转化为无毒或毒性较小的物质，一部分随胆汁分泌到肠腔，随排泄物排出体外，其中少部分可被吸收。有的毒物如氰化氢，在口腔内即可经黏膜吸收。

2.2 毒物的毒物学参数

毒物学(toxicology)是一门研究化学物质对生物体的毒性反应、严重程度、发生频率和毒性作用机制的科学，也是对毒性作用进行定性和定量评价的科学。

生物体对相同剂量毒物的反应是不一定相同的。如果家具是采用质量较低劣的胶合板材生产的，成品家具释放甲醛的速率较快，在门关闭的家具内将积累一定浓度的甲醛蒸气，当在家具商店选择家具时，不同人眼睛感受到的刺激程度是不同的，可分为“没有明显感觉(微弱反应)”、“有明显的刺激感(平均反应)”和“眼睛流泪(强烈反应)”三种情况，反应程度的差异与年龄、性别、体重、健康状况、饮食及其他因素有关。如果邀请大量的人进行类似的试验(必须有安全保障)，呈现不同程度反应的人数大体呈现正态分布。

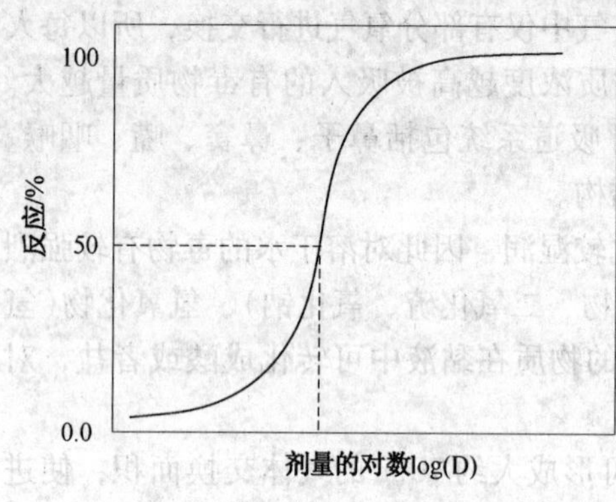

图 2-1　反应-剂量对数曲线

为了反映一种化学物质的毒性强弱，通常用反应-剂量对数曲线(图 2-1)来研究。

如果反应-剂量对数曲线中的“反应”是指毒物对人的不严重的伤害，而且是可以恢复的伤害，例如对人眼睛的不太严重的刺激疼痛反应，则反应-剂量对数曲线被称为有效剂量(ED)曲线。

如果“反应”是指毒物导致人中毒，即对人产生不可恢复的伤害但不致命，例如对肝脏、肺等脏器的损害，则反应-剂量对数曲线被称为中毒剂量(TD)曲线。

目前，国内毒物毒性数据中的“反应”多是指死亡或致命，这时反应-剂量对数曲线被称为死亡或致命剂量(LD)曲线。

很显然，对同一种毒物来说，有效剂量(ED)曲线、中毒剂量(TD)曲线和死亡或致命剂量曲线三种曲线所对应的剂量值范围差别较大，如图 2-2 所示。曲线的基本形状呈 S 型，故又称为 S 曲线。

图 2-1 和图 2-2 中对应的反应为 50% 死亡的剂量被称为半数致死量(median lethal dose)，用符号 LD_{50}表示。其表示在规定时间内，通过指定感染途径，使一定体重或年龄的

某种动物半数死亡所需的最小毒物量。半数致死量是描述有毒物质或辐射的毒性大小的常用指标。

如果被试验毒物是气体（或气态，也包括粉尘和烟雾），则被试验动物所处环境的空气中含有有毒气体，这时与半数致死量相对应的参数为半数致死浓度（LC_{50}）。

为了使毒性检验过程更加和谐，现在不一定使用动物来做试验，而采用其他方法，但所得数据的含义是相同的。

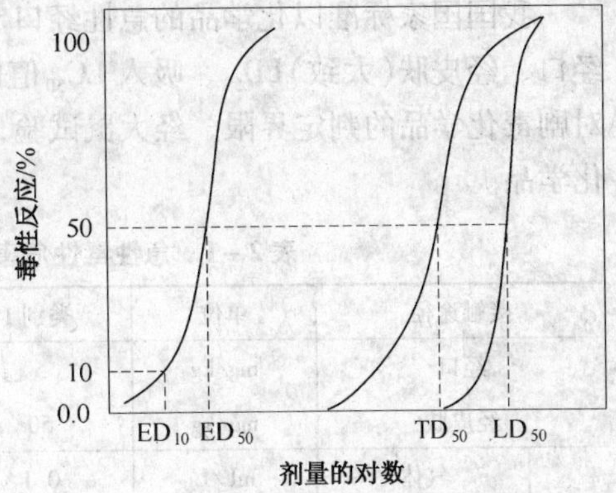

图 2－2　三种反应－剂量对数曲线的比较

毒物造成机体损害的能力称为毒性，毒性分为急性毒性和慢性毒性两种。急性毒性（acutetoxicity）是指经口或经皮肤摄入物质的单次剂量或在 24h 内给与的多次剂量，或者 4h 的吸入接触发生的急性有害影响。大多数情况下，反应－剂量对数曲线都采用急性毒性数据。

体重不同的人对毒物的反应是有区别的，所以半数致死量的单位是相对值，即 mg/kg，含义是每公斤体重接受的毒物质量。半数致死量单位 mg/kg 的含义可以理解为：当受试动物体重为 100kg 时，如被检验的化学品或药物的半数致死量为 0.02mg/kg，则进入体内的化学品或药物量达 $0.02 \times 100 = 2$mg 时，可能使受试动物致死（死亡概率为 50%）。

另外，还有以下三种毒理学指标。

绝对致死剂量（absolute lethal dose，LD_{100}）是指某实验总体中引起一组受试动物全部死亡的最低剂量。

最小致死剂量（minimal lethal dose，MLD 或 MLC 或 LD_{01}）是指某实验总体的一组受试动物中仅引起个别动物死亡的剂量，其低一档的剂量就不再引起动物死亡。

最大耐受剂量（maximal tolerance dose，MTD 或 LD_0 或 LC_0）是指某实验总体的一组受试动物中不引起动物死亡的最大剂量。

亚致死剂量是指比最小致死剂量低一档的剂量，即不再引起动物死亡。

2.3　毒物的分类

一种物质划分为毒物，需要具备以下三种特征：①对机体具有不同水平的有害性，但单纯性粉尘的有害性作用机理与毒物不同，不能看作毒物；②经过毒理学研究之后确定的；③必须能够进入机体，与机体发生有害的相互作用。

2.3.1　纯组分的分类

世界卫生组织（WHO）根据物质急性毒性，将有毒物质分为“剧毒”、“高毒”、“中等毒”、“低毒”和“微毒”五个类别，其含义分别是：

剧毒——毒性分级 5 级；成人致死量小于 0.05g/kg 体重；60kg 成人致死总量为 0.1g。

高毒——毒性分级 4 级；成人致死量 0.05～0.5g/kg 体重；60kg 成人致死总量为 3g。

中等毒——毒性分级 3 级；成人致死量 0.5～5g/kg 体重；60kg 成人致死总量为 30g。

低毒——毒性分级 2 级；成人致死量 5～15g/kg 体重；60kg 成人致死总量为 250g。

微毒——毒性分级 1 级；成人致死量大于 15g/kg 体重；60kg 成人致死总量大于 1000g。

我国国家标准以化学品的急性经口、经皮肤和吸入毒性将有毒物品划分五个类别，按其经口、经皮肤(大致)LD_{50}、吸入LC_{50}值的大小进行危害性的基本分类见表2－1。根据我国对剧毒化学品的判定界限，经大鼠试验，毒理学参数达到类别2和类别1的物质都属于剧毒化学品。

表2－1　急性毒性危害类别及各类别的(近似)LD_{50}/LC_{50}值

接触途径		单位	类别1	类别2	类别3	类别4	类别5
经口		mg/kg	5	50	300	2000	
经皮肤		mg/kg	50	200	1000	2000	
吸入	气体	mL/L	0.1	0.5	2.5	5	5000
	蒸气	mg/L	0.5	2.0	10	20	
	粉尘和烟雾	mg/L	0.05	0.5	1.0	5	

注：表中内容的解释见第3章“急性毒性”部分。

在表2－1中，吸入毒性的单位与吸入物的形态有关。对于粉尘和烟雾是以mg/L表示，气体的数值是以mL/L表示。由于确认受试蒸气的相态存在着困难，它们中有一些是由液相与蒸气相的混合物组成，所以表中是以mg/L表示其浓度。然而，对于近似气相的那些蒸气均应根据mL/L表示的毒性数据来分类。

吸入毒性数据与接触时间长短有关。吸入毒性LC_{50}值是以实验室动物的吸入接触4h试验为依据的。当使用吸入接触1h的数据时，它们可将1h的LC_{50}值除以因子2或除以因子4来转换成4h相应的值。

2.3.2　无整体可用急性毒性试验数据的混合物的分类——搭桥原则

当物质是混合物时，如果混合物没有试验过急性毒性，即无整体可用急性毒性试验数据，但其中个别组分有试验数据，或者是类似的混合物有足够的毒理学试验数据，且这些已有的试验数据能够证实混合物的危害性，就可以按照“搭桥原则”使用这些数据，对混合物进行分类，而不需要进行额外的动物试验，这样就可以充分利用已有的试验数据。

例如对混合物进行稀释，用一种与最小毒性的原组分相当或较低毒性类别的物质进行稀释时，同时预期该物质不会影响其他组分的毒性，则新的混合物可以视同原混合物而进行分类。如果对一混合物用水或无毒物质进行稀释时，则该混合物的毒性能够按稀释混合物样品得出试验数据计算。例如，如果具有LD_{50}为1000mg/kg体重的混合物用等体积的水进行稀释，则冲稀后的混合物的LD_{50}将为2000mg/kg体重。

一个复杂混合物的一个生产批次的毒性，可以设定为同样商业产品，或在同一制造商控制下生产的另一生产批次的毒性相等，除非有理由认为该批的毒性有显著的变化。如果是后一种情况，则必须进行新的分类。

类似的情况还包括同类毒性物质的混入。如果某混合物被分在类别1，并且该混合物中列入类别1中的组分浓度增加了，则新混合物应分在类别1而不需额外的试验。

如果有A、B、C三种混合物，其所含毒理学活性组分的种类相同，A和B属于同样的毒性类别，混合物C中毒理学活性组分的浓度在混合物A和B的活性组分浓度之间，那么可认为混合物C与A和B属于相同的毒性类别。这种判别法为“在一个毒性类别内的内推法”。

实质类似的混合物分类确定方法：假如两种混合物满足下列情况：①两种混合物：a. A + B，b. C + B；②组分 B 的浓度在两种混合物中是相同的；③组分 A 在混合物 a. 中的浓度等于组分 C 在混合物 b. 中的浓度；④有 A 和 C 的毒性数据，并且实质上相等，即它们是处于同样危害类别且预期不会影响 B 的毒性。如果混合物 a. 已根据试验数据分类，则混合物 b. 能被认定为同样的危害类别。

对于喷雾产生的气溶胶，如果所使用的喷雾推进剂对混合物的毒性没有影响，这时气溶胶形态的混合物应按已试验过的非气溶胶形态的混合物的经口毒性和经皮肤毒性分至同一危害类别。气溶胶型混合物的吸入毒性分类应单独考虑。

2.3.3 按混合物组分进行混合物的分类(加合性公式)

当所有组分都有可用数据时，可根据所有相关组分的经口、经皮肤或吸入毒性的急性毒性估计值(ATE)，通过公式(2-1)计算混合物的急性毒性估计值。

$$\frac{100}{\text{ATE}_{\text{mix}}} = \sum_{i}^{n} \frac{c_i}{\text{ATE}_i} \tag{2-1}$$

式中 ATE_{mix}——混合物的急性毒性估计值；

c_i——第 i 种组分的百分浓度；

n——组分个数；

ATE_i——第 i 种组分的急性毒性估计值。

计算时应考虑如下问题：考虑属于统一分类制度任一急性毒性类别的急性毒性已知的组分；不考虑没有急性毒性的组分(例如水、糖)；不考虑口服极限试验计量没有显示急性毒性为 2000mg/kg 体重的组分。

当混合物的一种或多种组分有可用数据，而个别组分的 ATE 不可得到时，只要可获得如下所列信息而能够提供一个转换值，仍可用公式(2-1)计算混合物的 ATE_{min}。

① 对于组分具有可利用的急性毒性估计值但不是最合适的接触途径时，可以从可利用的接触途径外推出最相关途径的数值。经皮肤和吸入途径的数据不总是各组分需要的。然而，特定组分的数据需要经皮肤和吸入接触途径的急性毒性估计值时，在公式中待使用的值就需要从所要求的接触途径得出的值。

② 具有人体接触所致毒性的证据，但没有致死剂量数据的证据。

③ 有关物质的现有任何其他毒性试验/分析证据表明有急性毒性效应，但一定提供致死剂量数据的证据；或用结构/活性关系得到的极其类似物质的数据。

如果有一种组分在混合物中的浓度为 1% 或更大，但无任何可利用的信息时，不能够对该混合物做出肯定的急性毒性估计值。在这种情况下，该混合物应根据仅已知的组分来分类，并附加说明该混合物由质量分数(%)的未知毒性组分组成。

如果未知急性毒性的组分的总浓度小于或等于 10% 时，则应采用公式(2-1)计算。如果未知毒性组分的总浓度大于 10% 时，则对公式(2-1)进行校正，对未知组分的总百分比调整，按公式(2-2)计算。

$$\frac{100 - \sum c_{\text{未知}}}{\text{ATE}_{\text{mix}}} = \sum_{i}^{n} \frac{c_i}{\text{ATE}_i} \tag{2-2}$$

2.4 职业接触限值

职业性有害因素又称职业病危害因素，是指在职业活动中产生和(或)存在的、可能对职业人群健康、安全和能力造成不良影响的因素或条件，包括化学、物理、生物等因素。

职业接触限值(OELs，Occupational Exposure Limits)即职业性有害因素的接触限制量值，指劳动者在职业活动过程中长期反复接触对机体不引起急性或慢性有害健康影响的容许接触水平。化学因素(包括有毒物质和粉尘)的职业接触限值可分为时间加权平均容许浓度、最高容许浓度和短时间接触容许浓度三类。

① 最高容许浓度(MAC，Maximum Allowable Concentration)是指工作地点、在一个工作日内、任何时间均不应超过的有毒化学物质的浓度。

② 时间加权平均容许浓度(PC - TWA，Permissible Concentration - Time Weighted Average)是指以时间为权数规定的8h工作日、40h工作周的平均容许接触浓度。

短时间接触容许浓度(PC - STEL，Permissible Concentration - Short Term ExposureLimit)是指在遵守PC - TWA前提下容许短时间(15min)接触的浓度。

部分化学品的职业接触限值见表2-2。

表2-2 部分化学品的职业接触限值

序号	中文名称	OELs/(mg/m^3)		
		MAC	PC - TWA	PC - STEL
1	氨	—	20	30
2	苯	—	6	10
3	苯胺	—	3	—
4	吡啶	—	4	—
5	丙烯腈	—	1	2
6	丙烯醛	0.3	—	—
7	丙烯酸	—	6	—
8	臭氧	0.3	—	—
9	二甲胺	—	5	10
10	二甲基二氯硅烷	2	—	—
11	3,3-二甲基联苯胺	0.02	—	—
12	二硫化碳	—	5	10
13	1,3-二氯丙醇	—	5	—
14	二氯甲烷	—	200	—
15	1,2-二氯乙烷	—	7	15
16	二氧化硫	—	5	10
17	二异氰酸苯甲酯(TDD)	—	0.1	0.2
18	五氧化二钒烟尘	—	0.5	—
19	酚	—	10	—
20	汞-金属汞(蒸气)	—	0.02	0.04
21	汞-有机汞化合物(按Hg计)	—	0.01	0.03

续表

序号	中文名称	$OEL_s/(mg/m^3)$		
		MAC	PC－TWA	PC－STEL
22	光气	0.5	—	—
23	过氧化苯甲酰	—	5	—
24	过氧化氢	—	1.5	—
25	环氧丙烷	—	5	—
26	环氧氯丙烷	—	1	2
27	环氧乙烷	—	2	—
28	甲苯	—	50	100
29	甲醇	—	25	50
30	甲基肼	0.08	—	—
31	甲醛	0.5	—	—
32	乐果[*O*,*O*－二甲基－*S*－(*N*－甲基氨基甲酰甲基)－二硫化磷酸酯]	—	1	—
33	联苯	—	1.5	—
34	磷化氢	0.3	—	—
35	硫化氢	10	—	—
36	硫酸二甲酯	—	0.5	—
37	氯	1	—	—
38	氯丙烯	—	2	4
39	氯丙酮	4	—	—
40	氯化铵烟	—	10	20
41	氯化氢及盐酸	7.5	—	—
42	氧化锌烟	—	1	2
43	氯甲甲醚	0.005	—	—
44	氯甲烷	—	60	120
45	氯乙醇	2	—	—
46	氯乙醛	3	—	—
47	氯乙酸	2	—	—
48	氯乙烯	—	10	—
49	煤焦油沥青挥发物(按苯溶物计)	—	0.2	—
50	铅尘	—	0.05	—
51	铅烟	—	0.03	—
52	氢氧化钾	2	—	—
53	氢氧化钠	2	—	—
54	氰化氢(按 CN 计)	1	—	—
55	氢化物(按 CN 计)	1	—	—
56	溶剂汽油	—	300	—
57	三氟化氯	0.4	—	—
58	三氟化硼	3	—	—
59	三氯化磷	—	1	2
60	三氯甲烷	—	20	—
61	三氯氢硅	3	—	—

续表

序号	中文名称	$OEL_s/(mg/m^3)$		
		MAC	PC-TWA	PC-STEL
62	砷化氢	0.03	—	—
63	砷及其无机化合物(按 As 计)	—	0.01	0.02
64	升汞(氯化汞)	—	0.025	—
65	四氯化碳	—	15	25
66	铜尘(按 Cu 计)	—	1	—
67	铜烟(按 Cu 计)	—	0.2	—
68	纤维素	—	10	—
69	硝基苯	—	2	—
70	硝基甲苯	—	10	—
71	氧化钙	—	2	—
72	氧化锌	—	3	—
73	一氧化氮	—	15	—
74	一氧化碳(非高原)	—	20	30
75	乙苯	—	100	150
76	乙二胺	—	4	10
77	乙醚	—	300	500
78	乙酸	—	10	20
79	异氰酸甲酯	—	0.05	0.08
80	正己烷	—	100	180

注：表中数据均摘自《工作场所有害因素职业接触限值　第 1 部分：化学危害因素》GB 2.1—2007。

国家标准对毒性特别大的物质规定了 MAC，其他物质规定了 TWA 和 STEL，对没有规定 STEL 的物质，在标准中规定了超限倍数。

值得指出的是，研究机构提出的接触限值并不等于卫生标准，接触限值在得到政府等部门行政上的承认前仅仅是“科学建议”，而在经过政府等部门批准颁布后才能成为具有立法性质的标准。接触限值的制定程序和立法取决于政治制度、立法系统和国家经济发展技术水平等许多因素，各国关于接触限值的立法状况差异颇大。

2.5　工作场所职业卫生评价参数

在工作场所，有毒物质一般来源于装置的泄漏，即使是低毒性的物质，发生大量泄漏也会在很短时间内造成严重伤害，即急性毒性影响，如意识不清、眼睛灼伤、呼吸系统灼伤、皮肤灼伤，应对这种情况的主要措施是准备好通往未被污染区域的通道和指示标识，及阻止泄漏持续的技术措施，不需要进行评价。

卫生评价主要针对慢性影响，人员长期或反复暴露于因少量泄漏导致的低浓度有害物质环境中就会受到慢性伤害，慢性伤害也可能是严重伤害。有些物质本身无色无味，如一氧化碳，低浓度时很难由人的嗅觉发现，即使有气味，在低浓度时也可能低于人的嗅觉阈限值，因此对有毒物质进行检测是非常必要的。只要生产场所设备内存在有毒物质就应该检测，这种检测必须是连续地或频繁地进行。一旦检测发现超过标准规定值，就应采取相应的控制措施。

时间加权平均允许浓度(TWA)是最主要的检测指标。根据定义，在有害物质浓度有波动的场所，TWA应由公式(2-3)计算。

$$\mathrm{TWA} = \frac{1}{8}\int_0^{t_w} c(t)\,\mathrm{d}t \tag{2-3}$$

式中 $c(t)$——有毒物质在空气中的浓度，mg/m^3；

t_w——员工暴露在含有有毒气体区域或场所的时间，h；

8——每天8h工作制的时间。

即使接触有毒物质工作时间大于或少于8h，公式中的积分值也必须除以8，如果实际暴露时间短于8h，即使浓度稍高一些也不会超过接触限值，反之，实际暴露时间长于8h，如12h，即使浓度较低，也可能超过接触限值。

根据目前现行国家标准规定的标准检测方法，有毒气态物质的职业卫生检测多采用非连续检测法，即用吸附采样管(也可用气泡吸收管)在现场采样，往往需要一个或几个吸附采样管接力式采样，总时间达到8h或更长，之后在检测室对吸附的气体解吸，定容成一定体积的液体或气体作为测定样品，测定后将测定值折合成气体样品的浓度。如果使用一支采样管，或者是几支检测管解吸后制成一份测定样品，其检测结果就相当于公式(2-3)的结果，即采样时间段内的平均值。如果使用几支采样管，且分别解吸，分别测定，得到各采样时间段内的浓度(实际是平均值)就用公式(2-4)计算TWA值。

$$\mathrm{TWA} = \frac{c_1T_1 + c_2T_2 + \cdots + c_nT_n}{8} \tag{2-4}$$

式中 c_1、c_2、c_n——各采样时间段测定得到的平均浓度值，mg/m^3；

T_1、T_2、T_n——各采样管采样的时间，h。

【例2-1】 在炭黑尾气发电锅炉房内，检测一氧化碳的数据为：

采样持续时间/h	测定浓度/(mg/m^3)	采样持续时间/h	测定浓度/(mg/m^3)
3	18	2	22
3	19		

假如员工每天在此环境中工作8h，请问员工的接触值是否超过TWA？

解： 将数据带入公式(2-4)得

$$\mathrm{TWA} = \frac{18\times3+19\times3+22\times2}{8} = 19.4\mathrm{mg/m^3}$$

一氧化碳的接触限值TWA为$20mg/m^3$，所以连续暴露8h没有超过接触限值，能满足职业卫生要求。

根据《工作场所有毒气体检测报警装置设置规范》(GBZ/T 223—2009)，存在或使用、生产有毒气体，并可能导致劳动者发生职业中毒的工作场所，尤其是可能释放高毒、剧毒气体的工作场所，或可能大量释放或易于聚集的其他有毒气体的工作场所，都应设立有毒气体检测报警点。应当设置有毒气体检测报警仪的场所宜采用固定式的，如果没有必要或不具备条件时，也可使用便携式检测报警仪。固定式有毒气体检测报警系统的检测是连续进行的，传感器实时响应，可记录每个时刻的浓度值，可得到TWA值。便携式检测报警仪不能长时间连续测定，因此其较容易得到短时间接触限值(STEL)。

在实际的工作场所，往往有几种有害化学物质同时存在，如果可以明确知道或假设共存有害物质的毒性效应只是简单的叠加，而不会有协同效应（相互加强或相互减弱），具有不同 TWA 值的有害物的整体效应水平可由式(2－5)计算。当计算值大于等于 1 时，表明已经暴露于超过限值标准的环境中，即暴露过度了。

$$\sum_{i=1}^{n}\frac{c_i}{TWA_i} \tag{2-5}$$

混合物的接触限值也可以采用类似计算混合气体爆炸极限的方法来求得。计算公式见公式(2－6)。

$$TWA_{mix}=\frac{\sum_{i=1}^{n}c_i}{\sum_{i=1}^{n}\frac{c_i}{TWA_i}} \tag{2-6}$$

【例 2－2】 某车间空气中含有 $2mg/m^3$苯、$40mg/m^3$甲苯和 $10mg/m^3$二甲苯，该混合物的 TWA 值是多少？请判断该空气毒物浓度水平超过接触极限值了吗？已知三组分的 TWA 分别为：苯 $6mg/m^3$，甲苯 $50mg/m^3$，二甲苯 $50mg/m^3$。

解：将相应数据带入公式(2－6)计算混合气体整体的 TWA_{mix}

$$TWA_{mix}=\frac{2+40+10}{\frac{2}{6}+\frac{40}{50}+\frac{10}{50}}=39.1\ mg/m^3$$

混合物的整体浓度为 $2+40+10=52mg/m^3>39.1mg/m^3$，已经超过了混合气体整体的时间加权平均允许浓度值 TWA_{mix}，所以该车间空气中有毒气体浓度已经超过接触极限值。

如果将数据代入公式(2－5)得

$$\sum_{i=1}^{n}\frac{c_i}{TWA_i}=\frac{2}{6}+\frac{40}{50}+\frac{10}{50}=1.33$$

此值大于 1，所以也表明在该车间的工作人员已经过度暴露了。

混合液体的接触限值标准值可根据拉乌尔定律和各自的接触限值标准值计算得到。

【例 2－3】 计算苯和甲苯按照 1∶3 比例混合液体在 25℃和标准大气压（101.33kPa）条件下的接触限值标准值。苯和甲苯在给定条件下的饱和蒸气压分别为 12.60kPa 和 3.76kPa，苯和甲苯的 TWA 分别为 $6mg/m^3$和 $50mg/m^3$。

解：首先需要求得苯和甲苯在该条件下的气相浓度。苯和甲苯的分子结构、物理化学性质较接近，且较稳定，所以气相浓度可由气液平衡公式计算得到。

根据拉乌尔定律，溶液中某一组分的气相分压为

$$p_i=x_i p_i^{饱和} \tag{2-7}$$

由此公式计算苯和甲苯的气相分压

$$p_{苯}=x_{苯}\,p_{25苯}^{饱和}=0.25\times12.60=3.15kPa$$

$$p_{甲苯}=x_{甲苯}p_{25甲苯}^{饱和}=0.75\times3.76=2.82kPa$$

苯和甲苯的总蒸气压为 3.15＋2.82＝5.97kPa。根据道尔顿分压定律，苯和甲苯的摩尔分数分别为

$$y_{苯}=\frac{3.15}{5.97}=0.53$$

$$y_{甲苯}=\frac{2.82}{5.97}=0.47$$

将摩尔分数值 y_i 替代组分浓度 c_i，代入公式(2-6)中(不改变计算结果数值)得

$$TWA_{mix}=\frac{0.53+0.47}{\frac{0.53}{6}+\frac{0.47}{50}}=10.31\ mg/m^3$$

即苯和甲苯按照1:3比例混合液体的时间加权平均允许浓度为10.31mg/m^3，虽然苯所占比例较小，但其限值远远小于甲苯的限值，所以总体的接触限值仍接近苯的限值。

2.6 气态有毒有害物质的检测

我国职业卫生标准《工作场所有害因素职业接触限值 化学有害因素》(GBZ 2.1—2007)中列出了339种(类)化合物的职业接触限值，其中54种毒性比较大的物质制定了最高容许浓度，它是任何情况下都不容许超过的限值浓度，一旦超过此浓度人的机体就会受到伤害。可以认为最高容许浓度是瞬时浓度，没有考虑持续时间长短的因素。除了这54种物质外，其他285种(类)化合物都制定了PC-TWA，其中的大部分还制定了PC-STEL，但也有一部分没有制定短时间接触容许浓度。对未制定PC-STEL的化学物质，制定了超限倍数，其含义是：在符合8h时间加权平均容许浓度的情况下，任何一次短时间(15min)接触的浓度均不应超过的PC-TWA的倍数值。对于同一种物质，PC-STEL > PC-TWA。

在规定了职业接触限值的有毒物质中，气态和液态物质所占比例较大。多数情况下，对人体有毒有害的液体、气体都是以气态的形态，经呼吸系统进入人体，液体蒸发后存在于作业场所空气中，其危害与气体相似。通常把有毒有害气体和有毒有害液体的蒸气都合称为有毒有害气体。有毒有害气体是指与人体接触能对人身健康造成危害的气体。按其毒害性质的不同可分为：①刺激性气体，这类气体对眼和呼吸道黏膜有刺激作用，最常见的有氯、氨、氮氧化物、光气($COCl_2$)、氟化氢、二氧化硫、三氧化硫和硫酸二甲酯等。②毒性窒息性气体，这类有毒气体能造成机体输送或利用氧的功能丧失或减弱，如一氧化碳、硝基苯的蒸气、氰化氢、硫化氢等。有毒有害气体对人体危害与其性质、浓度及其与人体持续接触时间有关。

相关国家标准规定：劳动者从事职业活动或进行生产管理过程中经常或定时停留的地点称为工作地点，而劳动者进行职业活动的全部地点称为工作场所。凡是存在有毒有害气体，且有可能达到或超过职业接触限值的场所，都应该进行相应的检测。

对职业危害因素的检测都属于安全检测的范畴，有毒有害气体的检测可分为两类，一类是职业卫生检测，另一类是现场固定式检测报警系统连续检测。

(1) 职业卫生检测

职业卫生检测的目的测定作业场所空气中相关物质的浓度，判断其是否超过时间加权平均允许浓度，为作业场所职业卫生评价提供实测数据资料，接受政府有关部门的监督。为了使检测结果具有公认的可靠性和可比性，检测方法都采用国家颁布的标准检测方法。标准检测方法的检测过程分为两个步骤：首先采用浓缩富集的采样方法，对现场空气中有毒有害气态物质进行样品采集；之后在检测室对样品进行预处理制备成测定样品，用实验室型分析仪器，如气相色谱仪、高效液相色谱仪、分光光度计等分析仪器对测定样品进行定量测定。下

面以气相色谱法测定空气中芳烃类化合物为例进行简单说明。该方法的采样－预处理方法为活性碳管吸附－二硫化碳解吸法。

芳烃类化合物属于易被极化的化合物，在色谱柱中，与强极性固定液分子之间产生定向诱导力。而芳烃类化合物又属于非极性化合物，可以用活性炭吸附剂吸附收集。空气中的苯、甲苯、二甲苯、乙苯和苯乙烯用溶剂解析型活性炭管(管内装 100mg/50mg 活性炭)采集，二硫化碳解吸后进样，经色谱柱分离后，用氢火焰离子化检测器检测，以保留时间定性，以峰面积或峰高定量。二硫化碳为无色液体，对非极性或弱极性有机物有较强的溶解性，因此可以用其解吸吸附在活性炭上的有机物。二硫化碳作为解吸液时也充当了溶剂，随样品一起进入色谱柱，由于受极性固定液作用力小，所以很容易与组分分开，不干扰测定。

根据检测目的的不同，采样分为短时间采样、长时间采样和个体采样。短时间采样用于场所短时间接触平均浓度和最高接触浓度的检测，长时间采样和个体采样用于时间加权平均接触浓度的检测。

短时间采样：在采样点打开溶剂解析型活性碳管两端，以 100mL/min 流量采集 15min 空气样品。

长时间采样：在采样点打开溶剂解析型活性碳管两端，以 50mL/min 流量采集 2～8h 空气样品。

个体采样：在采样点打开溶剂解析型活性碳管两端，佩戴在采集对象的胸前上部，尽量接近呼吸带，以 50mL/min 流量采集 2～8h 空气样品。

采样后，立即封闭活性碳管两端，置于清洁容器内运输和保存，样品置于冰箱内至少可保存 14d。

为消除少量空白值对检测结果的影响，可进行空白样品采集，方法如下：在采样点打开活性碳管，除不连接采样器采集空气样品外，其他操作同样品采集。

色谱测定条件：气相色谱仪的检测器为氢火焰离子化检测器；色谱柱的固定相担体上涂敷极性固定液，如聚乙二醇(PEG6000)、邻苯二甲酸二壬酯(DNP)等；柱温 80℃；检测室与气化室温度均为 150℃；载气采用氮气，流速 40mL/min。

聚乙二醇 6000 为环氧乙烷和水缩聚而成的混合物，分子式以 $HO(CH_2CH_2O)_nH$ 表示，其中 n 代表氧乙烯基的平均数。邻苯二甲酸二壬酯分子($C_{26}H_{42}O_4$)为透明油状液体。两种固定液都属于强极性固定液。

标准溶液配制：测定采用标准曲线法(外标法)，加约 5mL 二硫化碳于 10mL 容量瓶中，用微量注射器准确加入 10 μL 苯、甲苯、二甲苯、乙苯或苯乙烯(色谱纯；在 20℃，1 μL 苯、甲苯、邻二甲苯、间二甲苯、对二甲苯、乙苯或苯乙烯分别为 0. 8787mg、0. 8669mg、0. 8862mg、0. 8642mg、0. 8611mg、0. 8670mg、0. 9060mg)，用二硫化碳稀释至刻度，即为标准溶液。或者用国家认可的标准溶液配制。

分析步骤－样品处理：将采过样的前后段活性炭分别放入溶剂解吸瓶中，各加入 1. 0mL 二硫化碳(加入量可根据实际情况而变化，但必须准确)，塞紧管塞，振摇 1min，解吸 30min。解吸液供测定。如果浓度超过测定的线性范围，可用二硫化碳适当稀释。

分析步骤－标准曲线绘制：用二硫化碳在容量瓶中将标准溶液稀释成标准规定的浓度系列，如苯的 5 个浓度(μg/mL)系列为：0. 0、13. 7、54. 9、219. 7、878. 7。参照仪器的操作条件，将气相色谱仪调整到最佳状态，分别进样 1. 0mL，测定各标准系列。每个浓度重复测定 3 次。以测得的峰面积或峰高均值分别对苯、甲苯、二甲苯、乙苯或苯乙烯浓度(μg/mL)

绘制标准曲线。

分析步骤 - 样品测定：用测定标准系列的操作条件测定样品和样品空白的解吸液；测得峰面积或峰高值后，由标准曲线得苯、甲苯、二甲苯、乙苯或苯乙烯的浓度(μg/mL)。

计算：在气体或粉尘的安全检测中，检测结果的单位都是 mg/m^3，体积是指被采集气体样品的体积。

空气中苯、甲苯、二甲苯、乙苯或苯乙烯浓度按照式(2 - 8)计算。

$$c = \frac{(c_1 + c_2)V}{V_0 D} \tag{2-8}$$

式中 c——空气中苯、甲苯、二甲苯、乙苯或苯乙烯浓度数值，mg/m^3；

c_1、c_2——测得前后段解吸液中苯、甲苯、二甲苯、乙苯或苯乙烯浓度(减去样品空白)数值，μg/mL；

V——解吸液体积数值，mL；

V_0——标准采样体积数值(校正到20℃，1 大气压下的体积)，L；

D——解吸效率，%。

(2)现场固定式检测报警系统连续检测

固定式检测报警系统主要由探测器(探头、传感器)、检测控制器和报警器三部分构成。一个检测控制器可接多个探测器，探测器设置在需要检测的位置，对被测气态物质的浓度进行响应，将反映浓度大小的电信号输送到控制器。控制器一般设置在生产运行控制室，对检测结果进行连续的显示和记录，当浓度达到或超过报警值时，控制器向报警器发出指令信号，发出声、光报警信号。

《工作场所有毒气体检测报警装置设计规范》(GBZ/T 223—2009)规定：报警值设定为预报、警报、高报三级，不同级别的报警信号应有明显差异。预报值为最高容许浓度(MAC)的1/2 或短时间接触容许浓度(PC - STEL)的1/2，无 PC - STEL 的物质，为超限倍数的1/2。超限倍数是指对未制定 PC - STEL 的有毒气体(蒸气)或粉尘，在符合 8h 时间加权平均容许浓度(PC - TWA)的前提下，任何一次短时间(15min)接触的浓度均不得超过的 PC - TWA 的倍数。预报的含义是提示该场所可能发生有毒气体释放，应对相关设备进行检查，采取有效的预防控制措施。警报值为标准所规定的 MAC 或 PC - STEL 值，无 PC - STEL 的物质，为超限倍数值。警报的含义是提示该工作场所空气中有毒气体已达到或超过国家职业卫生标准，应立即寻找释放点，采取相应的防止释放、通风排风和人员防护等措施。高报值可根据有毒气体及其毒性、人员情况、事故后果、工艺和设备以及气象条件等，企业综合考虑现场各种因素后确定。高报的含义是提示该场所有毒气体大量释放，已达到危险程度，应迅速启动应急救援预案，做好工作人员的防护和相关人员的疏散。

《工作场所有毒气体检测报警装置设计规范》中的有毒气体主要是指可能释放高毒、剧毒气体的场所，或可能大量释放或易于聚集的其他有毒气体的工作场所，其判定标准是有可能导致劳动者发生急性职业中毒的工作场所。可见除了高毒和剧毒气体之外，其他有毒气体要根据其是否有可能大量释放或聚集的浓度来确定。能够产生高毒或剧毒毒性的气态物质包括：*N* - 甲基苯胺、*N* - 异丙基苯胺、氨、苯、苯胺、丙烯腈、二甲基苯胺、二硫化碳、二氯代乙炔、二氧化氮、甲苯 - 2,4 - 二异氰酸酯(TDI)、氟化氢、氟及其化合物、汞、光气(碳酰氯)、甲(基)肼、甲醛、肼(联胺)、磷化氢、硫化氢、硫酸二甲酯、氯甲基甲醚、氯气、氯乙烯、偏二甲基肼、氰化氢、砷化氢、羰基镍、硝基苯、一氧化碳等。

2.7 工作场所有毒蒸气浓度计算预测

在存在挥发性有毒液体的作业场所，例如液体罐装场所、液体可能溢出场所、敞口容器上方、油漆等生产场所，都相对封闭，液体挥发产生的有害蒸气弥漫在整个空间。在进行安全设计或安全评估时，需要对该类场所的有害蒸气浓度进行预测。

假如有恒定的气流流进、流出该场所，场所的空间体积为 $V(m^3)$、蒸气浓度为 $c(mg/m^3)$、空气流量为 $Q_v(m^3/min)$、液体质量蒸发速率为 $Q_m(mg/min)$。由于空气流动，蒸气扩散速度不可能太快，所以蒸气在空间内的分布不可能太均匀，因此用系数 k 反映相对封闭空间内蒸气未充满及浓度差异情况，称 k 为非理想混合系数。

空间空气内蒸气的总质量为 $M=Vc$，质量增加的速率为 $\frac{dM}{dt}=\frac{d(Vc)}{dt}=V\frac{dc}{dt}$

蒸气随空气流出空间的质量流出速率(mg/min)为 kQ_vc

质量增加速率等于质量蒸发速率减去质量流出速率，这一动态质量平衡过程可表示为

$$V\frac{dc}{dt}=Q_m-kQ_vc \tag{2-9}$$

在动态平衡的条件下，质量增加速率等于0，式(2-9)可变换为

$$Q_m-kQ_vc=0 \quad 或 \quad c=\frac{Q_m}{kQ_v} \tag{2-10}$$

在理想混合体系中，$k=1$，实际情况都偏离理想混合，k 值一般在 0.1 ~0.5 之间变化。式(2-10)的计算结果是空间的平均浓度，比挥发容器上方的实际浓度低，比距离容器稍远位置的浓度高。实际体系是很难达到动态平衡的，所以"质量增加速率等于0"的假设可能偏离实际情况。

【例2-4】 某厂油漆生产过程中"混合研磨"工序所用设备是敞口的，所用稀料是甲苯，安全工程师估算车间甲苯的总蒸发速率为 0.3g/min，车间通风量为 60m³/min，估算车间内甲苯蒸气的浓度，并与 TWA 接触限值(50mg/m³)进行比较。

解：将数据代入式(2-10)得

$$c=\frac{Q_m}{kQ_v}=\frac{0.3\times 1000}{(0.1\sim 0.5)\times 60}=50\sim 10 \quad mg/m^3$$

估算的浓度等于低于国家标准规定的 TWA 接触限值(50mg/m³)，基本能满足职业卫生要求，但应加强通风管理，避免通风量减少导致的蒸气浓度增加。

在式(2-10)中，液体质量蒸发速率为 Q_m 不是物质特性参数，需要进行估算。从热力学来考虑，饱和蒸气压 $p_t^{饱和}$ 是表征蒸发特性的参数，其值越高蒸发速度越快，而液体温度 T_L 越高蒸发的速率也越快。从动力学来考虑，液体的饱和蒸气压与实际蒸气压 p_t 的差值是浓差扩散的动力，另外还与蒸气在空气中的扩散系数 D 及液面蒸发面积 A 有关。

综合各种因素，液体质量蒸发速率可由式(2-11)计算。

$$Q_m=\frac{MKA(p_t^{饱和}-p_t)}{RT_L} \tag{2-11}$$

式中 Q_m——液体质量蒸发速率，mg/min；

$p_t^{饱和}$——液体在温度 t 时的饱和蒸气压，kPa；

p_t——液体在温度 t 时的实际蒸气压，与通风流速有关，kPa；

A——液面蒸发面积，m^2；

K——与蒸发面积有关的气体传质系数，m/s；

T_L——液体的热力学温度，K；

R——理想气体常数，8.314J·mol^{-1}·K^{-1}。

一般存在有害蒸气的场所都有通风装置，实际的蒸气浓度远远低于饱和蒸气压，所以式(2-11)可近似简化为

$$Q_m = \frac{MKAp_t^{饱和}}{RT_L} \tag{2-12}$$

气体传质系数 K 与气相扩散系数 D 有关，可由下式估算

$$K = \alpha D^{2/3} \tag{2-13}$$

式中　α——比例常数。

为了方便地得到气体传质系数，在计算时常常用所研究物质的传质系数 K 与参比物质的传质系数 K_0之比值来获得。

$$\frac{K}{K_0} = \left(\frac{D}{D_0}\right)^{2/3} \tag{2-14}$$

利用气相扩散系数 D 与分子量 M 之间的关系，得

$$\frac{D}{D_0} = \left(\frac{M_0}{M}\right)^{1/2} \tag{2-15}$$

将式(2-15)代入式(2-14)得

$$K = K_0\left(\frac{M_0}{M}\right)^{1/3} \tag{2-16}$$

一般以水作为参比物，水分子的传质系数为0.0083m/s。

【例2-5】 某化工车间，蒸馏-冷凝回收溶剂1,2-二氯乙烷，因回收储罐出现漏洞，用直径1.5m的硬质塑料储槽临时代替，安全部长指示注册安全工程师估算车间空气中的二氯乙烷浓度是否超标。车间内温度一般在20℃左右，有机械通风装置，通风量3600m^3/h。1,2-二氯乙烷的TWA接触限值为7mg/m^3。

解：由式(2-16)计算1，2-二氯乙烷的气体传质系数

$$K = 0.0083 \times \left(\frac{18}{99}\right)^{1/3} = 4.70 \times 10^{-3}\ \text{m/s}$$

1,2-二氯乙烷液体的温度基本与室温相同，为20℃，此温度时1,2-二氯乙烷的饱和蒸气压为8.37kPa。

蒸发面积 $A = 3.14 \times \left(\frac{1.5}{2}\right)^2 = 1.77\ \text{m}^2$，将数值代入式(2-12)得

$$Q_m = \frac{MKAp_t^{饱和}}{RT_L} = \frac{99 \times 10^3 \times 4.70 \times 10^{-3} \times 1.77 \times 8.37}{8.314 \times 293} \times 60 = 169.8\text{mg/min}$$

车间空气流量为 Q_v = 3600m^3/h = 60m^3/min，车间空气中1,2-二氯乙烷蒸气的浓度为

$$c = \frac{Q_m}{kQ_v} = \frac{169.8}{(0.1 \sim 0.5) \times 60} = 28.3 \sim 5.7\ \text{mg/min}$$

与7mg/m^3相比较，浓度值超过接触限值TWA的概率很大，因此应尽快修复或更换储罐，减小1,2-二氯乙烷的蒸发面积，修复之前要加强通风，加速蒸气的扩散。

当员工进行有害液体罐装作业时，假如不是密闭作业，液体蒸气将通过如下两个途径进入罐装作业员工所处的空间：①液体的蒸发；②容器内部空间中的蒸气被上升的液面挤出容器而进入作业空间。

多数情况下，灌装作业的流量都比较大，排挤出的蒸气量远多于蒸发量，为了简化计算，可以忽略液体的蒸发。

可以作如下假设：容器内的空气都被蒸气所饱和，液体温度与空气温度相同。蒸气挤出的体积流量等于液体灌注的体积流量。

根据理想气体状态方程，$pv = nRT = \frac{W}{M}RT$，单位体积气体内蒸气的质量为

$$\rho_v = \frac{p^{饱和}M}{RT} \tag{2-17}$$

式中 ρ_v——蒸气的质量体积密度，mg/m^3；

$p^{饱和}$——液体在体系温度下的饱和蒸气压，kPa；

M——蒸气的分子量，mg/mol；

T——气体温度，K；

R——理想气体常数，$8.314J \cdot mol^{-1} \cdot K^{-1}$。

假设灌注液体的质量体积流量为 $F(m^3/min)$，蒸气从容器中流出的质量流量为

$$Q_m = \rho_v F = \frac{FMp^{饱和}}{RT} \tag{2-18}$$

灌注液体的方式有两种，一种是喷射式，即从容器上口插管，液体喷射到容器底部；另一种是液下灌注式，即注入管插到液面下灌注。采用喷射式灌注时，液体蒸发速率快，蒸气在空间内基本处于饱和状态。采用液下灌注时，液体蒸发速率较慢，蒸气不能达到饱和状态。考虑不同灌注方式导致的蒸气浓度差别，在计算式中引入校正系数 φ，采用喷射式灌注时 $\varphi = 1$，采用液下灌注时 $\varphi = 0.5$。式(2-18)引入校正系数后得

$$Q_m = \rho_v F = \varphi \frac{FMp^{饱和}}{RT} \tag{2-19}$$

将式(2-19)代入式(2-10)得蒸气浓度计算式

$$c = \varphi \frac{FMp^{饱和}}{kQ_v RT} \tag{2-20}$$

公式用于室外场所时，需要根据风速、风向、场所障碍等估计通风流量。

【例 2-6】 通过软管和固定的金属管，从罐车向容积 $40m^3$ 的地下储罐灌装 1，2-二氯乙烷，金属管下口距罐底 15cm，储罐经通气管与大气连通。先以较低的流速灌装 10min，在液面高于金属管下口时，提高流速，灌装总时间为 1h。估计现场通风流量为 $85m^3/min$，气温 20℃。估算由于这次灌装作业而导致的 1，2-二氯乙烷蒸气浓度是多少？

解：开始采用较低的流速灌装，可减慢液体蒸发速率，减少蒸发损失，蒸气浓度可认为与液下灌注时相当，取 $\varphi = 0.5$。为使灌注流量接近实际，前 10min 减半计算，则灌注流量为

$$F = \frac{40}{55} = 0.73\ m^3/min$$

20℃时 1，2-二氯乙烷的饱和蒸气压为 8.37kPa。

$$c = \varphi \frac{FMp^{饱和}}{kQ_v RT} = 0.5 \times \frac{0.73 \times 99 \times 10^3 \times 8.37}{(0.1 \sim 0.5) \times 85 \times 8.314 \times 293} = 14.61 \sim 2.92\ mg/m^3$$

2.8 厌氧微生物产生硫化氢

厌氧微生物是指能够在氧气不足或无氧气的情况下，完成生物化学反应的一类微生物的总称，它们在无氧条件下比在有氧环境中生长得更好。目前，经驯化、培养的厌氧微生物被广泛用于污水生化处理。由于其生存环境无氧气，能量代谢过程表现出具有一定的还原作用，比如把含碳的有机物转化成甲烷气体，这对人类是有益的，可消耗掉自然界中无用的有机垃圾物。厌氧微生物也具有很好的适应环境的能力，比如在含有硫酸盐的污水中，有些厌氧微生物(主要是硫酸盐还原菌)经自然淘汰驯化后，可消耗水中的硫酸盐，转化成具有还原性的硫根($S^{=}$)，在微酸性或中性的条件下，硫根的大部分以 H_2S 的形式存在，H_2S 以小气泡的形式富存于水底污泥中，一部分溶解于水中。当污泥受到搅动时，H_2S 逸出，因其密度大于空气，在接近水面的低层空气中浓度较大。

工业过程中排放的含硫废水在其停滞的场所，如污水坑、污水处理设施、地下排水沟等处，很容易产生积存 H_2S 气体，人员进入此类区域容易发生中毒事故。例如在一家明胶生产厂内，含有硫酸的强酸性废水经与石灰中和后排入废水处理设施内，经处理、净化后循环利用，废水不向外部排放。在停工三个月后，员工进入其中一个集水井维修阀门，由于梯子搅动井底的污泥，硫化氢逸出，导致人员中毒并掉入泥水中，中毒者在掉入泥水中的时候，由于剧烈搅动作用导致污泥中更多的硫化氢逸出，监护人员在没有采取任何措施的情况下，盲目下井施救，同样中毒死亡。

在此类中毒事故中，多数为群死群伤，其原因是有关人员不知道硫化氢的存在，或者对硫化氢的毒性大小和危害性不了解。

思考题

1. 有毒物质能通过哪些途径进入人体？哪一种途径对人体的危害最大？说明原因。
2. 根据反应－剂量对数曲线，解释有效剂量(ED)曲线、中毒剂量(TD)曲线、死亡或致命剂量(LD)曲线三种曲线的含义。
3. LD_{50}和 LC_{50}两个毒理学参数的含义是什么？
4. 假如某物质的半数致死量是 0.3mg/kg，两种受试动物的体重分别为 0.3kg 和 80kg，两种动物分别食用多少该物质时，其死亡概率可达 50%。
5. 已知下列物质的毒理学参数：苯乙腈 LD_{50} = 270mg/kg(大鼠经口)、氰化氢 LC_{50} = 0.554mL/L(大鼠吸入)、氯气 LC_{50} = 0.293mL/L(大鼠吸入)、碳酰氯 LC_{50} = 0.075mL/L(大鼠吸入)、硫酸二甲酯 LD_{50} = 440mg/kg(大鼠经口)、1，2－二氯乙烷 LC_{50} = 4050mg/L(小鼠吸入)。判断这些物质是否属于剧毒化学品。
6. 溴乙烷 LC_{50} = 20mL/L(大鼠吸入)和甲醛(37%) LD_{50} = 800mg/kg(大鼠经口)，各自分别用空气和水按照 1:1 的比例稀释后其毒性属于哪个类别？
7. 某生产光气(碳酰氯)的装置中，混合气体组成为：氯气 LC_{50} = 0.293mL/L(大鼠吸入)10%、碳酰氯 LC_{50} = 0.075mL/L(大鼠吸入)70%、一氧化碳 LC_{50} = 1.81mL/L(大鼠吸入)20%。请估算混合气体的毒性参数值并划分其类别。(本题数据来自美国资料)

8. 某生产光气(碳酰氯)的装置中，混合气体组成为：氯气 $LC_{50}=850mg/m^3$(大鼠吸入，1h)、碳酰氯 $LC_{50}=1400mg/m^3$(大鼠吸入，0.5h)、一氧化碳 $LC_{50}=1807mL/m^3$(大鼠吸入，4h)。请估算混合气体的毒性参数值并划分其类别。(本题数据来自中国资料)

9. 在职业接触限值标准中，有许多物质在规定了 TWA 值的同时，也规定了 STEL 或超限倍数，你认为后者的作用是什么？

10. 计算甲醇和乙酸按照 3∶2 的比例混合时，混合溶液的 TWA。$TWA_{甲醇}=25mg/m^3$，$TWA_{乙酸}=10mg/m^3$。

11. 某物质的 PC－TWA 为 $200mg/m^3$，PC－SETL 为 $250mg/m^3$。从检测报警控制器中调取到工作场所在不同时刻的浓度记录值如下表：

时间	浓度/(mg/m^3)	时间	浓度/(mg/m^3)
8:10	185	13:06	150
9:17	240	14:05	170
10:05	270	15:09	165
11:22	230	16:00	160
12:08	190	17:05	130

一名工人每天 8:00 上班，下午 17:00 下班，其中 12:00 到 13:00 为午餐时间，午餐地点没有任何空气是清洁的。该工人接触到的该物质蒸气浓度是否在允许的浓度范围内？如果超出允许的浓度范围，是不满足哪一限值要求。

12. 一个直径 1.5m 的敞口储槽，内装甲苯液体。在气温 25℃，甲苯在 25℃时的饱和蒸气压为 3.76kPa。假设空气的流动速率为 $85m^3/min$。

① 计算该储槽的中甲苯的蒸发速率；

② 计算该密闭工作区域的甲苯蒸汽浓度；

③ 要使甲苯浓度低于其 TWA($50mg/m^3$)，通风流量应不低于多大？

13. 经鹤管向铁路槽罐车充装甲苯，采用液下灌注式灌装。槽罐容积 $46m^3$，充装一罐需要 4h，气温 25℃，在空气的流动速率为 $85m^3/min$ 的情况下，估算充装过程中在充装孔附近的甲苯蒸汽浓度。

第3章 化学品分类及其危险特性

化学工业过程中涉及大量的易燃化学品和有毒化学品，它们都属于危险化学品，凡是存在危险化学品的场所和设备都属于危险源。实际上，不仅仅是化学工业过程，所有存在危险化学品的场所，如油品码头、纺织工业生产黏胶纤维的工业过程、炼钢业煤气系统等等，由于存在的危险化学品都具有造成事故的能力，所以都是危险源。所有危险化学品危险源的危险性都源于化学品的危险特性，由于化学品种类太多，需要根据危险性特点对其进行分类，对不同的化学品采取有针对性的安全措施。本章是依据2010年实施的国家标准《化学品分类和危险性公示　通则》来分类的，该标准与其代替的标准《常用危险化学品的分类及标志》有较大的变化，与联合国《化学品分类及标记全球协调制度》(GHS)比较接近。

3.1 爆炸物的理化危险特性

爆炸物质或混合物是指能通过化学反应在内部产生一定速度、一定温度与压力的气体，且对周围环境具有破坏作用的一种固体或液体物质(或其混合物)。爆炸性物质也包括烟火物质，烟火物质或混合物是指能发生非爆轰，自供氧放热化学反应的物质或混合物，并产生热、光、声、气、烟或几种效果的组合。

根据爆炸物所具有的危险特性，可以将爆炸物分为六个小类别：

① 具有整体爆炸危险的物质、混合物和制品。整体爆炸是指爆炸物质被引爆时，在瞬间其所有装填料都爆炸。在民用爆破工程中所用的炸药和爆竹中的火药都属于具有整体爆炸性的炸药，前者使用最多的是硝铵类炸药，硝铵炸药是以硝酸铵为主要成分的粉状爆炸性机械混合物；后者的火药即黑火药，是由硝酸钾、硫黄、木炭按照一定比例混合而成的粉状爆炸物。

② 具有喷射危险但无整体爆炸危险的物质、混合物和制品。

③ 具有燃烧危险和较小的爆轰危险或较小的喷射危险或两者兼有，但非整体爆炸危险的物质、混合物和制品。导爆管是直径约4mm的白色塑料管，其内壁附着少量的铝粉和黑索今炸药，量很少，眼睛看时只感觉到“发乌”，当其一端受到冲击性激发(如电火花)时，引发爆轰，冲击波沿着导爆管加速向前传播。

④ 不存在显著爆炸危险的物质、混合物和制品。这些物质、混合物和制品，万一被点燃或引爆也只存在较小危险，并且要求最大限度地控制在包装内，同时保证无肉眼可见的碎片喷出，爆炸产生的外部火焰应不会引发包装内的其他物质发生整体爆炸。

⑤ 具有整体爆炸危险，但本身又很不敏感的物质或混合物。这些物质、混合物虽然具有整体爆炸危险，但是极不敏感，以至于在正常条件下引爆或由燃烧转至爆轰的可能性非常小。

⑥ 极不敏感，且无整体爆炸危险的制品。这些制品只含极不敏感爆轰物质或混合物和那些被证明意外引发的可能性几乎为零的制品。

3.2 气态物质的理化危险特性

归类为气态物质的物质包括易燃气体、易燃气溶胶、氧化性气体、压力下气体四类。

3.2.1 易燃气体

根据燃烧学基础知识，物质的燃烧性与条件相关，尤其是与温度、压力及浓度有关。易燃气体是指在20℃和101.3kPa标准压力条件下，与空气混合有易燃范围的气体。如果可燃浓度范围下限等于低于13%，或可燃浓度至少为12%，则气体属于类别1易燃气体，为极易燃气体；假如在20℃和101.3kPa标准压力条件下，与空气的混合物有易燃浓度范围，无论燃烧下限高低，凡不属于类别1的气体都属于类别2易燃气体。

常见的氢气、甲烷、乙烷、丙烷、丁烷、乙烯、丙烯、乙炔、丙炔、环氧乙烷、环氧丙烷等永久性气体都属于类别1的易燃气体。

毫无疑问，易燃气体的危险性源于其易燃性和与空气混合气体的爆炸性，多数情况下，易燃气体的爆炸事故发生于发生泄漏事故时，因此防范泄漏是最基础、最重要的措施。

3.2.2 易燃气溶胶

通常，气溶胶由固体或液体的小质点分散并悬浮在气体介质中形成的胶体分散体系，又称气体分散体系。此处气溶胶是指气溶胶喷雾罐喷出的气态物质，系任何不可重新罐装的容器，该容器由金属、玻璃或塑料制成。内装强制压缩、液化或溶解的气体，包含或不包含液体、膏剂或粉末，配有稀释装置，可使所装物质喷射出来，形成在气体中悬浮的固态或液态微粒或形成泡沫、膏剂或粉末或处于液体或气态。

根据《危险品　喷雾剂点燃距离试验方法》，试验装置如图3-1所示。

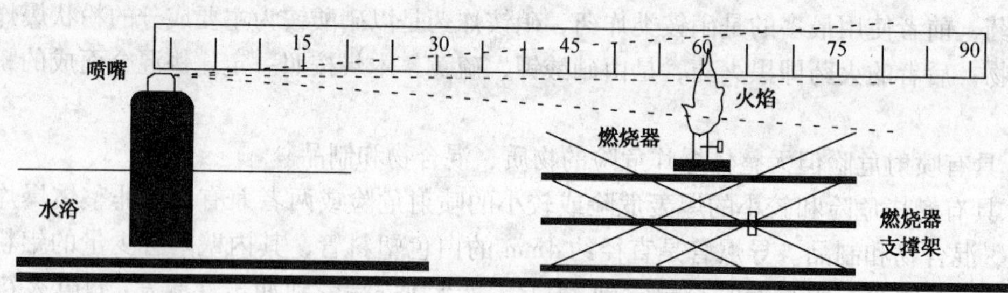

图3-1　喷雾剂点燃距离试验装置示意图

将灌满的测试样品完全浸入在(20±5)℃的恒温水浴槽中30min，将燃烧器支撑于水平的表面上，或用燃烧器固定在一个支架上，燃烧器火焰与喷雾剂喷嘴的距离范围是15~90cm。首先试验在60cm处能否被点燃。当60cm距离处喷雾点燃的情况下，燃烧器火焰与喷雾剂喷嘴之间距离按15cm间距增加；当燃烧器火焰与喷雾剂喷嘴60cm距离处不发生点燃的情况下，距离按15cm间距缩短。目的是为了测试燃烧器火焰与喷雾剂能产生喷雾持续燃烧时的最大距离，或确定燃烧器火焰与喷雾剂之间在15cm的距离上不能被点燃。

根据《危险品　喷雾剂封闭空间点燃试验方法》，喷雾剂封闭空间点燃试验装置如图3-2所示。称量满灌喷雾器的质量。满灌的喷雾剂放在(20±1)℃的恒温水浴中平衡30min。点燃一根直径20～40mm，高100mm的蜡烛，放在圆柱形测试容器内的中间位置，盖上封闭系统，将喷雾剂喷嘴置于距圆柱形端面小孔中心35mm的位置上，开启喷雾器喷嘴，计时开始，将喷雾剂喷向对面最里端的中心位置，直至喷雾发生点燃为止，停止计时，记录持续时间，再次称量并记录。

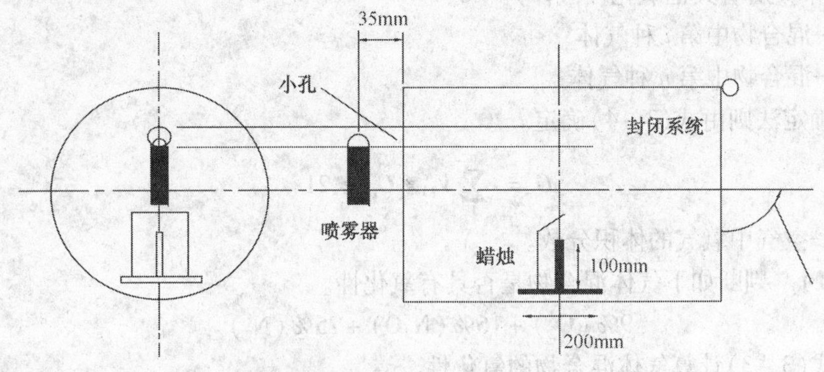

图3-2　喷雾剂封闭空间点燃试验装置示意图

$1m^3$ 空间达到燃烧所需时间当量(t_{eq})由式(3-1)计算。

$$t_{eq} = \frac{1000 \times t}{V} \tag{3-1}$$

式中　t_{eq}——时间当量，s/m^3；

t——喷射时间，s；

V——圆筒实际容积，dm^3。

$1m^3$ 空间达到燃烧所需的爆燃密度(D_{def})由式(3-2)计算。

$$D_{def} = \frac{1000 \times M}{V} \tag{3-2}$$

式中　D_{def}——爆燃密度，g/m^3；

M——产品喷射的质量，g；

V——圆筒实际容积，dm^3。

在点燃距离试验中，点燃发生在距离不小于75cm时，该气溶胶为类别1；气溶胶的燃烧热不小于20kJ/g时，或在点燃距离试验中，点燃发生在距离不小于15cm，或在封闭空间点燃试验中，时间应不大于 $300s/m^3$ 或爆燃浓度不大于 $300g/m^3$，则该气溶胶为类别2；如果气溶胶都不满足上述要求，则不属于易燃气溶胶。

易燃气溶胶的固有危险性有两种，一种是其容器超压发生物理爆炸；二是泄漏后发生燃烧爆炸。

3.2.3　氧化性气体

氧化性气体是一般通过提供氧气，比空气更能导致或促使其他物质燃烧的任何气体。氧化性气体可以是单一气体，也可以是混合气体。简言之，氧化性气体就是其氧化性强于空气的气体。

氧化性气体混合物的氧化性(O)由式(3-3)计算。

$$O = \sum_{1}^{n} V_i \times C_i \tag{3-3}$$

式中 V_i——第几种气体的体积分数；

C_i——氧化当量系数，由如下规定确定：$C_i(N_2O) = 0.6$（氧化氮），$C_i(O) = 1$（氧），C_i（所有其他氧化性气体）$= 40$；

i——混合物中第 i 种气体；

n——混合物中第 n 种气体；

氧化性确定法则由式(3-4)确定。

$$O = \sum_{1}^{n} V_i \times C_i \geqslant 21 \tag{3-4}$$

式中 21——空气中氧气的体积分数。

【例3-1】 判断如下气体混合物是否具有氧化性。

$$9\%(O_2) + 16\%(N_2O) + 75\%(N_2)$$

解： 由式(3-3)计算气体混合物的氧化性。

$9\%(O_2) + 16\%(N_2O) + 75\%(N_2) = (9 \times 1) + (16 \times 0.6) = 18.6$

混合气体中的 N_2 没有氧化性，为平衡气体，计算时不必考虑，或认为其氧化当量系数等于0。由于 $18.6 < 21$，所以认为该混合气体比空气的氧化性小，根据定义，该气体不属于氧化性气体。

【例3-2】 假如氮气中含有0.6%的 F_2［即 $0.6\%(F_2) + 99.4\%(N_2)$］，判断该气体混合物是否具有氧化性。

解： $0.6\%(F_2) + 99.4\%(N_2) = 0.6\% \times 40 + 99.4\% \times 0 = 24 > 21$

因此认为该混合气体的氧化性大于空气，属于氧化性气体。

氧化性气体的危险性源于其助燃性，根据定义，氧化性气体的氧化性比空气强，可燃物质处于氧化性气体氛围中时，点燃所需的能量更低，点燃后的燃烧速度更快，在空气环境下不能点燃的点火源在氧化性气体中可能就具有点燃的能力。这一点就像可燃物在富氧环境下一样。

3.2.4 压力下气体

压力下气体是指20℃时压力不小于280kPa的容器中的气体或成为冷冻液化的气体。分为压缩气体、液化气体、溶解气体和冷冻液化气体四种。

① 压缩气体。压缩气体是指在压力下包装时，-50℃时是完全气态的气体，包括所有具有临界温度不高于-50℃的气体。临界温度是指能使物质由气相变为液相的最高温度，即高于临界温度时，无论压缩程度如何，纯气体都不能被液化。部分物质的临界温度为：氮气-147℃、氢气-240℃、空气-140.7℃、甲烷-82.1℃、一氧化碳-140℃、氧气-118.4℃、氯气144.0℃、水374.15℃。临界温度越低，压缩越困难。氯气、氨气的临界温度较高，所以这两种气体可以在较低的压力下液化。装入钢瓶储运的氮气、二氧化碳、氩气、氦气等是典型的压缩气体，也包括工业过程普遍使用的压缩空气。

② 液化气体。液化气体是指在压力下包装时，温度高于-50℃时部分是液体的气体，可分为高压液化气体和低压液化气体两种。临界温度在-50～+65℃之间的气体为高压液化气体；临界温度高于65℃的气体为低压液化气体。

③ 冷冻液化气体。在包装时只由于其低温而部分成为液体的气体就属于冷冻液化气体。

此类气体虽然在常温下呈气态，但很容易液化。

④ 溶解气体。在压力下包装时溶解在液相溶剂中的气体为溶液气体。最典型的是溶解乙炔，乙炔钢瓶内是丙酮和惰性多孔物质（如硅酸钙多孔填料），由电石与水反应产生的乙炔气体经水洗酸洗除去磷化氢、硫化氢后，在压力下溶解于钢瓶内的丙酮中，这样可有效防止乙炔超压分解爆炸。

压力下气体的危险性来源于其具有的压力，气体具有可压缩性，就像弹簧一样，加压时气体吸收了压力势能，一旦压力气体失去了束缚，或压力超过了容器的承受能力，就会发生物理爆炸事故。气体储存容器，如气体钢瓶，受热时内部压力增加，易发生超压破裂事故。

3.3 易燃物质的理化危险特性

易燃物质包括易燃液体和易燃固体两类。

3.3.1 易燃液体

易燃液体是指闪点不大于93℃的液体。根据闪点范围可将易燃液体分为如下四类。

类别1：闪点低于23℃和初沸点不高于35℃的液体，属于极易燃液体和蒸气。

类别2：闪点低于23℃和初沸点高于35℃的液体，属于高度易燃液体和蒸气。

类别3：闪点不低于23℃和闪点不高于60℃的液体，属于易燃液体和蒸气。

类别4：闪点高于60℃和闪点不高于93℃的液体，属于可燃液体。

纯液体都具有比较固定的闪点，而混合液体的闪点与组成有关。闪点范围在55～75℃的燃料油、柴油和轻质加热油可视为一特定组，黏稠的易燃液体，如色漆、磁漆、喷漆、清漆、黏合剂和抛光剂等也可视为一特定组。

闪点低于环境温度的液体具有燃烧和爆炸的固有危险性，而闪点高于环境温度的液体只能发生火灾燃烧。

3.3.2 易燃固体

易燃固体是指容易燃烧或可通过摩擦引起或促进着火（助燃）的固体。固体易于燃烧的涵义包括两个方面，第一是易于被点燃，与明火点火源（如着火的火柴）短暂接触就容易着火；第二是着火后火焰蔓延迅速，都显示出极大的危险性。易于燃烧的固体包括粉状、颗粒状或糊状固体等。

可通过摩擦引起着火的典型物是火柴。火柴头上主要含有氯酸钾、二氧化锰、硫黄和玻璃粉等，火柴杆上涂有少量的石蜡。火柴盒两边的摩擦层是由红磷和玻璃粉调和而成的。火柴头在火柴盒上划动时，产生的热量使磷燃烧，磷燃烧放出的热量使氯酸钾分解，氯酸钾分解放出的氧气与硫反应，硫与氧气反应放出的热量引燃石蜡，最终使火柴杆着火。

注意：根据定义，氧化性固体也属于易燃固体范畴。

3.4 自反应物质或混合物的理化危险特性

自反应物质（self - reactive substance）是指热不稳定性液体或固体物质或混合物，即使没有氧气或空气，也易发生强烈放热分解反应。此类物质不包括爆炸物、氧化性液体或氧化性固体、有机过氧化物、分解反应热小于300J/g的物质以及50kg包装自加速分解温度高于75℃的物质。

在自反应物质的分子中，多含有“重氮”或“偶氮”及“肼”基团的重氮类、偶氮类、肼类化合物，如2－重氮－1－萘酚－5－磺酰氯、2，2－偶氮(二)－(2－甲基丁腈)、苯磺酰肼等。重氮基团为—N═N—或N≡N═，肼基为H_2NNH—。

自反应物质可细分为A型~G型7类。

① A型自反应物质：A型自反应物质或混合物在包装内也会发生爆炸或快速燃爆。

② B型自反应物质：B型自反应物质或混合物在包装内具有爆炸特性，既不会爆炸也不会快速爆燃，但易发生受热爆炸，。

③ C型自反应物质：C型自反应物质或混合物在包装内具有爆炸特性，不会发生爆炸、快速爆燃或受热爆炸。

④ D型自反应物质：D型自反应物质或混合物在有限条件加热时部分爆燃，不会快速爆燃，没有呈剧烈反应；或在有限条件加热时完全不会爆炸，会缓慢燃烧，没有呈剧烈反应；或有限条件加热时完全不会爆炸或爆燃，呈中等反应。

⑤ E型自反应物质：E型自反应物质或混合物在有限条件加热时完全不会爆炸又不爆燃，呈微反应或不反应。

⑥ F型自反应物质：F型自反应物质或混合物在有限条件加热时，既不会在空化状态下爆炸也不会爆燃，呈微反应或不反应。

⑦ G型自反应物质：G型自反应物质或混合物在有限条件加热时既不会在空化状态下爆炸，也完全不会爆燃，并且不发生反应，无任何爆炸能量。

空化(cavitation)是指液体内局部压强降低到液体的饱和蒸气压时，液体内部或液固交界面上出现的蒸气或气体空泡的现象，在空化空泡溃灭的过程中，产生空蚀、噪声、振动和发光等空化效应，一般发生在流动的液体中，湍流度、流场中的压力梯度越强，空化效应越明显。

3.5 自热和自燃物质的理化危险特性

(1) 自热物质和混合物

自热物质是指在无外界能量供应情况下，通过与空气中的氧气反应就能够自行发热的固体、液体或混合物，这类物质只有数量较大(公斤级)并经过长时间(几小时或几天)才会燃烧。

自热物质虽然与自燃物质不同，其发热速率较慢，但大量储存和长时间运输时，其温度也会升得较高，甚至自燃。当然，如果自热物质是不燃物质则当然不会发生自燃。

(2) 自燃液体

自燃液体是一种即使数量小也能在与空气接触后着火的液体。判断的方法是：将液体加至惰性载体(如装有5mm厚硅藻土或硅胶的瓷盘)上并暴露于空气中时，根据5min内的变化进行分类。5min内会着火，则为类别1自燃液体；5min内它会使滤纸燃着或炭化，则也为类别1自燃液体；5min内它不会炭化滤纸，则为非自燃液体。

(3) 自燃固体

自燃固体是即使数量小也能在与空气接触后5mm之内引燃的固体。

与农作物秸秆堆积自燃不同，此类自燃固体在常温下与空气中氧气的反应速度就比较快，反应产生热量的速率大于热量散失的速率，且自燃点很低，所以很易自燃。自燃固体中最典型的物质是黄磷(又称为白磷)。

同自燃液体一样，在室温下能自燃，其就像是引火源，不仅可能引燃共存的可燃物，其自身也着火。另外，自燃物质燃烧的氧化产物通常也属于有毒气体。

3.6 遇水放出易燃气体的物质或混合物的理化危险特性

遇水放出易燃气体的物质或混合物通过与水作用，容易产生危险数量的易燃气体，并释放出足够量的热量，其容易将易燃气体和共存的空气加热至自燃点温度，显示出遇水自燃性。

根据易燃气体的释放速率，遇水放出易燃气体的物质或混合物可分为如下三类。

① 类别 1：在环境温度下与水剧烈反应所产生的气体通常显示自燃的倾向，或在环境温度下容易与水反应，放出易燃气体的速率大于或等于每千克物质在任何 1min 内释放 10L 的物质或混合物。

② 类别 2：在环境温度下与水反应，放出易燃气体的最大速率大于或等于 20L/(kg·h)，并且不符合类别 1 准则的任何物质或混合物。

③ 类别 3：在环境温度下与水缓慢反应，放出易燃气体的最大速率大于或等于每小时 1L/kg，并且不符合类别 1 和类别 2 的任何物质或混合物。

如果遇水时，在环境温度下会缓慢反应，放出易燃气体的最大速率小于每小时 1L/kg 的物质，则不属于遇水放出易燃气体的物质。

在遇到性质不明的化学物质时，假如物质满足下列情况之一，就可肯定不是遇水放出易燃气体的物质：①物质或混合物的化学结构不含金属元素或类金属元素；②生产中或处置中的经验表明该物质或混合物不会遇水发生反应，例如该物质是用水制造的或用水洗涤过的；③已知该物质或混合物可溶于水，形成一种稳定的混合物。

遇水放出易燃气体物质的危险性都源于与水反应，也包括空气中的水分。因此，该类物质暴露于空气中，或意外接触水或含水物质，就可能会发生火灾。有些与水反应的气体产物还具有剧毒，如磷化物与水反应的产物是剧毒的磷化氢。

碱金属和烷基金属化合物是常见的遇水放出易燃气体的物质。

3.7 金属腐蚀剂的理化危险特性

腐蚀金属的物质或混合物是通过化学作用显著损坏或毁坏金属的物质或混合物。根据有关标准的定义，在55℃试验温度下，对钢或铝表面的腐蚀速率超过 6.25mm/a 的物质属于金属腐蚀剂。

金属腐蚀剂一般是通过腐蚀金属设备，使其承受压力或承受重力的强度下降，导致物理爆炸事故或泄漏事故。

3.8 氧化性物质的理化危险特性

3.8.1 氧化性液体

氧化性液体本身未必可燃，但通常因放出氧气可能引起或促使其他物质燃烧。根据氧化性强弱，将其分为三类。

① 类别1：受试物质(或混合物)与纤维素1∶1(质量比)混合物可自燃，或受试物质(或混合物)与纤维素1∶1(质量比)混合物的平均压力升高时间小于50%高氯酸水溶液和纤维素1∶1(质量比)混合物的平均压力升高时间的任何物质和混合物。此类氧化性液体属于强氧化剂，与可燃物质接触可引起燃烧或爆炸。

② 类别2：受试物质(或混合物)与纤维素1∶1(质量比)混合物显示的平均压力升高时间小于或等于40%氯酸钠水溶液和纤维素1∶1(质量比)混合物的平均压力升高时间，并且不符合类别1的任何物质和混合物。此类氧化性液体属于氧化剂，与可燃物质接触可加剧燃烧。

③ 类别3：受试物质(或混合物)与纤维素1∶1(质量比)混合物显示的平均压力升高时间小于或等于65%硝酸水溶液和纤维素1∶1(质量比)混合物的平均压力升高时间，并且不符合类别1和类别2的任何物质和混合物。此类氧化性液体属于氧化剂，与可燃物质接触可加剧燃烧，但加剧的程度小于类别2的氧化性液体。

假如受试物质(或混合物)与纤维素1∶1(质量比)混合，试验显示平均压力升高不小于2070kPa(表压)，就不属于氧化性液体。如果有机物或混合物分子中不含有氧、氟、氯等元素，或者是虽含有这些元素，但这些元素只有直接与碳或氢相连的化学键，则该类有机物也不属于氧化性液体。不含有氧或卤素的无机物也肯定不属于氧化性液体。

根据分类介绍可以分析出，氧化性液体的主要危险性是与可燃物接触时反应释放热量，使体系温度升高，继而导致燃烧。

3.8.2 氧化性固体

氧化性固体本身未必燃烧，但通常因放出氧气可能引起或促使其他可燃物质燃烧。

受试样品与纤维素4∶1或1∶1(质量比)混合物进行试验不会引起燃烧就不属于氧化性固体。如果有机物或混合物分子中不含有氧、氟、氯等元素，或者是虽含有这些元素，但这些元素只有直接与碳或氢相连的化学键，则该类有机物也不属于氧化性固体。不含有氧或卤素的无机物也肯定不属于氧化性固体。

根据氧化性固体的氧化性强弱可将其划分为三类。

① 类别1：受试物质(或混合物)与纤维素4∶1或1∶1(质量比)混合物显示平均燃烧时间小于溴酸钾与纤维素3∶2(质量比)混合物的平均燃烧时间的任何物质和混合物。此类氧化性固体属于强氧化剂，与可燃物质接触可引起燃烧或爆炸。

② 类别2：受试物质(或混合物)与纤维素4∶1或1∶1(质量比)混合物显示平均燃烧时间等于或小于溴酸钾与纤维素2∶3(质量比)混合物的平均燃烧时间和不符合类别1的任何物质和混合物。此类氧化性固体属于氧化剂，与可燃物质接触可加剧燃烧。

③ 类别3：受试物质(或混合物)与纤维素4∶1或1∶1(质量比)混合物显示平均燃烧时间等于或小于溴酸钾与纤维素3∶7(质量比)混合物的平均燃烧时间和不符合类别1和类别2的任何物质和混合物。此类氧化性固体属于氧化剂，与可燃物质接触可加剧燃烧。

3.8.3 有机过氧化物

过氧化氢H－O－O－H分子中包含具有氧化性的氧氧连键结构－O－O－，两个氢原子中的一个或两个被有机基替代，则为有机过氧化物，如过氧乙酸、过氧甲乙酮等。此处的有机过氧化物还包括有机过氧化配置物(混合物)。-O-O-结构属于不稳定结构，使有机过氧化物成为可发生放热自加速分解、热不稳定的物质或混合物。此外，有机过氧化物可具有一种或多种下列性质：易爆炸分解、快速燃烧、对撞击或摩擦敏感、与其他物质发生危险的反应。由于有机过氧化物对热不稳定，在密闭条件下加热时易发生爆炸、迅速爆燃或表现出剧烈效应。

有机过氧化物的氧化性和分解性与其有效氧含量有关，混合物中有效氧含量值 m_{O2}(%)可按照式(3-5)计算。

$$m_{O_2} = 16 \times \sum_{i=1}^{n} \frac{n_i \times c_i}{m_i} \tag{3-5}$$

式中 n_i——每个有机过氧化物 i 分子中的过氧化基团数；

c_i——有机过氧化物 i 的浓度(质量百分含量数)；

m_i——有机过氧化物 i 的分子量。

有机过氧化物产品多为过氧化氢氧化的产物，产品中既含有有机过氧化物，也含有未反应的过氧化氢。如果产品中过氧化氢的含量不大于1.0%，且有机过氧化物的有效氧含量不大于1.0%，或者是过氧化氢含量在1.0%~7.0%之间，但有机过氧化物的有效氧含量不大于0.5%，就不属于有机过氧化物。如果有效氧含量更高，根据氧化性强弱可分为A型~G型七类。

① A型：无论是何种有机过氧化物，如在包装件中能起爆或迅速爆炸的，归类为A型有机过氧化物，其加热可引起爆炸；

② B型：任何具有爆炸性的有机过氧化物，如在爆炸件中，既不起爆，也不迅速爆燃，但易在该包装内发生热爆炸者，分类为B型有机过氧化物，经加热可引起燃烧或爆炸。

③ C型：任何具有爆炸性质的有机过氧化物，如在包装件中，不可能起爆或迅速爆燃或发生热爆炸，则定为C型有机过氧化物。

④ D型：对任何有机过氧化物，如果在实验室试验中满足下列情况之一，则定为D型有机过氧化物：a. 部分起爆，不迅速爆燃，在封闭条件下加热时不呈现任何剧烈效应；b. 根本不起爆，缓慢爆燃，在封闭条件下加热时不呈现任何剧烈效应；c. 根本不起爆或爆燃，在封闭条件下加热时呈现中等效应。C型和D型有机过氧化物经加热可引起燃烧。

⑤ E型：任何有机过氧化物，在实验室试验中，既绝不起爆也绝不爆燃，在封闭条件下加热时只呈现微弱效应或无效应，则定为E型有机过氧化物。

⑥ F型：任何有机过氧化物，在实验室试验中，既绝不在空化状态下起爆也绝不爆燃，在封闭条件下时只呈现微弱效应或无效应，而且爆炸力弱或无爆炸力，则定为F型有机过氧化物。E型和F型有机过氧化物经加热可引起燃烧。

⑦ G型：任何有机过氧化物，在实验室试验中，既绝不在空化状态下起爆也绝不爆燃，在封闭条件下时显示无效应，而且无任何爆炸力，则定为G型有机过氧化物，但该物质必须是热稳定的。

有机过氧化物的混合物可按照其中最危险组分的有机过氧化物同一类型来分类。然而，当两种稳定的组分能形成热不稳定的混合物时，应测定该混合物的自加速分解温度(SADT, Self-Accelerating Decomposition Temperature)。自加速分解温度就是指该体系内的反应发生失控时的最低环境温度，也就是体系发生热自燃、热爆炸的最低环境温度。

在上述分类中，A型和B型有机过氧化物受热时可发生热分解爆炸，其典型物质是过氧化甲乙酮。受热分解，产生大量气体并放热，是这类热不稳定物质的特性，在生产设备内，温度失去控制导致物料温度异常升高，强烈的热爆炸事故时有发生。类似的还有硝酸胍等虽非有机过氧化物，但受热分解，也具有强氧化性的物质，具有发生热爆炸的特性。

3.9　毒性、腐蚀性及致病性物质

(1) 急性毒性

具有急性毒性的物质是指经口或经皮肤摄入物质的单次剂量或在24h内给与的多次剂量，或者4h的吸入接触发生的急性有害影响。

以化学品的急性经口、经皮肤和吸入毒性划分为五类危害，即按其经口、经皮肤(大致)LD_{50}值的大小进行危害性的基本分类见表3-1。

表3-1　急性毒性危害类别及确定各类别的(近似)LD_{50}/ LC_{50}值

接触途径	单位	类别1	类别2	类别3	类别4	类别5③
经口	mg/kg	5	50	300	2000	5000
经皮肤	mg/kg	50	200	1000	2000	
气体①	mL/L	0.1	0.5	2.5	5	
蒸气②	mg/L	0.5	2.0	10	20	
粉尘和烟雾③	mg/L	0.05	0.5	1.0	5	

① 表中吸入的最大值是基于4h接触试验得出的。如现有1h接触的吸入毒性数据，对于气体和蒸气应除以2，对于粉尘和烟雾应除以4加以转换。

② 对于某些化学品所试气体不会正好是蒸气，而会由液相与蒸气相的混合物组成。对于另一些化学品，所试气体可由几乎为气相的蒸气组成。对后者，应根据如下的mL/L进行危害分类：类别1(0.1mL/L)、类别2(0.5mL/L)、类别3(2.5mL/L)、类别4(5mL/L)。

③ 类别5的指标是旨在能够识别急性毒性危害相对较低的，但在某些情况下，对敏感群体可能存在危害的物质。这些物质预期它的经口或经皮肤LD_{50}的范围为2000～5000mg/kg体重和相应的吸入剂量。类别5的具体准则为：

1) 如果现有可靠的证据表明LD_{50}(或LC_{50})在类别5的数值范围内，或者其他动物研究或人体毒性效应表明对人体健康有急性影响，那么该物质应被分为这一类别。

2) 通过数据的推断、评估或测定，如果不能分类到更危险的类别，并有如下情况时，该物质分到此类别：

——得到的可靠信息说明对人类有显著的毒性效应；或

——通过经口、吸入或经皮肤接触试验直至类别4的剂量水平时观察到任何一种致死率；或

——在试验至类别4的数据时，除了出现腹泻、被毛蓬松、外观污秽之外，专家判断确定有明显的临床毒性表现；或——判断来自其他动物研究的明显急性毒性效应得可靠信息。

(2) 皮肤腐蚀/刺激

皮肤腐蚀是指对皮肤造成不可逆损伤，即将受试物在皮肤上涂敷4h后，可观察到表皮和真皮坏死。典型腐蚀反应的特征是溃疡、出血、有血的结痂，而且在观察期14d结束时，皮肤、完全脱发区域和结痂处由于漂白而褪色。

皮肤刺激是指施用试验物质达到4h后对皮肤造成可逆损伤。

(3) 严重眼睛损伤/眼睛刺激性

有严重眼睛损伤(serious eye damage)的物质是：将受试物滴入眼内表面，对眼睛产生组织损害或视力下降，且在滴眼21d内不完全可逆的组织损伤，即不能完全恢复。

眼睛刺激(eye irritation)的物质是：将受试物滴入眼内表面，对眼睛产生变化，但在滴

眼 21d 内可完全恢复。

（4）呼吸或皮肤过敏

呼吸致敏物（respiratory sensitizer）是指吸入后会引起呼吸道过敏反应的物质。皮肤致敏物（skin sensitizer）是指皮肤接触后会引起过敏反应的物质。

过敏包含两个阶段：第一阶段是某人因接触某种变应原而引起特定免疫记忆；第二阶段是引发，即某一致敏个人因接触某种变应原而产生细胞介导或抗体介导的过敏反应。

就呼吸过敏而言，随后为引发阶段的诱发，其形态与皮肤过敏相同。对于皮肤过敏，需有一个让免疫系统能学会作出反应的诱发阶段；此后，可出现临床症状，这时的接触就足以引发可见的皮肤反应（引发阶段）。因此，预测性的试验通常取这种形态，其中有一个诱发阶段，对该阶段的反应则通过标准的引发阶段加以计量，典型做法是使用斑贴试验。直接剂量诱发反应的局部淋巴结试验则是例外做法。人体皮肤过敏的证据通常通过诊断性斑贴试验加以评估。

就皮肤过敏和呼吸过敏而言，对于诱发所需的数值一般低于引发所需数值。

（5）生殖细胞突变性

生殖细胞突变性物质主要是指可引起人体生殖细胞突变并能遗传给后代的化学品。突变的含义是指细胞中遗传物质的数量或结构发生的永久性改变。突变适用于可遗传的基因变异。“遗传毒性的”和“遗传毒性”适用于导致 DNA 的结构、信息内容的改变，或 DNA 的分离，包括通过干扰正常复制过程，或以非生理方式（暂时地）改变其复制物质所致 DNA 损害。

（6）致癌性

致癌性（carcinogenicity）是指能诱发或增加癌症发病率的化学物质特性。致癌性物质，即致癌物是指可导致癌症或增加癌症发生率的化学物质或化学物质混合物。

具有致癌危害的化学物质的分类是以该物质的固有性质为基础的，而不提供使用化学物质中发生人类癌症的危险度。

（7）生殖毒性

生殖毒性（reproductive toxicity）是指对成年男性或女性的性功能和生育力的有害作用，以及对子代的发育毒性，即包括对生殖或生育能力的有害效应和对子代发育的有害效应两个方面。

对性功能和生育能力的有害影响包括化学品干扰生殖能力的任何效应，其中包括对雌性和雄性生殖系统的改变，对青春期的开始、配子产生和输送、生殖周期正常状态、性行为、生育能力、怀孕分娩结果的有害影响，过早生殖衰老，或者对依赖生殖系统完整性的其他功能的改变。

对后代发育的有害影响包括在出生前和出生后干扰孕体正常发育的任何效应，这种效应的产生是由于受孕前父母一方的接触，或者正在发育中的后代在出生前或出生后性成熟之前这一期间的接触。发育毒性的主要表现包括发育中的生物体死亡、结构异常畸形、省长改变及功能缺陷等。

（8）特异性靶器官系统毒性——一次接触和反复接触

此类物质是指由一次接触或由反复接触而产生特异性的、非致死性的靶器官系统毒性的物质，包括产生即时的和/或迟发的、可逆性和不可逆性功能损害的各种明显的健康效应。该物质一次接触染毒能对人引起一致的可辨认的毒性效应。特异性靶器官系统毒性是指对某特定器官的损害，即有害物质的损害作用有选择性。

(9) 对水环境的危害

急性水生生物毒性(acute aquatic toxicity)是指物质对短期接触它的生物体造成伤害的固有性质。慢性水生生物毒性(chronic aquatic toxicity)是指物质在与生物周期相关的接触期间对水生生物产生有害影响的潜在或实际的性质。

该部分的内容与环境保护内容密切相关，详细内容可参照有关资料。

3.10 吸入危险

“吸入”指液态或固态化学品通过口腔或鼻腔直接进入或者因呕吐间接进入气管和下呼吸系统。吸入毒性包括化学性肺炎、不同程度的肺损伤或吸入后死亡等严重急性效应。

由于在《化学品分类和危险性公示　通则》(GB13690—2009)中尚未把此类危险性列入其中，在此处就不进行详细介绍。既然是吸入，则表明具有此类危险的物质是处于气态、蒸气态、气溶胶态或烟雾态，只要泄漏，人员防范是很困难的。

思考题

1. 结合危险源的知识，阐述进行化学品分类的意义。
2. 某设备内混合气体组成为：氮气30%、甲烷50%，乙烷10%、二氧化碳10%，判断该混合气体是否属于易燃气体。气体组成体积百分数(v/v%)。
3. 判断是否为氧化性气体的标准是什么？
4. 有一混合可燃液体，需要划分其类别。请拟定划分过程的基本步骤。
5. 自反应物质不包括分解反应热小于300J/g的物质和50kg包装自加速分解温度高于75℃的物质。请定性分析其原因。
6. 在原来的化学品分类标准中，将遇水放出易燃气体的物质分类为遇水易燃物质，请阐述其原因。
7. 简述氧化性液体和氧化性固体的危险特性。
8. 在有机过氧化物生产过程中，需要控制物料温度不超过某确定值。根据有机过氧化物的固有特性分析其原因。

第 4 章　预防形成爆炸性体系

没有爆炸性物质，也就没有爆炸事故的发生，形成爆炸性混合气体后就具备了发生爆炸的物质条件。本章重点讨论形成爆炸性气体体系的隐患、预防措施及其原理，也对热分解爆炸和富氧燃烧进行讨论。

4.1　泄漏的预防

预防触电事故的最基本、最重要的措施是绝缘防护，同样，存在易燃液体和可燃气体的场所，预防化学爆炸事故的最基本、最重要的措施是防范泄漏。

在化工生产过程以及其他具有化学品的场所中，液体和气体物料输送的主要方式是管道输送，管道与管道的连接、管道与阀门等管件的连接都是通过法兰的连接实现的。管道内输送的物料具有一定的压力、温度及腐蚀性。与管道内外的压力差(即表压)是发生泄漏的动力，大部分泄漏发生在有法兰连接处。法兰连接方式见图 4 -1。

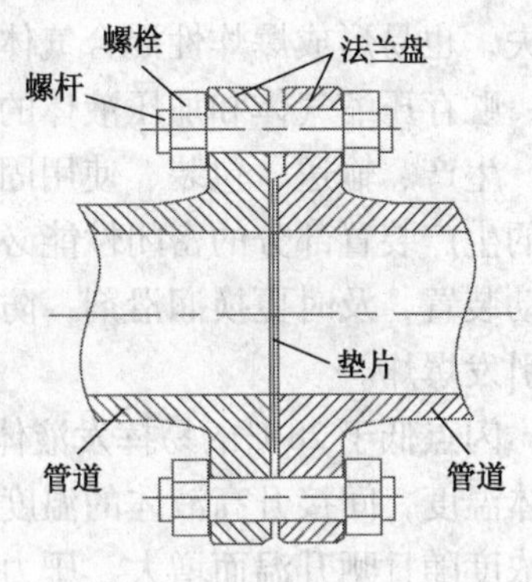

图 4 -1　法兰连接

法兰连接时，在两根管道的一端各垂直焊接上一个法兰盘，法兰盘上呈圆形均匀地分布着多少不等的螺孔，数目依管径和压力而定，两个法兰盘规格相同，连接时在两个法兰盘之间放上垫片，将相对的螺孔用螺栓螺杆穿好并均匀拧紧，垫片和法兰盘紧密配合，实现管道与管道的连接、管道与阀件的连接与密封。

气体、液体等流体在法兰连接处流过时，被压紧的垫片密封阻止流体流出。法兰密封面型式主要有平面型密封面、凹凸型密封面和榫槽型密封面三种形式。平面型密封面简单但承受压力的能力稍差，后两种在承受压力时不变形，适合于高压输送时使用。

密封面的选用主要与使用条件有关。使用条件主要是指系统的温度、压力、以及介质的物理、化学性质。单纯的压力和介质因素(如腐蚀、溶解)对密封的影响不是主要的。在管道内介质的温度发生波动时，法兰盘与螺栓的温度不能同步变化。波动的高温在与压力、介质因素同时作用时，将会严重影响密封的性能。在高温条件下，介质对垫片的溶解和腐蚀作用加剧，增加了泄漏的可能性，法兰、螺栓、垫片可能产生蠕变和应力松弛，使密封材料比压下降，如果温度和压力均有波动时，垫片材料将会疲劳，导致密封失效。在低温下使用的密封，由于法兰和螺栓冷却速度不一样，垫片的预紧力会不均匀地降低，加上垫片在低温下的收缩和弹性降低，都会加速泄漏的产生。这就要求使用条件平稳，尽量避免压力和温度产生剧烈波动，在使用一段时间后再紧一次螺栓，这对高温和冷热循环的场合尤其重要。

除此之外，还有其他因素可导致法兰密封失效，比如法兰表面的机械损伤和径向刻痕，安装时两法兰盘不平行，管道的柔性不够及应力等因素。

因为法兰连接处发生泄漏的概率远远高于管道本身，所以为保证设备的密闭性，对处理危险物料的设备及管路系统，在保证安装检修方便的前提下，应尽量少用法兰连接，而尽量采用焊接；输送危险气体、液体的管道应采用无缝钢管。

盛装具有腐蚀性介质的容器，由于腐蚀作用比较容易发生阀门管件故障，为防止维修、更换时意外泄漏，底部尽可能不装阀门，腐蚀性液体应从顶部抽吸排出。

尽量使用磁浮式液位计，如用玻璃管液位计，要装设结实的保护，以免玻璃管被意外撞击打碎，漏出易燃液体，应慎重使用脆性材料。磁浮式液位计是一种物位仪表，主要适用于电厂、石油化工等企业中的各类液体储罐、分离罐、加热器、水箱等压力容器监测液位，用来代替玻璃管、石英管、玻璃板式液位计。磁浮式液位计不仅能当作就地指示的一次仪表，也可作远传的二次仪表，一表两用。磁浮式液位计是根据磁场作用原理设计的，在表体内装有浮子，由于液体的浮力，使浮子随液位的变化而上下浮动，浮子内装有永久磁钢，磁钢产生的磁场力，吸引表体外部显示器动作，显示器分为带跟踪式和翻板式两种。

开口的容器、破损的铁桶，容积较大且没有保护措施，其蒸发的物质量较大，不仅造成损失，也易形成爆炸性混合气体。不耐压的容器是不能贮存压缩气体和加压液体的，换句话说，贮存压缩气体和加压液体的储罐、缓冲罐、管道必需具有相应的承压能力。

生产、输送、包装、使用固体氧化剂，如高锰酸钾、氯酸钾、硝酸铵、漂白粉等，等场所的生产装置部分的密闭性能必须良好，转动轴密封不严会使粉尘与油类接触，要定期清洗传动装置，及时更换润滑剂，防止粉尘渗进变速箱与润滑油相混，由于蜗轮、蜗杆摩擦生热而引发爆炸。

闪点低于28℃的易挥发液体储存于固定顶储罐或低压储罐时，太阳光照射将明显增加罐体温度，间接升高液体的温度，饱和蒸气压增大。对于固定顶储罐，罐内上部空间液体蒸气浓度随日晒升温而增大，压力也增大，与大气连同时，气体逸出量也增大。由于液体蒸气的密度大于空气，在风速较低时易在低处积聚，形成爆炸性混合气体。为了防止蒸气大量挥发，常采取水喷淋降温措施，热量传导给流水并被水带走。水喷淋降温措施还可有效地防止低压卧式储罐的压力异常升高。喷水装置都是固定式的，罐上部四周设置环形钢管，钢管朝向罐体的一面有一排小的喷水孔，喷淋装置与消防水管网相连，保证水的供应。除带走热量外，还可以在罐体表面涂刷一层隔热涂料，增加传热阻力，减慢热量向罐内传导的速率。

4.2 通风排出可燃气体

一般地说，连续化的生产过程要比间歇生产发生泄漏的概率小，且连续化的生产装置、设备往往较高大，布置在室内不容易实现，可充分利用自然风的稀释和携带作用，对防止微量泄漏时气体的积聚具有较好的效果。在《石油化工企业设计防火规范》中，对大型化工装置都建议采用露天布置方式，借助于较高的平均风速，安全地稀释泄漏出的气体或液体挥发的蒸气。

工业通风主要是指排出室内微量泄漏时产生的气态物质而进行的通风。

在所有存在易挥发液体和可燃气体的场所，完全避免泄漏几乎是不可能的，微漏的存在往往是不易被发现的。在厂房室内，微量的泄漏也可能由于积累而形成大的危险，因此必须设置有效的通风。工业通风按其动力来源分为自然通风和机械通风。自然通风依靠室内外空气温度差所形成的热压和室外风力所形成的风压而使空气流动；机械通风则是依靠通风设备所形成的通风系统内外压力差而使空气沿一定方向流动的通风。从通风作用范围来说，工业通风可分为局部通风和全面通风；按换气方式也可分为排风和送风。

为控制车间内的粉尘、有害气体或蒸气的浓度，主要采用局部排风的方式，排风系统的排风罩设置在产生可燃气体或有害气体设备的上方，就像家庭厨房中的抽油烟机，吸出危害气体的效率较高，尤其是对密度较大的液体蒸气更有效。如果是密度较小的气体，如天然气、氢气，微量泄漏的气体主要积聚在室内的高处，通风口设置在厂房墙壁的上部时效率较高。如果场所范围较大，可能发生泄漏的部位多，分布广，而且没有局部泄漏量较大的情况，可采用全面通风。许多车间通风设计采用全面通风与局部通风相结合的方式。在黏胶纤维生产过程中，以天然纤维素浆粕为基本原料，其经碱液浸泡后形成碱纤维，碱纤维与二硫化碳反应生成纤维素黄酸酯溶液，纤维素黄酸酯溶液在酸性浴槽中经细孔挤出，同时被酸液酸化成为丝状再生纤维，这一工序称为抽丝。抽丝工序会有二硫化碳析出并蒸发。为排出二硫化碳蒸气，车间不仅在抽丝设备上面设置排风罩，而且还有全面通风口，不仅保证车间空气清洁，而且还进行空气温度调节。

在天然气压缩车间，一般要求全面通风的换气次数为 8 次/h，事故通风为 16 次/h，这实际上是对通风量的要求。通风量越大，天然气的浓度越小，当浓度控制在低于爆炸极限下限的 20% 时，爆炸事故发生的风险可以降低到很低。

4.3　可燃气体检测与报警

(1) 气体检测报警系统

气体安全检测报警系统就是测试系统在安全检测领域的应用，现代测试系统以计算机为中心，采用数据采集与传感器相结合的方式，既能实现对信号的检测，又能对所获信号进行分析处理求得有用信息，同时还可与通风系统或其他控制系统实现联动。由于检测系统的气体探测器都是固定安装在某一点上，所以称为固定式气体检测报警系统。为了能够及时发现可燃气体的泄漏，在生产或使用可燃气体的工艺装置和储运设施的区域内，对可能发生可燃气体泄漏的场所，都应该按照相应的设计规范来设置可燃气体检(探)测器。

现在使用较多的气体检测报警系统是计算机控制的基本型测试系统，如图 4－2 所示。主要由传感器、信号调理、数据采集卡(板)、计算机控制中枢(或控制器)及报警系统等几部分组成。该系统能完成对多点、多种随时间变化参量的快速、实时测量，并能排除信号噪声干扰，进行数据处理、信号分析，由测得的信号求出与研究对象有关信息的量值或给出其状态的判别。该类系统又称为多线制检测控制系统。在应用于气体检测时，变化参量就是气体浓度，传感器就是气体探测器的一部分。气体探测器设置在检测现场，控制器一般设置在生产控制室，一台控制器可多路与多个气体探测器相连。各气体探测器的检测数据可在控制器上分别记录和显示，一旦超过预先设定的报警浓度，控制器发出指令信号，报警系统发出报警信号。

20 世纪 80 年代末以后发展起来的现场总线(field bus)技术，在应用于气体检测系统后，既能实现 DCS 检测系统的分散控制，提高了系统的可靠性，也简化了线路的连接。为方便表达现场控制总线系统与传统控制系统结构上的区别，图 4－3 将两者并列画出。由于现场总线系统中分散在设备前端的智能设备能直接执行多种传感器、控制、报警和计算功能，因而减少了变送器的数量，不再需要单独的控制器、计算单元等，也不需要 DCS 系统的信号调理、转换、隔离技术等功能单元及其复杂连线。

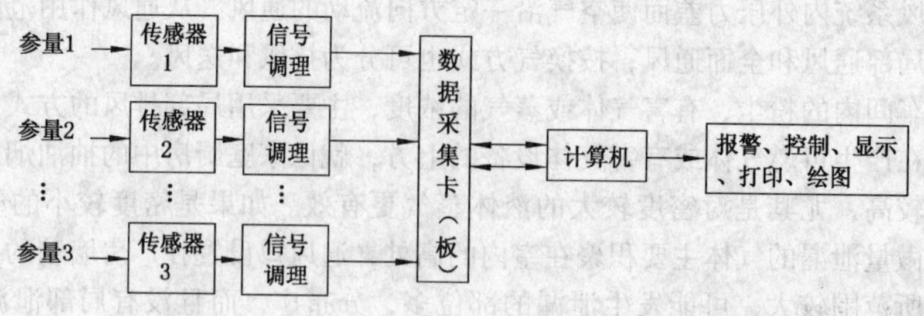

图4-2　气体检测报警系统的基本形式框图

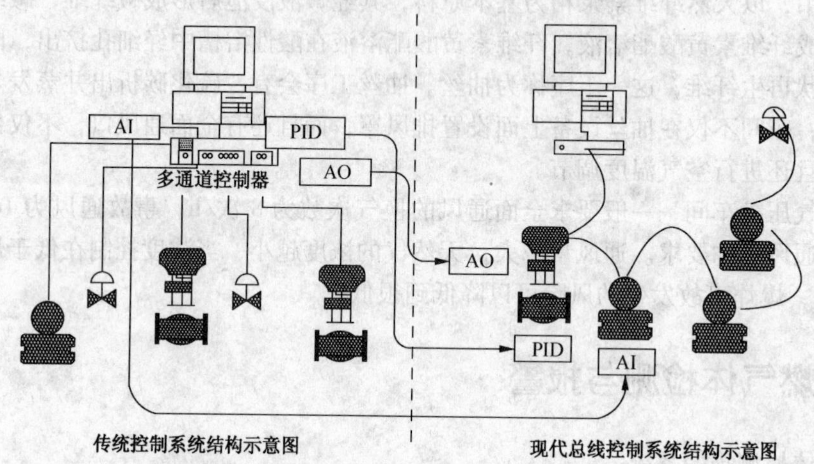

图4-3　现场控制总线系统与传统控制系统结构的比较

（2）气体探测器(传感器)

无论是哪种控制系统，气体的浓度信号转化为电信号都是由气体探测器来实现的。气体探测器(detectors)是由采样装置、传感器和前置放大线路组成的气体检测部件。由于多数探测器是采用扩散采样方式，所以采样装置和传感器一般都合称为传感器。前置放大线路将从传感器输入的电信号进行放大，并输出控制器所能接收的规定类型的信号，如模拟的4~20mA输出或数据总线输出。当探测器的输出为规定的标准信号时，则称为变送器(transmitter)，如模拟的4~20mA输出。典型气体探测器的外形如图4-4所示。

在可燃气体探测器中，对气体浓度进行响应的传感器，根据其响应原理可主要分为接触催化燃烧式传感器、半导体气敏传感器、红外吸收式传感器等几种，这几种传感器都有各自的特点、优点和适用范围。现将接触燃烧式传感器的原理进行简要介绍。

接触催化燃烧式传感器(见图4-5)是基于惠斯顿平衡电桥和催化燃烧的原理设计而成的。在催化接触燃烧式传感器中，两个铂丝线圈和两个电阻连接构成电桥，铂丝线圈为热敏电阻，其电阻值随温度的增加而增大，且比一般的电阻变化率高，即温度系数大。热敏电阻由直径0.03~0.05mm的铂(Pt)丝制成，在测量臂的热敏Pt丝电阻上涂敷经活性催化剂Rh(铑)、Pd(钯)等稀有金属处理过的氧化铝，对燃烧反应具有很强的催化作用，在低于燃气燃点的温度下，浓度也低于LEL(爆炸极限下限)时，可燃气体即可被催化燃烧(无焰燃烧，

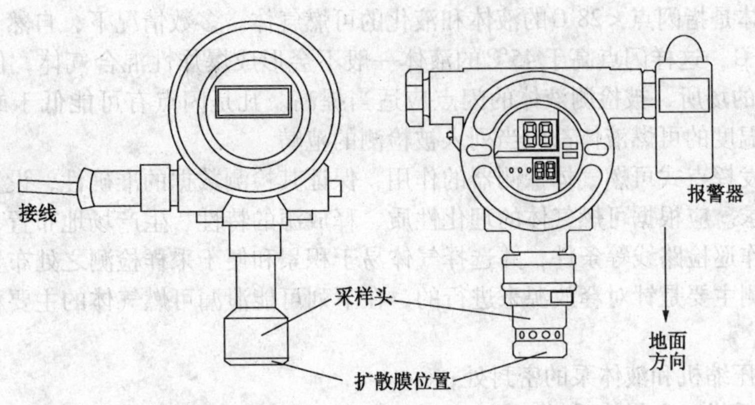

图 4-4　气体探测器外形示意图

即与氧气的氧化反应)，燃烧反应释放的热量又加热了测量电阻，其电阻值的增大导致电桥失去平衡而输出电信号。铂丝线圈既是催化剂的加热器，又是检测表面的热敏传感器。测定过程是在电桥通电的情况下进行的，通电电流在热敏电阻产生的温度是发生催化燃烧的基础温度，电桥失去平衡时，输出的电信号也是连接点的电位差导致的电流输出。在一定的浓度范围内，可燃气体浓度与输出电信号呈线性正比关系。空气中的燃气气体分子通过烧结圆片或渗透膜渗透扩散进入内部与铂丝线圈接触，燃气浓度越大，与内部的浓度差越大，扩散速率越快，相反则扩散速率慢，热丝接触到的浓度也低。渗透膜的另一个作用是避免空气流动对测定值的影响，保证测定数据只与浓度有关。

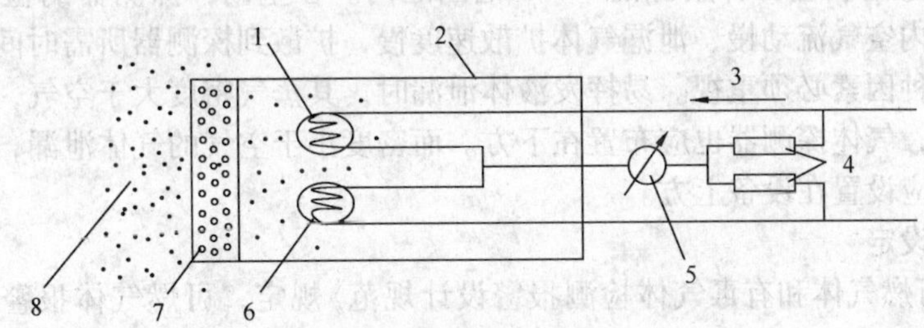

图 4-5　接触催化燃烧检测仪传感器的原理示意图

1—涂敷催化剂的铂丝线圈；2—外壳；3—加热电流方向；4—电阻；
5—mA 表；6—未涂敷催化剂的铂丝线圈；7—烧结圆片；8—可燃气体分子

传感器中的两个铂丝规格性能相同，环境温度变化时，两个铂丝热敏丝的电阻都变化，且变化率接近，其阻值之比不变化，从而消除了环境温度波动对测定值的干扰，所以未涂敷催化剂的铂丝起到温度补偿作用。

同其他的催化剂一样，铂丝上的催化剂也会“中毒”失去催化作用，导致检测器无响应，硅的化合物、硫的化合物和氯等是比较常见的“毒性”物质。为了使催化燃烧式可燃气体检测仪能够在有上述“有毒”气体存在的场所使用，现在已经开发出抗毒型催化燃烧式可燃气体传感器，但选用时要注意其适用的“有毒”气体浓度范围。

(3) 传感器设置位置

从原则上讲，在生产、使用甲类气体或甲、乙$_A$类液体的工艺装置、系统单元和储运设施区内，都应按区域控制和重点控制相结合的原则，设置可燃气体探测器。甲类气体是指爆炸极限下限 <10% 的可燃气体。乙$_A$类液体是指闪点在“28℃ ≤闪点≤45℃”范围内的易燃液

体，甲类液体是指闪点<28℃的液体和液化的可燃气体。多数情况下，自然环境下液体的温度不超过45℃，这样闪点高于45℃的液体一般不会形成爆炸性混合气体，但在环境温度可能高于45℃的场所，被检测液体的闪点应适当提高。凡是闪点有可能低于或等于场所所在地最高环境温度的可燃液体都应当列入被检测的范畴。

为有效发挥点式可燃气体探测器的作用，保证其检测数据的准确性，设置的探测点要符合一般的要求。应根据可燃气体的理化性质、释放源的特性、生产场地布置、地理条件、环境气候、操作巡检路线等条件，并选择气体易于积累和便于采样检测之处布置。

气体检测主要是针对释放源来进行的，在下列可能泄漏可燃气体的主要释放源应布置探测点：

① 气体压缩机和液体泵的密封处；

② 液体采样口和气体采样口；

③ 液体排液(水)口和放空口；

④ 设备和管道的法兰和阀门组。

根据《石油化工可燃气体和有毒气体检测报警设计规范》的规定，如果可燃气体释放源处于露天或半露天布置的设备内，可燃气体检测点与释放源的距离不宜大于15m，当检测点位于释放源的最小频率风向的下风侧时，可燃气体检测点与释放源的距离不宜大于5m。有关资料报道的试验表明，泄放量为5～10L/min，连续释放5min，探测器与泄放点间的最灵敏区范围为10m以内，有效检测距离是20m。

如果可燃气体释放源处于密闭或半密闭厂房内时，可每隔15m设一个检测器，但检测器距离任何一个释放源都不宜大于7.5m。当密闭或半密闭的厂房内布置不同火灾危险类别的设备时，检测器应设置在释放源的7.5m范围之内。在室内，探测器的检测半径小于室外，其原因是室内空气流动慢、泄漏气体扩散速度慢，扩散到探测器所需时间长。

另外还有一种因素必须重视。易挥发液体泄漏时，其蒸气密度大于空气，易分散在设备下方靠近地面处，气体探测器也应布置在下方。而密度小于空气的气体泄漏，在泄漏后往上飘，气体探测器应设置在设备上方。

(4) 报警值设定

《石油化工可燃气体和有毒气体检测报警设计规范》规定，可燃气体报警设定值应符合下列规定：

① 可燃气体的一级报警设定值小于或等于爆炸下限的25%；

② 可燃气体的二级报警设定值小于或等于爆炸下限的50%。

一级报警设定值较低，有两方面的目的，一是安全裕度高，在远低于爆炸下限时就能发现，有充裕的时间进行泄漏源确定和采取堵漏措施；二是大量泄漏，造成资源浪费。

(5) 泄漏追踪

发现有可燃气体泄漏时，要定位泄漏点的位置，有时也不是太容易，尤其是大型设备的微漏。比较方便的方法是使用手持式可燃气体检测仪，尤其是带有内置吸气泵的主动采样式检测仪。泄漏点处浓度高，向四周扩散时浓度逐渐降低，存在浓度梯度。检测仪能实时显示浓度值，追踪泄漏点时，边慢慢走动边观察显示数据，哪个方向浓度高就向哪个方向寻找，最终能找到泄漏点。

4.4 惰性化处理

根据爆炸极限理论，在混合气体爆炸体系中，参与反应的可燃气体和氧气中的一种浓度低于其极限浓度，体系就不再具有爆炸性。对于可燃气体，极限浓度是指爆炸下限；对于氧气，极限浓度是指极限氧浓度。惰性化处理的含义是向体系中通入惰性气体，稀释或置换体系内的可燃气体或氧气，使其浓度低于极限浓度，不再具备发生爆炸的物质条件。惰性化处理包括两类情况：第一种是对欲投入或通入易燃物料的设备或管道进行惰性化处理；第二种是对已经充有易燃气态物料的设备或管道进行惰性化处理。

4.4.1 最小氧气浓度

最小氧气浓度（MOC，minimum oxygen concentration）又称为极限氧气浓度（LOC，Limit Oxygen Concentration），是指混合气体爆炸体系能够发生爆炸的最低氧气浓度，低于此浓度，则体系不再具备爆炸的特性。实质上，最小氧气浓度也是易燃物料加工的最高允许氧浓度。同存在燃气爆炸下限的原因一样，氧气浓度太低时，参与反应的质点密度太低，局部反应时放出的热量不能维持燃烧反应所需要的高温。

如果没有实验数据，则可通过燃烧反应的化学计量反应式及爆炸下限 LEL 来估算最小氧气浓度。第 1 章已经对极限氧气浓度计算公式（1－20）进行了介绍，与计算最小氧气浓度式（4－1）在本质上是相同的，只是表达形式略有区别。

$$MOC = LEL \times \frac{\text{氧气分子数}}{\text{燃气的分子数}} \tag{4-1}$$

【例 4－1】 求丙烷（C_3H_8）在空气中燃烧的最小氧气浓度。

解： 写出化学计量反应式：$C_3H_8 + 5O_2 \longrightarrow 3CO_2 + 4H_2O$

平衡的化学反应式中丙烷的物质的量为 1mol，氧的物质的量为 5mol，查得丙烷在空气中的燃烧下限 LEL = 2.1%，计算得

$$MOC = LEL \times \frac{\text{氧气物质的量}}{\text{燃气的物质的量}} = 2.1\% \times \frac{5}{1} = 10.5\%$$

试验研究表明，最小氧气浓度也会受到温度、压力和惰性气体种类等因素的影响，其影响规律可参照爆炸极限的影响因素。表 4－1 列出了不同物质采用二氧化碳或氮气稀释时的最小氧气浓度试验测定值。

表 4－1 不同可燃物质的最小氧气浓度/%

可燃物质	CO_2 稀释	N_2 稀释	可燃物质	CO_2 稀释	N_2 稀释
甲烷	11.5	9.5	丁二醇	10.5	8.5
乙烷	10.5	9	丙酮	12.5	11
丙烷	11.5	9.5	苯	11	9
丁烷	11.5	9.5	一氧化碳	5	4.5
汽油	11	9	二硫化碳	8	—
乙烯	9	8	氢	5	4
丙烯	11	9	煤粉	12～15	—
乙醚	10.5	—	硫黄粉	9	—
甲醇	11	8	铝粉	2.5	7
乙醇	10.5	8.5	锌粉	8	8

由分析表中数据发现，用二氧化碳进行稀释时，最小氧气浓度普遍高于用氮气稀释时的最小氧气浓度（粉尘除外），说明二氧化碳的阻爆效果比氮气好，与从第 1 章的图 1－23 得出的结论相同。惰性气体为二氧化碳时最小氧气浓度都在 10.5% 左右，而惰性气体为氮气时最小氧气浓度都在 9.5% 左右。

由于最小氧气浓度受许多因素影响，因此在使用数据作为制定安全措施的依据时，氧气浓度控制值要降低几个百分点，保持一定的安全裕度。如果有测定条件，尽量模拟实际的气体组成、工艺控制的温度和压力，得出与实际条件相对应的实测参数。

4.4.2 惰性化处理方法

把将要投入使用设备内的氧气降低到最小氧气浓度以下，或将设备内可燃气体降低到爆炸极限以下，或者是在液体储罐内上部空间充入惰性气体，都属于惰性化处理，其目的都是防止形成爆炸性混合气体。惰性化处理所使用的惰性气体主要包括氮气和二氧化碳气体。在以下几种情况下常常需要惰性化处理：

① 易燃固体的粉碎、研磨、混合、筛分以及粉状物料的气流输送；②可燃气体混合物的生产和处理过程；③易燃液体的输送和装卸作业；④开工、检修前的处理作业等。

(1) 惰性气体保护法

惰性气体保护法的原理是在易燃液体液面上“覆盖”惰性气体，避免液体及蒸气与空气接触，消除形成爆炸性混合气体的可能性。惰性气体保护法的典型实例是易燃液体储罐的“氮封”，在储罐顶充入氮气，没有空气进入，实现与外部的隔绝。图 4－6 为液体储罐氮封系统示意图。

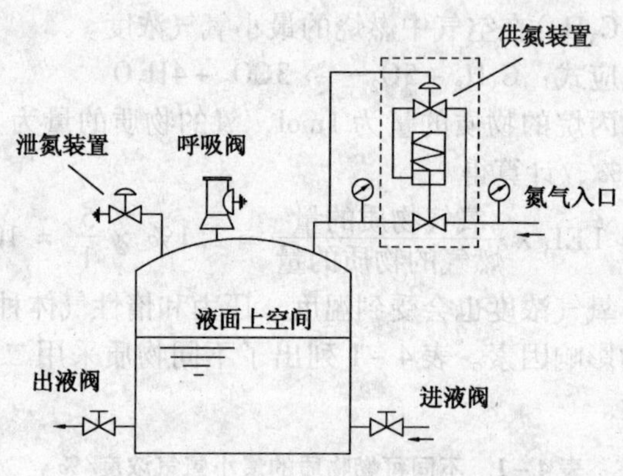

图 4－6　液体储罐氮封系统示意图

当向储罐泵入液体物料时，液面上升，内部空间缩小，压力升高。当压力升高至泄氮装置(或者是呼吸阀)设定的启动压力值时，泄氮装置(或者是呼吸阀)打开，向外界释放氮气，使罐内压力下降。当压力降到泄氮装置(或者是呼吸阀)的压力设定值时，泄氮装置自动关闭，或者是呼吸阀自动关闭。

当从储罐泵出(或流出)液体物料时，液面下降，内部空间增大，压力下降。当压力下降时，供氮装置开启，向储罐注入氮气，使罐内压力升高。当压力升高至设定值时，供氮装置自动关闭，停止供氮。

较简单的氮封装置只采用呼吸阀和氮封阀，工作动力只来源于被调节的气体压力。罐内氮气只需维持微弱的正压即可防止空气渗入。自动控制精度高的氮封系统可控制在 100Pa 左右，压力一般控制在 10kPa 左右，只采用呼吸阀和氮封阀时可控制在 400～1000kPa。

在其他使用可燃液体的设备内，如果要求液相上方的气相空间保持惰性氛围，需要系统设置具有自动添加惰性气体的装置，以确保氧气浓度始终低于最小氧气浓度。为了达到自动控制的目的，需要实现监测与通气装置联动，即控制系统中必须设有连续测定系统氧浓度的在线分析仪，设定系统氧气浓度的控制点，当氧气浓度接近最小氧气浓度控制点时，添加惰性气体的控制系统启动或调解通气量。系统中设置氧气分析器的作用有两个，一是保证系统中氧气浓度始终处于安全范围内；二是避免不必要的大流量惰性气体通入，节省惰性气体。

易燃固体物料在粉碎、研磨、筛分、混合以及粉状物料输送时，应施加惰性气体保护。在易燃气体加工过程中，应该用惰性气体作稀释剂，降低氧气浓度。对于有火灾爆炸危险的工艺装置、贮罐、管道等，应该配备惰性气体置换通气口。

(2) 吹扫净化法

吹扫净化法属于惰性气体置换法的一种，是指置换的方法是用惰性气体对设备或管道内部的氧气或可燃气体进行吹扫。常用的惰性气体有氮气和二氧化碳，如果不忌水，也可以用水蒸汽吹扫，水蒸汽来自蒸汽锅炉。吹扫净化法的基本做法是将惰性气体从“细长”容器的一个口吹入，而混合气从容器的另一个口排出，把氧气吹出设备，检测排出的气体中氧气浓度达到要求后，停止通气，并封闭气体出入口。如果不能马上使用设备，可将吹扫处理后的设备用盲板封闭待用。工厂有时也把吹扫净化法称为“扫线”。吹扫净化法最简单，只要没有死角即可。对易燃气体输送管道进行吹扫净化还有另一个作用，即吹出铁屑、焊渣、砂砾等，避免其随气体快速移动时摩擦产生火花。在工厂内，常用蒸气作为吹扫气体。

对设备或管道内的氧气进行置换时，只要氧气浓度低于极限氧气浓度即可避免爆炸，但在实际工作中，为了增大安全系数，一般控制在比欲用可燃气体或液体蒸气的极限氧气浓度低4%的浓度。例如丙酮的极限氧气浓度为11%（用氮气稀释时），当吹扫到氧气浓度为7%时，可投入丙酮液体物料。

如果要投入设备的物料是爆炸下限低于10%的可燃气体，或者是闪点低于45℃的液体，都需要预先对设备进行“惰性化”。

(3) 真空抽净法

真空抽净法，即将容器抽真空，直至达到预定的真空状态，之后充入惰性气体（如 N_2）至大气压力，再次抽真空、充入惰性气体，直至容器内达到预定的氧气浓度。抽真空时，氧气与惰性气体同时被抽出，容器内氧气总量减少，充入氮气后，剩余的氧气被稀释，进行下一次抽气－充气循环操作时，氧气被再次稀释，氧气浓度逐次下降。真空抽净法操作过程中的压力和气体组成的变化如图4－7所示。

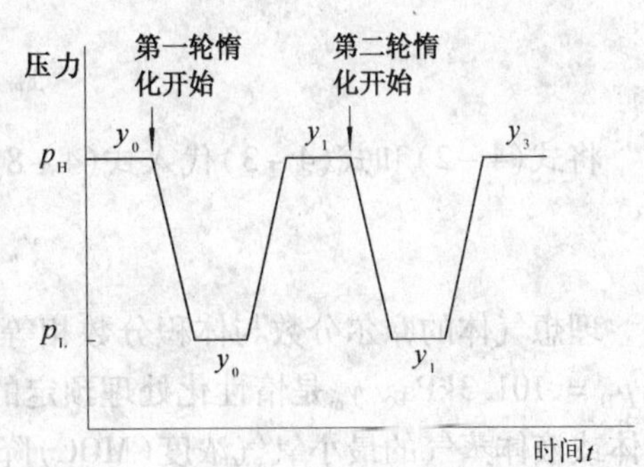

图4－7 真空抽净法惰性化过程的压力和组成变化

每次充入惰性气体后，假如气体都能经搅动、扩散而混合均匀，即可用理想气体状态方程进行计算。根据气体状态方程，在高压 p_H（一般为大气压力）和低压 p_L（抽真空后负压状态时的绝对压力）下容器内气体的总物质的量分别为：

$$n_H = \frac{p_H V}{RT} \tag{4-2}$$

$$n_L = \frac{p_L V}{RT} \tag{4-3}$$

式中 n_H——大气压力下容器内气体的总物质的量；

n_L——真空压力下容器内气体的总物质的量；

V——容器的容积；

T——环境温度。

在抽真空过程中，空气组成不变，即容器内氧气的摩尔分数是恒定不变的。根据道尔顿分压定律，在第一次抽气开始和结束时两种压力状态下氧气的浓度，即摩尔分数(y_0)可表示为：

$$y_0 = \frac{n_{H,O_2}}{n_H} = \frac{n_{L_1,O_2}}{n_L} \tag{4-4}$$

式(4-4)变化后得

$$n_{L_1,O_2} = y_0 n_L \tag{4-5}$$

在进行第一轮抽气－充气循环操作之后，氧气的物质的量还是 n_{L_1,O_2}，但经氮气稀释后浓度降低，氧气的摩尔分数可表示为：

$$y_1 = \frac{n_{L_1,O_2}}{n_H} = y_0 \frac{n_L}{n_H} \tag{4-6}$$

同理，在进行第二轮抽气－充气循环操作之后，氧气的浓度可表示为：

$$y_2 = \frac{y_1 n_L}{n_H} = y_0 \left(\frac{n_L}{n_H}\right)^2 \tag{4-7}$$

由此可以推导出经过 m 轮抽气－充气循环操作之后，剩余氧气浓度的表示式

$$y_m = y_0 \left(\frac{n_L}{n_H}\right)^m \tag{4-8}$$

将式(4-2)和式(4-3)代入式(4-8)得：

$$y_m = y_0 \left(\frac{p_L}{p_H}\right)^m \tag{4-9}$$

理想气体的摩尔分数与体积分数相等，通常空气中氧气的物质的量 $y_0 = 0.21$，大气压力 $p_H = 101.3\text{kPa}$。y_m是惰性化处理预定的最终氧气体积分数控制目标，一般控制在比可燃气体或液体蒸气的最小氧气浓度(MOC)降低4%的浓度，为防止处理后连接管道过程中氧气渗入导致氧气浓度意外增大，可适当降低控制目标浓度，以保证通入物料时氧气浓度可靠地低于MOC。p_L值是真空抽气惰性化操作控制的真空度值，由大气压力减去真空表的读数得到。在实施过程中容器设备内的压力降低，可能发生压瘪的事故，要根据容器的承压能力确定。

将式(4-9)变化并取对数后得循环操作的循环次数 m

$$m = \lg\frac{y_m}{y_0} / \lg\frac{p_L}{p_H} \tag{4-10}$$

如果惰化控制氧气为 $y_m = 0.06$，则可以根据抽真空后的压力，计算出需要抽气－充气循环操作的次数 m。每次抽真空抽出的气体物质的量为 $n_H - n_L$，根据 m 也可以估算所需惰性气体的用量。

根据式(4-2)和式(4-3)，每次充入惰性气体气体的物质的量为

$$n = n_H - n_L = (p_H - p_L)\frac{V}{RT} \tag{4-11}$$

m 次循环后所需的惰性气体物质的量为

$$n_m = m(n_H - n_L) = m(p_H - p_L)\frac{V}{RT} \tag{4-12}$$

如果惰性气体来自高压钢瓶，由 n_m 和环境温度 T 可计算出所需惰性气体在钢瓶压力下的体积，再根据高压钢瓶的容积可计算出所需钢瓶的数目。

【例 4－2】 需要用容积 30m³ 的卧式钢储罐储存轻烃，为防止发生爆炸事故，欲用氮气对储罐进行真空抽净法惰性化处理，设备工程师提供资料为：该储罐可抽至真空度 71.3kPa。如果欲将氧气浓度降低至体积浓度 3%，需要进行几次循环可满足要求。

解：罐内空气中氧气的浓度为 $y_0 = 21\%$，目标氧气浓度 $y_m = 3\%$，大气压力 $p_H = 101.3\text{kPa}$，抽真空后的压力 $p_L = 101.3 - 71.3 = 30\text{kPa}$，代入式(4－10)得

$$m = \lg\frac{3}{21}/\lg\frac{30}{101.3} = 1.6 \approx 2 \text{ 次}$$

如果只能抽到真空度 50 kPa，则需要 3 次循环。如果需要把氧气浓度降低到 1%，则需要循环 3 次。

(4) 压力净化法

压力净化法与真空抽净法相反，即将惰性气体经压缩机压入容器中，或利用钢瓶内气体的压力压入。压入惰性气体至容器内达到一定的高压，惰性气体与内部空气混合，之后再把混合气体排入大气，直到容器内压力降至大气压，一般要进行几次循环才能使氧含量降至预定浓度。压力净化法的计算与真空抽净法相同，但 p_L 代表大气压力，p_H 代表设定的控制最高压力。

如果把真空抽净法和压力净化法联合应用，其效果更好，相应的计算相同。

【例 4－3】 使用压力惰化法对 4m³ 容器进行惰性化处理，降低其氧气浓度。计算使用压力 550kPa(绝对压力)、温度为 25℃ 的纯氮气将氧气浓度降低至 0.1% 所需的惰化次数和所需的氮气总量。

解：仍利用式(4－10) $m = \lg\frac{y_m}{y_0}/\lg\frac{p_L}{p_H}$ 计算惰化次数，低压 p_L 为 101.3kPa，高压 p_H 为 550kPa(绝对压力)，空气中氧气摩尔分数 y_0 为 21%，目标氧气摩尔分数 y_m 为 0.1%，代入公式得

$$m = \lg\frac{y_m}{y_0}/\lg\frac{p_L}{p_H} = \lg\frac{0.1}{21}/\lg\frac{101.3}{550} = 3.2 \text{ 次}$$

可见需要进行 4 次惰化。所需氮气的量由式(4－12)计算：

$$n_m = m(p_H - p_L)\frac{V}{RT} = 4 \times (550 - 101.3) \times \frac{4 \times 1000}{8.314 \times (25 + 273)} = 2.89 \times 10^3 \text{ mol}$$

气体的质量约为 80.9kg。

工业氮气中常常残留有低浓度的氧气，所以当采用含有氧气的氮气惰化时，容器中残留的氧气包括两部分，一部分是原来空气中的氧气，另一部分是氮气中携带来的氧气，压力惰化过程容器中剩余氧气的物质的量 n_m 计算公式推导如下：

向容积为 V 的容器中压入氧摩尔分数为 $y_{氮氧}$ 的氮气至压力 p_H 时，容器中氧气物质的量为：

$$n_1' = y_0\frac{p_L V}{RT} + y_{氮氧}\frac{(p_H - p_L)V}{RT} \tag{4-13}$$

泄压时，放出的气体中即包括原空气中的氧气，也包括氮气带入的氧气，放出的气体摩

尔比例为 $\frac{p_{\mathrm{H}}-p_{\mathrm{L}}}{p_{\mathrm{H}}}$，剩余比例为 $\frac{p_{\mathrm{L}}}{p_{\mathrm{H}}}$，剩余氧气的物质的量为：

$$n_1=\frac{p_{\mathrm{L}}}{p_{\mathrm{H}}}y_0\frac{p_{\mathrm{L}}V}{RT}+\frac{p_{\mathrm{L}}}{p_{\mathrm{H}}}y_{\text{氮氧}}\frac{(p_{\mathrm{H}}-p_{\mathrm{L}})V}{RT} \tag{4-14}$$

第二次充入氮气所带入的氧气摩尔数仍为 $y_{\text{氮氧}}\frac{(p_{\mathrm{H}}-p_{\mathrm{L}})V}{RT}$，第二次卸压放出气体的比例仍与第一次相同，则第二次充入氮气后的氧气总物质的量和第二次卸压后剩余氧气的物质的量分别为：

$$n_2'=\frac{p_{\mathrm{L}}}{p_{\mathrm{H}}}y_0\frac{p_{\mathrm{L}}V}{RT}+\left(\frac{p_{\mathrm{L}}}{p_{\mathrm{H}}}+1\right)y_{\text{氮氧}}\frac{(p_{\mathrm{H}}-p_{\mathrm{L}})V}{RT} \tag{4-15}$$

$$n_2=\left(\frac{p_{\mathrm{L}}}{p_{\mathrm{H}}}\right)^2y_0\frac{p_{\mathrm{L}}V}{RT}+\left[\left(\frac{p_{\mathrm{L}}}{p_{\mathrm{H}}}\right)^2+\frac{p_{\mathrm{L}}}{p_{\mathrm{H}}}\right]y_{\text{氮氧}}\frac{(p_{\mathrm{H}}-p_{\mathrm{L}})V}{RT} \tag{4-16}$$

同理，经 m 次加压卸压后，容器内剩余的氧气物质的量为：

$$n_{\mathrm{m}}=\left(\frac{p_{\mathrm{L}}}{p_{\mathrm{H}}}\right)^m y_0\frac{p_{\mathrm{L}}V}{RT}+\left[\left(\frac{p_{\mathrm{L}}}{p_{\mathrm{H}}}\right)^m+\left(\frac{p_{\mathrm{L}}}{p_{\mathrm{H}}}\right)^{m-1}+\cdots+\left(\frac{p_{\mathrm{L}}}{p_{\mathrm{H}}}\right)^2+\frac{p_{\mathrm{L}}}{p_{\mathrm{H}}}\right]y_{\text{氮氧}}\frac{(p_{\mathrm{H}}-p_{\mathrm{L}})V}{RT} \tag{4-17}$$

式(4－17)的中括弧中为等比数列，因 $p_{\mathrm{L}}<p_{\mathrm{H}}$，可以略去高次方项，保留一次方项得

$$n_{\mathrm{m}}=\left(\frac{p_{\mathrm{L}}}{p_{\mathrm{H}}}\right)^m y_0\frac{p_{\mathrm{L}}V}{RT}+\frac{p_{\mathrm{L}}}{p_{\mathrm{H}}}y_{\text{氮氧}}\frac{(p_{\mathrm{H}}-p_{\mathrm{L}})V}{RT} \tag{4-18}$$

将式(4－18)除以摩尔总数 $p_{\mathrm{L}}V/RT$ 得 m 次循环后氧气总摩尔分数 y_{O_2}，

$$y_{\mathrm{m}}=y_0\left(\frac{p_{\mathrm{L}}}{p_{\mathrm{H}}}\right)^m+y_{\text{氮氧}}\left(1-\frac{p_{\mathrm{L}}}{p_{\mathrm{H}}}\right) \tag{4-19}$$

式(4－19)同样适用于真空惰化法，只是高压 p_{H} 为大气压，低压 p_{L} 为负压时的绝对压力。当氮气中氧气的摩尔分数为 $y_{\text{氮氧}}=0$ 时，式(4－19)即变成式(4－9)。

【例4－4】 使用含氧量0.01%的氮气对例4－2中的容器进行压力惰化法处理，其他条件同例4－2，计算惰化次数。

解：对式(4－19)进行变化并代入数据后得

$$m=\lg\left[\frac{y_m}{y_0}-\frac{y_{\text{氮氧}}}{y_0}\left(1-\frac{p_{\mathrm{L}}}{p_{\mathrm{H}}}\right)\right]\Big/\lg\frac{p_{\mathrm{L}}}{p_{\mathrm{H}}}$$

$$=\lg\left[\frac{0.1}{21}-\frac{0.01}{21}\left(1-\frac{101.3}{550}\right)\right]\Big/\lg\frac{101.3}{550}=3.2\approx 4\text{ 次}$$

对设备进行惰化处理后，必须对设备的气体出入口及时进行封堵，常采用盲板，这样可避免氧气通过扩散又进入容器内部。在实际封堵过程中很难避免少量氧气进入，所以应将氧气浓度降的较低，保证在少量氧气进入的情况下仍显著低于最小氧气浓度。

(5) 稀释惰化法

如果需要惰性化处理的设备形状特征不是“细长”，而是“短粗”，如液体储罐，就可以在一处通入惰性气体，富含氧气的气体，或者是富含可燃气体的气体从另一侧流出(或抽出)，逐渐降低氧气浓度，这一方法也称为“稀释法”。相反，向存在可燃气体的设备内通入惰性气体，以降低可燃气体浓度的操作也属于稀释法惰性化处理，但稀释吹出的高浓度可燃气体需要引入火炬系统燃烧掉，直接放入空气中也可能有爆炸危险。如果降低可燃气体浓度的稀释惰化操作的目的是人进入设备内部进行维修作业，还应用空气对惰性气体进行稀释，

保证氧气浓度达到19.5%以上(19.5%以下属于缺氧作业)。

如果惰性气体通入容器后，温度、压力参数不变，且与容器内气体迅速完全混合，则稀释达到稳定状态后，混合气体进口与出口处的体积流量和质量流量均不发生变化，被置换气体流入的质量流量与其流出的质量流量之差即为其质量随时间的变化率，可由式(4－20)表达。

$$\frac{dm}{dt} = Q_{m流入} - Q_{m流出} \tag{4-20}$$

如果用 V 代表容器的体积，C 代表被置换气体的质量体积浓度，C_0代表进口处被置换气体的质量体积浓度，Q_V代表进出口的体积流量，t 代表时间，则式(4－20)可变化为式(4－21)。

$$V\frac{dC}{dt} = C_0 Q_V - CQ_V \tag{4-21}$$

变换得到积分式

$$Q_V \int_0^t dt = V\int_{C_1}^{C_2} \frac{dC}{C_0 - C} \tag{4-22}$$

式中，积分边界值 C_1为被置换气体物质的初始浓度，如空气中氧气浓度21%，敞口汽油储罐中汽油蒸气浓度100%，积分边界值 C_2为被置换气体物质的目标浓度。积分得

$$Q_V t = V\ln\frac{C_1 - C_0}{C_2 - C_0} \tag{4-23}$$

式中，V 为所用惰性气体在使用条件下的体积。如果用氮气进行置换，C_0则为氮气中的氧气或者可燃气体，如氮气为纯气体，则 $C_0=0$。

【例4－5】 使用含氧量0.01%的氮气对容积为28.3m³的新装容器进行吹扫惰化处理，欲使氧气浓度降低至1.25%，计算使用氮气体积。

解：根据题意，$C_0=0.01\%$，$C_2=1.25\%$，$C_1=21\%$，$V=28.3\text{m}^3$，代入式(4－23)计算

$$Q_V t = 28.3\ln\frac{21-0.01}{1.25-0.01} = 80.1\ \text{m}^3$$

所计算出的体积为在工作压力、温度条件下的体积。

对在役容器设备进行维修或报废处理时，为降低设备内部易燃气体或蒸气浓度的惰化操作过程也称为退役惰化。为防止爆炸性混合气体形成，惰化操作多使用氮气进行稀释惰化，为减少氮气使用量，降低惰化成本，在惰化后半部分可直接使用空气来稀释。在进行工艺过程设计时，需要确定在多大浓度时更换空气，一般需要借助于三角坐标图(见图1－29)来确定图中的 S 点，确定过程及其原理已在第1章中进行了讨论。

对具体设备进行惰性化过程设计时，要根据设备的特点选择惰化方法。“管状的细长”设备宜采用吹扫净化法，而“短粗”的罐类大型设备宜稀释惰化法，其较小型设备宜采用压力惰化法或真空惰化法。

4.5 热分解爆炸及其预防

在第1章中介绍了简单分解爆炸和复杂分解爆炸，分解爆炸的特点是分解速度快、释放热量大、释放大量气体。能够触发分解爆炸的因素有加热、冲击和摩擦。在分解爆炸事故中，多数是由于过热因素引发，所以常称为热爆炸。有热分解爆炸物质存在时，如果温度达

到其分解温度，就构成了爆炸性体系。经验表明大多数物质的爆炸性与分子中的如下特定结构基团有关。

$-C\equiv C-CH_3$ 或卤素原子

$R-NO$

$R-NO_2$

$R-ONO$

$R-ONO_2$

$\underset{\diagdown O \diagup}{>C-C<}$

$>N-CH_3$

$>N-N=O$

$>N-NO_2$

$-\overset{|}{\underset{|}{C}}-N=N-\overset{|}{\underset{|}{C}}-$

$>C=N-O-CH_3$

$-\overset{|}{\underset{|}{C}}-N=N-O-\overset{|}{\underset{|}{C}}-$

$-\overset{|}{\underset{|}{C}}-N=N-O-\overset{|}{\underset{|}{C}}-$

$-N=N-N=N-$

$R-O-O-R$

$-N_3$

这就可以通过观察化学物质的分子结构来鉴别。下面是四种炸药的分子结构，都含有上述基团中的某一种。

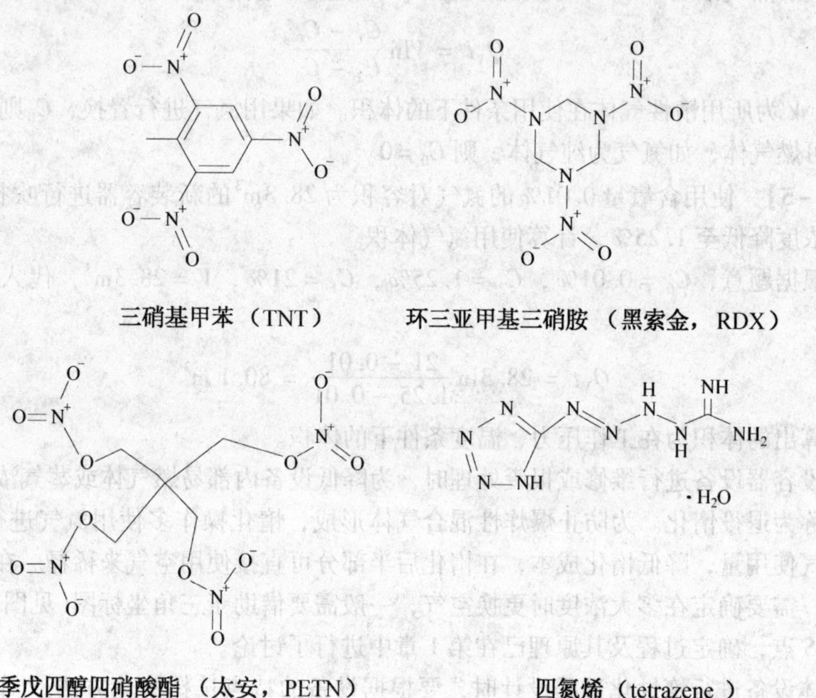

三硝基甲苯（TNT）　　环三亚甲基三硝胺（黑索金，RDX）

季戊四醇四硝酸酯（太安，PETN）　　四氮烯（tetrazene）

物质发生热分解爆炸的条件是其温度达到分解温度，热量的来源有反应放热和加热。

硝铵类炸药的储存库房内空气湿度大时，炸药易自发放热，使其温度自行升高，具有自爆炸危险。根据此特点，要保持库房内空气干燥，悬挂湿度计，及时通风。过氧化物（如过氧化苯甲酰、过氧化甲乙酮）在包装、运输、储存过程中均可发生爆炸，过氧化氢在受热时极易爆沸导致超压爆炸。虽然少量的硝酸铵在常温下是较稳定的，但大量的硝酸铵堆存时，其自行分解反应生成的热量不能及时散失，温度缓慢升高，温度的提高又导致分解加快，所以分解速度随着温度的提高而加速提高，释放热量的速率和生成气体的速率将会突然猛增，最终可发生爆炸。硝酸铵在不同温度下，分解产物也不同。

在110℃时，逐渐分解

$$NH_4NO_3 \rightarrow NH_3\uparrow + HNO_3 + 173kJ$$

在170~190℃时，分解产物含有一氧化二氮

$$NH_4NO_3 \rightarrow N_2O\uparrow + 2H_2O + 127kJ$$

在210℃时，分解加快，同时发生爆炸

$$NH_4NO_3 \rightarrow N_2\uparrow + 0.5O_2 + 2H_2O + 129kJ$$

在400℃以上时，发生爆炸

$$NH_4NO_3 \rightarrow 0.75N_2\uparrow + 0.5NO_2\uparrow + 2H_2O + 123kJ$$

$$NH_4NO_3 + 2NO_2 \rightarrow N_2\uparrow + 2HNO_3 + H_2O + 231kJ$$

在化工生产过程中，有无发生热分解爆炸的风险，取决于设备内物料是否具有热分解爆炸的特性，以及是否会达到热分解温度。热分解特性体现在分解时放热的多少和产生气体的多少，物质分解释放热量多且产生的气体量也多，一般就具备热分解爆炸特性。只要温度足够高，物质都会发生分解，所以热分解特性一般由热稳定性来体现。如果一个化学系统暴露在高温环境下，可以引发副反应/分解反应，或产生气体，这就可能引起反应器损坏或爆炸。因此，必须要对反应过程中使用的化合物和混合物的热稳定性有很好的了解，以避免由于热稳定性而造成的危害。

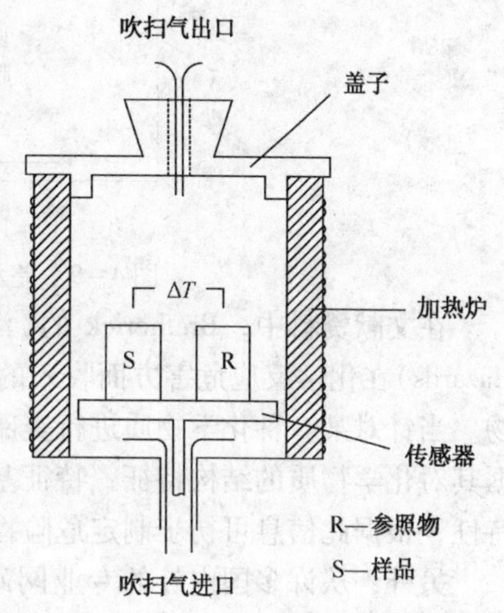

图4-8　差示扫描量热仪测定原理图

物质热稳定性或热活性可通过使用量热仪测试少量样品来获得。可用于热活性研究的量热仪包括：差示扫描量热仪(DSC，Differential Scanning Calorimeter)、差热分析仪(DTA，Differential Thermal Analysis)、加速度量热仪(ARC Accelerating Rate Calorimeter)。图4-8是差示扫描量热仪的测定原理图。

大多数量热仪的工作原理就是在加热时比较样品与惰性参照物的温度(例如封闭的加热炉，空室)，即测量样品(S)和参照物(R)的温度差 ΔT。对于一个给定的温度程序，测定样品和参照物的温度，如果样品温度高于参照物温度，表明样品中有热活性。在一个典型的量热仪中，少量的样品(几个毫克至几克)被放入密封的耐压金属或玻璃容器中，在-20~500℃的温度范围内，以一个恒定的加热速率(0.05~10℃/min)加热。图4-9中上部的两条线是样品和参照物的温升曲线，样品温升曲线的“峰”处温度位置是发生分解的温度，峰的面积与释放的总热量成正比。样品室压力曲线出现“鼓包”表明分解时释放出了气体，其下面的曲线是压力升高速度随时间的变化曲线，该曲线峰的左侧斜率越大，表明释放气体的速率越快。最下面的曲线DSC试验的谱图，纵坐标热流量相当于单位时间内的释热量，即热释放速率，横坐标温度与加热的时间成正比，所以DSC曲线可看成热释放速率随时间的变化曲线，曲线峰形越尖锐，热释放的突然性越强，峰面积反映出放热量的多少，当放热量超过800J/g就表明被测试样品具有潜在爆炸性。

在进行物质热爆炸危险性的预测分析时，不可能都进行测试研究，可以从下列途径获得相关数据：第一是从文献资料中查找，第二是经热力学计算获得。

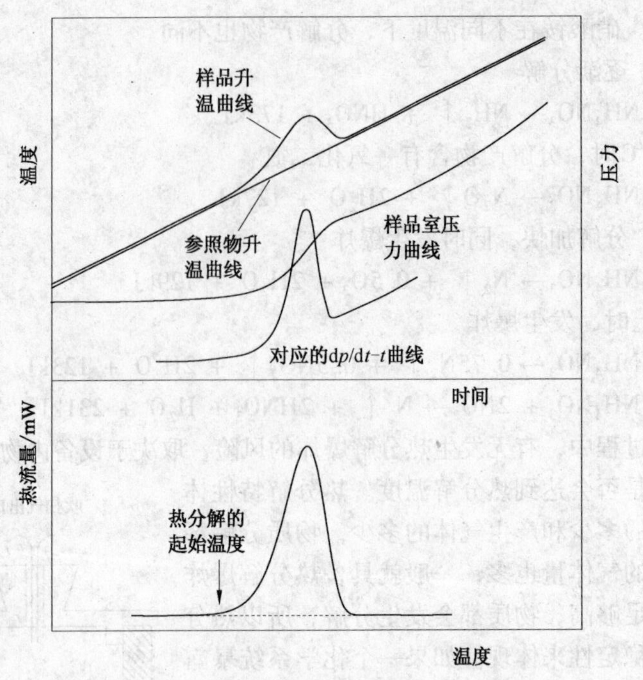

图4-9　差示扫描量热仪原理及差热谱图示意图

在文献资料中，Bretherick 的《活性化学物质危害手册》(Handbook of Reactive Chemical Hazards)在化学反应危害方面收入的资料最广泛，其载录了5000多种与危险性有关的化合物。当针对某一种化学物质进行查阅时，可以了解到与该物质有关的曾经发生过的事故，根据其对化学物质的结构特征、特征基团与危险性关系的讨论，初步了解物质具有怎样的危险特性，根据此信息可初步制定危险控制措施。

另外，从许多国内外的专业网站可获取相关的资料。比如可获取化学物质安全数据表(Material Safety Date Sheets)，其中既有其危险特性(包括数据)资料，也包括部分控制措施，对于热不稳定物质，应特别关注其中的"稳定性和反应性"资料。

在化学品的生产、使用及储存行业，为了安全生产的需要，安全工程师总是希望通过查阅资料获得一些与自身工作有关的如下有用信息：自燃特性和爆炸特性、化学活性和热分解特性、着火的难易性和燃烧的剧烈程度、大量储存时的自发热性和转化成爆炸性物质的可能性、与其他物质混合的危险性、与水(潮湿的空气)作用的危险性、对机械冲击与摩擦的敏感性、毒理学特性和腐蚀性、相关事故案例等，而大多数化学物质的这些信息都可以从文献资料和相关网站获取。在使用网站资料时要注意其可靠性，一般专业网站的资料可信度较高，对多途径获取的资料要进行比较和分析，力求可靠。

通过热力学方法对特定的反应过程进行热释放量计算也是较有效的途径，有关燃烧热和分解热的计算方法可参阅相关文献。

一种物质热稳定性可由反应热、放热反应开始的温度、表观反应活化能、不可逆温度和自加速分解温度等参数来表征。

反应热(ΔH)通常是指：在恒压以及不作非膨胀功的情况下，当一个化学反应发生后，若使生成物的温度回到反应物的起始温度，这时体系所放出或吸收的热量称为反应热。也就是说，反应热通常是指：体系在等温、等压过程中发生物理或化学的变化时所放出或吸收的热量。化学反应热有多种形式，如：生成热、燃烧热、中和热等。在数值上，反应热等于反应产物的生成热与反应物生成热的差值。通常反应热越大，反应系统温升越高，反应物可能越不稳定。反应热是恒温恒压时的热力学数据，与实际体系温度逐渐升高的经历过程差别较大，所以用其描述热自燃体系的危险性将不够完善。

在一定条件下发生放热反应的最低温度就称为放热反应开始的温度。在体系发热曲线的切线与基线的交叉点处的温度可认为是放热反应开始的温度。是反应体系发生放热反应难易程度的参数，放热反应开始温度越低，表明放热反应越容易发生。

燃烧反应的活化能理论表明，一种反应的活化能越低，说明这种反应越容易发生，开始反应的温度越低。由于实际反应过程较复杂，不是基元反应，其活化能只能用表观活化能来反应。

谢苗诺夫(Semenov)热自燃理论体系认为，可燃体系存在放热和向环境散热两个过程，当放热速率小于散热速率时，体系温度不会自行升高，而当放热速率大于散热速率时，体系温度可自行升高。体系温度升高，不仅散热速率加快，放热速率也加快。能使体系放热速率始终大于散热速率的最低温度，是体系自发向自燃发展的开始温度，即临界温度。如果体系环境因素不发生改变，温度自行升高的趋势不会改变，因此临界温度也称为不可逆温度。不可逆温度越低，体系热自燃的危险性越大。对于热不稳定物质，假如外界提供的热量已经使其达到或超过不可逆温度，则分解过程开始加速。此时如果加快散热速率，体系还能恢复到不能自加热的稳定状态。

在热不稳定性物质的生产、储存、运输过程中，其是否会发生分解爆炸，不仅与其自身的特性有关，还与包装尺寸大小、包装物的传热性、和堆存量多少等因素有关。例如硝铵炸药是典型的热爆炸物质，在潮湿环境中大量堆存很容易发生自热爆炸，但少量硝铵炸药是不会发生的。自加速分解温度(SADT，Aelf - Accelerating Decomposition Temperature)是联合国危险物运输、分类协调专家委员会极力推荐的，能对热不稳定性物质进行热危险性评价的特性参数，该参数不仅与物质特性有关，也与该物质的特定包装材料和尺寸大小有关，可通过试验测定法和推算法获得。试验测定法通过测定标准包装或模拟标准包装的反应性化学物质反应热特性来确定其自加速分解温度，一般以标准包装或模拟标准包装的反应性化学物质在一周内、在某一定环境温度下，该物质的自反应发热使其温度升高而超过环境温度某一特定值时的最低环境温度来表示。

有些不稳定性物质是副反应产物，应尽量避免其生成或控制其生成量在安全范围内。

三氯化氮(NCl_3)是氯碱工业的副产物，不仅具有类似氯气的强烈刺激气味和强腐蚀性，而且性质不稳定，NCl_3在气相中的体积分数达4% ~5.5%，或在液氯中的质量分数达到5% ~6%时，极易发生分解爆炸。NCl_3可存在于液氯储槽、液氯中间槽、液化器、液氯管道。原料氯化钠或氯化钾中的铵，在电槽中电解生成三氯化氮，既能被氯气带走，也能积累在液氯中。避免发生三氯化氮爆炸危险的主要措施是，在制备一次盐水工序中降低盐水中的铵浓度，保证盐水中无机铵、总铵含量符合要求。

在 pH >9 的碱性盐水中加入 KClO、NaClO 或氯水，在 50 ~60℃下将盐水中的无机铵、有机胺分解成为小分子，通过吸附和共沉淀，并利用压缩空气吹除，可达到除胺的目的。为了保证处理后盐水中铵达到生产要求，KClO、NaClO 或氯水应微量过量，反应式为：

$$NH_3 + Cl_2 \longrightarrow NH_2Cl + HCl(pH>9)$$

$$NH_3 + 2Cl_2 \longrightarrow NHCl_2 + 2HCl$$

由于生成二氯胺时，会产生异常大的臭味，排放时造成环境污染，而且反应生成二氯胺和三氯化氮会消耗大量的氯气，因此在生产过程中，主要以控制生成一氯胺为主。这就要求在处理过程中控制氯/氨比不小于4∶1。最后，加入还原剂将过量的氯水消除，保证盐水中的游离氯为零。

4.6 富氧环境火灾

富氧环境是指氧气浓度高于正常空气中氧气浓度(21%)的气体环境，一般是指体积浓度高于23%的环境。容易出现富氧环境的场所有：氧气制造业的精馏设备区域；利用氧气-乙炔焊接的相对封闭场所(容器、船舱、涵洞、低洼处、管道沟等)；氧气呼吸器、氧气瓶、一些医疗器械(保育箱、高压氧舱、加压治疗室)周围；氧气或液氧储存场所。这些场所存在着具有高浓度氧的设备，在其发生故障或误操作时易形成富氧环境(如氧气-乙炔焊接中氧喷枪泄漏)。

对于燃烧，在富氧环境中具有如下特点：①最小点火能降低，可燃物容易被点燃；②在空气中的不燃物可成为可燃物；③燃烧速度更快；④爆炸上限显著升高；⑤火焰温度更高。

当氧浓度增大时，物质的最小点火能急剧减少。在1个大气压下的空气中，二乙醚的最小点火能为0.2mJ左右，在纯氧中降低到0.0018mJ；相应地，环丙烷的最小点火能也由0.25mJ降低到0.011mJ，丙烷的最小点火能也由0.51mJ降低到0.003mJ。有资料介绍，在有液氧泄漏的场所，无意中划着的火柴能点燃冬青(常绿灌木)。几种物质在空气中和在氧气中的自燃点和爆炸范围见表4-2，可见在氧气中自燃点降低，爆炸上限显著增大。当氧气浓度提高时，可燃性固体的燃点也显著下降，参见表4-3。

表4-2 常见气体的自燃点(℃)和爆炸极限(%)范围

气体名称	自燃点(空气中)	自燃点(氧气中)	爆炸范围(空气中)	爆炸范围(氧气中)
乙炔	305	296	2.5~100	2.8~100
氢气	572	560	3.3~81.5	4.6~93.9
甲烷	632	556	4.8~16.7	5.0~59.2
乙烷	472	—	3.1~15	4.1~50.6
丙烷	493	468	2.1~9.5	2.1~41.0
丁烷	408	283	1.1~8.4	—
乙烯	490	480	2.7~28.6	4.1~61.8
丙烯	458	—	2.1~11.1	—

表4-3 可燃固体在不同氧气浓度气氛中的燃点

物质名称	氧气浓度(V)/%	燃点/℃			
		0.1MPa	0.2MPa	0.3MPa	0.4MPa
棉布	空气	465	440	385	365
	42%氧气+58%氮气	390	370	355	340
	100%氧气	360	345	340	325
橡胶板	空气	480	395	370	375
	42%氧气+58%氮气	430	365	350	350
	100%氧气	360	—	345	345

续表

物质名称	氧气浓度(V)/%	燃点/℃			
		0.1MPa	0.2MPa	0.3MPa	0.4MPa
纸张	空气	470	455	425	405
	42%氧气+58%氮气	400	—	400	370
	100%氧气	410	—	365	340
人造纤维布	空气	>600	>600	>600	>600
	42%氧气+58%氮气	550	540	510	495
	100%氧气	520	505	490	470
PVC 板	空气	>600	—	495	490
	42%氧气+58%氮气	575	—	370	350
	100%氧气	90	—	50	325

当氧气浓度提高时，可燃物质的燃烧速度会加快。根据国际防火协会测试结果，许多物质，如石棉隔热胶带、铅箔包装纸、尼龙101、棉织品及电气绝缘树脂等物质在空气中不能燃烧，但在氧气体积百分数达到33.9%的环境中，不仅被引燃，且燃烧速度达到2~106mm/s，数据见表4-4。

表4-4 物质在空气和富氧气氛中的燃烧速度/(mm/s)

燃料名称	空气中	体积比为33.9%的富氧气氛中
石棉隔热胶带	不燃烧	2.03
尼龙101	不燃烧	4.83
橡胶管线	0.76	6.10
电气绝缘树脂	不燃烧	6.86
铝箔包装纸	不燃烧	7.11
帆布	可燃但不持续	6.35
电线(Mil W76B)	不燃烧	14.48
天然橡胶	0.25	15.49
棉织品	可燃但不持续	38.10
皮鞋	不燃烧	46.23
玻璃纤维	不燃烧	106.68
洗涤用海棉	1.78	205.74

在工业过程和日常生活中，富氧环境一般出现在存在氧气生产设施和储存设备的场所，有可燃物的堆场、设备、管线、建筑物及临时存在可燃物的道路等，与可能泄漏氧气的场所保持一定距离即可有效避免富氧火灾的发生。图4-10是氧气贮罐与建筑物、设备及危险物品的安全间距。

许多安全规范规定，禁用油棉纱擦拭氧气钢瓶，其原因是有氧气泄漏时，粘有油污的棉纱易着火燃烧。在高温富氧环境下，平时不燃或难燃的物质变得可燃或易燃起来。例如，某钢铁厂在检修炼铁炉时因打开输氧管道阀门时开启过猛、过快，引起输氧的钢管着火，6m多长的一段钢管顷刻熔化，钢火四下倾泻，在场的1名工程师和8名职工全被烧死。

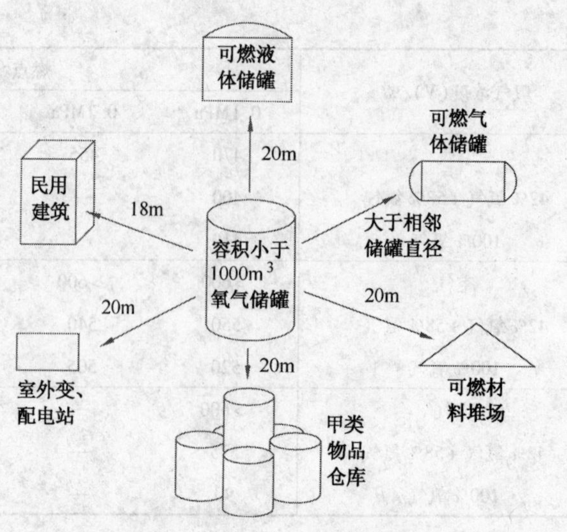

图4－10　氧气贮罐与建筑物、设备及危险物品的安全间距

4.7　排水暗沟爆炸性蒸气

排水暗沟是工厂排放废水的设施，对于废水中含有有机溶剂的暗沟，存在产生爆炸性混合气体的条件，如果存在点火源将有可能发生爆炸事故。2003 年，某制药厂院内暗沟发生爆炸，相邻的四个井盖飞起约 3m 高，虽未造成大的损失，但其景象十分恐怖。事后调查发现，该企业一个车间使用甲苯作为溶剂，废水中少量的甲苯在暗沟空间内蒸发积聚，形成爆炸性气体。研究废水沟内爆炸性气体产生的原因、制定有效的防范措施，对某些企业是十分必要的。

图4－11 为废水暗沟中易燃气体通过排水管向车间内扩散的示意图。说明厂房与地沟直接连通是有危险的。

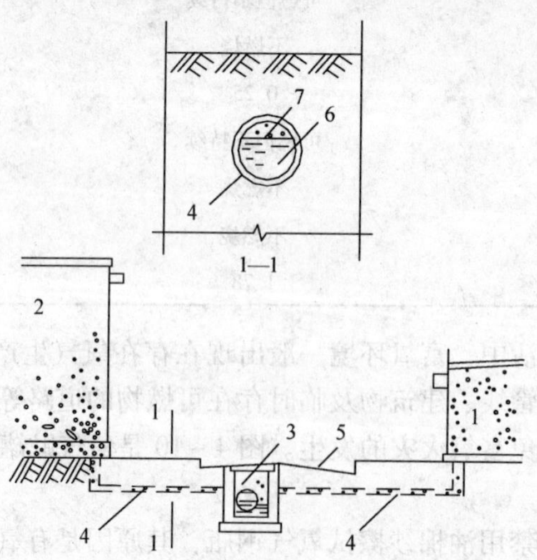

图4－11　易燃气体通过地沟扩散示意图

1、2—车间厂房；3—排水管连结井；4—排水管；

5—雨水收集槽；6—废水；7—液面上气体

阻断暗沟废气通过管道扩散传播的方法之一是设置水封井，如图4-12所示。

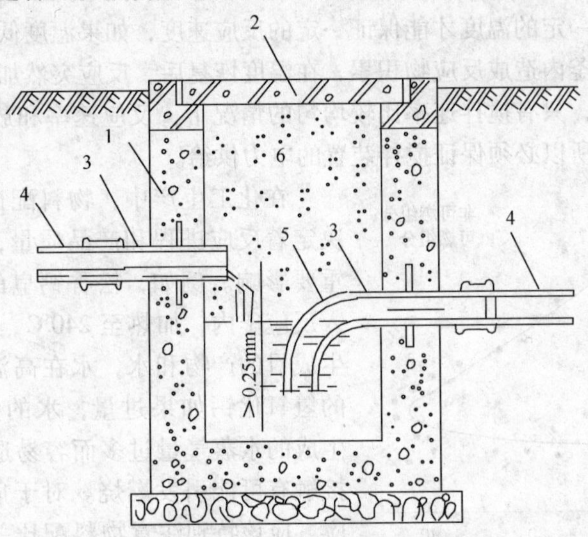

图4-12　水封井剖面图

1—暗沟防渗墙；2—水封井盖；3、4—排水管；5—弯管；6—空间蒸气

如果有机溶剂与水不互溶，可以利用油水分离处理池或隔油池将二者分离。油水分离处理池的基本构造见图4-13。这里所说的油是指与水不能互溶的有机液体。含有油的废水从进水管流进处理池，池内的隔板下部连通，油的密度小于水，在左侧缓慢流动中实现油水分离，油漂浮在左侧液面上，水从下部流进右面的池中，水在向上的缓慢流动中再次进行油水分离，最后水从池底的出水管流出。漂浮在液面的油定期捞出处理。如果流出的水中还含有油类，还可以通入空气进行“气提”，气体进行净化处理。油水分离处理池不仅可以回收部分油，还可以避免后面废水暗沟内蒸发积聚可燃气体，从而消除形成爆炸性混合气体的可能性。

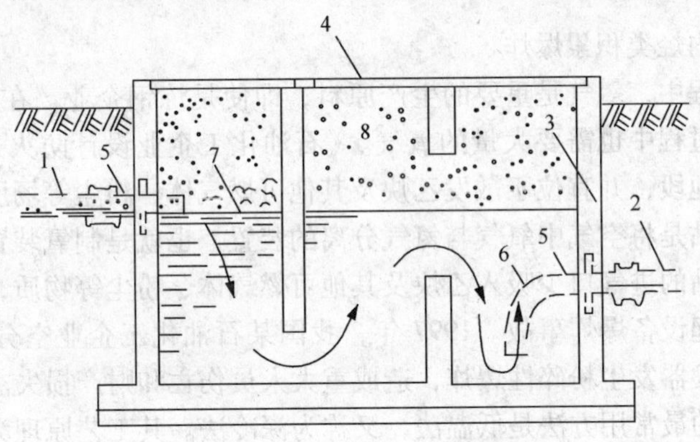

图4-13　油水分离处理池的剖面

1—进水管外管；2—出水管外管；3—混凝土墙；

4—盖；5—固定管；6—弯管；7—液面；8—蒸气

4.8　控制投料速度和投料比

对于放热反应，如硝化反应、硫化反应、氧化反应等，投料速度过快，放热速率也快，放热速率超过设备移出热量的速率，热量急剧积累，可能出现“飞温”和冲料危险。因此投料时必须严格控制，不得过量，且投料速度要均匀，不得突然增大。投料速度还与实际物料温度有关，通常保持一定的温度才能保证一定的反应速度，如果温度低，即使投料速度没有增加，也可能在反应釜内造成反应物积累，在温度恢复后，反应突然加快，也会造成温度飞升。对于固－液反应，只有搅拌速率比较均匀的情况下，反应速率和放热速率才比较均匀，尤其是强放热反应，所以必须保证搅拌装置的电力供给。

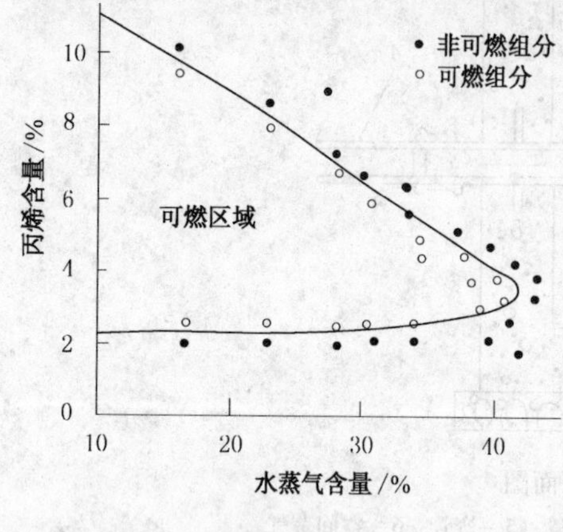

图4－14　丙烯－空气－水蒸气系统爆炸范围图

在化工生产中，物料配比极为重要，这不仅决定着反应进程和产品质量，而且对安全也有着重要影响。例如，松香钙皂的生产，是把松香投入反应釜内，加热至240℃，缓慢加入氢氧化钙，生成目的产物和水，水在高温下变成蒸气。投入的氢氧化钙如果过量，水的生成量也相应增加，生成的水蒸气量过多而容易造成“跑锅”，与火源接触有可能引发燃烧。对于危险性较大的化学反应，应该特别注意物料配比关系。如丙烯直接氧化制取丙烯酸，在氧化反应时，丙烯在丙烯－空气－水蒸气系统中其爆炸范围如图4－14所示。一旦加料或反应失控，则丙烯浓度就会发生变化，有可能进入爆炸范围，从而引起爆炸，因此必须严格控制料速和料比。水蒸汽在此起到惰性气体的作用，在工艺控制过程中，必须保证体系的组成远离可燃区域。

4.9　防止反应体系形成

（1）制氧装置内烃类积累爆炸

在很多工业过程中，氧气是重要的生产原料，即使是炼钢企业，在转炉吹氧脱碳、磷、硫、硅等杂质工艺过程中也需要大量的氧气。《石油化工企业设计防火规范》规定，空分站应布置在空气清洁地段，并宜位于散发乙炔及其他可燃气体、粉尘等场所的全年最小频率风向的下风侧。空分站是将空气中氧气与氮气分离的装置，也就是制氧装置。很明显，此规定的目的是保证空分站的进气口少吸入乙炔及其他可燃气体、粉尘等物质，其一旦被吸入空分装置，就有可能引起设备爆炸事故。1997年，我国某石油化工企业空分站因吸入甲烷等可燃气体，引起主蒸发器发生粉碎性爆炸，造成重大人员伤亡和财产损失。

制备工业氧气的最常用方法是低温法，又称为深冷法。其工艺原理为：先将空气通过压缩、膨胀降温，直至空气液化，一般为100K（－173℃，相关气体的临界温度为氮气－147℃、氢气－240℃、空气－140.7℃、甲烷－82.1℃、一氧化碳－140℃、氧气－118.4℃、氯气144.0℃、水374.15℃），此过程称为深度冷却；再利用氧、氮的气化温度（沸点，大气压力下，氧和氮的沸点分别为90K和77K）不同，在精馏塔内让温度较高的蒸气与温度较低的液体不断相互接触，液体中的氮较多地蒸发，蒸气中的氧较多地冷凝，使上升蒸气中氮含量不断提高，而液体中的氧不断增大，此过程即为精馏过程，在精馏过程中氧气与氮气被分离开。深冷空分制氧的基本工艺过程见图4－15。

毫无疑问，烃类有机物进入空分系统后，会有一部分穿过纯化器进入分离系统。由于乙

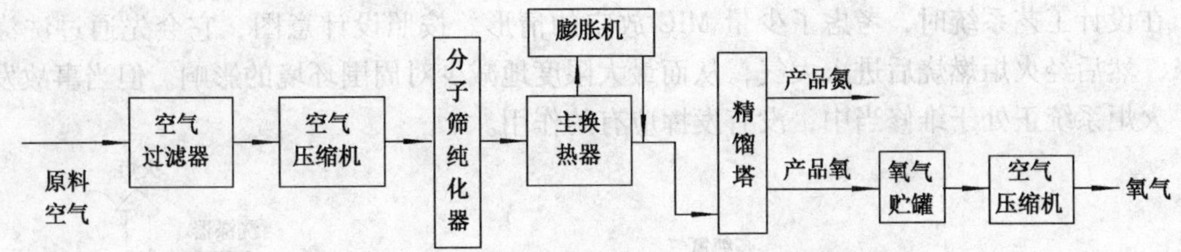

图 4－15　深冷空气分离制氧基本工艺过程示意图

炔等烃类物质的沸点比氧气高得多，所以在氮气蒸发时，烃类物质仍然被滞留于液相而与液氧混合。据有关资料报道，当液氧在冷凝蒸发器中蒸发时，随着气氧带走的乙炔量约为液氧中的1/24，所以其在液氧中可不断被积累，随着液氧的蒸发，液氧中乙炔的浓度不断增高。

由于可燃物的积累和液氧的存在，使爆炸性体系的物质条件已经具备，如果此时有摩擦与撞击的机械作用、静电放电作用、固态乙炔颗粒与塔或器壁的摩擦作用，或者具有较强反应能力的物质(如臭氧、氮氧化物等)的化学反应作用，以及压力脉冲作用等，即可引发爆炸事故。

防范此类爆炸事故的措施主要有三类：减少可爆物质进入空分塔、清除进入空分塔的可爆物、防止可爆物局部浓缩。三种措施如何实现，应根据设备的具体情况来确定。

(2) 与水反应放热引发破裂

与水反应的化学物质中，反应产生热量，同时产生气体或者将易挥发物质加热气化，反应器密闭或者是反应剧烈，可能发生爆炸，或者是物料从破裂处快速逸出，典型的事故是印度博帕尔事故。

1984 年 12 月 3 日发生在印度博帕尔的甲基异氰酸酯(MIC，Methyl Isocyanate)泄漏事故，是迄今为止最严重的工业安全事故。

甲基异氰酸酯分子式：CH_3NCO，分子量 57.06。物理性质：沸点 39.1℃，蒸气密度 1.42，蒸气压 46.39kPa；化学性质：容易与包含有活泼氢原子的化合物，如胺、水、醇、酸发生反应，与水反应生成甲胺、二氧化碳；在过量水存在时，甲胺再与 MIC 反应生成1，3－二甲基脲，在 MIC 过量时则形成 1，3，5－三甲基缩二脲，这两个反应均为放热反应，由于甲基异氰酸酯极不稳定，需要在低温下储存。燃爆特性：闪点 < －15℃(闭杯)，爆炸极限 5.3% ~26%，自燃点 534℃。毒理学性质：本品属剧毒化学品。

如图 4－16 所示，在事故发生的当天下午，维修人员尝试清洗工艺管道上的过滤器。在用水反向冲洗过滤器之前，正常的作业程序要求关闭工艺管道上的阀门，并在“隔离法兰”处安装盲板。在开始这些工作之前，维修人员需要申请并获得作业许可证。

事实上，在本次维修作业前，维修人员没有申请作业许可证、没有通知操作人员、也没有安装盲板以实现隔离。他们认为，只要关闭工艺管道上的阀门就可以对过滤器进行清洗。不幸的是，由于腐蚀，储罐进料管上的阀门发生内部泄漏，在维修人员反冲洗过滤器的过程中，冲洗水经过该阀门进入了 MIC 储罐。

水进入储罐后，与其中的 MIC 发生放热反应，储罐内的温度和压力升高。由于缺乏维护与维修，相关的温度和压力仪表未正常工作，控制室内的操作人员没有及时觉察到储罐工况的异常变化。

由于工厂在事故发生前停用了冷冻系统，储罐内 MIC 的实际温度约为 15 ~20℃(即当地的环境温度)，远远高于设计时所期望的 0℃，在较高温度下，MIC 与水的反应更加剧烈。

在设计工艺系统时，考虑了少量 MIC 放空的情形。按照设计意图，它会先通过洗涤器洗涤，然后经火炬燃烧后进入大气，从而最大限度地减少对周围环境的影响。但当事故发生时，火炬系统正处于维修当中，没有发挥应有的作用。

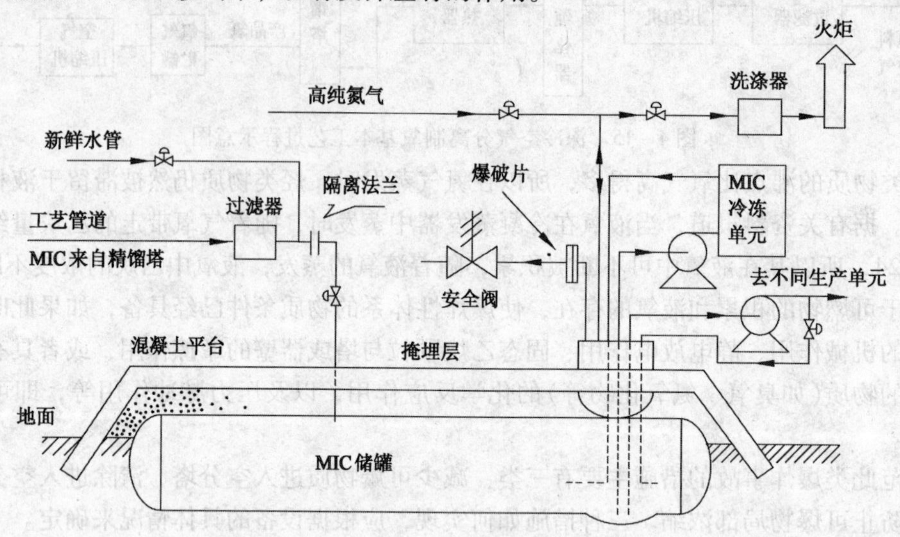

图 4－16　博帕尔(Bhopal)甲基异氰酸酯储存系统的工艺流程示意图

上述冷冻系统、洗涤器和火炬都是关键的安全设施，但当事故发生时，它们都处于非正常工作状态：工厂停掉了冷却系统和洗涤器，火炬系统则正好处于维修状态。

12 月 3 日凌晨 00 时 15 分，储罐内压力迅速升高，有人在工艺区内发现了泄漏出的 MIC。于是，一名操作人员前往现场查看，他听到储罐内发出隆隆声，并感受到来自储罐的辐射热，他立即尝试启动洗涤器，但没有成功。

凌晨00 时 45 分，储罐超压、安全阀起跳，随即大量 MIC 泄漏到周围环境中。在 2h 内，约 25t MIC 进入大气中，工厂下风向 8km 内的区域都暴露在泄漏的化学品中，短时间内造成周围居民大量伤亡。事故发生后，应急反应系统没有有效运转，当地医院不知道泄漏的是什么气体，对泄漏气体可能造成的后果及急救措施也毫不了解。

在此次事故中，过滤器与储罐之间的阀门发生内漏是导致事故发生的直接原因，没有安装使用隔离法兰(如盲板)是发生内漏的原因。对于安全设计和安全管理人员，应该能够进行如下危险分析：MIC 与水作用能产生热量，沸点较低，受热后易挥发，进入的水较多时，储罐内能产生较大的压力，其蒸气有可能从薄弱部位冲出进入环境大气中，导致人员中毒。

(3) 热分解反应爆炸

三聚氯氰($C_3N_3Cl_3$)，又称三聚氰酰氯、氰尿酰氯，外观为白色粉末，在空气中不稳定，有挥发性和刺激性。

三聚氯氰的生产通常由氯氰制备和氯氰聚合两个过程组成。目前工业上生产三聚氯氰一般采用氰化钠及氢氰酸为原料的两种方法，以氰化钠或者是氢氰酸为原料与氯气反应生成氯氰，再聚合生成三聚氯氰，再经急冷、结晶制得产品。急冷过程所用冷却器为石墨质冷却器，为了使石墨质冷却器耐腐蚀、寿命更长，需要在冷凝器的内表面和外表面都挂涂上一层固化的环氧树脂。某石墨器件处理厂多年从事石墨器件表面处理工作，其基本工序为：将调制好黏度的环氧树脂浇到多孔的石墨器件上，待自然流干后放入加热固化釜内，固化釜四周有夹套，夹套内充有导热油，由内置的电加热器件按照设定的程序加热，锅上有能够开启、但能固定十分牢固的顶盖，顶盖上有直径约 1.5cm 的金属管，使锅内外气体与外部大气相连通。该企业从事此项工作多年，都只进行没有使用过的新石墨器件固化加工，没有发生过事故。2009 年，受某三聚氯氰生产企业的委托，为该企业处理两个使用过的石墨质冷却器，但在保温阶段发生了猛烈爆炸，致使厚约 2cm、直径近 2m 的固化釜顶盖变形并飞出 10m 远。

事故原因分析认为：冷却器内有残存的三聚氰氯，在操作温度下，三聚氰氯发生分解，分解产物包括氯气，氯气在高温下与环氧树脂及其有机溶剂发生氧化还原反应，反应热导致冷却器内发生化学爆炸(部分破裂的石墨块可为佐证)，继而引发固化釜内空气与溶剂蒸气混合气体爆炸。

思考题

1. 在条件允许的情况下，输送流体物料的管道应尽量减少法兰连接，多使用焊接连接，请说明其原因。
2. 在有化工生产设备的车间，为什么要设置机械通风设备？通风量达到什么效果时可认为是安全的(爆炸性气体和有毒气体分别说明)？
3. 依据什么来确定排风通风口设置的上下位置？
4. 设置可燃气体检测报警系统有什么作用？哪些场所应该设置可燃气体检测报警装置？
5. 可燃气体探测器(传感器)主要有哪几种类型？请简述接触催化燃烧式传感器对可燃气体的响应原理。
6. 哪些可燃气体的释放源应该设置可燃气体探测器？气体探测器的上下安装位置及其与释放源的距离由哪些因素决定？可燃气体检测报警系统的报警值是如何确定的？
7. 哪些情况下宜设置固定式(点式)探测器？哪些情况下宜采用手持式气体检测仪？
8. 简述最小氧气浓度的含义，在安全设计中最小氧气浓度有何用处？
9. 对设备进行惰性化处理的目的是什么？根据被降低的物质来分，惰性化分为哪两种？各自的目的是什么？
10. 简述液体储罐氮封装置的工作原理。氮封的作用是什么？
11. 对设备进行吹扫净化时，氧气的目标浓度应控制到多大浓度以下？
12. 简述真空抽净法、压力净化法和稀释惰化法的原理。
13. 欲采用真空惰化技术，将容积为 $5m^3$ 的储罐中氧气浓度降低到 1%。假设操作时可将储罐内气体压力抽至绝对压力 30Pa，空气温度 27℃，惰性气体为纯氮气，计算惰化操作循环的次数和所用氮气的物质量。
14. 有一容积约为 $12m^3$ 的卧式工艺储罐，设备工程师提供的技术参数表明，该储罐的最大允许压力为 1.1MPa，因此可以采用稀释惰化法和压力净化法对储罐进行惰化。假设环境温度为 25℃，使用纯氮气，氧气的目标浓度为 1%，请计算：
   ① 采用稀释惰化法时所需的氮气量；
   ② 采用压力净化法时所需的循环操作次数和所需的氮气量。假设压力限制增加到 1.0MPa。
15. 某农药生产车间不慎撒漏了甲醇，液体甲醇用水冲入地沟，检测结果显示，空气中甲醇蒸气浓度达到 10%，拟用车间的防爆型通风设备进行排风稀释，其过程相当于

对容器进行稀释法惰化，稀释气体为室外的洁净空气，估算稀释所需要的时间。车间内空间的体积为1000m^3，车间的有效通风量为每小时5倍于车间的体积，稀释的目标浓度为甲醇的时间加权平均允许浓度($25mg/m^3 \approx 1.91 \times 10^{-3}\%$)。

16. 拟用含氧量为0.9%的氮气对某容器进行真空惰化法惰化，使氧浓度由21%降低到1%，计算惰化操作的循环次数。假设真空系统可使压力降低到2.7kPa。

17. 假如某化工合成工序所用原料为易发生热分解爆炸的物质，应采取哪些措施来防止发生热分解爆炸事故？

18. 可采取哪些技术手段来判断一种物质是否具有热分解特性？

19. 与通常条件下的火灾相比，在富氧环境中，可燃物的燃点、燃烧速度等能表征其火灾危险性的参数将发生哪些变化？

20. 将气化后的甲醇与空气在高温下发生氧气反应，呈红热状多孔的银板作为催化剂，甲醇被氧化为甲醛，这是合成甲醛的重要工艺路线。请分析该合成过程中应采取哪些安全措施，以防范混合气体爆炸事故的发生。

21. 在采用深冷法进行空气分离制取氧气时，空气取气口应设置在可能散发乙炔等可燃气体的生产装置的全年最小频率风向的下风向。请分析其原因。

22. 为什么有机烃类化合物能够在深冷法制备氧气装置的蒸发器中进行积累？

第 5 章　明火和高温表面的危害与防范

在有易燃易爆物质存在的场所，防范明火是最基本也是最重要的安全措施，但是明火的形式多种多样，人们不仅要认识明火，而且要了解其引发灾害的基本途径。工厂中的明火包括生产明火和非生产明火。生产用火包括生产过程中的加热用火和维修用火，包括能直接或间接产生明火的工艺设置以外的非常规作业，如使用电焊、气焊(割)、喷灯、电钻、砂轮、工具碰撞等进行可能产生火焰、火花和炽热表面的非常规作业。非生产用火包括取暖用火、焚烧、吸烟等与生产无关的明火。

5.1　明火

5.1.1　加热操作

在化学工业生产过程中，加热操作是采用最多的操作步骤之一，包括燃油、燃煤、燃气等直接明火加热和电热、蒸汽、过热水或其他载热体(盐浴和油浴)等非明火加热。对易燃液体进行加热，应尽量避免采用明火，一般可采用过热水或蒸汽加热；当采用矿物油、联苯醚等载热体时，必须在安全使用温度范围内使用，还要保持良好的循环，并留有载热体膨胀的余地，防止传热管路产生局部高温出现结焦现象，要定期检查载热体的成分，及时处理或更换变了质的载热体。结焦和超温热载体挥发是导热油炉两种主要事故，结焦会造成管路堵塞，超温热载体挥发增大管路的压力，甚至造成管道破裂，如有一个印刷厂使用导热油炉加热烘干印刷品，工人图省事将废弃的塑料废料一次添入炉堂内，火焰长时间旺烧，导致导热油温度过高，大量蒸发的蒸气被明火引燃，两个车间同时着火，造成多人被烧伤。当采用高温熔盐载热体时，应严格控制熔盐的配比，不得混入有机杂质，以防载热体在高温下爆炸。2003 年有一企业，在进行粗酚精馏分离加工时，由于操作失误导致负压变成正压，造成塔底破裂，部分混合酚从塔底裂缝流进夹套，与夹套中的氧化性熔盐(亚硝酸钠与硝酸钾的混合物)接触，形成爆炸性混合物，在烟道气的作用下引发爆炸，造成 9 人死亡。

如果必须采用明火，设备应严格密封，燃烧室应与设备分开建筑或隔离，并按防火规定留出防火间距。例如在使用天然气生产氢气的工艺中，天然气与水蒸气反应的转化炉内，需要直接燃烧天然气加热才能达到所需要的温度和压力，从生产安全角度考虑，转化炉就必须严格密封，并与其他设备相隔一定距离。

5.1.2　爆炸性气体存在场所动火

在生产和储存易燃易爆物品的场所，凡是火灾危险分类为甲、乙类的区域都属于易燃易爆场所。根据规定，动火作业分为特殊动火作业、一级动火作业和二级动火作业三级。特殊动火作业是指在生产运行状态下的易燃易爆生产装置、输送管道、储罐、容器等部位上及其他特殊危险场所进行的动火作业。带压不置换动火作业按特殊动火作业管理。一级动火作业是指在易燃易爆场所进行的除特殊动火作业以外的动火作业。厂区管廊上的动火作业按一级动火作业管理。二级动火作业是指除特殊动火作业和一级动火作业以外的禁火区的动火作业。凡生产装置或系统全部停车，装置经清洗、置换、取样分析合格并采取安全隔离措施后，可根据其火灾、爆炸危险性大小，经厂安全(防火)部门批准，动火作业可按二级动火作业管理。

(1) 易燃易爆场所动火作业安全防火基本要求

动火作业应有专人监火，动火作业前应清除动火现场及周围的易燃物品，或采取其他有效的安全防火措施，配备足够适用的消防器材。凡在盛有或盛过危险化学品的容器、设备、管道等生产、储存装置及处于甲、乙类区域的生产设备上动火作业，应将其与生产系统彻底隔离，并进行清洗、置换，取样分析合格后方可动火作业。设备之间隔离通常采用两种方法，一种是采用盲板隔离，另一种是采用拆除一截管道。

凡处于甲、乙类区域的动火作业，地面如有可燃物、空洞、窨井、地沟、水封等都应检测分析，距用火点15m以内的，应采取清理或封盖等措施，以免火星掉进存在可燃气态物质的低洼处；对于用火点周围有可能泄漏易燃、可燃物料的设备，应采取有效的空间隔离措施，以防在动火期间发生泄漏而引发火灾事故。对于废弃不用或欲修复的设备或管道，在进行拆除管线的动火作业前，应先查明其内部介质种类及其走向，如果有可燃物质，还应制订相应的安全防火措施。

在生产、使用、储存氧气的设备上进行动火作业，氧含量不得超过21%，避免发生富氧火灾。

五级风以上(含五级风)天气，原则上禁止露天动火作业，如因生产需要确需动火作业时，动火作业应升级管理。

在铁路沿线(25m以内)进行动火作业时，遇装有危险化学品的火车通过或停留时，应立即停止作业。

凡在有可燃物构件的凉水塔、脱气塔、水洗塔等内部进行动火作业时，应采取防火隔绝措施。

为防止可燃气体或易燃液体的蒸气随风飘到明火点，动火期间距动火点30m内不得排放各类可燃气体；距动火点15m内不得排放各类可燃液体；不得在动火点10m范围内及用火点下方同时进行可燃溶剂清洗或喷漆等作业。

动火作业前，应检查电焊、气焊、手持电动工具等动火工器具本质安全程度，保证安全可靠。

使用气焊、气割动火作业时，乙炔瓶应直立放置；氧气瓶与乙炔气瓶间距不应小于5m，二者与动火作业地点不应小于10m，并不得在烈日下曝晒，以免发生超压物理爆炸。

动火作业完毕，动火人和监火人以及参与动火作业的人员应清理现场，监火人确认无残留火种后方可离开。

在动火前必须进行动火分析，一般不要早于动火前半小时。如动火中断半小时以上，应重新做分析。虽然可燃物浓度只要小于爆炸下限即不致发生燃烧爆炸事故，但实际取样不一定能具有足够的代表性，测定也可能有误差，因此必须留有一定安全裕度。化工企业的动火标准是：可燃物爆炸下限小于4%的，动火地点可燃物浓度应小于0.2%为合格；爆炸下限大于4%的，则现场可燃物含量应小于0.5%为合格。国外动火分析合格标准有的取爆炸下限的1/10。人在氧气浓度低于18%的空间是很危险的，在有人入罐、入塔前还应进行含氧量分析，氧含量应>19.5%方可进入罐、塔内作业。当有人进入器内作业时为保证必需的氧浓度，可用空气通风，严禁充入纯氧，以防造成富氧作业环境。

在较大的设备内动火作业，应采取上、中、下取样；在较长的物料管线上动火，应在彻底隔绝区域内分段取样；在设备外部动火作业，应进行环境分析，且分析范围不小于动火点10 m。

(2) 受限空间动火作业的安全措施

化学品生产、使用单位的各类塔、釜、槽、罐、炉膛、锅筒、管道、容器以及地下室、窨井、坑(池)、下水道或其他封闭、半封闭场所都属于受限空间。受限空间不是人员长时间工作的场所，与外部空间的连通口比较小，内外气体交换受到限制，人员出入也不太方便。

在封闭的受限空间动火前，必须与相连设备彻底隔离(即安全隔离)，隔离方式如下：

① 受限空间与其他系统连通的可能危及安全作业的管道应采取有效隔离措施。管道安全隔绝可采用插入盲板或拆除一段管道进行隔绝，不能用水封或关闭阀门等代替盲板或拆除管道，因为水封中液位有时变化导致封堵失效，阀门也会因为锈蚀而发生内漏。

② 与受限空间相连通的可能危及安全作业的孔、洞应进行严密地封堵，防范外部的有毒气体或可燃气体进入。

③ 受限空间带有搅拌器等用电设备时，应在停机后切断电源，上锁并加挂警示牌，避免发生机械伤害。

④ 通常，动火前要对受限空间进行惰性化处理，可燃气体浓度满足动火要求后才能动火。如果具有有毒气体，其降低浓度的方法仍可用惰化法，但一般采用洁净空气。如果用惰性气体进行惰化，在人进入之前，还需要用空气进行稀释置换，直到氧气浓度高于19.5%为止，否则会发生缺氧窒息事故。

⑤ 对受限空间的气体进行检测分析时，应在作业前30min内，对受限空间进行气体采样分析，一般采用手持式或便携式气体检测仪检测，分析合格后方可进入。分析仪器应在校验有效期内，使用前应保证其处于正常工作状态。采样点应有代表性，容积较大的受限空间，应采取上、中、下各部位取样。作业中应定时监测，至少每2 h监测一次，如监测分析结果有明显变化，则应加大监测频率；作业中断超过30min应重新进行监测分析，对可能释放有害物质的受限空间，应连续监测。情况异常时应立即停止作业，撤离人员，经对现场处理，并取样分析合格后方可恢复作业。

⑥ 涂刷具有挥发性溶剂的涂料时，应做连续分析，并采取强制通风措施。采样人员深入或探入受限空间采样时应采取如下个体防护措施：

受限空间经清洗或置换不能达到要求时，应采取相应的防护措施方可作业。在缺氧或有毒的受限空间作业时，应佩戴隔离式防护面具，必要时作业人员应拴带救生绳。在易燃易爆的受限空间作业时，应穿防静电工作服、工作鞋，使用防爆型低压灯具及不发生火花的防爆工具。在有酸碱等腐蚀性介质的受限空间作业时，应穿戴好防酸碱工作服、工作鞋、手套等护品。在产生噪声的受限空间作业时，应配戴耳塞或耳罩等防噪声护具。

在受限空间作业时，发生触电危险的概率比在其他空间大，人的行动也受到限制。因此在受限空间使用电气时需要采用安全特低电压(SELV，Safety Extra－Low Voltage，又称安全电压)。安全特低电压是指在最不利的情况下对人不会有危险的存在于两个可同时触及的可导电部分见的最高电压。我国规定安全电压额定值的等级为42、36、24、12、6V。当电气设备采用的电压超过安全电压时，必须按规定采取防止直接接触带电体的保护措施。一般

42V 用于手持电动工具；36V、24V 用于一般场所的安全照明；12V 用于特别潮湿的场所和金属容器内的照明灯和手提灯；6V 用于水下照明；在潮湿容器中，作业人员应站在绝缘板上，同时保证金属容器接地可靠。一般环境条件下允许持续接触的“安全特低电压”是 24V。安全电压不分交流电（AC）和直流电（DC），有关特低电压的有关规定可参见《特低电压（ELV）限值》GB/T 3805—2008。

安全电压的概念不仅仅是指电压低，其必须是用安全隔离变压器或具有独立绕组的变流器与供电干线隔离开的电路，其绕组的绝缘至少相当于双重绝缘或加强绝缘。安全隔离变压器的接线图如图 5－1 所示。

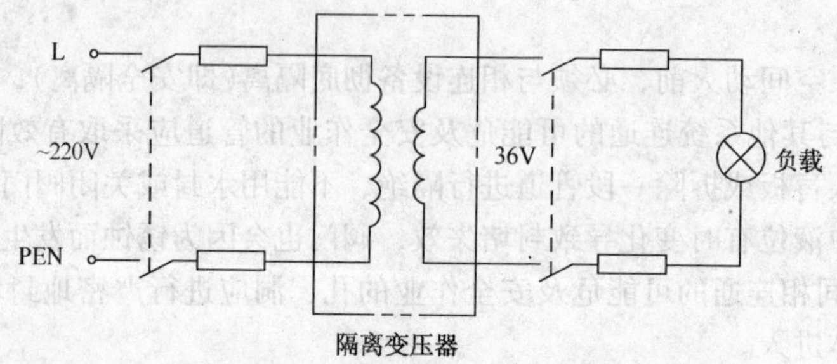

图 5－1　安全隔离变压器电路图

在受限空间作业时，必须有专人在受限空间外监护，进入受限空间前，监护人应会同作业人员检查安全措施，统一联系信号，便于内外人员联系。在风险较大的受限空间作业，应增设监护人员，并随时保持与受限空间作业人员的联络。监护人员不得脱离岗位，并应掌握受限空间作业人员的人数和身份，对人员和工器具进行清点。

（3）特殊动火作业的安全措施

特殊动火作业的安全防火措施除上述措施外，还应满足如下要求：

在生产不稳定的情况下不得进行带压不置换动火作业。应事先制定安全施工方案，落实安全防火措施，必要时可请专职消防队到现场监护。动火作业前，生产车间应通知工厂生产调度部门及有关单位，使之在异常情况下能及时采取相应的应急措施。动火作业过程中，应使系统保持正压，严禁负压动火作业。动火作业现场的通排风应良好，以便使泄漏的气体能顺畅排走。

对上述安全措施分析可知，要弄清这些措施的原理，需要对基础知识有较深入的了解。

在积存有可燃气体、蒸气的管沟、深坑、下水道及其附近，没有消除危险之前，不能有明火作业。在进入可能存在燃爆气体的设备内工作之前，必须首先确认（检测）可燃气体在安全浓度以内，否则不能进入，进入设备内所用的照明灯具必须是防爆灯具，且要使用安全电压。维修储存过可燃液体的储罐时，应首先检查是否还有残存的液体，是否有泥土、沙子等脏物存在，确认不存在并通入一定时间空气后，才能开始工作。

喷灯是一种轻便的加热工具，设备维修时常有使用，但在有火灾爆炸危险场所使用时应按动火制度进行。

5.2　高温热表面

明火直接加热的设备，如导热油炉、燃煤锅炉等，其表面温度高，但此类场所一般不属于爆炸危险区域，所以不会发生引燃引爆事故。此处所说高温表面主要是指摩擦生热设备表面和内含热物料的设备或管道。

在机、泵等设备的运转部位，尤其是轴承，假如润滑不良或失效，则摩擦导致高温，如果有易燃物质靠近，或有易燃气体存在，就可能引发火灾。天然气等易燃气体的压缩机，其润滑油缺少则自动停车，设置此联动功能的原因也在于此。

输送煤炭、粮食、粉状物料的皮带输送机，输送带架在托辊上，运转时托辊转动，假如托辊的轴承缺油或者是生锈时，有可能个别的不转动，致使输送带与托辊高速摩擦生热而达到高温，甚至到红热程度，一旦输送带停止运转，红热的托辊就局部加热输送带，使输送带软化断裂。

当管道输送热的高温流体物料时，管道表面温度也高，为减少热量损失，通常都有保温层，由于传热速率慢，表面温度一般不高，但局部可能没有保温层，此处温度就高。有些固体加工设备的表面，比如大型面粉生产设备，粮食颗粒高速摩擦生热，导致金属管道表面的温度也高。

绝大部分可燃气体和液体蒸气的自燃点都在300~400℃，化工企业管道的表面一般不会超过150℃，所以气态物质不会直接达到自燃点温度，且受热后气态物质自然流动离开热表面，也不会使气态有明显的自发生热过程出现。可燃粉尘则不然，飞扬的粉尘沉积到热表面上时，当积累到一定厚度，比如5mm厚以上，粉尘层自身具有保温作用，受热后其自发生热速率加快，根据谢苗诺夫热自燃理论，热表面的热量使粉尘与空气氧反应加速，释放热量的速率也加速，只要生热速率大于散热速率，粉尘层就可能达到自燃点而发生自燃。

5.3 摩擦与撞击产生火花

5.3.1 防爆工具及其用途

坚硬的固体之间相互摩擦能产生火花是生活常识，比如在水泥地上拖拽铁桶、拉动铁棍等。在气体输送管道中，气体流动速度较快，如果管道中存在没有清理干净的铁屑、沙粒、铁锈，其随着气体滑动时，可能产生火花。坚硬的固体相互撞击，如用钢质工具敲击钢管、容器等，也会产生火花。假如鞋跟上有铁钉，在水泥地上走动时会摩擦产生火花。

在有易燃气体或易燃液体场所，摩擦与撞击产生的火花遇到泄漏的气态物质时，能将其点燃而发生火灾爆炸事故。

禁止违规拖拽和禁止穿着带铁钉的鞋是爆炸危险区域的安全管理制度可消除的隐患。新设备或维修过的设备，在使用之前必须认真清扫，长管道内可用扫线法清除，比如用高压水蒸气吹扫。

用钢质工具进行维修作业时，可能会产生火花，所以在爆炸危险区域使用普通的金属工具是危险的，可使用防爆工具。

国际上统称防爆工具为“安全工具”和“无火花工具”，国内统称“防爆工具”。在国内生产、销售、流通的防爆工具以材质区分可分为两大类：

① 铝铜合金(俗称铝青铜)防爆工具。具体材质是以高纯度电解铜为基体加入适量铝、镍、锰、铁等金属，组成铜基合金。

② 铍铜合金(俗称铍青铜)防爆工具。具体材质是以高纯度电解铜为基体加入适量铍、镍等金属，组成铜基合金。

这两种材质的导热、导电性能都非常好。铝青铜经热处理后其硬度和耐磨性，与铍青铜相差无几都能达到 HRC300(洛氏硬度)以上，铍青铜没有磁性，可应用于强磁场环境。防爆工具以制造工艺区分也可分为两大类：

① 铸造工艺：属传统制造工艺，是 20 世纪 80 年代国际通用制造防爆工具工艺技术，在国内大多数防爆工具生产企业一直延用至今。铸造工艺优点：工艺简单、制造成本低。缺点：产品密度、硬度、抗拉强度、扭力较低，气孔、沙眼较多导致产品使用寿命较短。

② 锻造工艺：国际最新制造工艺，是利用大型压力机或冲床，配合高耐热成形模具一次性锻压制成。锻造工艺优点：能使产品密度、硬度、抗拉强度、扭力大大提高，基本杜绝气孔、沙眼，使产品机械性能使用寿命比传统铸造工艺长 1 倍左右。缺点：产品设备、模具投资较大，致使成本较高。

防爆工具的材质是铜合金，由于铜的良好导热性能，以及几乎不含碳的特质，使工具和物体摩擦或撞击时，短时间内产生的热量被吸收及传导，另一原因由于铜本身相对较软，摩擦和撞击时有很好的退让性，不易产生微小金属颗粒，所以几乎看不到火花，因此防爆工具又称为无火花工具。

防爆工具材质以铍青铜和铝青铜为原料，铍青铜合金、铝青铜合金在撞击或磨擦时不发生火花，十分适合用来制造在易爆、易燃、强磁及腐蚀性场合下使用的安全工具。BeA-20C 合金在含 30% 的氧或 6.5% ~10% 甲烷空气氧中承受 56kJ 的冲击能，冲击 20 次，都未发生火花和燃烧。

在石油精炼和石油化学工业、煤矿、油田、天然气化学工业、火药工业、化纤工业、油漆工业、肥料工业、各类制药工业场所，以及油轮和液化石油气的车辆、飞机、经营易燃易爆品的仓库、电解车间等要求工具不生锈、耐磨抗磁、且不产生火花。

有资料介绍，铝铜合金防爆工具在易燃气体乙烯(浓度 7.8%)空间连续使用均确保安全，冲(撞)击、摩擦、落锤均不产生火花爆炸。

5.3.2 不发火地面

在火灾爆炸危险性比较大的场所，设计规范中都要求使用不发火地面。不发火地面是指有爆炸危险的工房需要满足防爆要求而特制的地面。在有易燃气体产生的工房，必须防止发生任何火花，为了避免穿钉子鞋或铁制工具与地面碰击摩擦时发生火花，要求这些场所的地面为不发火地面。对于特定的安全需要，地面有时还要满足特殊要求，例如：为了减小燃爆粉尘受撞击摩擦的机会，要求地面有一定软度和弹性；为了便于冲洗地面，表面要平滑无缝；为了满足工艺上使用酸碱的要求，地面要有耐腐蚀性能；为了导除生产中物料和设备摩擦产生的静电，要求地面有一定的导静电能力。

建造不发火地面常用的不发火材料有石灰石、白云石、大理石、沥青、塑料、橡皮、木材、铅、铜、铝等。试验材料是否发生火花，利用电动打磨工具的金钢砂轮在暗室或夜间进行。首先对能发火材料(花岗岩、磁砖、钢、铁)试块进行摩擦发火试验，确认能清晰地分离火花，再将砂轮彻底打扫干净，试验不发火材料的试块。试块需从不少于 50 块材料中任选 10 块，每件试块重 150g。摩擦时应加 1 ~2kg 压力，必须在试块总质量中磨掉不少于 200g 后试验才能结束。砂轮的转速与分离火花的能力有很大关系，速度愈高，分离出的火花愈清晰，所以一般以砂轮外缘线速度来制约。

根据自由落体式(5-1)可近似计算砂轮的外缘线速度。

$$V = \sqrt{2gh} \tag{5-1}$$

式中 V ——砂轮边缘的线速度，m/s；

g ——重力加速度，9.81 m/s^2；

h ——操作工人不慎将工具掉落到地面的可能高度，m。

可以确定，当工具跌落的可能高度为3m、4m、5m时，砂轮的外缘线速度为7.6m/s、8.8m/s、9.9m/s。

几种常用不发火地面的构造如下：

① 不发火沥青砂浆地面。构造如图5－2所示。不发火沥青砂浆所用的砂子、碎石可选用石灰石、白云石、大理石等。为了增强不发火沥青砂浆的抗裂性、抗张强度、韧性及密实性，可于浆料中掺入少量粉状石棉和硅藻土。

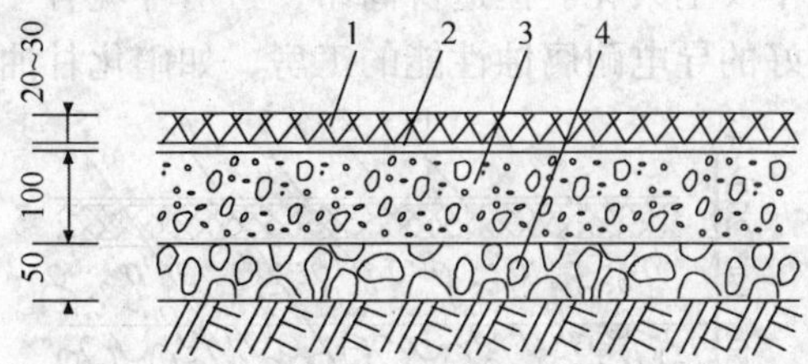

图5－2 不发火沥青砂浆地面的构造

1—不发火沥青砂浆面层20～30mm；2—冷涂胶状沥青黏合层1～2 mm；3—混凝土垫层80～100mm；4—碎石夯实基层50mm

② 不发火混凝土地面或不发火水泥砂浆地面。构造如图5－3所示。不发火混凝土及砂浆的制作与普通混凝土及砂浆相同，只是注意选取不发火碎石及砂子作骨料即可。碎石粒度不超过10mm，砂子粒度为0.5～5mm。碎石用量在1m^3混凝土中不少于0.8m^3；砂子用量占碎石孔隙体积的1.1～1.3倍。

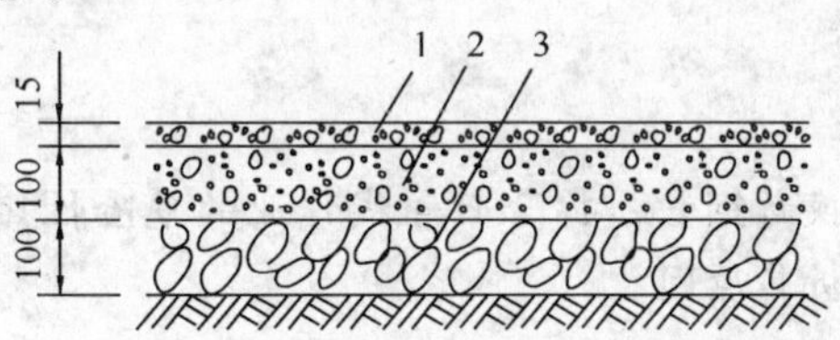

图5－3 不发火混凝土地面的构造

1—200号不发火混凝土面层（粒径为3～12mm的大理石、500号硅酸盐水泥）20～30mm；2—混凝土垫层80～100mm；3—碎石夯实基层50mm

③ 不发火水磨石地面。构造如图5－4所示。不发火水磨石地面的性能比不发火水泥砂浆地面好些，它不仅强度及耐磨性高，而且表面光滑平整，不起灰尘，便于冲洗，又有导电性。用于既要求防爆又要求清洁的工房地面。它的缺点是无弹性，造价较高。

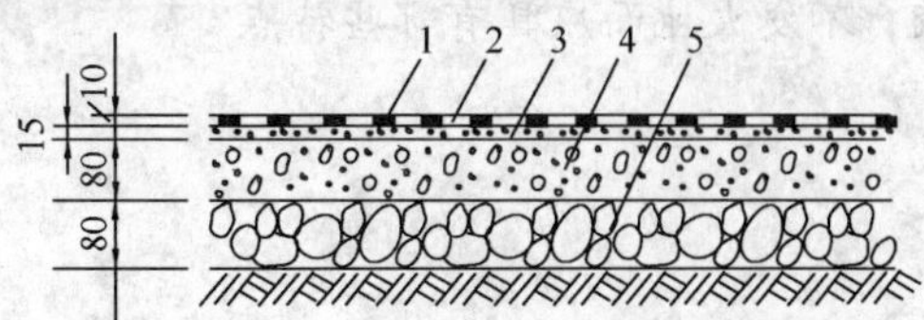

图5－4 不发火水磨石地面的构造

1—铝条分格（12mm×4mm）；2—不发火水磨石面层10mm（粒径为3～5mm的白云石、500号硅酸盐水泥）；3—1∶3水泥砂浆间层15 mm；4—混凝土垫层80～100mm；5—碎石夯实基层50mm

④ 不发火硬地面。构造如图 5 - 5 所示。

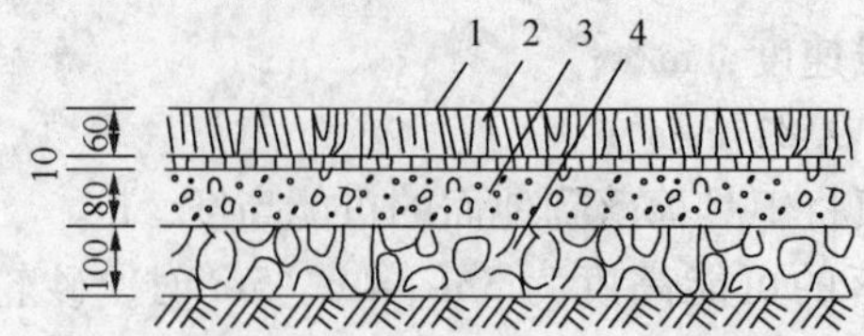

图 5 - 5　不发火硬木地面的构造

1—硬木块（150mm×150mm×60mm）；2—不发火石砂；

3—混凝土垫层；4—碎石夯实基层

⑤ 不发火铅板地面。构造如图 5 - 6 所示。不发火铅板地面具有良好的导电性及耐腐蚀性，铅质较软，冲击摩擦不发生火花。但造价高昂，且对环境有一定的污染，因而只适用于既要求不发火又要求有良好的导电耐腐蚀性能的工房，如硝化甘油及叠氮化铅生产工房。

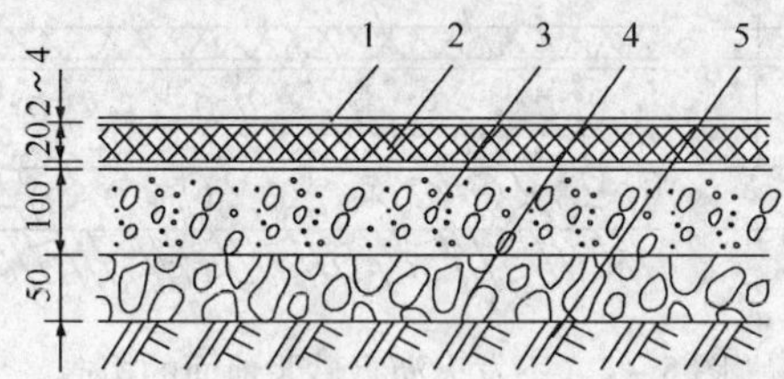

图 5 - 6　不发火铅板地面

1—铅板面层（铅板厚度≥2mm）；2—不发火沥青砂浆间层 20mm；

3—冷涂胶状沥青黏合层 1 ~ 2mm；4—混凝土垫层 80 ~ 100mm；

5—碎石夯实基层 50mm

⑥ 导电橡胶板铺敷地面。导电橡胶板既不发火、又可导静电。

思考题

1. 某输油管线需要更换新钢管，拆除旧管线作业的危险性比后续的铺设新管线作业的危险性更大，试分析其原因。
2. 叙述易燃易爆场所动火前检测的时间限制和安全动火的可燃气体浓度条件。
3. 在进入设备内等受限空间作业前，凡是与含有易燃物料或有毒物质的设备相连，都需要采用盲板等有效方式进行隔离，请说明原因。
4. 简述安全电压的概念和使用安全电压的安全意义。
5. 为什么较厚的粉尘层在高温的设备表面上易发生自燃火灾？
6. 何为防爆工具？在易燃易爆场所，为什么要使用防爆工具？
7. 与普通地面相比较，不发火地面应具有哪些特点？

第 6 章　爆炸危险环境中电火花的防范

在有爆炸危险的区域，尤其是气体和粉尘爆炸危险区域内，只要有电火花出现，就极有可能引发火灾爆炸事故。为了防范此类事故发生，首先要确认爆炸危险的存在、界定爆炸危险区域，包括气体爆炸危险区域和粉尘爆炸危险区域，然后要防止危险区域内发生电火花，使用防爆电气设备和正确布置电气线路是预防电火花的主要措施。

6.1　气体爆炸危险区域

凡是内部存在可燃气体和易燃液体的工艺设备，如反应器、管道、储罐、压缩机、液体泵、气柜等，其所在场所周围的空间都有可能是爆炸性气体危险区域。辨识可能释放危险物质的部位，分析其释放的概率和持续的时间长短，可确定其危险等级。根据易燃气态物质出现的概率大小和通风控制程度，可划分爆炸性环境空间的危险性等级，界定其危险范围。如果某区域被确认为非爆炸危险区域，就不存在电火花引发爆炸的危险性。在安全设计、安全评价及企业安全管理工作中，界定爆炸性危险区域都是基础性的工作。

6.1.1　释放源

凡是内部存在可燃气体、易燃液体的生产设备、储存容器、输送管道都是危险源。凡是在正常运行过程中能或者有可能发生泄漏的所有部位都是释放源，通常不包括发生事故的情况。对于高温裂解、秸秆气化等能将低危险性原料转化成高危险性物料的生产过程，也同样属于可能发生泄漏的危险源。

在进行释放源辨识分析时，可以进行如下假设，即每一台设备，例如储罐、泵、管道、容器等，都应视为可燃性物质的潜在释放源。如果可确定该类设备不可能含有可燃性物质，那就可以确认它的周围不可能形成危险场所。如果该类设备内含有可燃性物质，但不会向大气中释放，比如全部为焊接连接的管道时，可不视为释放源，也同样不会形成爆炸危险场所。

有可能释放易燃物料的部位除了容器敞开口、通气管、呼吸阀、安全阀之外，所有需要法兰进行连接的部位，如管件连接处、设备与管道连接处、液体输送泵、气体压缩机，以及各种阀件等，都可能是释放源。一般认为封闭式加工系统可打开的部位(如：更换过滤器或加料)，在进行场所分类时也应作为释放源。

确定危险区域级别的首要工作就是鉴别释放源和确定释放源的等级。如果已确认设备可能会向大气中释放可燃性物质，必须首先确定大概的释放频率和持续时间，以及释放量，然后按分级的定义确定释放源的等级。根据相关国家标准，各种释放源可被划分为“连续级”，“1 级”和“2 级”三个等级。

① 连续级释放源。连续释放或预计长期释放的释放源为连续释放源。如固定顶罐的上部有一个通往大气的固定通气口，则固定顶罐中的可燃性液体液面为连续释放源；再如油/水分离器，其连续对大气开放或者是长期向大气开放的可燃性液体表面。

②1级释放源。在正常运行时，预计可能周期性或偶然释放的释放源为一级释放源。下述几种情况可认为是1级释放源：在正常工作条件下预计释放可燃性物质的泵、压缩机或阀门的密封部位；在含有可燃性液体容器的排水口处，在进行正常的排水作业时，当水排完时往往会有少量可燃液体在最后流出，所以该处可能有易燃易爆物质向大气中释放；在正常工作时，预计可燃性物质会释放到大气中的取样点；正常工作时，预计可燃性物质会释放到大气中的泄压阀(如安全阀、呼吸阀)、排气口或其他开孔处。

③2级释放源。在正常运行时，预计不可能释放，如果释放也仅仅是偶尔和短期释放的释放源为2级释放源。下列部位可看作2级释放源：设备正常运行时，预计可燃性物质不会释放的泵、压缩机和阀门处；在正常运行时，预计可燃性物质不会释放的法兰、连接件和管道配件处；在正常运行时，预计可燃性物质不会释放的取样处；在正常运行时，预计可燃性物质不会释放到大气中的泄压阀、排气口和其他孔。在实际工厂设计中，通过法兰连接的部位很多，所以2级释放源很多。

释放源的等级确定之后，必须确定出可能影响危险场所类型、范围、释放速率和其他因素。

危险区域范围主要受以下所述的化学和物理参数、以及一些可燃性物质固有特性的影响，其他因素为加工过程中特有的。为分析简便起见，下面所列各参数的作用是以假定其他参数保持不变为前提。

(1) 气体或蒸气的释放速率

释放速率越大，区域范围就越大。释放速率取决于释放源本身的其他参数，即：

① 释放源的几何形状。这与释放源的物理特性有关，例如：开口表面形状、泄漏法兰类型等。

② 释放速度。对于给定的释放源，释放速率(单位时间的释放量)是随释放速度(线性流速)的加快而增大。在加工设备含有可燃性物质情况下，释放速度与工艺压力和释放源的几何形状有关。通过可燃性蒸气的释放速率及其扩散的速率来确定可燃性气体或蒸气云的大小，从高速泄漏处流出的气体或蒸气是会形成一个有完全自动稀释作用的圆锥形喷嘴。在空旷的室外环境下，爆炸性环境的范围几乎与风速无关。如果释放速度较慢或释放速度受到固体物体阻碍而改变，则释放只有通过自然风来进行，并且其稀释和扩散范围取决于风速。

③ 浓度。释放速率随着释放混合物中可燃性蒸气或气体的浓度的增加而增加。

④ 可燃性液体的挥发性。首先挥发性与蒸气压和汽化热有关。如果蒸气压未知，则沸点和闪点可用作指导性参数。根据闪点的定义，如果闪点高于可燃性液体所能达到的最高温度，则爆炸性环境就不可能存在。而如果液体的闪点低于液体的最高温度，则可以形成爆炸性危险环境，且闪点越低，区域的范围可能越大。如果在某种程度上以雾状形式释放可燃性物质(例如喷雾作用)，物质温度在其闪点以下也可能形成爆炸性环境。

应该注意以下两点：

a. 可燃性液体的闪点不是固定不变的物理量，尤其是含液体混合物场所。

b. 尽管某些液体(如卤化碳氢化合物)能够形成爆炸性气体环境，但它却没有闪点。在这种情况下，把对应于爆炸下限的饱和浓度的液体均衡温度与相应液体的最高温度相比较。

⑤ 液体温度。蒸气压力随温度的增加而升高，因此，由于蒸发作用，释放速率增加。在具有热表面或高温环境中，已释放的液体温度可能升高。

(2) 爆炸下限(LEL)

对于计算或估算给出的释放体积或释放量，爆炸下限(LEL)越低，危险区域范围就越大。

(3) 通风

随着风量的加大，危险区域范围可以减小。相反，阻碍通风的障碍物能使危险区域范围扩大。另一方面，某些障碍物如堤坝、围墙或天花板都能限制危险区域的范围。

(4) 释放气体或蒸气的相对密度

如果气体或蒸气的相对密度明显地轻于空气，则它就趋于向上飘移，且释放源上方的垂直方向范围将随着相对密度的减小而扩大；如果明显的重于空气，它就趋于沉积于地面，在地面上，区域水平范围将随着相对密度的增大而增大。

对于实际应用来说，气体或蒸气的相对密度低于0.8被认为是轻于空气，如果相对密度高于1.2，则被认为重于空气，在上述数值之间的气体或蒸气应酌情考虑。

近年的事故经验表明，氨气很难被点燃，而在户外气体释放将会迅速扩散，因此，爆炸性气体环境扩展将被忽略，其最大的危险在于其毒性。

(5) 应考虑的其他参数

包括气候条件和地形分布状况。

在实际工作中，可以参照《爆炸和火灾危险环境电力装置设计规范》(GB50058—92)和《爆炸性气体环境用电气设备 第14部分：危险场所分类》(GB 3836.14—2000)两个国家标准中的示例，界定爆炸危险区域范围、划分危险区域等级和确定危险等级。

6.1.2 爆炸性危险区域

在有爆炸危险的环境区域内，由于爆炸性物质出现的频度、持续时间和危险程度的不同，为便于选择合适的防爆电气设备和进行爆炸性环境的电气设计，对气体爆炸危险环境按《爆炸和火灾危险环境电力装置设计规范》、《爆炸性气体环境用电气设备 第14部分：危险场所分类》、《危险场所电气防爆安全规程》(AQ3009—2007)的规定进行危险区域划分。

根据爆炸性气体环境出现的频率和持续时间，把危险场所分为0区、1区和2区三个区域等级。

① 0级区域(简称0区)：是指爆炸性气体环境连续出现或长时间存在的场所。除了封闭的空间，如密闭的液体容器、储油罐等内部气体空间外，0区很少存在；高于爆炸上限的混合物环境或有空气进入时可能使其达到爆炸极限的环境，应划为0区。

② 1级区域(简称1区)：是指在正常运行时，可能出现爆炸性气体环境的场所。如：油桶、油罐、油槽等灌注易燃液体时的开口部位附近区域；泄压阀、排气阀、呼吸阀、阻火器等爆炸性气体排放口附近空间；浮顶储罐的浮顶上空间；无良好通风的室内有可能释放、积聚形成爆炸性气体混合物的区域；洼坑、沟槽等阻碍通风、易于积聚爆炸性气体混合物的场所。

③ 2级区域(简称2区)：是指在正常运行时，不可能出现爆炸性气体环境，如果出现也是偶尔发生并且仅是短时间存在的场所。如：有可能由于腐蚀、陈旧等原因致使设备、容器破损而泄漏出危险物料的区域；因误操作或因异常反应形成高温、高压，有可能泄漏出危险物料的区域；由于通风设备发生故障，爆炸性气体有可能积聚形成爆炸性混合物的区域。

“正常运行”包括正常开车、停车和运转(如敞开卸料、装料等)，也包括设备和管线允许的正常泄漏在内；“不正常运行”包括装置损坏、误操作、维修不当及装置的拆卸、检修等。

判断一个场所的危险程度应综合考虑危险物料的性质、释放源的特征及场所通风情况。

首先要考虑物质的种类，再考虑危险物料的性质，性质包括：闪点、爆炸极限、密度、引燃温度(即自燃点)等，危险程度还与设备工作温度、压力以及数量和分布有关。闪点低、爆炸极限下限低都导致爆炸危险范围扩大，密度大易于沉积在地面，水平危险范围扩大。

释放源的特征包括：释放源的布置与工作状态、泄漏或放出危险物品的速率、泄漏量、在空气中的浓度、扩散条件、形成爆炸性混合物的范围等。

在室内，一般可视为障碍通风场所，危险气体可以积聚，如果有强制通风装置就不能再视为障碍通风场所，自然通风场所要考虑上部空间积聚密度小的气体。在室外，周围有树木、建筑物则影响扩散，应视为障碍通风场所。

要综合判断危险场所，第一应考虑的是释放源及其布置，第二要考虑释放源的性质，初步划分等级，最后要考虑通风条件。自然通风、机械通风场所的连续释放源有可能导致 0 区，一级释放源可能导致 1 区，二区释放源可能导致 2 区。通风良好的场所危险等级降低，危险区域范围也缩小，甚至降为非危险区。局部释放源采用机械通风对降低危险等级非常有效。在凹坑、死角、有障碍物处，由于扩散速度慢，易积聚气体而提高了危险等级。相反，如果释放源处于通风不良的场所，即使是释放速度较慢的低级释放源，也能造成高危险的危险区域，如 2 级释放源也可导致 1 级爆炸危险区域。

6.1.3 通风及其对爆炸性危险区域范围的影响

(1) 自然通风和人工通风

根据上面的叙述可知，有效的通风可缩小危险范围，并降低危险等级。通风分为自然通风和人工通风(即机械通风)。

自然通风是一种由于风和温度梯度作用造成的空气流动的通风类型。在露天场所，自然通风通常足以确保消散场所中出现的任何爆炸性环境。对于户内场所，如在建筑物的墙壁上或房顶有开口，自然通风也可能有效。对户外场所，一般评定通风时假设最小风速为 0.5m/s，且是连续地存在，实际上风速经常会超过 2m/s。在石油和化学工业，大型化工装置都是典型的露天场所，如：敞开结构、管道架、泵台架以及类似处所；敞开式建筑物，考虑到涉及的气体和/或蒸气的相对密度，在建筑物的壁上和/或屋顶开口，假如其尺寸和位置能保证建筑物内部通风效果，也等效于露天场所；在非敞开建筑物，如果建有永久性的开口，使其具有自然通风的条件，也属于自然通风，但一般低于敞开式建筑物的通风效果。

虽然人工通风主要用于户内或封闭空间，但也可用于露天场所，补偿由于障碍物对自然通风的限制或阻碍。场所中的人工通风可以是整体通风，也可以是局部通风，均可达到不同程度的空气流动和置换。在建筑物的墙壁上或顶部安装通风机以改变建筑物中的整体通风情况，或在露天场所中合适的地方安装通风机以改变场所中整体通风，这两种情况均属于整体人工通风。如果将空气/蒸气抽取系统用在连续地或周期地释放可燃性蒸气的加工设备上，或将强制通风或附加的抽风系统用在不进行通风可能会出现爆炸性环境的局部通风的场所，则属于局部人工通风。

采用人工通风可达到如下效果：缩小爆炸性危险区域范围；缩短爆炸性环境持续的时间；防止爆炸性环境的产生。设计用于防爆的人工通风系统时，应满足下列要求：

① 能控制和监控通风的有效性；

② 预测排出气体中可燃气体的最大浓度，考虑排气系统外部排放点危险区域及分类；

③ 对送风通风系统，应该从非危险区域抽取新鲜空气；

④ 在进行通风设计前，应首先确定危险场所、释放等级以及释放速率。

在进行通风设计或评估时，还应考虑下列因素对人工通风效果的影响：

① 由于可燃性气体和蒸气的密度与空气的不同，容易在接近地面或封闭场所的顶部聚积，此处空气流动常常是缓慢的；

② 气体的密度随其温度的变化而变化；

③ 阻挡和障碍物可能会引起空气流动减慢甚至不流动，换句话说，场所中的某些部分可能换气效果很差，甚至不通风。

（2）通风等级及其对危险场所的影响

虽然通风不能完全防止爆炸性环境的形成，但能缩小爆炸性环境的范围，并缩短爆炸性环境持续的时间。以控制爆炸性环境扩散和持续时间为目的的通风效果，取决于通风等级和有效性以及通风系统的设计。根据通风效果，现行国家标准将通风分为高级通风、中级通风和低级通风三种等级。

高级通风(VH)能够在释放源处瞬间实质上降低其浓度，使其低于爆炸下限的浓度，使爆炸危险区域范围很小，甚至可忽略不计。中级通风(VM)能够控制浓度，虽然释放源正在释放中，也能使区域界限外部的浓度稳定地低于爆炸下限(LEL)，并且在释放源停止释放后，爆炸性环境持续存在时间不会过长。低级通风(VL)在释放源释放过程中，不能控制其浓度，并且在释放源停止释放后，也不能阻止爆炸性环境持续存在。

评定或确定通风等级的基础是需要知道释放源释放气体或蒸气的最大释放速率，可通过可靠的试验、合理的计算或充分的假设条件得出，可参阅流体泄漏速率计算的有关资料。

理论上，稀释给定稀释速率的可燃性物质，以达到低于爆炸下限浓度的最小通风速率，可通过下面公式计算出：

$$(\mathrm{d}V/\mathrm{d}t)_{\min} = \frac{(\mathrm{d}G/\mathrm{d}t)_{\max}}{k \times \mathrm{LEL}} \times \frac{T}{293} \tag{6-1}$$

式中 $(\mathrm{d}V/\mathrm{d}t)_{\min}$——新鲜空气的最小体积流速，$m^3/s$；

$(\mathrm{d}G/\mathrm{d}t)_{\max}$——释放源的最大释放速率，kg/s；

LEL——爆炸下限，单位体积质量，kg/m^3；

k——适用于爆炸下限的安全因数：其典型值为：

$k = 0.25$（连续级和1级释放源），

$k = 0.5$（2级释放源）；

T——环境温度，K。

由于爆炸下限多采用体积百分比表达，需要将LEL的体积百分比利用下式转换到LEL质量体积单位(kg/m^3)：

$$\mathrm{LEL}(kg/m^3) = 0.416 \times 10^{-3} \times M \times \mathrm{LEL}(\text{体积百分比}\ \%)$$

式中 M——摩尔分子量(kg/kmol = g/mol)。

在某一通风条件下，环境中可燃性气体或蒸气的平均浓度达到0.25倍或0.5倍爆炸下限值时，混合气体体积用V_Z表示。用N表示单位时间内给定的换气次数，释放源周围潜在爆炸性环境的假设体积V_Z可用公式(6-2)进行估算：

$$V_Z = \frac{(\mathrm{d}V/\mathrm{d}t)_{\min}}{N} \tag{6-2}$$

式中 N——单位时间内新鲜空气置换(充入)的次数，s^{-1}。

式(6-2)适用于对新鲜空气在理想流动条件下，在释放源处瞬时并均匀地混合，但在实际情况下这样的理想条件不可能达到，因为空气流动时存在阻力，可能造成场所的部分区域通风不良。因此，在释放源处，降低的换气效率可导致 V_Z增大，为此，对式(6-2)引入校正系数f，得式(6-3)：

$$V_Z = \frac{f \times (\mathrm{d}V/\mathrm{d}t)_{\min}}{N} \tag{6-3}$$

式中 f——有效稀释爆炸性环境程度的系数，表示通风效率，取值范围从$f=1$(理想状态)到典型值$f=5$(空气流动受阻碍)。

对封闭的场所，由式(6-4)给出 N 值：

$$N = \frac{\mathrm{d}V_{\mathrm{tot}}/\mathrm{d}t}{V_0} \tag{6-4}$$

式中 $\mathrm{d}V_{\mathrm{tot}}/\mathrm{d}t$——新鲜空气的总的流动速率，$\mathrm{m}^3/\mathrm{s}$；

V_0——总的需要通风的空间体积，如车间内的空间体积，m^3。

在露天场所，即使风速很低，也会造成高的换气次数，例如，在风速约为0.5m/s时，换气速度也大于100次/h(0.03次/s)。按保守估算取$N=0.03$次/s，潜在爆炸性环境的假定体积 V_Z可用式(6-5)得出：

$$V_Z = \frac{(\mathrm{d}V/\mathrm{d}t)_{\min}}{0.03} \tag{6-5}$$

式中 0.03——每秒的换气次数。

由于不同的扩散机理，这种方法通常会导致所计算出的体积过大，一般情况下，在露天场所，扩散会更快。因为上述方法的局限性，给出的结果也是近似的，但所采用的安全系数可确保所得到结果的误差在安全限度之内。

下面进行危险区域持续时间 t 的估算：

释放源停止释放后，要求平均浓度从初始值 c_0下降到 k 倍 LEL 的时间(t)可用公式(6-6)估算出：

$$t = -\frac{f}{N}\ln\frac{\mathrm{LEL} \times k}{c_0} \tag{6-6}$$

式中 c_0——用与LEL相同的单位所测量的可燃物质的初始浓度，即(体积比)%或$\mathrm{kg/m}^3$。在爆炸环境中非常靠近释放源的附近，可燃性物质的浓度可能为100%，但是，当计算 t 值时，要取的 c_0合适值取决于具体情况，考虑到受影响的体积之外的其他原因例如释放的频率和持续时间，并且对于大多数实际情况，对于 c_0取浓度大于LEL似乎更合理；

N——单位时间内换气次数；

t——单位与 N 相对应，假如 N 为每秒换气次数，则 t 为秒；

f——为允许的不完全混合系数(见公式6-3)，其取值从5(例如空气通过缝隙进入和单个排气口排风的通风)到1(例如空气通过有孔的天花板进入并且有多个排气口的通风)变化；

k ——与爆炸下限(LEL)有关的安全系数，见公式(6-1)。

(3) 确定通风等级的计算举例

1)例1

释放特性：

可燃性物质	甲苯蒸气
释放源	法兰故障
爆炸下限(LEL)	0.046kg/m³(1.2%体积比)
释放等级	2级
安全系数 k	0.5
释放速率 $(dG/dt)_{max}$	2.8×10^{-6}kg/s

通风特性：

室内场所	
换气次数，N	1/h(2.8×10^{-4}/s)
通风质量系数，f	5
环境温度，T	20℃(293 K)
温度系数，(T/293 K)	1

计算：

新鲜空气最小体积流动速率：

$$(dV/dt)_{min}=\frac{(dG/dt)_{max}}{k\times LEL}\times\frac{T}{293}=\frac{2.8\times10^{-6}}{0.5\times0.046}\times\frac{293}{293}=1.2\times10^{-4}\ m^3/s$$

假设体积 V_Z值：

$$V_Z=\frac{f\times(dV/dt)_{min}}{N}=\frac{5\times1.2\times10^{-4}}{2.8\times10^{-4}}=2.2\ m^3$$

持续时间：

$$t=-\frac{f}{N}\ln\frac{LEL\times k}{c_0}=-\frac{5}{1}\ln\frac{1.2\times0.5}{100}=25.6\ h$$

结论：

假设体积 V_Z很大，但可以控制。

对于以此为基础的释放源，通风等级可以视作中级。但是，释放持续时间较长，不能满足2区定义。

2）例2

释放特性：

可燃性物质	丙烷气体
释放源	灌装嘴
爆炸下限(LEL)	0.039 kg/m³(2.1%体积比)
释放等级	1级
安全系数，k	0.25
释放速率 $(dG/dt)_{max}$	0.005 kg/s

通风特性：

户内场所

换气次数，N　　20/h（5.6×10^{-3}/s）

通风质量系数，f　　1

环境温度，T　　35℃（308 K）

温度系数，（T/293 K）　　1.05

新鲜空气最小体积流动速率：

$$(\mathrm{d}V/\mathrm{d}t)_{\min}=\frac{(\mathrm{d}G/\mathrm{d}t)_{\max}}{k\times \mathrm{LEL}}\times\frac{T}{293}=\frac{0.005}{0.25\times0.039}\times\frac{308}{293}=0.6\ \mathrm{m^3/s}$$

假设体积 V_Z值：

$$V_Z=\frac{f\times(\mathrm{d}V/\mathrm{d}t)_{\min}}{N}=\frac{1\times0.6}{5.6\times10^{-3}}=1.1\times10^2\ \mathrm{m^3}$$

持续时间：

$$t=-\frac{f}{N}\ln\frac{\mathrm{LEL}\times k}{c_0}=-\frac{1}{20}\ln\frac{2.1\times0.25}{100}=0.26\ \mathrm{h}$$

结论：

假设体积 V_Z足够大，但可以控制。

以计算结果为依据，对释放源来说，通风等级可以被看作中级。在持续时间为 0.26 h 条件下，若操作频繁重复，则不能满足 1 区定义。

通常情况下，连续级释放源导致 0 区，1 级释放源导致 1 区，而 2 级释放源导致 2 区，但由于通风作用的差别，上述对应关系并不总是合适的。

6.1.4　爆炸性危险区域划分的方法

为了便于危险区域的划分，依据《爆炸性气体环境用电气设备第 14 部分：危险场所分类》(GB 3836.14—2000)，将通风对各类区域的影响可归纳在表 6－1 中。

表 6－1　通风对区域类型的影响

释放源等级	通风等级						
	高			中			低
	通风有效性						
	良好	一般	差	良好	一般	差	良好、一般或差
	爆炸危险区域及其等级						
连续级	(0 区 NE) 非危险①	(0 区 NE) 2 区①	(0 区 NE) 1 区①	0 区	0 区＋ 2 区	0 区＋ 1 区	0 区
1 级	(0 区 NE) 非危险①	(1 区 NE) 2 区①	(1 区 NE) 2 区①	1 区	1 区＋ 2 区	1 区＋ 2 区	1 区或 0 区③
2 级②	(2 区 NE) 非危险①	(2 区 NE) 非危险①	2 区	2 区	2 区	2 区	1 区至 0 区③

① 0 区 NE、1 区 NE 或 2 区 NE 表示在正常条件下，其范围可忽略不计的理论上的区域。

② 由 2 级释放源产生的 2 区也会超过由 1 级或连续级释放源引起的区域，在这种情况下，应取较远距离。

③ 若通风很弱，并且释放形成的爆炸性环境事实上还连续存在(亦即接近"无通风"条件)，则为 0 区。

注："＋"表示被……包围。

下面通过举例来说明利用国家标准进行爆炸危险区域划分的实用方法。

如果一般工业用泵安装在户外地平面上，用于抽吸可燃性液体，液体闪点低于加工温度和环境温度，蒸气密度大于空气。泵密封处为释放源，释放源等级为1级和2级，通风类型为自然通风和人工通风，人工通风气流来自泵用电机，通风等级为中级或高级，通风有效性为“差”或“一般”。危险区域如图6-1所示，泵工作容量为50 m^3/h，在低压下工作时，可得出下面典型的数值：a = 3 m，水平到释放源的距离；b = 1m，从地面到释放源上方1m；由于空气流速很高，1区场所范围可忽略不计。

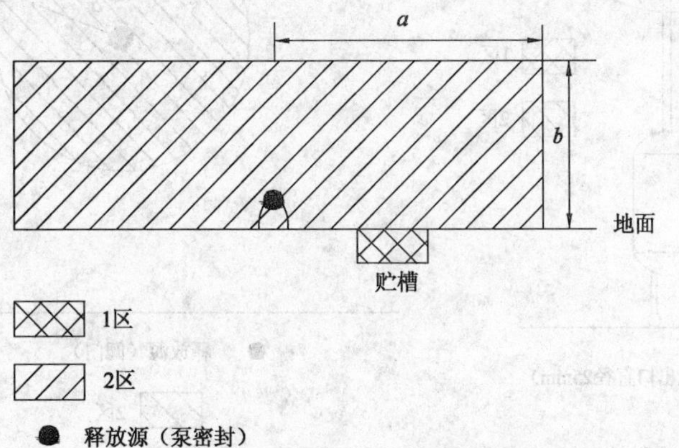

图6-1　户外地平面上工业用泵危险区域示意图

如果上述泵体安装在户内地面，通风类型为人工通风，通风等级为中级或高级，通风有效性为“一般”。其他条件不变，危险区域等级提高，见图6-2所示，图中a = 1.5m，从释放源计其水平距离；b = 1m，从地面到释放源上方1m；c = 3m，从释放源计其水平距离。

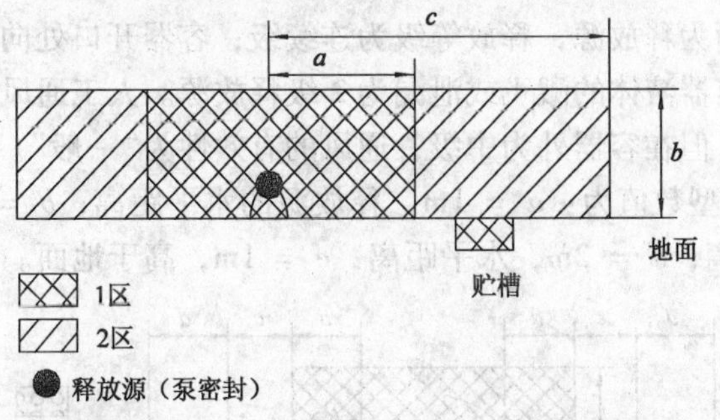

图6-2　户内地平面上工业用泵危险区域示意图

如果压力呼吸阀安装在露天场所加工容器上，容器中为压缩天然气，气体相对密度大于空气。释放源为阀门出口，释放源等级为1级。通风类型为自然通风，通风等级为中级，通风有效性为“一般”。危险性区域如图6-3所示。假如阀门的开启压力约为0.15MPa，图中危险区域数据的典型数值为：a = 3m，从释放源到各个方向的距离(半径)；b = 5m，从释放源到各个方向的距离(半径)。

在靠近传输可燃性气体(如丙烷)的加工管道系统安装控制阀门，气体比重大于空气。释放源为阀门转轴密封处，释放源等级为2级。通风类型为自然通风，通风等级为中级，通风有效性为“一般”。危险性区域如图6-4所示，图中a = 1m，从释放源到各个方向的距离。

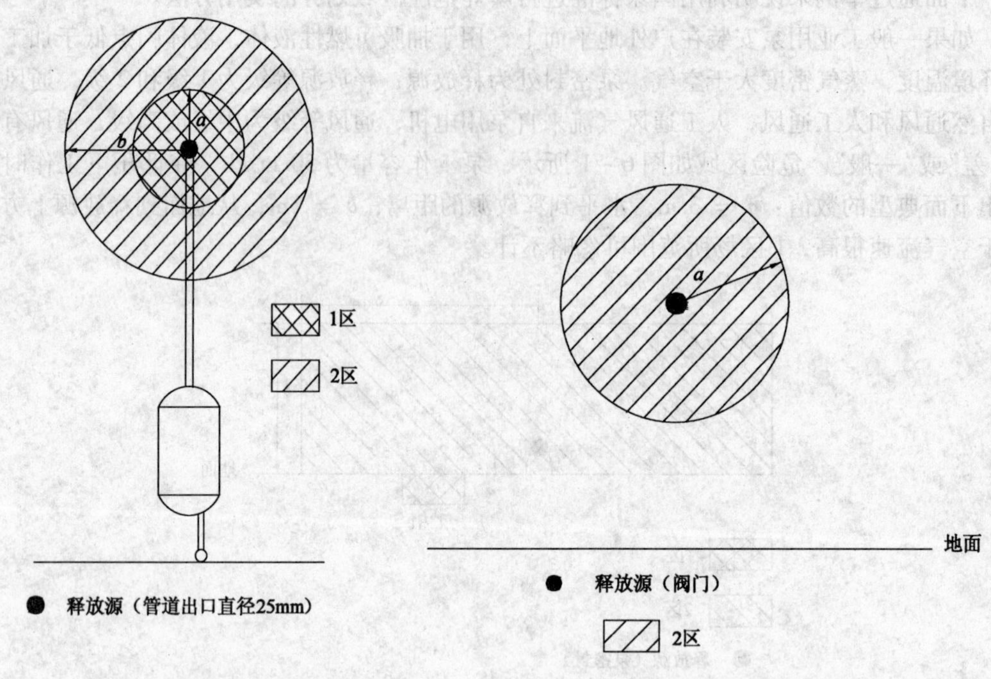

图 6－3　压力呼吸阀安装在露天场所加工容器上时的危险区域

图 6－4　可燃性气体管道阀门转轴密封处释放时的危险区域

对于在室内固定安装的加工混合容器，由于操作原因，经常打开，液体通过容器上焊接的管道法兰盘输入和输出，液体闪点低于加工温度和环境温度，其蒸气的相对密度大于空气。容器内的液体表面为释放源，释放等级为连续级；容器开口处向外部空间释放蒸气，释放等级为 1 级，靠近容器液体的溅飞或泄漏为 2 级释放源。人工通风将蒸气排出室外，容器内的通风等级为低级，但在容器外为中级，通风的有效性为"一般"。爆炸危险区域如图 6－5 所示，图中距离的典型数值为：$a = 1$m，释放源的水平距离；$b = 1$m，释放源上方的距离；$c = 1$m，水平距离；$d = 2$m，水平距离；$e = 1$m，高于地面。

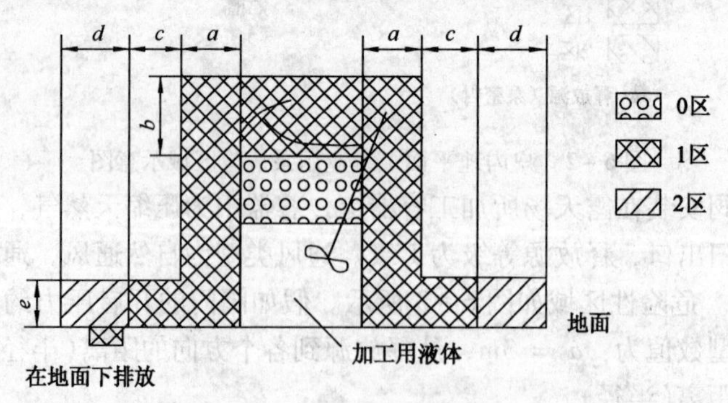

图 6－5　室内固定安装加工混合容器爆炸危险区域示意图

图 6－6 为用于石油冶炼的户外油/水相对密度分离器，向大气开放。液体的闪点低于加工温度和环境温度，蒸气相对密度大于空气，释放源为液体表面，释放等级连续级，加工过程故障时的释放等级为 2 级。自然通风的通风等级为中级，通风有效性为"差"。考虑到相

关参数，图中参数的典型数值为：a = 3m，距分离器的水平距离；b = 1m，高于地面；c = 7.5m，水平距离；d = 3m，高于地面。

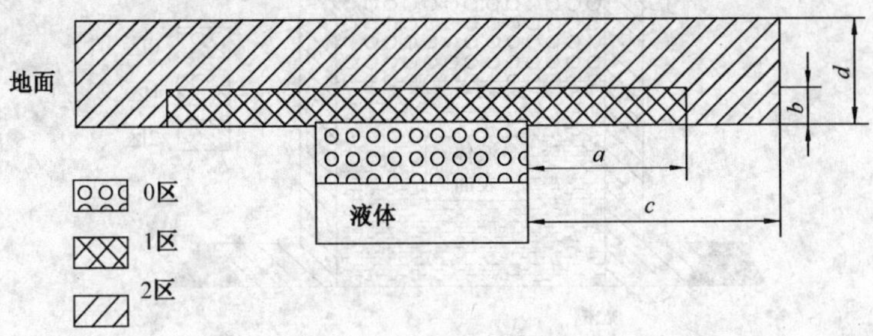

图 6－6　户外油/水比重分离器爆炸危险区域示意图

氢气压缩机安装在敞开的建筑物内的地面上。利用氢气相对密度轻于空气的特点，利用自然通风排出可能释放的氢气，通风等级为中级，通风的有效性为“良好”。释放源位于压缩机密封处和靠近压缩机的阀门和法兰盘处，释放等级为 2 级。图 6－7 为本例的爆炸危险区域示意图，其中危险区域距离数据的典型数值为：a = 3m，距离放源水平距离；b = 1m，距通风开口处的水平距离；c = 1m，通风开口处上方距离。

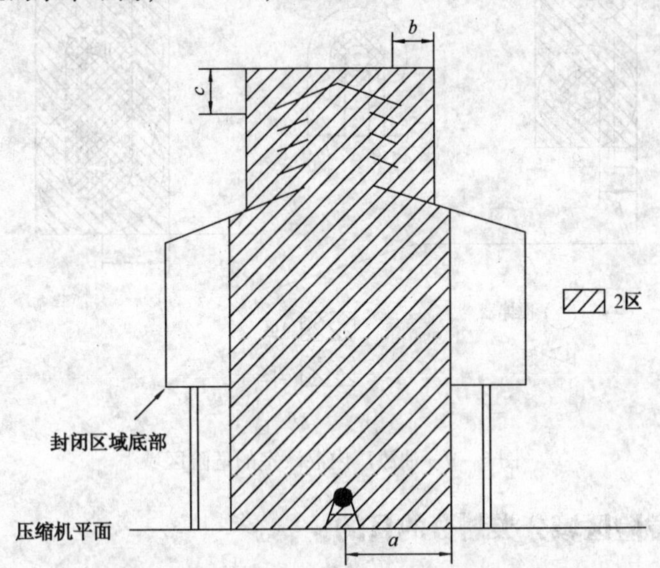

图 6－7　敞开建筑物内的地面上氢气压缩机爆炸区域示意图

图 6－8 为安装在户外的带有固定箱顶，无内部浮顶的可燃性液体贮存箱。液体闪点低于加工温度和环境温度，蒸气相对密度大于空气。由图可见，释放源有三处：一处是液体表面，释放等级为连续级；第二处为顶部排气口和其他开口处，释放等级为 1 级；另一处为法兰盘等罐的连接和溢出口旁(图中未标出)，释放等级为 2 级。通风类型为自然通风，通风等级为中级，在箱体和贮槽中的通风等级为低级。考虑到相关参数，从本例中可得出下列典型数值：a = 3m，距出口处距离；b = 3m，箱顶上方；c = 3m，距箱体水平距离。

图 6－9 为油漆厂内的混漆室，四个油漆混合容器同置于一室，在同一室内还装有三台抽吸液体的泵。危险区域的典型数值为：a = 2m；b = 4m；c = 3m；d = 1.5m。

进行危险区域确认划分时，可参照图 6－10 的程序进行。

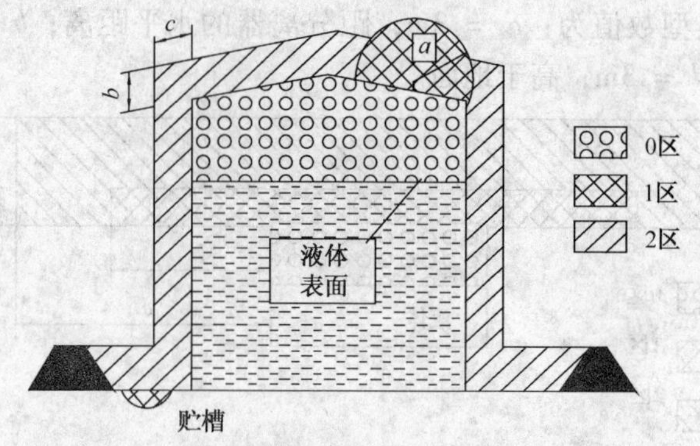

图 6－8　固定箱顶可燃性液体贮存箱爆炸危险区域

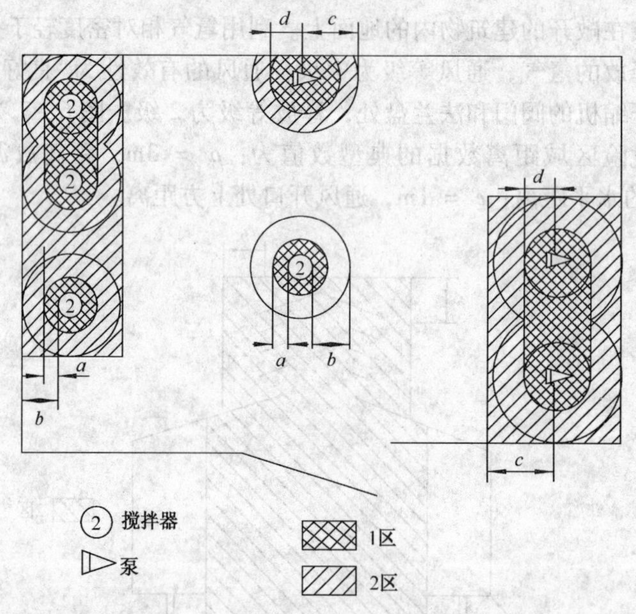

图 6－9　油漆厂内混漆室的危险区域

6.1.5　爆炸性危险区域分类划分的目的

场所分类是对可能出现爆炸性气体环境的场所进行分析和分类的一种方法，以便正确选择和安装危险场所中的电气设备，达到安全使用的目的，并把气体的级别和温度组别考虑进去。

在使用可燃性物质的许多实际场所，要保证爆炸性气体环境永不出现是困难的。确保设备永不成为点燃源也是困难的。因此，在出现爆炸性气体环境的可能性很高的场所，应采用安全性能高的电气设备。相反，如果降低爆炸性气体环境出现的可能性，则可以使用安全性能较低的设备。

几乎不可能通过对工厂或工厂布置的简单检查来确定工厂中哪些部分能符合三个区域的规定(0 区、1 区或 2 区)。对此，需要一个更详细的方法，这涉及到对出现爆炸性气体环境的基本概率进行分析。

第一步是按 0 区、1 区和 2 区的定义来确定产生爆炸性气体环境的可能性。一旦确定了

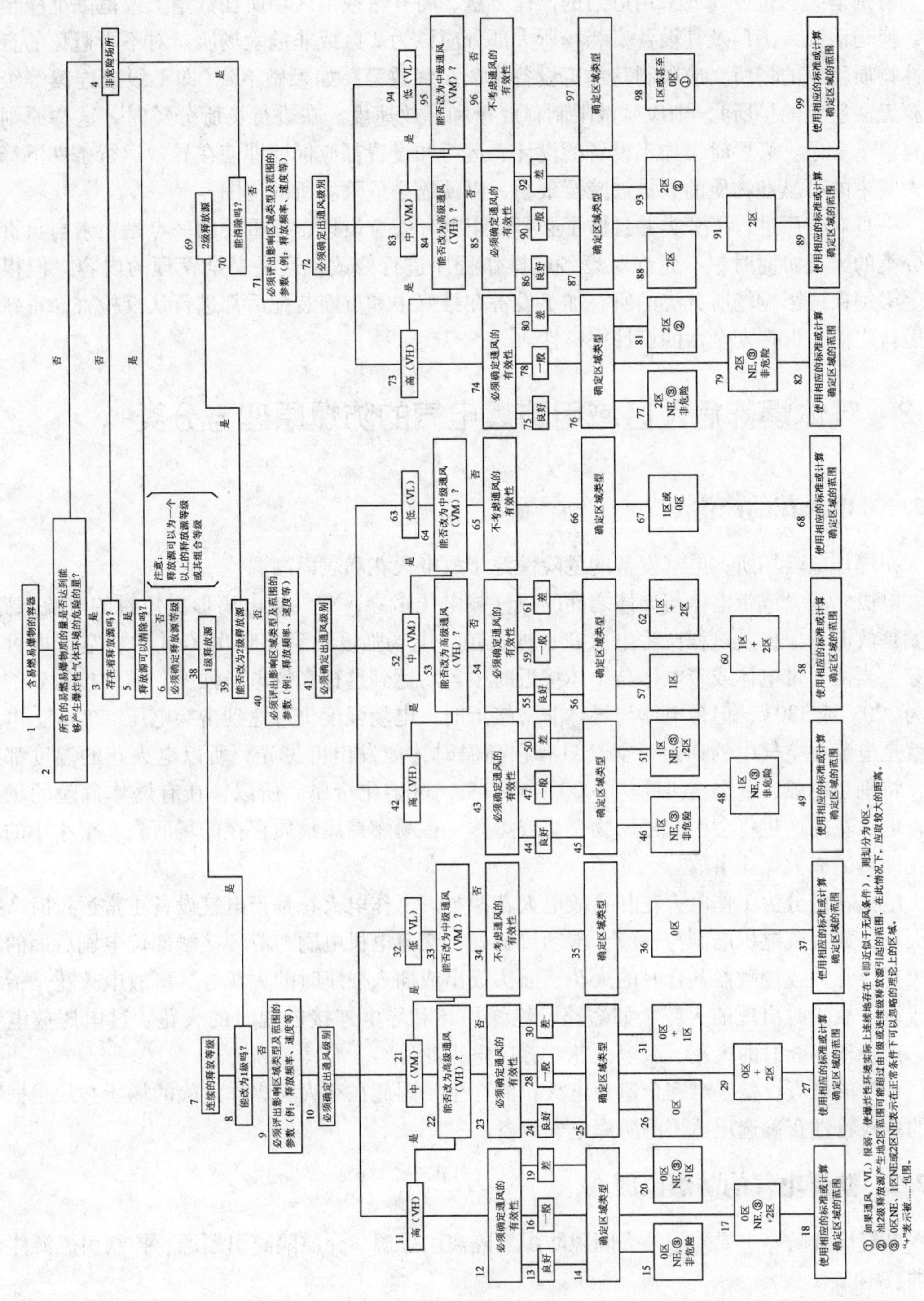

图 6-10　危险场所分类示意图

可能释放的频率和持续时间（释放等级）、释放速度、浓度、速率、通风和其他影响区域类型和/或范围的因素，对确定周围场所可能存在的爆炸性气体环境就有了可靠的根据。因此，该方法要求更详细地考虑含有可燃性物质并且可能成为释放源的每台加工设备的情况。

特别是应通过设计或采用适当的操作方法，将0区或1区场所在数量上或范围上减至最小，换句话说，工厂及其设备安装场所大部分应该为2区或非危险场所。对不可避免的有可燃性物质释放的场所，应限制其加工设备为2级释放源，如果做不到(即1级或连续等级释放源无法避免的场所)，则应尽量限制释放量和释放速度。在进行场所分类时，这些原则应优先给予考虑。必要时，加工设备的设计、运行和设置都应保证即使在异常运行条件下释放到大气中的可燃性物质的数量被减至最小，以便缩小危险场所的范围。

一旦对工厂进行了分类并且做了必要的记录和安全设计，很重要的一点是在未与负责场所分类的人员协商时，不允许对设备或操作程序进行修改，这是安全管理的内容，但很重要。必须保证影响场所分类的所有加工设备在维修中和重新装配后都进行认真检查，重新投入运行之前，保持安全性的设计完整性。

6.2 气体爆炸危险区域用防爆电气的防爆原理与分类

6.2.1 电火花的产生

在爆炸危险场所，电气设备的危险性源于放电火花和表面高温。

电极之间、或带电体与导体之间的空气被电压击穿，空气被电离形成短暂的电流通路，这就是放电现象，其过程产生电火花；据报道，电场强度达到10000V/cm时，空气即可被击穿，当两个带电体或带电体与导体接近时很容易达到这样高的电场强度。通常接触到的电压为220V或380V，但带电体与导体非常接近时，电场强度仍可达到击穿电压。实际上电火花就是电流在空气中的通道，空气只有在高温时才能发出可见光，所以电火花的温度都很高，特别是电弧，其温度可高达3000～6000℃，可熔化金属。所以，在有爆炸危险的场所内，电火花的产生将会引起可燃物燃烧或爆炸，在易燃易爆物质存在的场所，一个小小的电火花即可造成大爆炸事故。

电火花可分为工作电火花和事故电火花两类。工作电火花是指电气设备正常运行时产生的火花，如直流电机电刷与整流子滑动接触处、交流电机电刷与滑环接触部位电刷后面的微小火花、开关或接触器开合时的火花、插头拔出或插入插座时的火花等。事故电火花是指线路或设备故障时出现的火花，如短路、绝缘损坏和导电连接松脱时的火花、过电压放电火花、保险丝熔断时的火花、静电火花、感应电火花等。

一般的电气设备很难完全避免电火花的产生，因此在有火灾爆炸危险的场所必须根据物质的危险特性正确选用适用的防爆电气设备。

6.2.2 防爆电气的防爆原理

电气设备防爆主要采用外壳间隙防爆、隔离引爆源、介质隔离引爆源、控制引燃源能量四种技术。

(1) 外壳间隙防爆

将电气设备的带电部分放在外壳内，外部环境中的可燃气体可以通过外壳配合面的缝隙进入外壳内，当电气处于爆炸性环境时，内部电气设备带电部分出现故障火花时，将点燃壳内可燃气体，由于外壳间隙的防爆作用，壳外部的混合气体不会被引燃。利用外壳间隙进行隔爆的电气属于隔爆型防爆电气，其隔爆的机理包括间隙熄火作用、间隙冷却作用和新鲜气体卷入冷却作用三个方面。

① 间隙熄火作用。根据燃烧的连锁反应理论，自由基与固体碰撞将失去活性，这就是器壁效应，间隙(或者是管径)越小，发生碰撞的几率越高，器壁效应越明显，间隙(管径)小到一定程度后自由基消失的速率显著大于生成的速率，火焰穿过间隙(管径)时就熄灭。爆炸性气体混合物都存在一个临界熄火管径(d_k)，管径小于临界熄火管径时，火焰传播将被阻止。火焰临界熄灭管径可由下式估算：

$$d_k = 4\frac{D_H}{v_F}\sqrt{\frac{2eE}{RT_{max}}} \tag{6-7}$$

式中 d_k——临界熄火管径，mm；

D_H——气体混合物热扩散率，m^2/s；

v_F——火焰传播速度，m/s；

E——气体燃烧反应的活化能，J/mol；

R——普朗克气体常数，4.184J/(mol·K)；

e——常数，2.718；

T_{max}——最大燃烧温度，K。

对于平面间隙结构，临界熄火间隙s_{GC}可按临界管径d_k的一半来估算，即

$$s_{GC} = \frac{1}{2}d_k = 2\frac{D_H}{v_F}\sqrt{\frac{2eE}{RT_{max}}} \tag{6-8}$$

公式中包含着气体的特性参数，D_H、v_F、E、T_{max}等参数都与气体的特性参数相关，不同气体的临界间隙(管径)是不相同的，因此临界熄火管径和临界熄火间隙与混合气体的种类有关。活化能是反映化学反应进行难易程度的参数，其值越小越易开始反应，反应速度(火焰传播速度)越快。最小点火能也是反映气体被点燃难易程度的参数，二者含义有区别，但都是化学反应难易程度的反映，所以某种气体的最小点火能越小，临界熄火间隙越小，火焰传播能力越强，相反，最小点火能越高的气体，火焰传播能力越小。

② 间隙冷却作用。如果穿出外壳间间隙的气体产物的温度超过壳外气体混合物的最小点燃温度(燃点)，仍然会引发燃烧或爆炸。例如一氧化碳气体的临界熄火间隙为1.5mm，壳体间隙为0.8mm时，一氧化碳爆炸火焰不可能穿过此壳体间隙，但却能引燃壳外的甲烷/空气混合气体。由燃烧的热理论可知，如果穿出壳体的气体温度低于壳外气体混合物的最小点燃温度，壳外气体混合物就不会被点燃。当壳体间隙中的通道(即壳体接合面宽度)足够长时，穿过间隙的火焰就能被充分冷却，只要喷出的气体温度降低至外部气体混合物的最小点燃温度以下，火焰就不能传出。外壳接合面足够宽时，间隙的急剧冷却作用主要发生在初始进入阶段，在法兰间隙为0.2mm，爆炸产物气体沿法兰宽度方向进入间隙5mm时，平均温度已下降了60%，进入间隙20mm后，又降低约40%。

③ 新鲜气体卷入冷却作用。当壳体内的爆炸产物气体冲出壳体时，外部新鲜的常温可燃气体混合物将部分被卷入，由于外部气体温度低，冲出的气体被冷却降温，只要低于外部可燃气体的引燃温度，就不会引燃，且随着卷入量的增加，冷却效果将更加明显。

(2) 外壳隔离引燃源

① 气密型防爆。小型开关、继电器、电容器、传感器、变压器等一些小型电气设备，在使用时要求体积尽量小，如果采用隔爆型结构就较难满足要求，常采用熔化、胶黏、挤压等密封措施将外壳进行密封处理，使外部气体不能进入壳内，即使内部产生火花，也不能与

可燃气体接触，实现隔离防爆的作用。

② 限制呼吸型防爆。在可燃气体处于爆炸极限浓度范围的概率较小、即使出现其持续时间也很短的场所，电气设备采用限制可燃气体进入电气外壳速度的措施，在外部可燃气体处于爆炸极限浓度及以上浓度的时间内，可燃气体扩散进入壳内的速度很慢，在可燃气体存在的时间段内，壳内可燃气体浓度始终处于爆炸极限浓度以下，内部产生的火花、电弧及危险温度不会引起混合气体的爆炸，当壳外可燃气体消失后，内部可燃气体又经扩散移出壳外。具有这种外壳的电气设备属于限制呼吸型电气设备。此类方式只适用于开关、仪器仪表、控制调节装置等壳内温度升高低于10℃的设备。

(3) 介质隔离引燃源

如果电气设备内部充满惰性介质，就可使电火花不能与外部可燃气体接触，从而实现隔离防爆。根据介质形态的不同，分为气体介质隔离引燃源、液体介质隔离引燃源、固体介质隔离引燃源三类。

① 气体介质隔离引燃源。在电气设备内部充入惰性气体或新鲜的洁净空气，在运行过程中内部气体压力始终略高于外部压力，使外部可燃气体不能渗入壳内，电火花等引燃源不能与可燃气体接触，从而实现引燃源与可燃气体的隔离。

② 液体介质隔离引燃源。通常用变压器油作为液体介质，将可能产生电火花、电弧的部件或者整体浸入变压器油中，利用变压器油的绝缘、冷却和息弧作用，实现引燃源与可燃气体的隔离，从而达到防爆的目的。

③ 固体介质隔离引燃源。此类防爆型电气设备是用固体物质作为隔离介质来实现隔离防爆的目的，根据固体介质的不同分为两类，一类是采用固体颗粒(常用石英砂)，称为充砂型电气设备；另一类是采用固化物填料(常用环氧树脂)，称为浇封型电气设备。

在充砂型电气设备中，砂砾之间的空隙细小，使电弧、过热点均不能点燃气体，运行过程中产生的电火花、电弧及火焰也能及时熄灭。砂砾层内表面温度即使在短暂弧光短路的情况下也低于爆炸性混合物的点燃温度。

在浇封型电气设备中，使用合成树脂等浇封剂将电弧、火花、高温等点燃源封闭起来，不能与周围的混合型可燃气体接触。常见的有本安型的放大器、电容器组件、电感器组件、电源限流电阻等。由于树脂可燃，只适用于能量较低的电器件。

(4) 控制引燃源

采用控制引燃源方式防爆的电气都是在正常运行时不产生火花和电弧的电气设备和弱电设备。包括增安型电气设备、无火花型电气设备和本质安全型电气设备三类。

① 增安型电气设备。如果电气设备在正常运行时不产生火花、电弧和危险高温，可采用高质量的绝缘材料、降低温升、增大电气间隙和爬电距离、提高导线连接质量等附加技术措施来增强设备的安全可靠性，减少引燃气体因素的出现几率。采用这种防爆类型的电气设备称为增安型电气设备。由于这种设备在正常情况下不会出现引燃源，因此多用于石油化工企业，但是，在煤矿瓦斯突出区域、总回风道、主回风道、采区回风道、工作面等井下危险区域瓦斯爆炸危险性大的场所不能使用。

② 无火花型电气设备。此类电气设备现属于n型，其不仅在正常运行时不会点燃周围爆炸性混合物，而且一般也不会产生能引起点燃的故障。此类设备必须满足两个技术要求：一是正常运行时不产生火花和电弧，二是与爆炸性混合物相接触的内、外表面温度均不得超过设备温度组别的最高温度。

③ 本质安全型电气设备。本质安全电路(本安电路)是指在规定试验条件下，正常工作或规定故障状态下产生的电火花和热效应均不能点燃规定爆炸性混合物的电路。全部采用本安电路的电气设备称为本质安全型电气设备(本安设备)。关联电气设备是指在设备的电气线路中，并非全是本质安全型电路，还含有能影响本安电路安全性能电路的电气设备。关联电气设备一般分为两种类型，一种是与本安电路在同一电气设备中，它是有可能对本安电路的本安性能产生影响的非本安电路部分；另一种是在本质安全电气系统中，与本质安全型电气设备有电气连接并有可能影响本安性能的非本安电路的电气设备。本安电气设备及其关联电气设备按使用场所和安全程度高低不同分为 ia、ib 和 ic 三个等级。

在正常工作、发生一个故障(电气系统中有一个元件损坏以及由此所产生的一系列元件损坏行为)和两个故障(电气系统中有两个元件单独损坏以及由此所产生的一系列元件损坏行为)时，均不能点燃爆炸性气体混合物的电气设备定义为 ia 等级的电气设备。

在正常工作和发生一个故障时，不能点燃爆炸性气体混合物的电气设备定义为 ib 等级的电气设备。

6.2.3 防爆电气的分类

所谓防爆电气(explosion - proof electric apparatus)是指可安全地在有爆炸危险性气体和蒸气存在的场所使用的一类电气设备的总称，其通用的标志是“Ex”。化工生产经常遇到各种有爆炸危险性的气体和蒸气，在有这些介质的地方，按照有关规范、标准和规定，正确选用合适的防爆电气，是保证安全生产、防止爆炸和火灾发生的重要措施。按类型分为隔爆型、增安型、本质安全型、正压型、油浸型、充砂型、“n”型、浇封型八类和特殊型。

(1) 隔爆型防爆电气

是由隔爆外壳保护的电气设备，代号为“d”。采用外壳间隙防爆原理。把可能产生火花、电弧和危险温度的零部件均放入隔爆外壳内，隔爆外壳使设备内部空间与周围的环境隔开。隔爆外壳存在间隙，因电气设备呼吸作用和气体渗透作用，使内部可能存在爆炸性气体混合物，当其发生爆炸时，外壳可以承受产生的爆炸压力而不损坏，同时外壳结构间隙可冷却火焰、降低火焰传播速度或终止加速链，使火焰或危险的火焰生成物不能穿越隔爆间隙点燃外部由一种、多种气体或蒸气形成的爆炸性环境，从而达到隔爆目的。该防爆型式设备适用于 1、2 区场所。

(2) 增安型防爆电气

是由增安型保护的电气设备，代号为“e”。增安型防爆型式是指在正常运行时不会产生火花、电弧和危险温度的电气设备结构上，通过采取措施降低或控制外壳工作温度、保证电气连接的可靠性、增加绝缘效果以及提高外壳防护等级，以减少由于污垢引起污染的可能性和潮气进入等措施，减少出现可能引起点燃故障的可能性，提高设备正常运行和规定故障(例如：电动机转子堵转)条件下的安全可靠性。增安型防爆电气不包括在正常运行情况下产生火花或电弧的设备。该类型设备主要用于 2 区危险场所，部分种类可以用于 1 区，例如具有合适保护装置的增安型低压异步电动机、接线盒等。

(3) 本质安全型防爆电气

是采用本质安全型保护的电气设备，代号为“i”，它将设备内部和暴露于潜在爆炸性环境的连接导线可能产生的电火花或热效应能量限制在不能产生点燃能量的水平。通过控制设备本身能量水平，使其在正常工作或故障条件下均低于点燃爆炸性气体的临界条件，不至产生火花或高于点燃爆炸性气体的温度，而不用通过其他方式屏蔽或阻拦。与其他方式不同，本安型点燃保护方式涉及的不仅是单个设备，而且涉及整个本安电路。如果在一个电路中不会由于火花或热效应而点燃爆炸性环境气体，则称该电路为本安型电路。在本安型设备中，必须采取合适的措施，保证将能量限制在很小的程度，而不至点燃爆炸性环境(包括出现故障的情况)。本安型设备中的所有的电路均设计为本安形式。这些设备根据它们的防爆等级，允许直接用于相应的危险区域中。附属电气设备既包含本安电路也包含非本安电路，通常情况下它们被用于安全场所，但连接线都进入危险场所，所以附属电气设备也必须符合上述的防爆等级，即一个与0区域中的传感器或执行器相连的附属电气设备，必须是防爆等级1的设备。本质安全型系统结构图见图6-11。

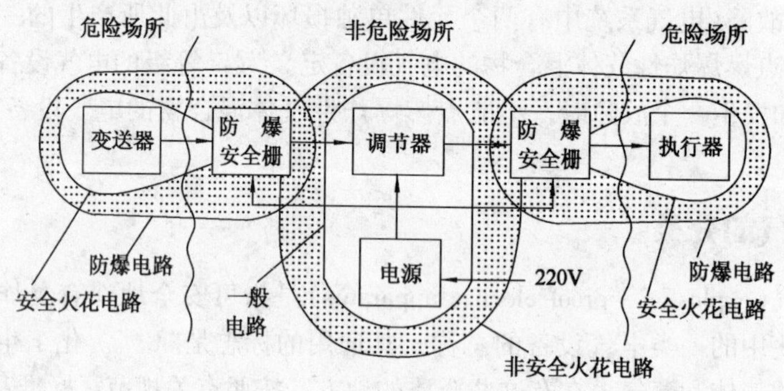

图6-11　本质安全型系统结构示意图

图中的安全栅(safety barrier)又称安全保持器，接在本质安全电路和非本质安全电路之间的安全接口，它将供给本质安全电路的电压或电流限制在一定安全范围内，即可限制因故障引起的安全区向危险区的能量转递。由于安全栅被设计为介于现场设备与控制室设备之间的一个限制能量的接口，因此无论控制室设备处于正常或故障状态，安全栅都能确保通过它传送给现场设备的能量是本质安全的。

本质安全型设备按照其安全程度又分为ia级、ib级和ic级：

“ia”等级电气设备中的本质安全电路在下列任一情况下均应不能引起点燃：

① 正常工作和施加最不利条件下的非计数故障；

② 正常工作和施加一个计数故障加上最不利条件下的非计数故障；

③ 正常工作和施加二个计数故障加上最不利条件下的非计数故障。

“ib”等级电气设备中的本质安全电路在下列任一情况下均应不能引起点燃：

① 正常工作和施加最不利条件下的非计数故障；

② 正常工作和施加一个计数故障加上最不利条件下的非计数故障。

“ic”等级电气设备中的本质安全电路在正常工作情况下应不能引起点燃。

(4) 正压型防爆电气

又称为正压外壳型，代号为“p”，是利用气体介质隔离引燃源原理进行防爆的，采取正压保护的方法，用保持外壳内部保护气体的压力高于外部大气压力，以阻止外部爆炸性气体进入外壳内的方法，即始终保持正压，所以称为正压型。正压通风结构分为连续正压通风结构和正压补偿结构两种，连续正压通风结构是指在设备壳体内连续通入保护气体，使壳体内保持一定的正压；正压补偿结构是指在设备壳体内充入一定正压的保护气体，但不实施连续通风，仅对设备壳体不可避免的泄漏进行随时的补偿或定期补偿。保护气体供给源有压缩机、鼓风机或压缩气容器等，还包括进气(抽气)管或管道、压力调节器、排气管、管道和供气阀。

根据正压保护气体的作用效果，可将正压保护分为三类：

① px 型正压是指将正压外壳内的危险分类从 1 区降至非危险或从Ⅰ类(煤矿井下危险区域)降至非危险的正压保护。

② py 型正压是指将正压外壳内的危险分类从 1 区降至 2 区的正压保护。

③ pz 型正压是指将正压外壳内危险分类从 2 区降至非危险的正压保护。

用正压保护的 3 种防爆型式(px、py 和 pz)分别是以外部的爆炸性环境(Ⅰ类，1 区或 2 区)、是否有内释放，以及正压外壳内的电气设备是否有点燃能力为依据进行划分的，见表 6－2。

表 6－2　正压保护的防爆型式分类及含义

内置系统内的可燃性物质	外部区域类别	外壳内含有点燃能力的设备	外壳内不含有点燃能力的设备
无内置系统	1	px 型[a]	py 型
无内置系统	2	pz 型	不要求正压保护[d]
气体/蒸气	1	px 型[a]	py 型
气体/蒸气	2	px 型(并且有点燃能力的设备不在稀释区域内)	py 型[b]
液体	1	px 型[a](惰性的)[c]	py 型
液体	2	pz 型(惰性的)[c]	不要求正压保护[d]

注：如果可惰性物质是液体则正常释放是决不允许的。

a 防爆型式 px 也适用于Ⅰ类设备(即用于煤矿井下的电器设备)。

b 如果无正常释放，不符合无故障内置系统要求的内置系统包括金属管、软管或元件，如弹簧管、波纹管或螺旋形管，其连接件在例行维护时不需断开，并采用管螺纹、焊接、锡焊或金属压接件连接，这种系统应视为无正常释放，但为有限的异常释放。

c 如果在正压型式之后标明是“(惰性的)”，则保护气体应是惰性的。

d 不需要正压防爆是因为考虑到引起液体释放的故障不大可能与引起设备内形成点燃源的故障同时发生。

(5) 油浸型防爆电气

油浸型的代号为“o”，该种防爆型式是将电气设备或电气设备的部件整个浸在保护液中，使设备不能够点燃液面上或外壳外面的爆炸性气体。保护液为高闪点、高燃点液体，其质量技术参数必须满足要求，多为矿物油，但用于煤矿井下的不能使用矿物油。

(6) 充砂型防爆电气

充砂型的代号为“q”，是一种外壳内充填沙粒或其他填充材料，其将能够点燃爆炸性气体的导电部件固定在适当位置上，且完全埋入填充材料中，以防止点燃外部爆炸性气体环境。这种防爆型式不能阻止爆炸性气体进入设备和 Ex 元件而被电路点燃，但由于填充材料中空隙小，且火焰通过填充材料中的通路时被熄灭，从而防止外部爆炸。常用的填充材料为石英或玻璃颗粒。充砂型防爆电气适用于 1 级和 2 级危险区域。

(7) “n”型防爆电气

“n”代号为“n”。一种在正常运行时或标准规定的异常条件下，不会产生点燃周围爆炸性气体环境的火花或超过温度组别限制的最高表面温度的电气设备。根据采用防爆措施的区别，“n”型防爆电气的代号分为：nA 代表无火花设备；nC 代表有火花设备，触头采用除限制呼吸外壳、能量限制和 n－正压之外的适当保护；nR 代表限制呼吸外壳；nL 代表限制能量设备；nZ 代表具有 n－正压外壳。“n”型防爆电气主要用于 2 级危险区域场所。

（8）浇封型防爆电气

该防爆型式的代号为“m”，是将可能产生点燃爆炸性混合物的火花或过热的部分封入复合物中，使它们在运行或安装条件下不能点燃爆炸性气体环境。复合物为热固性的、热塑性的、环氧树脂(冷固)或弹性物质，有或无填充剂和/或添加剂，在固化后是复合物。浇封型电气设备应分为“ma”保护等级或“mb”保护等级。“ma”保护等级的浇封保证在任何运行安装和规定的故障条件下非常可靠地防止引燃发生。“ma”保护等级的电压应不超过 1kV。“mb”保护等级的浇封保证在正常运行安装和规定的故障条件下可靠地防止引燃发生。

（9）特殊型防爆电气

该型防爆电气的代号为“s”，其防爆措施在国标规定以外，是特别为 0 区或 1 区设计的防爆电气设备，但必须经有关主管部门认定，并经指定的鉴定单位检验通过的这一类防爆电气设备。

6.3 爆炸性气体危险物质分类、分级和分组

国家标准《爆炸和火灾危险环境电力装置设计规范》(GB50058—92)将防爆电气分为以下三大类：Ⅰ类防爆电气适用于煤矿井下；Ⅱ类防爆电气适用于爆炸性气体环境；Ⅲ类防爆电气适用于爆炸性粉尘环境。地面上的易燃气体和易燃液体场所使用的防爆电气设备多为Ⅱ类防爆电气设备。防爆电气设备在爆炸危险场所运行时，具备不引燃爆炸物质的性能，其表面的最高温度不得超过作业场所危险物质的引燃温度。

为了与防爆电气分为三大类相对应，便于防爆电气选用，根据爆炸性危险物质的物理化学性质，也将其分为三大类，见表 6－3。

表 6－3　爆炸性危险物质分类

Ⅰ类	矿井甲烷(注意：专指矿井环境下的甲烷及气体混合物)
Ⅱ类	爆炸性气体、蒸气、薄雾
Ⅲ类	爆炸性粉尘、纤维

本书不考虑煤矿井下环境，爆炸性粉尘和纤维环境将在本章后续部分专门讨论，现只考虑地上环境中的易燃液体蒸气、爆炸性气体及可燃液体的雾体。为理解危险气体分级，首先介绍最大安全试验间隙(MESG)和最小点燃电流比(MICR)两个概念。

最大安全试验间隙(MESG，Maximum Experimental Safety Gap)——指在标准的规定条件下，将试验容器壳内所有浓度的被试验气体或蒸气与空气的混合物点燃后，通过 25mm 长的法兰接合面，均不能点燃壳外爆炸性气体混合物时外壳空腔两部分之间的最大间隙。气态物质的最大试验间隙越小，要求电气的隔爆性能越强。最大安全试验间隙是确定电气防爆设备和阻火设备隔爆外壳级别的重要依据。

混合气体能否通过小孔进行传播的临界直径 d 也可由式(6－9)进行计算：

$$d = \sqrt[2.48]{\frac{E_{\min}}{2.35 \times 10^{-2}}} \tag{6-9}$$

式中　d——临界直径，cm；

E_{min}——混合气体中可燃气体的最小点火能，J。

由上式看出，气体对火焰的传播能力与其最小点火能密切相关，E_{min}越小则临界孔径越小，传播火焰的能力越强。一般可用气体的最大安全试验间隙参数来表达危险性的大小。

最大安全试验间隙是反映混合气体传爆能力的参数，在确定爆炸危险场所防爆电气型号时，MESG 是三个重要参数之一。最大安全试验间隙越小，气体的传爆能力越强，危险性越大，对电气隔爆性能的要求越高。

根据《爆炸性气体环境　第 12 部分：气体或蒸气混合物按照其最大试验安全间隙和最小点燃电流的分级》（GB3836.12—2008），最大安全试验间隙由图 6－12 所示装置测试，装置主要由标准外壳、试验箱、间隙调整系统、配气系统、点火源系统和观察窗组成。标准外壳是一个内腔容积为 20cm^3、隔爆接合面长度为 25mm 的球型容器。试验箱是一个内径为 ϕ200mm，高度为 75mm 的圆柱形箱体。外壳间隙可通过千分表精确调整和测出，标准外壳充气进口直径为 ϕ3mm，进气通道容积为 5cm^3，试验箱进气口由 7 个直径 ϕ2mm 通孔组成，进出气管道上装有防回火阻火器。采用电极放电火花点火，电极间隙为 3mm，放电通路与平面法兰接合面垂直，电极置于距法兰内缘 14mm 处，且与两平面法兰中心线对称，观察窗位于试验箱体对称位置上。

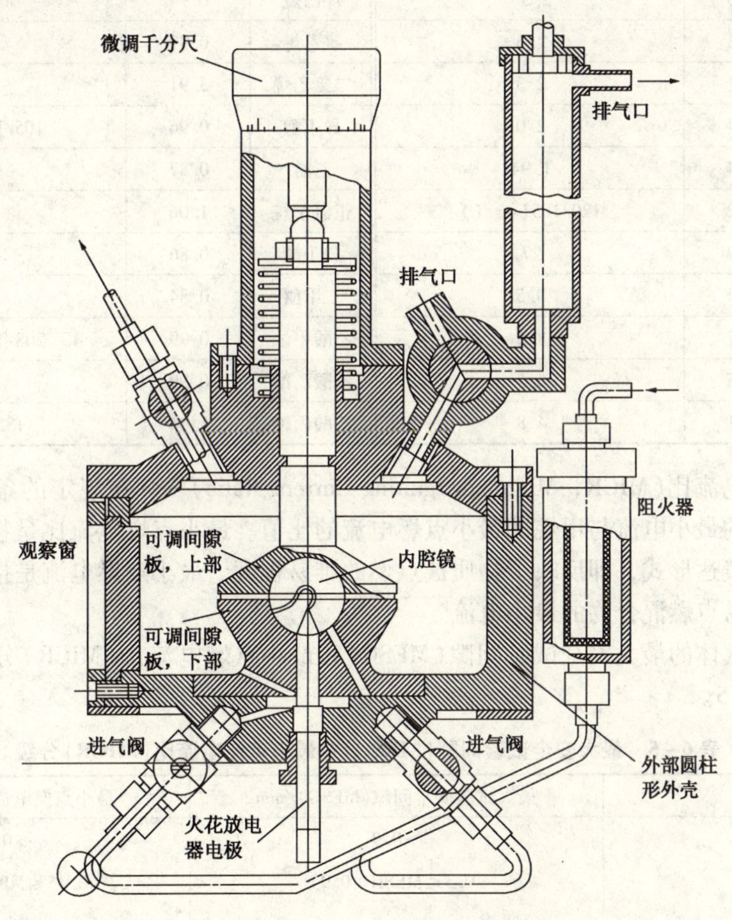

图 6－12　最大安全试验间隙测试装置

测定时，在常温常压下进行，先将一个具有规定容积、规定隔爆接合面长度 L 和可调间隙 d 的标准外壳置于试验箱内，并向标准外壳和试验箱内同时充入相同浓度的爆炸性气体混合物，然后点燃标准外壳内部混合气体，通过观察窗观测标准外壳外部混合气体是否被点燃。调整标准外壳间隙，改变混合气体浓度(在外部配气系统中完成)，找出任何浓度下都不发生传爆现象的最大壳体间隙，即为最大安全试验间隙。最大安全试验间隙与可燃气体浓度、点火位置、传播通道长度等因素有关，当可燃气体浓度处于爆炸极限浓度中间值(约为化学计量浓度)时最大试验安全间隙最小。此外，增大可燃混合气体初始压力、减小传播火焰通道长度、点火位置紧靠内室器壁，都能导致的试验值减小。部分气体混合物的最大试验安全间隙见表6-4。

表6-4　部分可燃气体/空气混合物的最大安全试验间隙

可燃气体	MESG/mm	最易点燃混合物浓度(体)/%	可燃气体	MESG/mm	最易点燃混合物浓度(体)/%
甲烷	1.14	8.2	甲醇	0.92	11.0
乙烷	0.91	5.9	乙醇	0.89	6.5
丙烷	0.92	4.2	丁醇	0.94	115/125(mg/L)
丁烷	0.98	3.2	戊醇	0.99	100/100(mg/L)
戊烷	0.93	2.55	环己烷	0.94	90(mg/L)
己烷	0.93	2.5	氯乙烯	0.99	7.3
庚烷	0.91	2.3	二氯乙烯	3.91	10.5
异辛烷	1.04	2.0	异丁醇	0.96	105/125(mg/L)
正辛烷	0.94	1.94	乙醚	0.87	3.47
癸烷	1.02	120/105(mg/L)	正氯丁烷	1.06	3.9
氢气	0.29	27	二丁醚	0.86	2.6
二硫化碳	0.34	8.5	二甲醚	0.84	7.0
乙炔	0.37	8.5	乙酸甲酯	0.99	208/152(mg/L)
乙烯	0.65	6.5	乙酸乙酯	0.99	4.7
丙烯	0.91	4.8	乙酸丙酯	1.04	135(mg/L)

最小点燃电流比(MICR，Minimum Igniting Current Ratio)——在规定的条件下，能点燃爆炸性混合物的最小电流与甲烷的最小点燃电流的比值。最小点燃电流比是物质最小点火能参数的另一种表达形式，即反映了物质被点燃的难易程度。最小点燃电流是指在规定的条件下，能点燃最易点燃混合物的最小电流。

按爆炸性气体的最大安全试验间隙(MESG)和最小点燃电流比(MICR)分级，对其分级的结果见表6-5。

表6-5　最大安全试验间隙(MESG)或最小点燃电流比(MICR)分级

级别	最大试验安全间隙(MESG)/mm	最小点燃电流比(MICR)
ⅡA	>0.9	>0.8
ⅡB	0.5≤MESG≤0.9	0.45≤MICR≤0.8
ⅡC	<0.5	<0.45

为了反映气态物质被高温表面(即电气设备表面温度)引燃的难易程度，按照爆炸性气

体引燃温度(可理解为自燃点)对爆炸性气体分组，结果见表6-6。

表6-6　按引燃温度分组

组别	引燃温度 t/℃
T_1	$450 < t$
T_2	$300 < t \leqslant 450$
T_3	$250 < t \leqslant 300$
T_4	$135 < t \leqslant 200$
T_5	$100 < t \leqslant 135$
T_6	$85 < t \leqslant 100$

将上述两表组合成一个表，可将爆炸性气体的3级(IIA、IIB、IIC)、6组($T_1 \sim T_6$)细分为18个小组，见表6-7。表中物质名称是根据其最大安全试验间隙(MESG)和最小点燃电流比(MICR)，以及引燃温度三个参数，将其填入相应位置得到的。

表6-7　爆炸性危险物质分类、分级和分组

类和级	MESG/mm	MICR	引燃温度/℃与组别					
			T_1	T_2	T_3	T_4	T_5	T_6
			$450 < t$	$300 < t \leqslant 450$	$250 < t \leqslant 300$	$135 < t \leqslant 200$	$100 < t \leqslant 135$	$85 < t \leqslant 100$
Ⅰ	MESG = 1.14	MICR = 1.0	甲烷(不分组)					
ⅡA	0.9 < MESG < 1.14	0.8 < MICR < 1.0	乙烷、丙烷、丙酮、苯乙烯、氯乙烯、氨苯、甲苯、苯、氨、一氧化碳、乙酸乙酯、乙酸、丙烯腈	丁烷、乙醇、丙烯、丁醇、乙酸丁酯、乙酸戊酯、乙酸酐、甲醇	戊烷、己烷、庚烷、癸烷、辛烷、汽油、硫化氢、环己烷	乙醚、乙醛		亚硝酸乙酯
ⅡB	0.5 < MESG ≤0.9	0.45 < MICR ≤0.8	二甲醚、民用煤气、环丙烷	环氧乙烷、环氧丙烷、丁二烯、乙烯	异戊二烯			
ⅡC	MESG≤0.5	MICR≤0.45	水煤气、氢气、焦炉煤气	乙炔			二硫化碳	硝酸乙酯

注：t 为引燃温度

为了反映物质热自燃的特性，表中根据物质的引燃温度将各级的物质都分成 $T_1 \sim T_6$ 六个组。表中仅列出了部分物质的归属，假如表中找不到相应的物质，可在表6-8中查找。

表 6-8　气体或蒸气爆炸性混合物分级、分组举例

序号	物质名称	分子式	组别
	A 级		
一	烃		
	烷类		
1	甲烷	CH_4	T_1
2	乙烷	C_2H_6	—
3	丙烷	C_3H_8	T_1
4	丁烷	C_4H_{10}	T_2
5	戊烷	C_5H_{12}	T_3
6	己烷	C_6H_{14}	T_3
7	庚烷	C_7H_{16}	T_3
8	辛烷	C_8H_{18}	T_3
9	壬烷	C_9H_{20}	T_3
10	癸烷	$C_{10}H_{22}$	T_3
11	环丁烷	$CH_2(CH)_2CH_2$	
12	环戊烷	$CH_2(CH)_3CH_2$	T_3
13	环己烷	$CH_2(CH)_4CH_2$	T_3
14	环庚烷	$CH_2(CH)_5CH_2$	—
15	甲基环丁烷	$CH_3CH(CH)_2CH_2$	—
16	甲基环戊烷	$CH_3CH(CH)_3CH_2$	T_2
17	甲基环己烷	$CH_3CH(CH)_4CH_2$	T_3
18	乙基环丁烷	$C_2H_5CH(CH)_2CH_2$	T_3
19	乙基环戊烷	$C_2H_5CH(CH)_3CH_2$	T_3
20	乙基环己烷	$C_2H_5CH(CH)_4CH_2$	T_3
21	十化氢萘(萘烷)	$CH_2(CH_2)_3CHCH(CH_2)_3CH_2$	T_3
	烯类		
22	丙烯	$CH_3CH=CH_2$	T_2
	芳香烃类		
23	苯乙烯	$C_6H_5CH=CH_2$	T_1
24	甲基苯乙烯	$C_6H_5C(CH_3)=CH_2$	T_1
	苯类		
25	苯	C_6H_6	T_1
26	甲苯	$C_6H_5CH_3$	T_1
27	二甲苯	$C_6H_5(CH_3)_2$	T_1
28	乙苯	$C_6H_5C_2H_5$	T_2
29	三甲苯	$C_6H_5(CH_3)_3$	T_1
30	萘	$C_{10}H_8$	T_1
31	异丙基苯	$C_6H_5CH(CH_3)_2$	T_2

续表

序号	物质名称	分子式	组别
32	甲基异丙基苯	$(CH_3)_2CHC_6H_4(CH_3)$	T_2
	烃混合物		
33	甲烷(工业用)		T_1
34	松节油		T_3
35	石脑油		T_3
36	煤焦油石脑油		T_3
37	石油(包括汽油)		T_3
38	溶剂石油或洗净石油		T_3
39	燃料油		T_3
40	煤油		T_3
41	柴油		T_3
42	动力苯		T_1
二	含氧化合物(包括醚)		
43	一氧化碳	CO	T_1
44	二丙醚	$(C_3H_7)_2O$	—
	醇类和酚类		
45	甲醇	CH_3OH	T_2
46	乙醇	C_2H_5OH	T_2
47	丙醇	C_3H_7OH	T_2
48	丁醇	C_4H_9OH	T_2
49	戊醇	$C_5H_{11}OH$	T_3
50	己醇	$C_6H_{13}OH$	T_3
51	庚醇	$C_7H_{15}OH$	—
52	辛醇	$C_8H_{17}OH$	
53	壬醇	$C_9H_{19}OH$	—
54	环己醇	$CH_2(CH_2)_4CHOH$	T_3
55	甲基环己醇	$CH_3CH(CH_2)_4CHOH$	T_3
56	酚	C_6H_5OH	T_1
57	甲酚	$CH_3C_6H_4OH$	T_1
58	4-羟基-4-甲基戊酮(双丙酮醇)	$(CH_3)C(OH)CH_2COCH_3$	T_1
	醛类		
59	乙醛	CH_3CHO	T_4
60	聚乙醛	$(CH_3CHO)_n$	—
	酮类		
61	丙酮	$(CH_3)_2CO$	T_1
62	丁酮(乙级甲基酮)	$C_2H_5COCH_3$	T_1
63	戊-2-酮(甲基丙基甲酮)	$C_3H_7COCH_3$	T_1

续表

序号	物质名称	分子式	组别
64	己-2-酮(甲基丁基甲酮)	$C_4H_9COCH_3$	T_1
65	戊基甲基酮	$C_5H_{11}COCH_3$	
66	戊-2,4-二酮(戊间二酮)	$CH_3CO\ CH_2COCH_3$	T_2
67	环已酮	$CH_2(CH_2)_4CO$	T_2
	酯类		
68	甲酸甲酯	$HCOOCH_3$	T_2
69	甲酸乙酯	$HCOOC_2H_5$	T_2
70	醋酸甲酯	CH_3COOCH_3	T_1
71	醋酸乙酯	$CH_3COOC_2H_5$	T_2
72	醋酸丙酯	$CH_3COOC_3H_7$	T_2
73	醋酸丁酯	$CH_3COOC_4H_9$	T_2
74	醋酸戊酯	$CH_3COOC_5H_{11}$	T_2
75	甲基丙烯酸甲酯	$CH_2{=}C(CH_3)COOCH_3$	T_2
76	甲基丙烯酸乙酯	$CH_2{=}C(CH_3)COOC_2H_5$	—
77	醋酸乙烯酯	$CH_3COOCH{=}CH_2$	T_2
78	乙酰基乙酸乙酯	$CH_3COCH_2COOC_2H_5$	T_2
	酸类		
79	醋酸	CH_3COOH	T_1
三	含卤化合物		
	无氧化合物		
80	氯甲烷	CH_3Cl	T_1
81	氯乙烷	C_2H_5Cl	T_1
82	溴乙烷	C_2H_5Br	T_1
83	1-氯丙烷	C_3H_7Cl	T_1
84	氯丁烷	C_4H_9Cl	T_3
85	溴丁烷	C_4H_9Br	T_3
86	二氯乙烷	$C_2H_4Cl_2$	T_2
87	二氯丙烷	$C_3H_6Cl_2$	T_1
88	氯苯	C_6H_5Cl	T_1
89	苄基氯	$C_6H_5CH_2Cl_2$	T_1
90	二氯苯	$C_6H_4Cl_2$	T_1
91	烯丙基氯	$CH_2{=}CHCH_2Cl$	T_2
92	二氯乙烯	$CHCl{=}CHCl$	T_1
93	氯乙烯	$CH_2{=}CHCl$	T_2
94	α,α,α-三氟甲苯	$C_6H_5CF_3$	T_1
95	二氯甲烷	CH_2Cl_2	T_1
	含氧化合物		

续表

序号	物质名称	分子式	组别
96	乙酰氯	CH_3COCl	T_2
97	氯乙醇	CH_2ClCH_2OH	T_3
四	含硫化合物		
98	乙硫醇	C_2H_5SH	T_3
99	丙硫醇	C_3H_7SH	—
100	噻吩	$CH{=}CHCH{=}CHS$	T_2
101	四氢噻吩	$CH_2{=}(CH)_2{=}CH_2{=}S$	T_3
五	含氮化合物		
102	氨	NH_3	T_1
103	氰甲烷	CH_3CN	T_1
104	亚硝酸乙酯	$CH_3\ CH_2ONO$	T_5
105	硝基甲烷	CH_3NO_2	T_2
106	硝基乙烷	$C_2H_5NO_2$	T_2
	胺类		
107	甲胺	CH_3NH_2	T_2
108	二甲胺	$(CH_3)_2NH$	T_2
109	三甲胺	$(CH_3)_3N$	T_4
110	二乙胺	$(C_2H_5)_2NH$	T_2
111	三乙胺	$(C_2H_5)_3N$	T_1
112	正丙胺	$C_3H_7NH_2$	T_2
113	正丁胺	$C_4H_9NH_2$	T_2
114	环己胺	$CH_2(CH_2)_4CHNH_2$	T_3
115	2－氨基乙醇(乙醇胺)	$NH_2CH_2CH_2OH$	—
116	2－二乙胺基乙醇	$(C_2H_5)_2NCH_2CH_2OH$	—
117	二氨基乙烷	$NH_2CH_2CH_2NH_2$	T_2
118	苯胺	$C_6H_5NH_2$	T_1
119	N，N－二甲基苯胺	$C_6H_5N(CH_3)_2$	T_2
120	苯胺基丙烷	$C_6H_5CH_2CH(NH_2)CH_3$	—
121	甲苯胺	$C_6H_5NH_2$	T_1
122	氮(杂)苯	C_6H_5N	T_1
		B级	
一	烃类		
123	丙炔(甲基乙炔)	$CH_3C{\equiv}CH$	T_1
124	乙烯	$CH_2{=}CH_2$	T_2
125	环丙炔	$CH_2CH_2CH_2$	T_1
126	丁二烯	$CH_2{=}CHCH{=}CH_2$	T_2
二	含氮化合物		

续表

序号	物质名称	分子式	组别
127	丙烯腈	$CH_2{=}CHCN$	T_1
128	异丙基硝酸盐	$(CH_3)_2CHONO_2$	—
129	氰化氢	HCN	T_1
三	含氧化合物		
130	二甲醚	$(CH_3)_2O$	T_3
131	乙基甲基醚	$C_2H_5OCH_3$	T_4
132	二乙醚	$(C_2H_5)_2O$	T_4
133	二丁醚	$(C_4H_9)_2O$	T_4
134	环氧乙烷	CH_2CH_2O	T_2
135	1，2－环氧乙烷	CH_2CHCH_2O	T_2
136	1，3－二噁戊烷	$CH_2CH_2OCH_2O$	—
137	1，4－二氧杂环己烷	$CH_2CH_2OCH_2CH_2O$	T_2
138	1，3，5－三氧杂环己烷	$CH_2OCH_2OCH_2O$	T_2
139	羟基醋酸丁酯	$HOCH_2COOC_4H_9$	—
140	甲氢化呋喃甲醇	$CH_2CH_2CH_2OCHCH_2OH$	T_3
141	丙烯酸甲酯	$CH_2{=}CHCOOCH_3$	T_2
142	丙烯酸乙酯	$CH_2{=}CHCOOC_2H_5$	T_2
143	呋喃	$CH{\equiv}CHCH{=}CHO$	T_2
144	丁烯醛	$CH_3CH{=}CHCHO$	T_3
145	丙烯醛	$CH_2{=}CHCHO$	T_3
146	四氢呋喃	$CH_2(CH_2)_2CH_2O$	T_3
四	混和气		
147	焦炉煤气		T_1
五	含卤化合物		
148	四氟乙烯	C_2F_4	T_4
149	1－氯－2，3－环氧丙烷	OCH_2CHCH_2Cl	T_2
六	含硫化合物		
150	乙硫醇	C_2H_5SH	T_3
IIC			
151	氢	H_2	T_1
152	乙炔	$CH{\equiv}CH$	T_2
153	二硫化碳	CS_2	T_5

注：此表摘自《危险场所电气防爆安全规范》AQ3009—2007 附录 B。

6.4 防爆电气设备选型

防爆电气设备的选型应遵循如下原则：

① 安全可靠、经济合理。在保证安全的前提下，尽量降低投资额，因为防爆电气设备

比非防爆的电气设备价格高很多。

② 防爆电气设备应根据爆炸危险区域的等级和爆炸危险物质的类别、级别和组别选型。

当同一场所存在两种或两种以上爆炸混合物时，应按浓度大、危险程度较高的级别选用。一般情况下，防爆电气设备选型程序可参照图 6－13。选型过程分为三个步骤，首先根据场所存在的爆炸性气体特点和出现概率，确定爆炸性危险区域的级别（如 0 区、1 区、2 区），之后根据表 6－9 确定所选防爆电气的防爆结构类型。

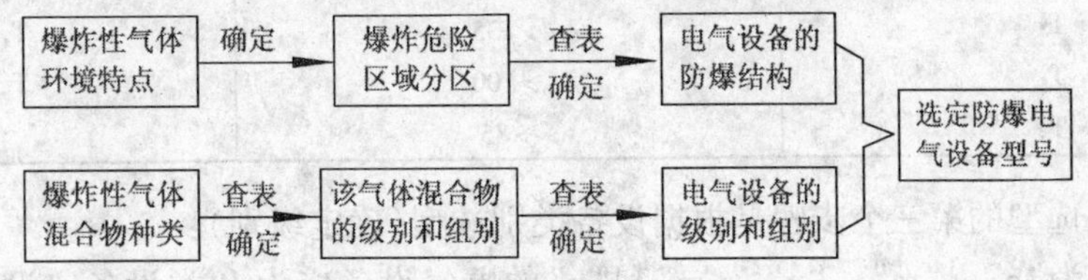

图 6－13　防爆电气设备选型的一般程序

表 6－9　气体爆炸危险场所用电气设备防爆类型选型

适用爆炸危险区域	电气设备防爆型式	防爆标志
0 区	本质安全型（ia 级）	Exia
	为 0 区设计的特殊型	Exs
1 区	适用于 0 区的防爆型式	
	本质安全型（ib 级）	Exib
	隔爆型	Exd
	增安型	Exe
	正压外壳型	Expx、Expy
	油浸型	Exo
	充砂型	Exq
	浇封型	Exm
	为 1 区设计的特殊型	Exs
2 区	适用于 0 区和 1 区的防爆型式	
	n 型	ExnA、ExnC、ExnR、ExnL、ExnZ
	正压外壳型	Expz
	为 2 区设计的特殊型	Exs

注 1：对于标有“s”的特殊型设备，应根据设备上标明适用的区域类型选用。并注意设备安装和使用的特殊条件。

注 2：根据我国的实际情况，允许在 1 区中使用的“e”型设备仅限于：

——在正常运行中不产生火花、电弧或危险温度的接线盒和接线箱，包括主体为“d”或“m”型，接线部分为“e”型的电气产品；

——配置有合适热保护装置的“e”型低压异步电动机（启动频繁和环境条件恶劣者除外）；

——单插头“e”型荧光灯

防爆电气选型的第二个步骤是根据气体或蒸气的引燃温度选型（确定温度组别）：

电气设备应按其最高表面温度不超过可能出现的任何气体或蒸气的引燃温度选型。电气设备最高表面温度（maximum surface temperature）分为气体最高表面温度和粉尘最高表面温度（在后续粉尘爆炸环境部分中应用），气体最高表面温度指电气设备在允许的最不利条件下运行时，其表面或任一部分可能达到的并有可能引燃周围爆炸性气体环境的最高温度。设备温度组别、气体引燃温度和允许的设备温度组别之间的关系见表6－10。

表6－10　温度组别、引燃温度和允许的设备温度组别之间的关系

危险场所要求的温度组别	气体或蒸汽的温度组别/℃	允许的设备温度组别
T_1	>450	$T_1 \sim T_6$
T_2	>300	$T_2 \sim T_6$
T_3	>200	$T_3 \sim T_6$
T_4	>135	$T_4 \sim T_6$
T_5	>100	$T_5 \sim T_6$
T_6	>85	T_6

防爆电气选型的第三个步骤是根据设备类别选型（确定级别）：

防爆型式为“e”、“m”、“n”、“p”和“q”的电气设备应为Ⅱ类设备，没有特殊要求时，不需要对设备细分为ⅡA、ⅡB、ⅡC三个级别，根据引燃温度选型即可。

防爆型式为“d”和“i”的电气设备应是ⅡA、ⅡB、ⅡC类设备，并按表6－11进行选型。

防爆型式为“n”的电气设备应为Ⅱ类设备，如果它包括密封断路装置，非故障元件或限能设备或电路，那么该设备应是ⅡA、ⅡB或ⅡC类，并且按表6－11进行选型。

表6－11　气体/蒸气分类与设备类别间的关系

气体/蒸气分类	设备类别
ⅡA	ⅡA、ⅡB或ⅡC
ⅡB	ⅡB或ⅡC
ⅡC	ⅡC

选型过程举例：某车间采用丙酮作为溶剂，其他物质都是结晶态有机物，最危险物质就是丙酮，在进行泄料操作时，反应釜下部泄料口处有短时的物料暴露，反应釜旁边地面需要设置电机一台，请选择电机的防爆型号。选择过程如下：在正常的合成工艺过程中不泄漏丙酮，但卸料时物料暴露于空气中，此时有可能形成爆炸性气体混合气体，所以电机所处区域的爆炸危险性应属于1级，在表6－9中查得知，隔爆型电气可以在该区域使用，根据电机的特点，可以确定采用隔爆型电机；查表6－7或表6－8得知，丙酮属于ⅡA级T_1组的可燃物质，也就是电机的最低防爆级别应为ⅡA级T_1组的；两个方面结合起来就可以确定，所选电机型号的防爆级别应该是dⅡAT_1，同样，设置的隔爆型控制按钮也不应低于此级别。

假如在上例区域要设置可燃气体检测报警仪，对报警仪的防爆选型的过程也是如此，可以选用ib级本质安全型仪表，防爆型号应为ibⅡAT_1，如果选用防爆性能更好的iaⅡAT_1型号则更安全，多数仪表可达到防爆性能最高的ⅡCT_6。

为了使选型更方便，可以针对某一类的电气单独编制选型表。对于照明灯具、低压开关和控制器的防爆结构选型可分别参照见表6－12和表6－13。

表6－12　照明灯具设备防爆结构选型

电气设备类别	爆炸危险环境区别			
	1区		2区	
	隔爆型	增安型	隔爆型	增安型
固定式灯	○	×	○	○
移动式灯	△		○	

续表

电气设备类别	爆炸危险环境区别			
	1 区		2 区	
	隔爆型	增安型	隔爆型	增安型
携带式电池灯	○		○	
指示灯类	○	×	○	○
镇流器	○	△	○	○

注：表中符号：○为适用；△为慎用；×为不适用(表 6 - 13 同)

表 6 - 13　低压开关和控制器类设备防爆结构选型

电气设备类别	爆炸危险环境区别										
	0 区	1 区					2 区				
	本质安全型	本质安全型	隔爆型	正压型	充油型	增安型	本质安全型	隔爆型	正压型	充油型	增安型
刀开关、断路器			○					○			
熔断器			△					○			
控制开关及按钮	○	○	○		○		○	○		○	
电抗器启动器和启动补偿器			△				○				○
启动用金属电阻器			△	△		×		○	○		○
电磁阀用电磁铁			○			×		○			○
操作箱、柱			○	○				○	○		
配电盘			△					○			

6.5　爆炸性气体危险区域电气线路的安全措施

电气设备能产生电火花的根本原因是其带有电能，同样，电气线路在输送电能时也带有电能，也有产生电火花的能力，也必须采取防范措施。从安全技术原理上分析，安全措施主要包括：距离防护措施、能量屏障措施、爆炸性气体隔离措施、电流通道通畅措施。

(1) 距离防护措施

距离防护措施一般是指将可能受害的个体(如：人、设备)与可能释放危险因素的场所保持足够的距离，使二者不会相互接触。在爆炸性气体危险场所，如果将电气线路布置在危险区域以外，即使电气线路产生火花，也不会引发爆炸事故。下面举例说明。

电气线路应敷设在爆炸危险性较小的区域或距离释放源较远的位置，避开易受机械损伤、振动、腐蚀、粉尘积聚以及在危险温度的场所，当不能避开时，应采取预防措施。

10kV 及以下架空线路严禁跨越爆炸性气体环境；架空线与爆炸性气体环境水平距离，不应小于杆塔高度的 1.5 倍。

(2) 能量屏障措施

此处的能量是指电能，能量屏障是指将电能束缚、限制在输电线路内，并保证输电线路的绝缘层完好有效。可将输电线路想象成一条河流，水流如同电流，要保证河流不发生决堤事故，首先要有坚固的堤防，其次是保证河堤的完好无损。输电线路的绝缘层就如同河堤，首先要有有效的绝缘层，其次是要保证绝缘层的完好有效。

1）线路绝缘措施

爆炸性气体环境电气线路的安装方式可分为电缆布线方式和导管布线方式。无护套单芯电线，除非它们安装在配电盘、外壳或导管系统内，不应用作导电配线。

在1区、2区的固定式设备采用的固定式线路电缆应采用热塑护套电缆、热固护套电缆、合成橡胶护套电缆或矿物绝缘金属护套电缆。

手提式和可移动式设备用电缆应使用含有加厚的氯丁橡胶或其他与之等效的合成橡胶护套电缆，含有加厚的坚韧橡胶护套的电缆，或含有同等坚固结构护套的电缆。

2）保证绝缘不失效的措施

电缆及其附件在安装和使用时，根据实际情况应能防止受到外来机械损伤、腐蚀或化学影响（如溶剂的影响）以及高温作用。如果上述情况不能避免，安装时应采取导管保护措施或对电缆进行选型（为了使其损害降低到最小，可使用铠装电缆、屏蔽线、无缝铝护套线、矿物绝缘金属护套或半刚性护套电缆等）。不使用电缆而使用绝缘导线时，一般采用穿管保护，可使用钢管或硬质塑料管，实践证明，这可有效预防意外冲击伤害。

在危险场所中使用的电缆不能有中间接头。当不能避免时，除适合于机械的、电的和环境情况外，连接应该满足如下要求：在适应于场所防爆型式的外壳内进行；或用环氧树脂、复合剂或用热缩管材进行密封，但后一种方法不能在1区使用。除连接隔爆设备导管中或本安电路中导线连接外，导线连接应通过压紧连接、牢固的螺钉连接、熔焊或钎焊方式进行。如果被连接导线用适当的机械方法连在一起，然后软焊是允许的。

固定布线电缆的阻燃性能应符合要求，除非电缆埋在地下、充砂导管内或采取其他防止火焰传播措施。

（3）爆炸性气体隔离措施

导线，尤其是绝缘导线，虽然有绝缘层与外部气体隔离，但在爆炸危险区域内，还应尽量避免其与外部气体直接接触。相应的对策措施举例如下：

导管和在特殊情况下的电缆（如存在压力差）应密封，防止液体或气体在导管或电缆护套内通过。

导管与导管、导管与导管附件及导管与电气设备间须用螺纹连接，电气管路之间不得采用倒扣连接，导管与电气设备间的连接应满足相应的防爆型式要求。管端应有有效封堵措施。

钢管连接螺纹加工应光滑、完整、无锈蚀，在螺纹上应涂电力复合脂或导电防锈脂。不得在螺纹上缠麻或绝缘胶带及涂其他油漆，避免其电气连接失效（指防静电、防雷时的电气连接）。

在爆炸性危险区域与非爆炸性危险区域之间，有时是由墙壁隔开的，在线路布置时应避免在二者之间形成可燃气体流动或扩散通道。

危险和非危险场所之间墙壁上穿过电缆和导管的开孔应充分密封。例如，用砂密封或用砂浆密封。

电缆穿过不同的危险区域时，应采取下列隔离措施：两区域交接电缆沟内应采取分段充砂、填阻火堵料或加防火隔墙等措施；电缆通过与相邻区域共有的隔墙、楼板、地坪及易受机械损伤处，均应加以保护；留下的孔洞应严密堵塞；电缆在区域界面（隔墙、楼板、地坪）有保护管的，须在保护管两端用阻火堵料严密堵塞，填塞深度不得小于管子内径，且不得小于 40 mm。

导管系统中在下列情况下须使用隔离密封件：钢管通过不同危险区域相邻的隔墙时，应在隔墙的任何一侧装设横向式隔离密封件；钢管通过楼板或地坪引入其他区域时，均应在楼板或地坪的上方装设纵向式隔离密封件；在正常运行时，所有有点燃源外壳的450mm 范围内；含有分接头、接头、电缆头或终端的外壳，与直径为 50mm 以上导管连接的地方；导管所有螺纹连接处应严密拧紧；易积聚冷凝水的管路，应在其垂直段的下方装设排水式隔离密封件，排水口应置于下方。

（4）电流通道通畅措施

输电线路或接地线电阻大时，不仅电流阻力大，而且易发生电火花和发热。在相应的对策措施中包括：

除在 2 区内使用的照明灯具以外，爆炸危险场所内所有的电气设备应采用专用接地线；采用多股软绞线时，其铜芯截面积不得小于 4 mm^2。金属管线、电缆的金属外壳等可作为辅助接地线。中性点不接地系统，接地电阻值不大于 10 Ω；中性点接地系统、接地电阻值不大于 4 Ω。

在爆炸气体危险环境 2 区内的照明灯具，可利用有可靠电气连接的金属管线系统作为接地线，但不得利用输送易燃物质的管道。

接地干线应在爆炸危险区域不同方向不少于两处与接地体连接。

进入爆炸危险场所的电源，如果使用 TN 型供电电源系统，应为危险场所中常用的TN－S型（具有单独的中性线 N 和保护线 PE），即在危险场所中，中性线与保护线不应连在一起或合并成一根导线，从 TN－C 型到 TN－S 型转换的任何部位，保护线应在非危险场所与等电位连接系统相连。

从防雷防静电方面考虑，电气设备的金属外壳、金属构架、金属配线管及其配件、电缆保护管、电缆的金属护套等非带电的裸露金属部分均应接地。

6.6 可燃性粉尘环境区域分类

在现代安全管理工作中对粉尘十分重视，这是由于漂浮性粉尘引发了较多的事故。粉尘的危害主要在两个方面，一是导致尘肺病职业危害，二是导致人员伤亡和财产损失的粉尘爆炸危害。在空气中存在漂浮性可燃粉尘是粉尘爆炸的物质条件，而电气火花及高温表面是导致引发粉尘爆炸性混合体系爆炸的因素之一。在许多实际场所中存在可燃性粉尘，要保证爆炸性粉尘/空气混合物不出现是很困难的。保证设备不会产生一个点燃源也是很困难的。因此，在爆炸性粉尘/空气混合物出现可能性高的场所，就依靠使用那些被设计成产生点燃源的可能性极低的设备。反之，在出现爆炸性粉尘/空气混合物的可能性较低的场所，可使用较低技术要求的设备。

在《爆炸和火灾危险环境电力装置设计规范》（GB 50058—92）的第三章爆炸性粉尘环境中针对爆炸性粉尘环境的防范技术措施作了相关规定。在《可燃性粉尘环境用电气设备 第 3 部分：存在或可能存在可燃性粉尘的场所分类》（GB 12476.3—2007）使用的是“可燃性粉尘环境”而不是“爆炸性粉尘环境”，这可能有两个原因：不仅仅是粉尘云具有爆炸特性，处于沉积状态的粉尘层也会因受到气流的扰动而变成粉尘云，即粉尘层具有潜在的爆炸危险性；气体具有极强的流动性，受热时在温差作用下流动，而落在设备表面形成的粉尘层具有一定的保温特性，会在设备表面温度不太高的热源作用下，加速其自身的热量释放速率，热量的积累可导致温度升至自燃点而着火，也会成为粉尘云的点燃源。因此，安装在粉尘云环境中的设备应防止点燃粉尘云，并且其表面温度限值应低于粉尘层的点燃温度。

6.6.1 可燃性粉尘释放源及其环境的分类

国家标准《可燃性粉尘环境用电气设备 第 3 部分：存在或可能存在可燃性粉尘的场所分类》将粉尘释放源定义并划分为三个等级，分别为：

① 粉尘云的连续生成：粉尘云持续存在或预计长期或短期经常出现的场所。

② 1 级释放：在正常运行时，预计可能偶尔释放可燃性粉尘的释放源。

③ 2 级释放：在正常运行时，预计不可能释放可燃性粉尘，如果释放，也仅是不经常的并且是短期释放的释放源。

《危险场所电气防爆安全规程》认为，对已识别的释放过程，应确定其发生释放的频率和发生的持续时间，粉尘释放取决于周围的环境，并非各个释放源都会导致爆炸性粉尘环境的产生。其根据粉尘释放的可能性，也将粉尘释放源定义为三类：

① 持续形成的粉尘层、粉尘云：持续存在或存在很长时间或经常短时间反复出现的场所。

② 主要释放源：在正常情况下，周期性或者有时出现的场所。

③ 次要释放源：在正常情况下不会产生释放，如果产生释放，不会经常发生或短时间存在的场所。

可以看出，两个标准的释放源名称有区别，各释放等级的含义相近，只是后者强调了粉尘层。与气体释放源的分级含义也比较相近，其思路是相同的，只是体现了粉尘的特点。

释放源的危害在于其导致危险区域的存在，国家标准《爆炸和火灾危险环境电力装置设计规范》(GB 50058—92)将爆炸性粉尘环境危险区域划分为两类区域：

① 10 级区域(简称 10 区)：在正常运行时，连续出现或长期出现爆炸性粉尘的环境；

② 11 级区域(简称 11 区)：有时会将积留下来的粉尘扬起而偶然出现爆炸性粉尘混合物的环境。

《可燃性粉尘环境用电气设备 第 3 部分：存在或可能存在可燃性粉尘的场所分类》(GB 12476.3—2007)和《危险场所电气防爆安全规程》(AQ3009—2007)，依据可燃性粉尘/空气混合物出现的频率和持续时间及粉尘层厚度，将可燃粉尘环境分为三个区域：

20 区——在正常运行过程中可燃性粉尘连续出现或经常出现，其数量足以形成可燃性粉尘与空气混合物和或可能形成无法控制和极厚的粉尘层的场所及容器内部。

21 区——在正常运行过程中，可能出现的粉尘数量足以形成可燃性粉尘与空气混合物但未划入 20 区的场所。该区域包括：与充入或排放粉尘点直接相邻的场所、出现粉尘层和正常操作情况下可能产生可燃浓度的可燃性粉尘与空气混合物的场所。

22 区——在异常条件下，可燃性粉尘云偶尔出现并且只是短时间存在，或可燃性粉尘偶尔出现堆积，或可能存在粉尘层并且产生可燃性粉尘空气混合物的场所。如果不能保证排除可燃性粉尘堆积或粉尘层时，则应划分为 21 区。

第二种分区方法是目前采用最广泛的方法。

6.6.2 可燃性粉尘环境分区实施方法

可燃性粉尘在释放后，不可能通过通风或稀释的方法来消除，这点与气体场所完全不同，这就意味着粉尘场所的分类与气体场所的分类有本质的差异。场所分类是以已知的多个粉尘释放源的释放量为依据，并根据粉尘是否可燃对场所进行分类，粉尘的可燃性可通过实验室的试验来确定。同时需要了解用于加工中的材料的特性，这些特性可以从加工专业人员处获得，还必须考虑设备的操作和维护方式(包括现场清理)。为了提供设备实际作业的释放性质方面的信息，专业技术知识也很有必要。危险区域的定义不仅涉及粉尘云的危险，也考虑了粉尘层存在的危险。进行场所分类的步骤如下：

① 第一步：确定材料特性、材料是否具有可燃性，如颗粒尺寸、含水量、粉尘层、粉尘云、最低点燃温度和电阻率；

② 第二步：确定粉尘保护壳(粉尘设备外壳)或可能出现的粉尘释放源；

③ 第三步：确定粉尘释放源发生释放的可能性，以及装置各处出现爆炸性粉尘/爆炸性混合物的可能性；

④ 第四步：确定形成爆炸性危险粉尘云的可能性。

只有在履行以上四步骤后，才可对场所进行分类。

实际应用时现场情况复杂，各种现场的解决方案均不同。因而，应由具有丰富经验且熟悉工厂环境的专业人员联合安全、过程和电气领域的专家，依照以上程序对场所进行分类。

识别粉尘释放源和识别危险粉尘出现的概率是进行危险区域划分的基础工作。

(1) 识别粉尘释放源

首先，要分析是否产生粉尘，所产生的粉尘是否具有爆炸特性，这也是进行危险源分析的基本步骤。需要确定工厂内可能形成爆炸性粉尘环境或产生可燃性粉尘层的过程设备、过程工艺或其他行为，对其工艺过程进行熟悉。

对于粉尘贮存系统的内部和外部需要分别考虑。在贮存系统内部，粉尘不能释放到环境中，但作为工艺的一部分可能形成连续的粉尘云。

粉尘贮存系统的内部也存在不同的情况，内部存贮或处理大量粉尘产品的装置(如地窖、磨坊、混合器)通常与内部无粉尘堆积的装置是不一样的。

同样，贮存系统外部的场所分类也受许多因素的影响，例如：

——内部压力超过大气压力(正向正压交换)时，粉尘会很容易被吹出产生释放；反之，内部压力低于大气压力，则设备外部形成粉尘环境的可能性很低。

——柔韧的导管比固定的金属导管更易于产生粉尘释放。

确定潜在的粉尘释放源时，应考虑传输速率、粉尘萃取率和落差高度等过程参数。此外，粉尘颗粒的尺寸和含水量极大地影响粉尘释放过程。

对于已经确认的可能引起粉尘释放的过程，还须进一步识别其场所和释放源的类型。在正常工作中，下列情况可不被视为粉尘释放源：

——压力容器的本体，包括关闭的喷嘴和检修孔；

——无接缝的导管、管道和支管；

——采取保护措施防止粉尘泄漏的阀门密封管和法兰结合面。

粉尘释放源举例：

——持续形成的粉尘云；引入和形成粉尘的过程设备内部，如地窖、搅拌机、磨坊等。

——主要释放源：萃取设备的内部、或开口罐装处周围。

——次要释放源：有时需要短时间打开的检修孔和存在粉尘堆积的粉末处理室。

（2）识别危险粉尘出现的概率

在存贮、处理和加工粉尘产品的粉尘罐体内部，作为过程自身的一部分，必然存在不可控厚度的粉尘层；反之，在罐体外部形成的粉尘层厚度通常是可控的（如通过清扫等）。控制粉尘层的厚度到一定水平会影响设备的选型。控制的水平取决于粉尘的特性和电气设备的表面温度。总的说来，罐体外部的粉尘厚度是可控的。

绝大多数粉尘层都会导致爆炸性粉尘环境的产生。存在粉尘层的场所必须予以分类。此外，有时稀释的粉尘云是粉尘层产生的原因。

根据场所粉尘云出现的概率和粉尘层受干扰的频繁程度，危险场所的分类见表 6－14，体现了“处于沉积状态的粉尘层在受到气流扰动时也会转变成粉尘云”的基本思路。

表 6－14　危险场所分类

粉尘源等级	粉尘云	厚度可控的粉尘层	
		经常受干扰	极少受干扰
持续的	20	21	22
主要的	21	21	22
次要的	22	21	22

对于设备内部，由于很少存在引燃源，所以往往被忽略，当可能存在较强的静电放电时，必须予以重视。

6.7　可燃性粉尘环境使用的电气设备

6.7.1　粉尘层的危险性

在可燃性粉尘存在场所使用的电气设备应满足如下要求：不产生电火花或者电火花不与粉尘云接触；正常工作时，设备表面的温升不会引燃其表面的粉尘层；粉尘不会进入设备内部，即使进入也不会妨碍设备正常运行。在气体爆炸危险场所，限制电气表面温升是为了防止其达到气体的自燃点，而在可燃性粉尘环境中，限制电气表面温升是为了防止粉尘发生明显的加速自升温现象。

对于粉尘厚度 5 mm 时最低点燃温度等于或高于 250℃ 的粉尘，图 6－14 中给出了设备最高允许表面温度随着粉尘层厚的增加而降低的关系。图中右侧的温度为与相对曲线对应的 5mm 厚度粉尘的点燃温度，曲线左上端对应的温度是在规定的最高环境温度条件下，粉尘层 5mm 厚的条件下试验时，电气设备表面任何部件所达到的最高温度。由于粉尘具有隔热作用，设备表面温度随粉尘层厚度的增加而升高。最高允许表面温度是指在实际工作条件下为避免产生点燃的电气设备表面允许达到的最高温度。无论是粉尘云还是粉尘层，其最高允许表面温度取决于粉尘类型，如果是粉尘层，取决于其厚度和施加的安全系数。图中曲线的变化趋势表明，设备表面可能的粉尘层厚度越大，其最高允许表面温度越低，相应地对设备的要求也就越高。

由于粉尘层的存在引起的危险有三个方面：

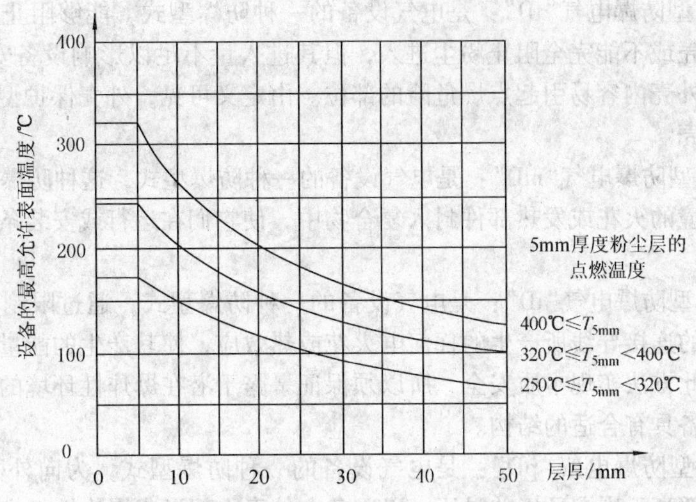

图6－14　粉尘层厚度增加时标记在设备上的允许最高表面温度的降低

① 在建筑物内的一次爆炸的冲击波可使粉尘层飞扬上升成为粉尘云，并产生较一次爆炸破坏性更大的二次爆炸。因此须始终对粉尘层进行控制，以降低这种危险。

② 设备产生的热量可能将保持在其外壳上的粉尘层点燃，这个危险是火灾而不是爆炸，并且是个缓慢的过程。

③ 粉尘层可形成粉尘云，被热表面点燃产生爆炸。实际上，粉尘云的点燃温度通常比粉尘层的点燃温度高出许多。例如，褐煤粉尘的粉尘层点燃温度为230～250℃，但其粉尘云的点燃温度可高达410～450℃。除燃烧装置外，很少有设备的表面温度能达到如此高温，在容器外，也很少有粉尘层形成粉尘云后引起爆炸的实例。这些危险取决于粉尘的特性及其厚度，它们又受现场清理状况的影响。对粉尘层可能引起的火灾，可通过选择合适的电气设备和有效的现场清理得到控制。

6.7.2　可燃性粉尘环境使用的防爆电气

根据粉尘爆炸的条件，针对消除同时出现的点燃源和场所中的爆炸性环境，可采取下述的任一种方式：

① 抑制或避免危险环境；

② 使用防爆电气设备；

③ 采用程序的、自动的或手动的控制方式，防止爆炸性环境与点燃源同时出现。

每种方式都各有所长，虽然每种预防措施都能完全独立解决某个特定问题，但有时允许采用综合的方法对得到所要求的安全等级会更有利。

在粉尘环境中使用的电气设备都应具备相应的防尘水平，防尘是由电气外壳来实现的，有两种防尘外壳。一种是尘密外壳（DT，Dust Tight Enclosure），其为能够阻止所有可见粉尘颗粒进入的外壳。另一种是防尘外壳（DP，Dust Protected Enclosure），其为不能完全阻止粉尘进入，但其进入量不会妨碍设备安全运行的外壳。粉尘不应堆积在该外壳内易产生点燃危险的位置上。

为保证电气设备的使用安全，用于可燃性粉尘危险场所的电气设备应由下列一种防爆型式或多种防爆型式的组合进行保护。

① 外壳保护型防爆电气“tD”：是电气设备的一种防爆型式，能够阻止所有可见粉尘颗粒进入的尘密外壳或不能完全阻止粉尘进入，但其进入量不足以影响设备安全运行的外壳。粉尘不宜积聚在外壳内容易引起点燃危险的部位。由定义可见，外壳保护型防爆电气具有尘密外壳或防尘外壳。

② 浇封保护型防爆电气“mD”：是电气设备的一种防爆型式，这种防爆型式是将可能产生点燃爆炸性环境的火花或发热部件封入复合物中，使它们在运行或安装条件下避免点燃粉尘层或粉尘云。

③ 本质安全型防爆电气“iD”：是电气设备的一种防爆型式，通过限制设备内部和暴露于爆炸性环境中的连接导线所产生的任何电火花或热效应，使其产生的能量低于可引起点燃的能量。由于用此方法实现本质安全，所以须保证暴露于潜在爆炸性环境的电气设备以及其他相互连接的设备具有合适的结构。

④ 正压保护型防爆电气“pD”：是电气设备的一种防爆型式，为向外壳内充以保护气体，保持外壳内部高于周围环境的过压，以避免在外壳内部形成爆炸性粉尘环境。

对可燃性粉尘环境用电气设备的分类及要求如下：

① 按粉尘层厚度分 A 型、B 型两类。适用于粉尘层厚度至 5mm 的为 A 型；适用于粉尘层厚度至 12.5mm 的为 B 型。

② 按防止粉尘点燃（DIP）的结构分为尘密型（DT）和防尘型（DP），定义见上述，粉尘不应堆积在壳内易产生点燃危险位置。

③ 按壳外极限温度（T_{max}）的规定分为 A 型和 B 型两类。在粉尘进出场所，设备最高表面温度（T_{max}）不应超过粉尘/空气混合物最小点燃温度（T_{min}）的 2/3，即 $T_{max}=2/3T_{min}$（℃）。在粉尘堆积场所，设备最高表面温度不能超过下述定义：A 型，$T_{max}=T_{5mm}-75K$；B 型，$T_{max}=T_{12.5mm}-25K$。T_{5mm} 和 $T_{12.5mm}$ 分别指 5mm 厚粉尘层和 12.5mm 厚粉尘层的点燃温度。

6.8 可燃性粉尘环境电气设备选型

与在爆炸性气体环境中选择防爆电气相似，了解现场实际存在粉尘的特性，掌握其特性参数，是进行防爆型式选择的基础。其次是要熟悉各类防爆电气的特性。

6.8.1 根据粉尘环境区域和粉尘类型选型

根据粉尘物质电阻率的大小，可将其分为导电性粉尘和非导电性粉尘，导电性粉尘是指电阻率等于或小于 $1\times10^{3}\Omega\cdot m$ 的粉尘、纤维或飞絮。电阻率高于此值者为非导电性粉尘。进入电气设备外壳内的粉尘，其导电性强弱对电气的影响是有明显区别的。

在可燃性粉尘环境用的电气设备，根据粉尘环境区域、防爆标志和粉尘类型选型见表 6-15。DIP A20 等是防爆电气的防爆适用范围。

表 6-15 防粉尘点燃电气设备的选择

电气设备类型	粉尘类型	20 区或 21 区	22 区
A 型	导电粉尘	DIP A20 或 DIP A21	DIP A21（IP6X）
	非导电粉尘	DIP A20 或 DIP A21	DIP A22 或 DIP A21
B 型	导电粉尘	DIP B20 或 DIP B21	DIP B21
	非导电粉尘	DIP B20 或 DIP B21	DIP B22 或 DIP B21

表中 DIP 的含义是“防止粉尘点燃”，是英文“dust ignition protection”的缩写，防粉尘点燃的电气设备具备了国家标准规定的有关避免粉尘层或粉尘云点燃的所有措施(如防止粉尘进入和限制表面温度)。防粉尘点燃的电气设备包含了 A 型和 B 型两种不同型式的电气设备，但这两种型式具有相同的保护水平。电气设备 A 型和 B 型的含义由国家标准《可燃性粉尘环境用电气设备　第 1 部分：用外壳和限制表面温度保护的电气设备》(GB 12476.1—2000)定义。

表中 IP6X 是指电气设备外壳的防护等级代号的一种，根据《外壳防护等级(IP 代码)》(GB 4208—2008)的规定，表示防护等级的代号通常由特征字母 IP(国际防护之意)和二个特征数字组成。第一位数字代表防尘的防护等级，含义见表 6－16，第二位数字代表防水的防护等级，含义见表 6－17。根据两个表，符号 IP44 的含义是指外壳能防止大于 1mm 的固体进入内部，并且防溅水。如仅需用一个特征数字表示防护等级时，被省略的数字必须用字母 X 代替。例如 IPX5 或 IP2X。IP5X 表示防尘型电气，IP6X 表示尘密型电气。

表 6－16　第一位特征数字所代表的防护等级

第一位特征数字	防护等级	
	简短说明	含义
0	无防护	没有专门防护
1	防大于 50mm 的固体异物	直径 50mm 球形物体试具不得完全进入壳内
2	防大于 12.5mm 的固体异物	直径 12.5mm 球形物体试具不得完全进入壳内
3	防大于 2.5mm 的固体异物	直径 2.5mm 球形物体试具不得完全进入壳内
4	防大于 1mm 的固体异物	直径 1mm 球形物体试具不得完全进入壳内
5	防尘	不能完全防止尘埃进入，但进入的灰尘量不得影响设备的正常运行，不得影响安全
6	尘密	无灰尘进入

表 6－17　第二位特征数字所代表的防护等级

第二位特征数字	防护等级	
	简短说明	含义
0	无防护	—
1	防止垂直方向滴水	垂直方向滴水应无有害影响
2	防止当外壳在 15°范围内倾斜时垂直方向滴水	当外壳的各垂直面在 15°范围内倾斜时，垂直滴水应无有害影响
3	防淋水	各垂直面在 60°范围内淋水，应无有害影响
4	防溅水	向外壳各方向溅水应无有害影响
5	防喷水	向外壳各方向喷水应无有害影响
6	防强烈喷水	向外壳各方向强烈喷水应无有害影响
7	防短时间浸水影响	浸入规定压力的水中经规定时间后外壳进水量不致达到有害程度
8	防持续潜水影响	按生产厂和用户同意的条件(应比特征数字为 7 时严酷)持续潜水后外壳进水量不致达到有害程度

如需要时，可加一个附加字母和一个补充字母，以表示某种附加含义。附加字母和补充字母及其含义见表6－18和表6－19。

表6－18　附加字母所表示的对接近危险部件的防护等级

附加字母	防护等级	
	简短说明	含义
A	防止手背接近	直径50mm的球形试具与危险部件必须保持足够的间隙
B	防止手指接近	直径12mm、长80mm的铰接链指与危险部件必须保持足够的间隙
C	防止工具接近	直径2.5mm、长100mm的试具与危险部件必须保持足够的间隙
D	防止金属线接近	直径1.0mm、长100mm的试具与危险部件必须保持足够的间隙

表6－19　补充字母代表的含义

字母	含　义
H	高压设备
M	防水试验在设备的可动部件(如旋转电机的转子)运动时进行
S	防水试验在设备的可动部件(如旋转电机的转子)静止时进行
W	提供附加防护或处理以适应于规定的气候条件

注：GB4028－1984规定W置于IP与特征数字之间与本表规定的W置于特征数字或附加字母之后的含义相同。

6.8.2　根据粉尘点燃温度选型

粉尘层的最低点燃温度是指规定厚度的粉尘层在热表面上发生点燃的热表面的最低温度。粉尘云最低点燃温度是指炉内空气中所含粉尘云发生点燃时炉子内壁的最低温度。上述两个参数都是反映粉尘特性的参数，不同粉尘的数值是不同的，同一种粉尘，其粒径不同时也不相同。

防粉尘点燃设备的最高表面温度(T_A或T_B)通常直接标温度值，或按表6－6标温度组别($T_1 \sim T_6$)或两者都标，即粉尘按照引燃温度分组方法与气体完全相同。

对于A型防爆设备，其最高表面温度应不超过相关粉尘云最低点燃温度(以℃为单位)的2/3，即$T_{max} \leqslant 2/3T_{cl}$；当存在粉尘层厚度至5mm时，其最高表面温度不应超过相关粉尘层厚度为5mm的最低点燃温度减去75K，即$T_{max} \leqslant (T_{5mm} - 75K)$，取两者较小值。

对于B型防爆设备，其最高表面温度应不超过相关粉尘云最低点燃温度(以℃为单位)的2/3，即$T_{max} \leqslant 2/3T_{cl}$；当存在粉尘层厚度至12.5mm时，其最高表面温度不应超过相关粉尘层厚度为12.5 mm的最低点燃温度减去25K，即$T_{max} \leqslant (T_{12.5mm} - 25K)$，取两者较小值。

设备选型时，对于20区使用的，粉尘层厚度可能超过5 mm的A型设备，或粉尘层厚度可能超过12.5 mm的B型设备，设备允许的最高表面温度必须进一步降低，并经实验室试验验证确定。

对于使用在危险场所的辐射设备和超声波设备，以及即使使用在安全场所，但其辐射或超声波可能进入危险场所的设备的选择，应防止能量在某点汇聚集中，点燃粉尘，其措施应满足GB 12476.2—2006标准规定的要求。

6.8.3 根据防爆型式选择设备

针对不同类别粉尘和不同级别的可燃粉尘危险区域，根据各类防爆电气的适用范围，将防爆型式选择结果列入表6－20中。

表6－20 根据防爆型式选择防爆电气设备

粉尘类型	20区	21区	22区
非导电性粉尘	tD A20 tD B20 iaD maD	tD A20或tD A21 tD B20或tD B21 iaD或ibD maD或mbD pD	tD A20；tD A21或tD A22 tD B20；tD B21或tD B22 iaD或ibD maD或mbD pD
导电性粉尘	tD A20 tD B20 iaD maD	tD A20或tD A21 tD B20或tD B21 iaD或ibD maD或mbD pD	tD A20或tD A21或tD A22 IP6X tD B20或tD B21 iaD或ibD maD或mbD pD

表中maD和mbD为浇封型防爆电气的两个保护等级。“maD”保护等级的电气设备能够在下列每一种条件下不引起点燃：①正常操作和安装；②任何规定的异常条件；③规定的故障条件；“mbD”保护等级的电气设备能够在下列每一种条件下不引起点燃：①正常操作和安装；②规定的故障条件。

同样，iaD和ibD也是本质安全型电气的两个保护等级，前者的保护等级高于后者。

6.8.4 可燃性粉尘环境电气线路的安装安全

可燃性粉尘场所电气线路的安全与爆炸性气体场所有相似之处，也有其特有的隐患。

可燃气体不会明显地阻碍电缆散热，而粉尘易于在电缆上，尤其是多股粗电缆上积聚形成粉尘层，粉尘层会削弱空气的自由流动，具有保温的效果，也有能发生热自燃的可能，尤其是出现低点燃温度的粉尘时，则应考虑适当减少电缆的载流量，或加大通过电流的截面积。及时清扫粉尘也是有效的措施，同清扫其他场所粉尘一样，应绝对避免采用可导致粉尘飞扬的清扫方式。

电缆敷设路线的布置应使其聚积粉尘量最少，同时便于清理。当采用线槽、管道、管子或地沟装设电缆时，应采取预防措施以防止可燃性粉尘的通过或聚积。

细小粉尘不仅具有无孔不入的特点，而且能够积累，所以保护线路的导管应接头紧密、两端封严。电气设备上暂时不用的孔洞也应可靠封堵，最好是只有采用专用工具才能拆封的方法。

如果电缆通过地板、墙壁、间隔或天花板，则其通孔应密封，保持粉尘阻挡层的完好，以防可燃性粉尘通过或聚积。

粉尘与电缆表面摩擦时，会产生静电电荷（参阅第7章），因此要求电缆敷设路线的布置应不会因粉尘的通过而受到摩擦和静电的聚积，并应采取措施防止电缆表面上的静电聚积。

设备安装应牢固，接线应正确，接触应良好，必要的通风孔道不得堵塞。粉尘，尤其是导电性粉尘，可导致爬电距离增加、有效电气间隙减小，所以应注意保持设备的爬电距离和电气间隙，以避免产生电弧或火花的可能性。

思考题

1. 如何辨识某场所是否有可能存在可燃气体释放源？
2. 请分析汽车加油站可能存在的油气释放源，并划分释放源的等级。
3. 哪些因素会对气体爆炸危险区域的范围、等级产生影响。
4. 在易燃液体生产、使用、储存场所，一般禁止存在凹坑、地井、暗沟等低洼区，根据爆炸危险区域的定义和形成条件来阐述其理由。
5. 在一间通风不良的半地下室内，有输送丙酮和甲醇的地下管道穿过，并在此设置了截止阀门。请分析释放源等级和室内爆炸危险区域的等级。
6. 通风对气体爆炸危险区域有哪些影响？
7. 某打火机生产厂，在室内进行液化丁烷的灌装，灌装嘴为1级释放源，需要进行通风设计，如何确定新鲜空气的最小体积流速？
8. 在利用外壳间隙防爆的电气设备中，外壳是如何防爆的？为什么说临界熄火间隙大小是由使用场所中可燃气体的特性所决定的？
9. 哪几种防爆电气是采用介质隔离引燃源这一防爆原理的？介质有哪几类？
10. 在气体爆炸危险场所使用的防爆电气有哪几类？其代号分别是什么？
11. 你认为“本质安全型防爆电气”中本质安全的含义是什么？
12. 正压型防爆电气所使用的气体有哪些？为什么洁净的空气也能起到防爆作用？
13. 你认为“最大安全试验间隙”和“最小点燃电流比”是可燃气体的特性参数，还是防爆电气的特性参数？两个参数的数值越大或者越小能说明什么？
14. 按照引燃温度的高低，将可燃性气体分为六组，其温度值的高低对防爆电气表面温升的要求有何变化？
15. 异戊二烯属于IIA级T_3组，哪些型号的防爆电气在异戊二烯蒸气环境中使用是安全的？
16. I级气体专指矿井甲烷，也就是瓦斯气体，其组成和性质与天然气相近，你认为天然气压缩车间中所用防爆电气应选择哪种型号？
17. 在某黏胶纤维生产企业的磺化车间，主要原料为二硫化碳和碱性纤维素，在该车间的爆炸危险区域内，使用哪种型号的防爆电气才能保证安全？
18. 在气体爆炸危险区域内使用的电气线路会产生哪些危险因素？可采用哪些安全技术来防范？
19. 可燃性粉尘环境分为哪几个危险区域？与爆炸性气体环境分区的区域定义相比较，区别是什么？
20. 在可燃性粉尘环境中，电气设备上表面可能存在的粉尘层越厚，要求设备实际达到的表面温度越低，请阐述理由。
21. 可以在可燃性粉尘环境中使用的防爆电气有哪几种？阐述各自的防爆原理。
22. 某场所要求使用IP6X的电气，请说明IP6X的含义。

第 7 章　静电放电危害的防范

静电安全工程学是利用系统工程理论对静电起电原理、静电作用机理、静电放电模型、静电测试技术和防护理论与措施进行全面研究的学科。本章针对可燃气体、易燃液体蒸气及粉尘的爆炸危险环境，重点研究静电起电与积累的规律、静电电荷泄放规律、静电放电形成的瞬时大电流产生的热效应、以及防范静电放电危害的技术措施等内容。

7.1　静电起电机理分析与静电电荷的积累

在易燃易爆物质存在场所，静电放电(ESD，Electrostatic Discharge)产生的火花具有高温，其危害是引发火灾爆炸事故，熟悉静电电荷产生的规律和静电电荷积累的条件，才能有效地制定防范静电放电现象发生的技术措施。

7.1.1　静电起电机理及静电的特点

(1) 静电起电机理

人们很早就已发现，用玻璃棒或琥珀与毛皮摩擦一阵后再分开时，前者就带了正电荷，后者就带了负电荷，能够吸引或排斥羽毛、纸片和尘埃等轻小物体。

为什么摩擦会使物质带上静电呢？大家知道，一切物质都是由分子组成的，而分子是由原子组成的，原子是由带正电的原子核和围绕着原子核作高速旋转的带负电的电子所组成。电子在核外不停地高速旋转，有离开原子核的倾向，但电子还与带正电的原子核互相吸引，两个方向相反的力达到平衡，电子只能在其固定的轨道上运动。原子核所带的正电荷数量与全部电子所带的负电荷数量相等，所以整个原子是呈电中性的。

在核外电子中，价电子具有的能量最高，价电子挣脱原子核的束缚时所需外部提供的最小能量称为电子逸出功(也称为功函数)，它反映了原子核对价电子的束缚力或者吸引力的大小，电子逸出功大的物质对电子的吸引力也大，不同种原子或者说是不同物质的电子逸出功是不相同的。当电子逸出功不同的两种物质相互接近，且相距小于 2.5nm 的紧密接触时，电子受到相反两个方向的作用力，作用力之差——净作用力与相接触两种物质的电子逸出功之差成正比。在净作用力作用下，部分电子能摆脱原物质原子核的束缚，从逸出功较小的物体转移到逸出功较大的另一个物体上去，这样，逸出功小的物体因失去电子而带正电，逸出功大的物体因电子过剩而带负电。由于两物体各自带有电荷极性相反、数量相等的电荷，就形成了双电层，如图 7 - 1 所示。电子还受到电子逸出功小的物体中正电荷层的吸引，达到平衡状态时，形成稳定的双电层。

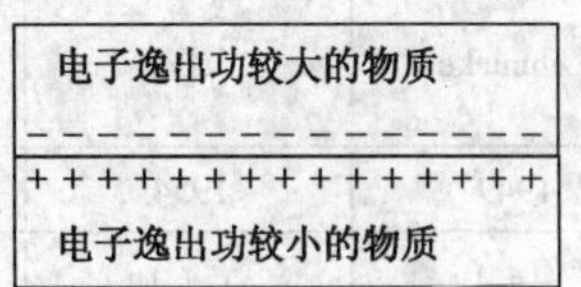

图 7 - 1　具有不同电子逸出功的两种物质接触时形成的双电层

双电层还不是静电，当两物质作相对运动，如固体间相互摩擦、液体在管道中流动、粉状物料在布袋中滑动时，如果物质具有较高的电阻率，电子的移动速度较慢，有部分电子来

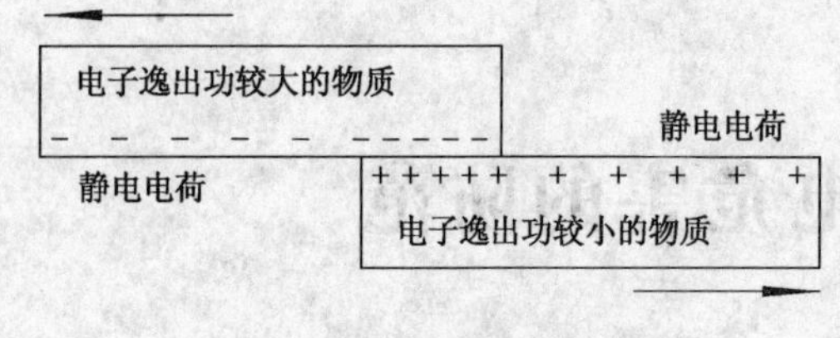

图 7－2　静电产生示意图

不及复位就随物质离开了，结果是各自带上了净电荷，即静电电荷，如图 7－2 所示。静电电荷的产生量与相接触的两物质的电子逸出功之差有关，差别越大，即性质相差越大，静电电荷越多，同时还与分离速度大小有关，速度越大，静电电荷越多。上述接触－分离起电过程的机理描述就是静电起电的“双电层理论”。

根据静电电荷产生机理可知，相接触两种物质的电子逸出功差别越大，双电层中电荷密度越大。接触－分离是产生静电的基础，相互分离时速度越快，不能复位的电子越多，产生的静电电荷也越多。物质的电阻率直接影响电子复位的速度，可以想象，电阻率越高的物质所产生的静电电荷越多，相反，电阻率越低的物质所产生的静电电荷越少，但实际情况并非完全如此。电阻率很高的物质往往电子逸出功也较高，电子离开原物质也更难，致使双电层中的电荷密度也很小；所以产生的静电电荷密度也小；而电阻率较低的物质，在物质分离过程中，双电层中电子移动阻力小，复位移动速度很快，剩余的静电电荷也少。总之，电阻率太高或太低都将使静电电荷生成量减少，只有电阻率大小居中的物质才产生较多的静电电荷，通常认为电阻率在 $10^{10}\sim10^{15}\Omega\cdot cm$ 之间为电阻率居中者。

静电并不是静止不动的电荷，给静电下定义比较困难，但至此可以给“静电起电”下一个定义。静电起电包括正负电荷发生分离的一切过程，如通过固体与固体表面、固体与液体表面之间的接触、摩擦、碰撞，固体或液体表面的破裂等机械作用产生的正、负电荷分离；也包括气体的离子化、喷射带电以及在粉尘、雪花和暴风雨中的带电现象。

一种物质在摩擦过程中带什么电荷，与电子逸出功的相对大小有关。某物质与电子逸出功较小的物质接触－分离时带负电荷，相反，与电子逸出功较大的物质接触带正电荷。大量研究结果表明，可以把不同物质按照得失电子的难易，亦即按照起电性质的不同，排成一个静电带电序列，如表 7－1 所示。序列中任意两种固体相接触时，排在上面的固体带正电荷，排在下面的带负电荷，例如北川序列，绸布与玻璃棒摩擦时，玻璃棒带正（＋）电荷，而与聚四氟乙烯摩擦时，聚四氟乙烯带负（－）电荷。两种固体在序列中的位置相聚越远，接触分离后所带的电量越大。

表 7－1　静电带电序列

Lehmicke	Ballou	Hersh &Montgomery	Rose	北川彻三	Fukada &Fowler
1949	1954	1955	1957	1958	1958
（＋）	（＋）	（＋）	（＋）	（＋）	（＋）
玻璃	羊毛	羊毛	乙基纤维素	玻璃	云母
人发	尼龙	尼龙	铬肮	头发	丙烯
尼龙丝	丝绸	黏胶	帕斯派克斯	尼龙	聚苯乙烯
羊毛	黏胶	棉纱	（二甲基丙烯	羊毛	聚乙烯
丝绸	人的皮肤	丝绸	酸甲酯的聚合	人造纤维	聚四氟乙烯
黏胶纤维	玻璃纤维	醋酸盐	物）	绸布	（－）
棉织品	棉纱	丙烯树脂	塔夫诺尔塑料	醋酸人造丝	

续表

Lehmicke	Ballou	Hersh &Montgomery	Rose	北川彻三	Fukada &Fowler
1949	1954	1955	1957	1958	1958
纸	玻璃	聚乙烯醇	硬质橡胶	聚丙烯腈纤维	
麻织品	聚酯纤维	醋酸纤维	醋酸纤维素	棉混纺纱	
钢	铬	聚丙烯腈纤维	玻璃	纸浆和滤纸	
硬质橡胶	聚丙烯腈纤维	达奈尔(40%	金属	黑橡胶	
醋酸人造丝	聚乙烯	丙烯腈，60%	聚苯乙烯	聚酯纤维	
合成橡胶	(－)	氯乙烯)	聚乙烯	维尼纶	
聚丙烯腈纤维		尼龙6	聚四氟乙烯	沙纶(萨然树脂)	
萨然树脂		聚乙烯	硝酸纤维素		
聚乙烯		聚四氟乙烯	(－)	电石	
(－)		(－)		聚乙烯	
				可耐尼龙	
				赛璐珞	
				玻璃纸	
				聚苯乙烯	
				聚四氟乙烯	
				(－)	

(2) 静电的特点

要了解静电的危害，就要先了解静电相对于工业用电的特点。与一般工业用电不同，静电一般不是由电磁感应产生的，大多数是因接触、摩擦后分开而带电，所以产生方式不同；静电在空间积蓄的能量密度($0.5\varepsilon_0E^2$)一般不超过约45J/m^3，而电磁感应机器在空间积蓄的能量密度($0.5\mu B^2$)却很容易达到10^6J/m^{3}之大，二者能量密度相差万倍以上，所以能量相差很大；静电电位往往高达几千伏甚至上万伏，所以比较容易发生放电现象，但静电电流很小，为微安(μA)数量级，而一般工业用电电压虽然只有220V或380V，但电流强度为安培(A)数量级，其电压比静电低，电流比静电大得多。总之，静电具有如下特点：①静电电位高，易于达到发生放电的电场强度；②静电能量密度小，放电释放的总能量不大。由于静电电压很高，如此高电位的带电体若与零电位或低电位物体接触形成不大的间隙时，极易造成静电放电而产生火花。部分工序或场所的静电电位数值如下，可供参考。

电影胶片制造	15kV及以上
橡胶制造及人造革制造	10～15kV
细小颗粒的研磨，有粉尘的工序	10～15kV
喷漆	10kV
赛璐珞的摩擦	40kV
橡胶输送带的运转(4m/s)	45kV
含沥青的汽油通过丝织品滤网时	335kV

7.1.2 静电电荷的积累与泄漏

(1) 电阻率和电导率

电阻率是用来表示各种物质电阻特性的物理量，在静电研究中所用的电阻率分为表面电阻率和体电阻率两种。

表面电阻率定义为单位宽度、单位长度材料的表面电阻值，即正方形材料两对边间的表面电阻，用ρ_s表示，单位为欧姆(Ω)。可用于反映服装面料和镀膜绝缘材料的导电性。

体电阻率定义为单位截面积、单位长度立方体材料两个相对面间的电阻，用ρ_v表示。根据物体的电阻计算公式$R=\rho L/S$，长度L的单位为m或cm，截面积S的单位为m^2或cm^2，单位要统一，所以体电阻率ρ_v的单位为Ω·m或Ω·cm，1 Ω·m = 100 Ω·cm，是常用的物料特性参数。如果不特别说明，物料的电阻率通常就是指体电阻率，简化为用ρ表示。部分液体的电阻率见表7-2。

表7-2 部分液体的电阻率

名称	电阻率/(Ω · cm)	名称	电阻率/(Ω · cm)
己烷	1.0×10^{18}	三氯乙烯	6.1×10^{11}
石油醚	8.4×10^{14}	乙醚	5.6×10^{11}
煤油	7.3×10^{14}	乙醇	7.4×10^{8}
庚烷	4.9×10^{13}	正丁醇	1.1×10^{3}
轻油	1.3×10^{14}	丙酮	1.7×10^{7}
二硫化碳	3.9×10^{13}	醋酸乙酯	1.7×10^{7}
二甲苯	3.0×10^{13}	甲醇	2.3×10^{6}
甲苯	2.7×10^{13}	醋酸甲酯	2.9×10^{5}
汽油	2.5×10^{13}	蒸馏水	1.0×10^{6}
苯	1.6×10^{13}	异丙醇	2.8×10^{9}

电导率的物理意义是表示物质导电的性能。电导率越大则导电性能越强，反之越小。不能将电导与电导率混淆，电导是电阻的倒数，而电导率γ是体电阻率的倒数，即$\gamma=1/\rho$，在国际单位制中，电导率的单位称为西门子/米(S/m)。

在静电工程学中，根据物料和固体物质的导电性分为静电导体、静电亚导体和静电非导体，见表7-3。

表7-3 静电导体、静电亚导体和静电非导体

导体种类	导电参数		
	体电阻率/(Ω · cm)	电导率/(S/m)	表面电阻率/Ω
静电导体	$<1\times10^{8}$	或$>1\times10^{-6}$	或$<1\times10^{7}$
静电亚导体	$1\times10^{8}\leqslant\rho_v\leqslant1\times10^{12}$	或$1\times10^{-10}\leqslant\gamma\leqslant1\times10^{-6}$	或$1\times10^{7}\leqslant\rho_s\leqslant1\times10^{11}$
静电非导体	$>1\times10^{12}$	或$<1\times10^{-10}$	或$>1\times10^{11}$

物质的电阻率在$10^{10}\sim10^{15}$Ω · cm之间者容易产生和积累静电，是防静电工作的重点对象。当电阻率大于10^{15}Ω · cm时，物体就不易产生静电，而一旦带有静电，就难以消除，积累较多电荷时同样具有危险。物体电阻率$10^{6}\sim10^{8}$Ω · cm的材料为导静电材料，即使上

面带上电荷，也可瞬间消失。人体电阻在 $10^3\Omega$ 数量级及以下，属于静电导体。

（2）物质传导静电的性能

无论是固体材料还是液体物质，都具有或强或弱的导电性，所以静电绝对不是真正的静止不动的电荷。在所有静电起电过程中，都同时存在静电产生和静电消散两种过程。在连续不断的起电过程中，静电不断产生，不断积累，使物质的带电量增加；与此同时，物质所带电荷也不断消散，使物质的带电量逐步减少。当静电的产生与消散两种作用处于动态平衡时，物质才能处于稳定的带电状态，此时物质带有确定的电量。

物质携带静电后，向大地消散速度的快慢与静电电流流过通道的电阻大小有关，该电阻值与物质的电导率或电阻率有关，电阻率越大，静电电荷消散速率越小，有利于电荷积累，稳定状态时物质带电的上限值越高。表 7－4 表明了物体在静电接地情况下的带电电位上限值与电导率或电阻率之间的关系。

表 7－4　物体带电电位与电导率或电阻率之间的关系

带电电位上限值/kV	电导率/(S/m)	体电阻率/(Ω·cm)	表面电阻率/Ω
0.1 以下	10^{-8} 以上	10^{10} 以下	10^{10} 以下
0.1～1	10^{-10}～10^{-8}	10^{10}～10^{12}	10^{10}～10^{12}
1～10	10^{-12}～10^{-10}	10^{12}～10^{14}	10^{12}～10^{14}
10 以上	10^{-12} 以下	10^{14} 以上	10^{14} 以上

表 7－5 中的数据表明，带电体与大地之间静电泄漏电阻决定了静电起电物体（或物质）带电量的多少，而带电体或带电物质本身的电阻和构成接地泄漏通道物体或接地导体的电阻二者之和就是静电泄漏电阻。

表 7－5　带电电位与物体静电泄漏电阻的关系

带电电位/kV	泄漏电阻/Ω
0.1 以下	10^6 以下
0.1～1	10^6～10^8
1～10	10^8～10^{10}
10 以上	10^{10} 以上

（3）静电电荷的泄漏规律

当处于静电平衡状态时，导体上所带电荷分布在导体的外表面上，但在未达到静电平衡状态时，电荷可能既有体分布也有面分布。如果是静电亚导体或静电非导体带电，也可能是体分布和面分布同时存在。

介质内部静电电荷（如液体）消散泄漏时，如果停止电荷的产生，电荷则按照式（7－1）和图 7－3 的规律消散。

$$Q = Q_0 e^{-\frac{t}{\varepsilon\rho}} \qquad (7-1)$$

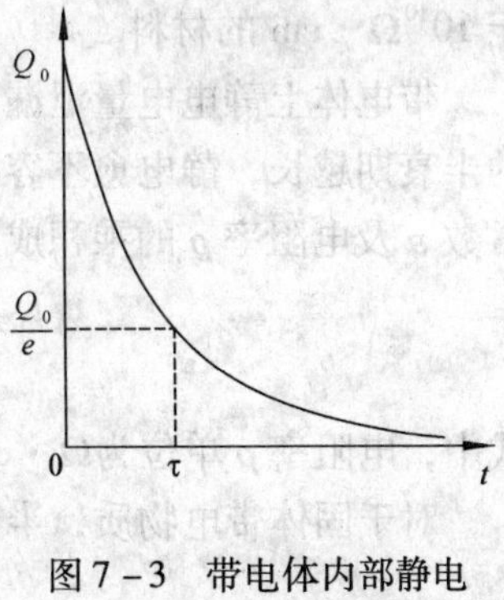

式中 Q——物体或物料剩余电荷量，C；

Q_0——物体或物料初始电荷量，C；

t——时间；

ρ——物体或物料的体电阻率；

ε——物体或物料的介电常数，也称为电容率。其数值

图 7－3　带电体内部静电电荷泄漏衰减曲线

等于真空介电常数 ε_0 与相对介电常数 ε_r 的乘积，即 $\varepsilon=\varepsilon_r\varepsilon_0$。真空介电常数 ε_0 是常数，$\varepsilon_0=8.85\times10^{-14}\text{s}/(\Omega\cdot\text{cm})$，部分物质的相对介电常数见表7-6。

表7-6 部分物质的相对介电常数

物质	ε_r	物质	ε_r
苯	2.284	丙酮	20.70
甲苯	2.379	水	80
邻二甲苯	2.568	空气	1.0
间二甲苯	2.374	纤维素	3.9~7.5
对二甲苯	2.279	耐热玻璃	4.8
庚烷	1.924	石蜡	2~2.3
正己烷	1.890	橡胶	3.0
甲醇	32.63	板岩	6.0~7.5
乙醇	25.2	聚四氟乙烯	2.0
异丙醇	18.3	木材	3.0

图7-3中 τ 称为介质的放电时间常数，又称为松弛时间，其物理意义是：从停止产生电荷的作用开始，当 $t=\tau$ 时，$Q=Q_0/e=0.368Q_0$，即放电时间常数 τ 为静电电荷量衰减到起始值的1/e即36.8%时所需的时间。式(7-1)可以变成为式(7-2)。

$$Q=Q_0\text{e}^{-\frac{t}{\tau}} \tag{7-2}$$

比较两式得，$\tau=\varepsilon\rho$。

介质表面静电电荷(如固体)消散泄漏时，设物体的对地等效电容为 C，对地等效电阻为 R，则带电体对地泄漏电荷的方程式为

$$\frac{Q}{C}=-R\frac{\text{d}Q}{\text{d}t} \tag{7-3}$$

设 $t=0$ 的初始时刻时，带电体表面所带的电量为 Q_0，求解上式得

$$Q=Q_0\text{e}^{-\frac{t}{RC}} \tag{7-4}$$

可见介质表面静电电荷消散泄漏时的放电时间常数为 $\tau=RC$。

产生的静电电荷泄漏的快慢与物质的电阻率大小有关，只有当物体是由绝缘材料、或物体表面是绝缘材料或由被绝缘材料隔离的导电材料构成时，才能在其表面上积累(积聚)电荷，否则，产生的静电会很快泄漏掉而不能积聚起来。这里所说的绝缘材料，是指电阻率大于 $10^{10}\Omega\cdot\text{cm}$ 的材料。

带电体上静电电量泄漏到初始量一半时所需要的时间叫静电消散半衰期 $t_{1/2}$。静电消散的半衰期越长，静电愈不容易泄漏，危险性愈大。$t_{1/2}=\tau\ln2=0.693\tau$，半衰期与液体的介电常数 ε 及电阻率 ρ 的乘积成正比，液体的半衰期可用下式计算：

$$t_{1/2}=0.693\varepsilon_0\varepsilon_r\rho=0.693\times8.85\times10^{-14}\varepsilon_r\rho$$

$$t_{1/2}=6.13\times10^{-14}\varepsilon_r\rho \tag{7-5}$$

式中，电阻率 ρ 单位为 $\Omega\cdot\text{cm}$。

对于固体带电物质，半衰期可用下式求得：

$$t_{1/2}=0.69RC \tag{7-6}$$

式中，R 和 C 分别表示带电体的对地电阻和对地电容。半衰期反映静电消散得快慢，它

是判断静电积聚的重要参数，在有些国家根据他们的经验，规定静电半衰期 $t_{1/2}<0.012s$ 时，可以认为其是静电安全的，在此条件下即使产生静电，也不致积聚起来。某些液体的介电常数ε、体电阻率 ρ_v 与半衰期 $t_{1/2}$ 的关系列于表 7－7。从数据分析，相对介电常数小、体电阻率大的液体，消散电荷需要很长时间。

表 7－7　某些液体的 ε_r、ρ_v 与 $t_{1/2}$ 的关系

名称	相对介电常数 ε_r	电阻率 ρ_v/(Ω·cm)	半衰期 $t_{1/2}$/s
己烷	1.890	1×10^{18}	$1.2\times10^5 s=33.3h$
间二甲苯	2.374	1×10^{14}	14.6
甲苯	2.379	2.7×10^{13}	3.9
苯	2.284	1.6×10^{13}	2.2
庚烷	1.924	4.9×10^{13}	5.8
乙醇	25.2	7.4×10^{8}	1.9×10^{-4}
甲醇	32.63	2.3×10^{6}	4.6×10^{-6}
异丙醇	18.3	2.9×10^{5}	3.3×10^{-7}

7.2　静电放电及其引发燃烧爆炸事故的条件

在气态爆炸环境和粉尘云爆炸环境中，静电的主要危害是静电放电，放电产生的火花是爆炸体系的引爆源。静电放电是一个复杂多变的过程，影响因素很多，重复试验过程也较困难。

7.2.1　静电放电形式

静电放电形式与带电体的几何形状、电压和带电体的材质有关。无论哪种形式的放电，都是静电场强度超过其气体临界击穿强度的结果。在其他条件相同的情况下，在均匀的电场中，临界击穿强度较高，电场的不均匀程度越高，临界击穿强度越低。有资料报道，空气被击穿的临界值为：电场强度 30000V/cm，或者是表面电荷密度达到 $2.7\times10^{-5}C/m^2$。放电引爆的危险性大小由一次放电过程中释放的能量的多少来决定。

① 电晕放电：是发生在电场强度不均匀的、场强很高的电场中的辉光放电。在电极相距较远，在物体表面的尖端或突出部位电场较强处较易发生，如图 7－4 所示。电晕放电具有如下特点：有时有声光，气体介质在物体尖端附近局部电离，形成放电通道；感应电晕单次脉冲放电能量小于 20 μJ，引燃能力甚小，一般没有引燃危险。可利用电晕放电消散防静电工作服上的静电电荷。

图 7－4　电晕放电示意图

② 刷形放电：在带电电位较高的静电非导体与导体之间较易发生。静电电荷在非导体上流动性很差，一次放电只有局部的电荷通过放电通道被放掉，另一局部的电荷形成另外的放电通道。图 7－5 和图 7－6 为刷形放电示意图。刷形放电具有如下特点：有声光，放电通道在静电非导体表面形成许多分叉，而在导体一端集中在某一点上，在单位空间内释放的能量较小，一般每次放电能量不超过 4mJ，引燃引爆能力中等，可以引燃引爆大部分可燃气体，而一般不能引起粉尘云爆炸。

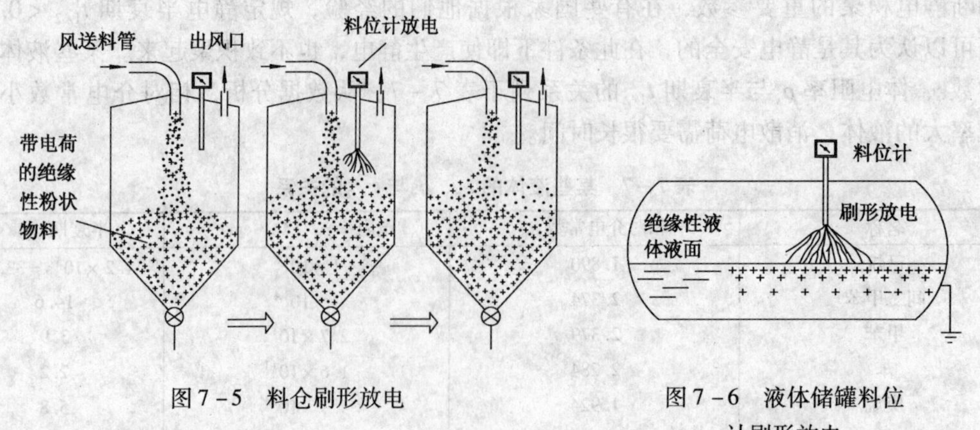

图 7－5　料仓刷形放电

图 7－6　液体储罐料位计刷形放电

③ 火花放电：主要发生在相距较近的带电金属导体间或静电导体间。火花放电具有如下特点：有声光，放电通道一般不形成分叉，有明显的放电集中点，多数情况下，形成一次火花通道便能放掉绝大部分静电电荷，即静电能量可以集中释放，引燃引爆能力较强。

④ 传播型刷形放电：仅发生在具有高速起电的场合，当静电非导体的厚度小于 8mm，且其表面电荷密度大于等于 $2.7\times10^{-4}C/m^2$ 时较易发生（C 为电量单位库仑），如图 7－7 所示。在常温常压下，如此高的电荷面密度较难出现，因为在空气中单极性绝缘体表面电荷密度的极限值约为 $2.7\times10^{-5}C/m^2$，超过时就会使空气电离，只有当绝缘体两侧具有不同极性的电荷且其厚度小于 8mm 时，才有可能出现这样高的表面电荷密度。当带电绝缘体背面紧贴有金属导体时，绝缘体正面将出现传播型刷形放电。刷形放电导致绝缘板上某一小部分的电荷被中和，与此同时，它周围部分高密度的表面电荷便在此处形成很强的径向电场，这一电场会导致进一步的击穿，这样放电沿着整个绝缘板的表面传播开来，直到所有的电荷全部被中和。传播型刷形放电具有如下特点：有声光，将静电非导体上一定范围内所带的大量电荷释放，放电能量大，引燃引爆能力很强。实际情况中，这种很高的电荷密度主要发生在气流输送粉料和灌装大型容器的设备为绝缘材质或金属材质带有绝缘层时。

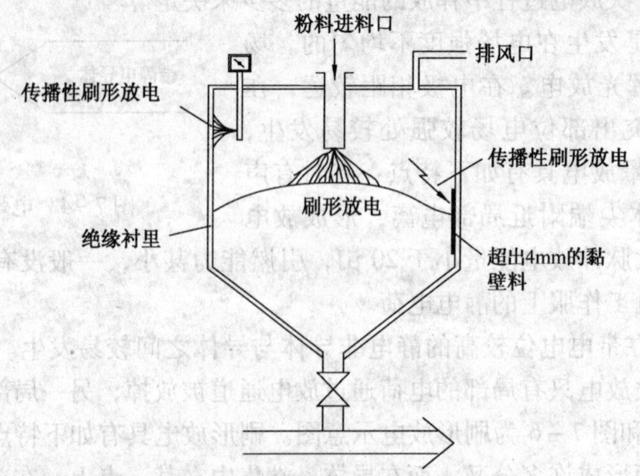

图 7－7　粉体仓料中传播性刷形放电和刷形放电

⑤ 粉堆放电：当把绝缘性很高的粉粒状物料，由气流输送经过管道和滑槽进入大型料

仓时，在沉积的粉堆表面可能发生强烈的放电，放电能量可达 10mJ。粉料沉积后，其体电荷密度迅速增加，表面的电场强度也相应地增强。当场强增加到一定程度时，首先在粉堆的顶部产生空气的电离，形成从仓壁到粉堆顶部的等离子体到电通道，产生粉堆与仓壁之间的静电放电。一般来说，料仓体积越大，粉体进入料仓时流速越大，粉粒绝缘性越好，越容易形成放电。此种放电一般可能发生在容积达到 $100m^3$ 或更大的料仓中。

⑥ 雷状放电：空气中带电粒子形成空间电荷云且规模大，电荷密度大的情况下发生，比如承压的液体或液化气等喷出时形成的空间电荷云。雷状放电能量极大，引燃引爆能力极强。有人通过试验证实，认为容积小于 $60m^3$ 或柱型容器的直径小于 3m 时不会发生雷状放电。在实际工业生产中极少发生这种放电，多发生在喷雾作业，如喷射蒸汽时。

7.2.2 静电放电能量和放电条件

在图 7-8 中，将放电形式的放电能量范围与气体、粉体的最小点火能并列画出，图中虚线为不确定范围。结果表明：可燃气体、易燃液体蒸气可被刷形放电、堆积粉体放电、火花放电和传播性刷形放电所引燃；可燃粉尘仅可被堆积粉体放电、火花放电和传播性刷形放电所引燃。

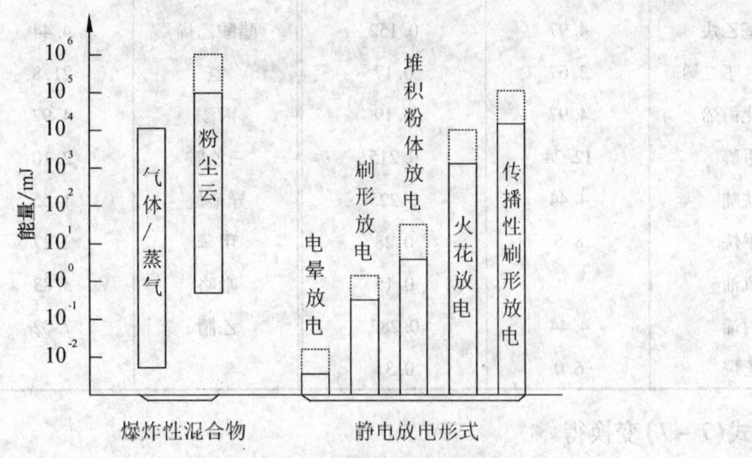

图 7-8 不同放电形式放电能量分布范围

静电放电释放的能量多少与许多因素有关，导体间火花放电一般能在一次放电过程释放全部能量，静电放电能量可用式(7-7)计算：

$$E = \frac{1}{2}QV = \frac{1}{2}CV^2 \qquad (7-7)$$

式中 E ——静电火花放电能量，J；

Q ——电量，C；

V ——静电电位，V；

C ——带电体对地等效电容，F。

例如：当向槽车中装苯时产生静电，测得静电压为 1000V，槽车对地电容为 1.0×10^{-9} F，如发生静电放电，问放电能量能否引起苯的燃烧或爆炸？

首先计算放电的能量，根据式(7-7)计算：

$E = 0.5\ CV^2 = 0.5\times1.0\times10^{-9}\times1000^2 = 5\times10^{-4}\text{J} = 0.5\ \text{mJ}$

已知苯的最小点火能 $E_{\min}$(最小引燃能量)为 0.2mJ，0.5 mJ 远远超过了苯的最小点火能，所以完全可以使之爆炸。

根据上述例子可以得知，静电火花能否引发火灾爆炸还要看放电能量是否超过物质的最小点火能。什么是最小点火能？点燃某可燃物质所需的最小能量为该物质的最小点火能，其反映了物质被点燃的难易程度，E_{min}越小越易被点燃。物质不同，最小点火能也不相同，实际的最小点火能还与物质浓度、氧气浓度有关。表7－8给出部分可燃气体的在空气中的最小点火能。在氧气中的最小点火能比在空气中低得多，例如氢气、乙炔、乙烯、乙烷在氧气中的最小点火能分别为0.0013mJ、0.0003mJ、0.001mJ、0.031mJ。

表7－8　可燃性气体的最小点火能量

可燃性气体	体积分数/%	最小点火能量/mJ	可燃性气体	体积分数/%	最小点火能量/mJ
二氧化硫	6.52	0.015	丙烷	4.02	0.31
氢	29.5	0.019	乙醛	7.72	0.376
乙炔	7.73	0.02	丁烷	3.42	0.38
乙烯基乙炔	4.02	0.082	甲乙酮	3.67	0.53
乙烯	6.52	0.096	四氢呋喃	3.67	0.54
环氧乙烷	7.72	0.105	苯	2.71	0.55
甲基乙炔	4.97	0.152	醋酸乙烯	4.44	0.70
1，3－丁二烯	3.67	0.17	氨	21.8	0.77
氧化丙烯	4.97	0.19	丙酮	4.97	1.15
甲醇	12.24	0.215	三乙胺	2.10	1.15
呋喃	4.44	0.225	异辛烷	1.65	1.35
甲烷	8.5	0.28	甲苯	2.27	2.5
汽油		0.15	吡咯	3.83	3.4
丙烯	4.44	0.282	乙腈	7.02	6.0
乙烷	6.0	0.31			

由式(7－7)变换得

$$V=\sqrt{\frac{2E_{min}}{C}} \tag{7-8}$$

由式(7－8)可以计算最小引燃静电电位，也就是引燃界限。

在非导体放电过程中，一次放电只能释放带电体积蓄的部分能量，因此，很难确定准确的引燃界限。对于电晕放电和刷形放电，最小引燃能量在0.01mJ以下的混合物，如氢和氧的混合物，引燃界限约1kV；最小引燃能量在0.01～0.1mJ之间的混合物，如氢、乙炔与空气的混合物，引燃界限约为8～10 kV；最小引燃能量在0.1～1mJ之间的混合物，如大部分可燃气体或蒸气与空气的混合物，引燃界限约为20～30 kV；最小引燃能量在1mJ以上的混合物，一般为粉尘混合物，引燃界限约为40～60kV。在电荷分布不均匀，非导体内有低电阻率的带静电的局部，带电体附近有接地导体，或带电情况变化较大的情况下，应降低引燃界限。

对于空间电荷放电的情形，最小引燃能量在0.1mJ以下的混合物，其引燃界限很低，电晕放电即认为是危险的。最小引燃能量在0.1～1mJ之间的混合物，直径在0.7m以上的空间电荷云，可将平均电场强度1kV/cm作为引燃界限。对于直径在1.5m以上的空间电荷云，可将平均电场强度3～5 kV/cm作为引燃界限。

对于火花放电，静电安全判据可为 $E_{max} \leqslant 0.4E_{min}$，由此可知静电可能引起燃烧爆炸的最低界限，以电位表示为：

$$V = \sqrt{\frac{2E_{max}}{C}} = \sqrt{\frac{0.8E_{min}}{C}} \tag{7-9}$$

如果绝缘材料发生放电，其积累的静电电能一般不能一次全部放出，可按下述的大致标准来判断是否有引发燃烧爆炸的危险。

① 对于最小静电点火能为数十毫焦耳的危险物质，带电体电位达 1kV 以上就有燃爆危险；

② 对于最小静电点火能为数百毫焦耳的危险物质，带电体电位达 5kV 以上就有燃爆危险；

③ 对带电体，用接地的直径约为 3mm 以上的金属球靠近时，在带电体与金属球之间产生有光和声的放电效果时，就有引起燃爆的危险；

④ 当操作人员(人体)接近带电体时，人体有静电电击的感觉，就有引起燃爆的危险；

⑤ 若带电体表面产生表面放电，放出数百毫焦耳的放电能量，就有引起燃爆的危险。

在有易燃易爆物质存在场所，静电放电引发火灾爆炸事故，必须具备下列条件：

① 要具备产生和积累静电的条件；

② 要具备产生静电放电的电位；

③ 有能产生静电放电的条件；

④ 现场环境存在易燃易爆混合物；

⑤ 静电放电能释放出足够引燃引爆的能量。

此 5 个条件缺一不可，因此要达到预防目的，只要消除其中一条即可防止火灾爆炸事故。制定防范静电危害的措施，一般从减小静电产生速度和加速静电泄放两个方面考虑。

7.3 液体流动产生静电

7.3.1 可燃液体产生静电

可燃液体主要是有机液体，根据接触 - 分离起电机理的分析，液体起电主要有流动起电、搅拌/调合起电、喷射起电、倾倒起电、沉降/浮起起电、过滤/分离起电、喷雾起电、灌注起电、罐车运输起电。这些操作过程都有共同点：液体与固体表面的“摩擦”，包含着接触 - 分离过程。

影响静电起电的主要因素包括液体因素、设备因素和操作因素三个方面。液体因素包括：液体的电阻率或导电率、电离杂质类型和数量(如离子型表面活性剂)、不相溶的第二相分散物类型和数量(如水滴)。设备因素包括：过滤器滤料类型和面积、管道长度和材质及内径、管道内表面粗糙度、管道弯头数量、孤立导体(绝缘了的导体)。操作因素包括：流速(如管道内流速、搅拌速度、注入速度)、环境湿度、注入方式等等。

非极性有机溶剂中包括游离水、不相溶的分散介质或悬浮物等“供静电剂”时，静电电荷产生量显著增加。

影响静电危害性的三要素包括：静电起电和电荷积聚量、静电放电且能量大于周围气体最小点火能、放电点在爆炸气氛范围内。

在液面或液面上方出现了孤立导体或金属突出物，就形成了“放电诱发器”。金属器件不能与接地体连接时就成为孤立导体，孤立导体和水滴等都易积累较多的电荷。反应釜中的温度计套管、容器中的料位计探头、采样器取样头都是常见的金属突出物。

液体在管道内流动相当于液体与管壁摩擦，同样也会形成双电层。关于形成双电层的解释有两种，一种解释认为双电层是由于两相间电子逸出功的差别造成得；另一种解释认为形成双电层是由于液体的电离性或其所含杂质的电离性，液体中或多或少含有正负两种离子，在接触面的电化学作用下，一种离子被吸附在固体表面上，另一种离子靠异性电荷的吸引力而积聚在被吸附离子附近，于是，从微观结构上看，在固 - 液接触面处就形成了“双电荷层”。液体在管道内流动产生静电的原理如图 7 - 9 所示。

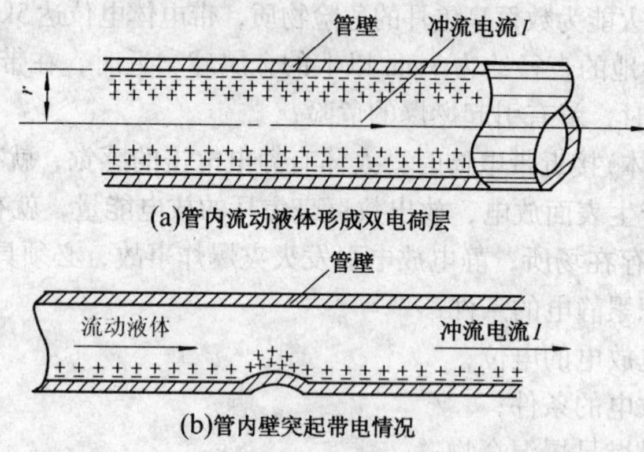

图 7 - 9　液体与管壁形成双电荷层及冲流电流

固体管壁表面上吸附的电荷层很薄，只有几个分子大小厚度，称为固定电荷层；而液体内的电荷层较厚，有许多个分子甚至几毫米的厚度，称为扩散电荷层。液体流动使双电荷层分离，带着扩散层电荷流动，形成微弱的电流——冲流电流 I_s。对于层流流动，冲流电流的计算式为：

$$I_s = 8\pi\varepsilon_r\varepsilon_0\xi\bar{u} \tag{7-10}$$

对于弱的紊流流动，冲流电流为：

$$I_s = 0.04\pi\varepsilon_r\varepsilon_0\xi\left(\frac{d\rho_m}{\eta}\right)^{3/4}(\bar{u})^{1.75} \tag{7-11}$$

对于强的紊流流动，冲流电流为：

$$I_s = 0.20\pi\varepsilon_r\varepsilon_0\xi\left(\frac{d\rho_m}{\eta}\right)^{0.875}(\bar{u})^{1.875} \tag{7-12}$$

式中　π——圆周率，$\pi = 3.1416$；

ε_r——液体的相对介电常数；

ε_0——真空的介电常数，$\varepsilon_0 = 8.85\times10^{-12}$F/m；

ξ——液体与管道的接触电势，与流体种类和管道材料有关；

d——管道内径；

ρ_m——液体的密度；

η——液体的黏滞系数；

$\bar{u}$——液体的平均流速。

由此可见，冲流电流与液体流速有关，流速越大则冲流电流越大，且紊流程度越大，流速的影响越大。在紊流状态下，冲流电流也随着管道直径的增大而增大。从公式看，液体的相对介电常数越大，越有利于冲流电流的增加。介电常数特别小时，液体的电阻率也特别大，电荷的流动性很弱，不容易产生静电，但已有的静电电荷也不容易消散。介电常数特别大时，液体的电阻率也特别小，电荷的流动性很强，虽然易产生静电，但在金属管道接地时，不利于电荷的积累。对于介电常数和电阻率大小居中者，虽然产生静电电荷的速率不是很大，但也具有较强的积累电荷的能力。前面有一句话“电阻率在 $10^{10} \sim 10^{15}\Omega \cdot cm$ 之间者容易产生静电，是防静电工作的重点对象”，道理就在于此。

由于精确计算既复杂又无必要，贝斯泰(Bustin)等人根据 JP－4 航空煤油在不锈钢光滑管线中作了40余次试验，归纳出一个半理论半经验公式。

$$i_L = (2.15u^{1.75} + i_0)(1 - e^{-L/3.4u}) \tag{7-13}$$

式中 i_L——管线中冲流电流，10^{-10}A；

i_0——流入管线的初始电流，10^{-10}A；

u——流速，2.86mm/s；

L——管线长度，2.86mm。

为了使用国际计量单位，式中电流、流速、长度等物理量数值都乘以相应转换系数。

液体流经一段管道后，由于冲流电流的存在，必然造成管路一端有较多的正电荷，另一端有较多的负电荷，若管壁是绝缘的，则管路两端就会产生电压，叫做冲流电压。冲流电压与液体流经管道的长度成正比，与管径的平方成反比。

如果油中混有水，细小的水滴在液内运动或沉降时，与水滴粘附比较紧密的电荷层随水滴运动，相反极性的电荷留在油液中，结果油和水都带了电。实验证明，汽油中含水6%时，起电强度增加2～50倍。同理，互不相容的液体混合也会增加静电强度。

液滴溅泼到不能较好浸润的固体表面时，液滴要滚动，滚动过程也是紧密接触与分离的过程，同样会产生静电。

在化工生产与装卸过程中，禁止液体采用喷射的方法注入容器中。原因还是防止产生静电，当液体从喷嘴高速喷射出来时，液态微粒与喷嘴之间进行迅速的摩擦与分离。摩擦的瞬间产生双电层，液体把其中的一层电荷带走，另一层电荷留在喷嘴上，结果使液态微粒和喷嘴分别带了不同符号的电荷。例如喷射水雾或蒸汽时，其中的小水滴离开喷嘴后就会带上静电，它们悬浮于空气中便会形成带电的雾云。用水冲刷油罐或油船都有可能由于静电引发火灾，这是因为喷射时内部空间形成浮游的带电雾云，如果空间内蒸气的浓度处在燃爆极限浓度范围内，则会由此而引起火灾爆炸事故。液体喷射与液体冲击产生静电电荷的示意图见图7－10和图7－11。

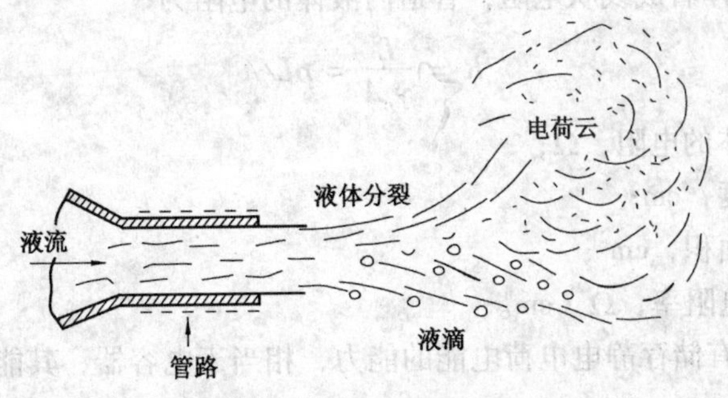

图7－10　液体喷射起电示意图

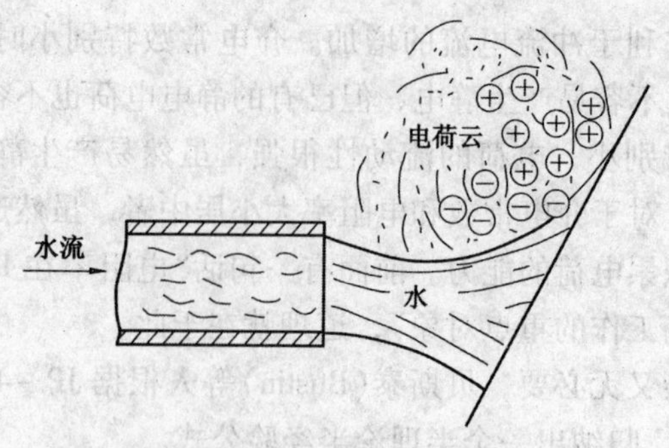

图 7-11　液体冲击起电示意图

7.3.2 可燃液体静电量和危险评估

在进行液体静电危险性评估时，采用公式(7-10)~式(7-12)计算比较复杂，通常采用简化方法计算。冲流电流 I_s 是流动的液体或粉体将电荷由一个表面转移到另一个表面所产生的电荷流动，当液体或粉体流经玻璃、金属管道时，静电电荷在流动的介质中产生并随流体移动，类似于电流。流体冲流电流与管径、管长、流体流速和流体性质的关系如式(7-14)所示。

$$I_s = 10 \times 10^{-6} (ud)^2 \left[1 - \exp\left(-\frac{L}{u\tau}\right)\right] \tag{7-14}$$

式中 I_s——流动电流，A；

u——流速，m/s；

d——管径，m；

L——管长，m；

τ——液体松弛时间，s。

松弛时间是电荷消散至初始值的 $1/e$ 时所需时间，与介电常数、电导率、电阻率的关系为

$$\tau = \frac{\varepsilon_r \varepsilon_0}{\gamma_c} \text{或} \tau = \varepsilon_r \varepsilon_0 \rho \tag{7-15}$$

式中 ε_r——相对介电常数，为无量纲参数；

γ_c——电导率，$1/(\Omega \cdot cm)$，体积电阻率ρ的倒数；

ε_0——真空介电常数，为 8.85×10^{-14} s/(Ω · cm)。

如果把管道内液体看成线状电阻，管道内液体的电阻为

$$R = \frac{L}{\gamma_c A} = \rho L/A \tag{7-16}$$

式中 R——管内液体的电阻，Ω；

L——液体长度，cm；

A——液体界面积，cm^2；

ρ——液体的电阻率，Ω · cm。

带静电的容器具有储存静电电荷电能的能力，相当于电容器，其能量可参照电容器进行计算。

将电容器上的电荷由 Q 增加到 $Q + dQ$ 所需做的功 dE 为：

$$dE = VdQ \tag{7-17}$$

式中 V——电容器的电压差，相当于容器的对地电位。

因 $V=Q/C$，代入上式并积分得：

$$\int_0^J dE = \int_0^Q \frac{Q}{C}dQ = \int_0^V VCdV$$

$$E = \frac{1}{2}CV^2 = \frac{1}{2}QV \tag{7-18}$$

冲流电流流过的电量为：

$$Q = I_s t \tag{7-19}$$

式中 I_s——液体流动的冲击电流，A；

t——时间，s。

【例7-1】 如图7-12所示，计算装料喷嘴和接地贮罐间形成的电压。另外，计算贮存在喷嘴中的能量和积累在液体中的能量。分析说明在以下两种流速条件下的潜在危害。

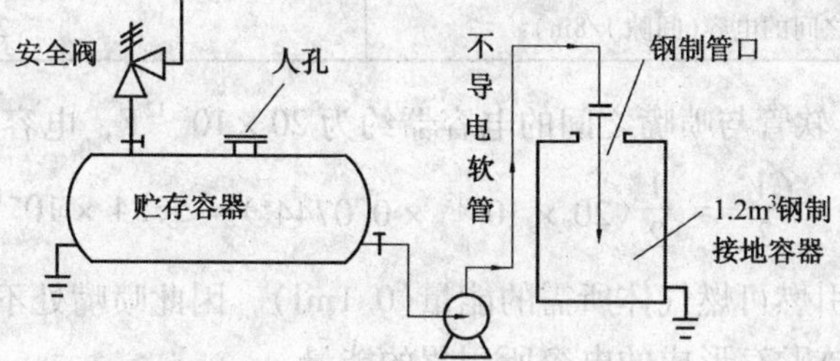

图7-12 例7-1附图

① 3.79L/min；

② 567.80L/min。

数据如下：软管长度610cm；软管直径5.08cm；液体电导率$10^{-8}\Omega^{-1}$/cm；介电常数25.7，密度0.88g/cm³。

解：①软管和喷嘴没有接地，喷嘴顶端的电压 $V=I_sR$。对于液体，电阻长度等于软管长度，电阻截面积等于管内液体截面积。

$L=610$cm

$A=\pi r^2=3.14\times(5.08/2)^2=20.3\text{cm}^2$

$R=\dfrac{L}{\gamma_c A}=10^8\times\dfrac{610}{20.3}=3.00\times10^9\Omega$

液体线性流速 $u=\dfrac{3.79\times10^{-3}}{20.3\times10^{-4}\times60}=3.1\times10^{-2}$ m/s

松弛时间 $\tau=\dfrac{\varepsilon_r\varepsilon_0}{\gamma_c}=\dfrac{25.7\times8.85\times10^{-14}}{10^{-8}}2.27\times10^{-4}$ s

流动电流（冲流电流）：

$$I_s = 10\times10^{-6}\,(ud)^2\left[1-\exp\left(-\frac{L}{u\tau}\right)\right]$$

$$= 10\times10^{-6}\,(3.1\times10^{-2}\times5.08\times10^{-2})^2\left[1-\exp\left(-\frac{610\times10^{-2}}{3.1\times10^{-2}\times2.27\times10^{-4}}\right)\right]$$

$$= 10\times10^{-6}\times2.480\times10^{-6}$$

$$= 2.480\times10^{-11}\text{A}$$

方法一：计算喷嘴边缘形成的电容所积累的能量。

边缘间的火花可能成为引燃源。假设喷嘴接地，沿管线610cm的电压差等于从软管边缘到喷嘴边缘的电压差。电压为

$$V = I_s R = 2.48 \times 10^{-11} \times 3.0 \times 10^{9} = 0.0744\text{V}$$

进行电容值估算时，可参考表7-9中数据。

表7-9　近似电容估算表

情况	近似电容 $C/10^{-12}$F
人	100~400
汽车	500
油罐车(7.57m³)	1000
储罐(直径为3.66m，绝缘)	100000
2in(英寸)法兰之间的电容(间隙1/8in)	20

由表7-9查得：软管与喷嘴之间的电容器约为20×10^{-12}F，电容器储存的静电能为

$$E = \frac{CV^2}{2} = \frac{1}{2}(20 \times 10^{-12} \times 0.0744^2) = 5.54 \times 10^{-14}\ \text{J}$$

该能量远远小于引燃可燃气体所需的能量(0.1mJ)，因此喷嘴处不存在危险。

方法二：计算液体贮存形成的电容所积累的能量。

电刷放电能够从该液体跳到金属部分，如同接地热电偶。

积累的电荷表达式为$Q = I_o t$

储罐容积为1.2m^3，充满储罐所需时间t为

$$t = \frac{1.2 \times 60}{3.7853 \times 10^{-3}} = 19021\text{s}$$

$$Q = 2.48 \times 10^{-11} \times 19021 = 4.72 \times 10^{-7}\text{C}$$

储罐电容约为7.6m^3储罐的十分之一，即电容$C = 100 \times 10^{-12}$F

$$E = \frac{Q^2}{2C} = \frac{(4.72 \times 10^{-7})^2}{2 \times 100 \times 10^{-12}} = 1.114 \times 10^{-3}\text{J} \approx 1.1\ \text{mJ}$$

该能量远远大于引燃可燃气体所需的能量(0.1mJ)，因此需要采取措施防止爆炸性气体生成，如惰化处理。

② 除流速增加外，其他条件没有变化

$$\text{流速}\ u = \frac{567.795 \times 10^{-3}}{20.3 \times 10^{-4} \times 60} = 4.66\text{m/s}$$

材料物料性质没有变化，松弛时间仍为$\tau = 2.27 \times 10^{-4}$s。

冲击电流(冲流电流)

$$I_s = 10 \times 10^{-6} \times (4.66 \times 5.08 \times 10^{-2})^2 \times \left[1 - \exp\left(-\frac{6.10}{4.66 \times 2.27 \times 10^{-4}}\right)\right]$$
$$= 10^{-5} \times 5.60 \times 10^{-2} \times (1 - 0)$$
$$= 5.60 \times 10^{-7}\ \text{A}$$

方法一：计算喷嘴边缘形成的电容所积累的电能量

$$V = I_s R = 5.60 \times 10^{-7} \times 3.0 \times 10^{9} = 1680 \text{ V}$$

$$E = \frac{CV^2}{2} = \frac{1}{2}(20 \times 10^{-12}) \times (1.68 \times 10^{3})^2 = 2.82 \times 10^{-5} \text{J} = 0.0282 \text{ mJ}$$

从该数据看，无危险。

方法二：计算液体储罐形成的电容所积累的能量

以 $0.57\text{m}^3/\text{min}$ 流速充满 1.2m^3 储罐所需时间 $t = 1.2/0.57 \times 60 = 126.3\text{s}$

积累的电量

$$Q = I_s t = 5.60 \times 10^{-7} \times 126.3 = 7.07 \times 10^{-5} \text{C}$$

储罐对地电容约为 $100 \times 10^{-12}\text{F}$

$$E = \frac{Q^2}{2C} = \frac{7.07 \times 10^{-5}}{2 \times 100 \times 10^{-12}} = 3.54 \times 10^{5} \text{ J}$$

远远超过 0.1mJ 的标准值，故此具有点燃蒸气的危险。

下面讨论电荷平衡问题。

如果一个系统有几个流入电荷的管道，同时还有几个流出管道，流体流动带进或带出，松弛也导致电荷损失，这时电荷变化率为：

$$\frac{dQ}{dt} = \sum_{0}^{n} (I_s)_{i \cdot \text{in}} - \sum_{0}^{m} (I_s)_{j \cdot \text{out}} - \frac{Q}{\tau} \tag{7-20}$$

式中 $(I_s)_{i \cdot \text{in}}$——通过一组 n 个管线中的管线 i 进入储罐的流动电流；

$(I_s)_{j \cdot \text{out}}$——通过一组 m 个管线中的管线 j 离开储罐的流动电流；

Q/τ——由松弛导致的电荷损失；

τ——松弛时间。

【例 7-2】 将甲苯装到 189.27m^3 大型容器中。当容器充满一半时，计算充装操作期间的电量 Q 和电能 E，其中：流量 $F = 0.38\text{m}^3/\text{min}$，冲流电流 $I_s = 1.5 \times 10^{-7}$ A，液体电导率 $= 10^{-14}\Omega^{-1}/\text{cm}$，相对介电常数 $\varepsilon_r = 2.4$。

解：只有一个进口管线，没有出口管线，公式(7-20)简化为

$$\frac{dQ}{dt} = I_s - \frac{Q}{\tau} \tag{7-21}$$

积分后得：

$$Q = I_s\tau + (Q_0 - I_s\tau)e^{-t/\tau} \tag{7-22}$$

因为容器一开始是空的，所以 $Q_0 = 0$，松弛时间 $\tau = \dfrac{\varepsilon_r\varepsilon_0}{\gamma_c} = \dfrac{2.4 \times 8.85 \times 10^{-14}}{10^{-14}} = 21.2$ s

式(7-22)变为时间的函数

$$\begin{aligned} Q(t) &= I_s\tau(1 - e^{-t/\tau}) \\ &= 1.5 \times 10^{-7} \times 21.2 \times (1 - e^{-t/21.2}) \\ &= 3.18 \times 10^{-6} \times (1 - e^{-t/21.2}) \end{aligned} \tag{7-23}$$

当容器内液体充装一半时，消耗时间为：$t = \dfrac{189.27}{2 \times 0.38} \times 60 = 14942$ s

$$Q_{(14942\text{s})} = 3.18 \times 10^{-6} \times (1 - e^{-14942/21.2}) = 3.18 \times 10^{-6} \text{ C}$$

假设该容器的形状为球形，且周围被空气包围，则

$$V_t = \frac{4}{3}\pi r^3$$

$$r = \left(\frac{3V_t}{4\pi}\right)^{1/3} = \left(\frac{3}{4 \times 3.14} \times \frac{189.27}{2}\right)^{1/3} = 2.83\text{m} = 283\text{cm}$$

空气的介电常数等于1.0

$$\begin{aligned} C &= 4\pi\varepsilon_r\varepsilon_0 r \\ &= 4 \times 3.14 \times 1.0 \times 8.85 \times 10^{-14} \times 283 \\ &= 3.15 \times 10^{-10}\ \text{F} \end{aligned}$$

容器内一半容积盛装的甲苯储存的能量为

$$E = \frac{Q^2}{2C} = \frac{1}{2} \times \frac{(3.18 \times 10^{-6})^2}{3.15 \times 10^{-10}} = 1.61 \times 10^{-2}\text{J} = 16.1\text{mJ}$$

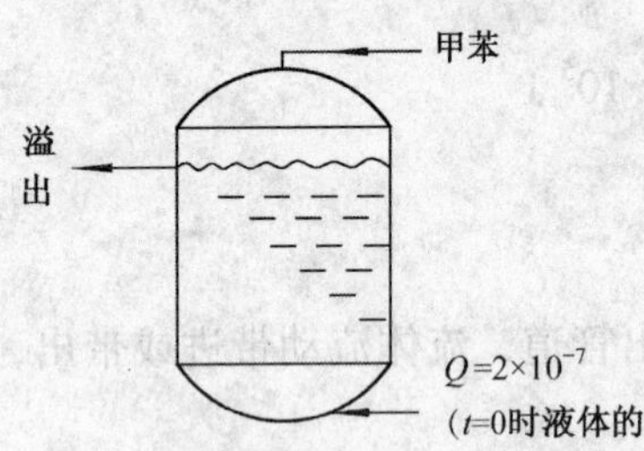

图7-13 例7-2附图

引燃所需最低能量为0.1mJ，所以该容器操作条件很危险。

【例7-3】 图7-13所示为一个工艺装置中的分离器，将水由过程流体中移走。请计算：

① 当容器内液体刚好达到溢出线时的 Q 和 E(容器初始为空的)。

② 平衡条件($t \to \infty$)下的 Q 和 E。

③ 如果达到平衡条件后即停止流动，将积累的电荷减少到平衡电荷的一半所需时间。

④ 在平衡条件下，随放电而移走的电荷。

已知：容器容积0.020m^3；甲苯流动速度0.38m^3/min；流动电流 $I_s = 1.5 \times 10^{-7}$A(由于管线内有过滤器而产生的高电流值)；液体电导率 $10^{-14}\Omega^{-1}$/cm；相对介电常数2.4；初始容器电荷 $Q_0 = 2 \times 10^{-7}$C。

解： ① 流体滞留时间 $t = \frac{0.020}{0.38} \times 60 = 3.12$ s

松弛时间 $\tau = \frac{\varepsilon_r\varepsilon_0}{\gamma_c} = \frac{2.4 \times 8.85 \times 10^{-14}}{10^{-14}} = 21.24$ s

$$\begin{aligned} Q_{(t)} &= I_s\tau + (Q_0 - I_s\tau)e^{-t/\tau} \\ &= 1.5 \times 10^{-7} \times 21.24 + (2 \times 10^{-7} - 1.5 \times 10^{-7} \times 21.24)e^{-t/21.24} \\ &= 3.18 \times 10^{-6} - 2.98 \times 10^{-6}e^{-t/21.24} \end{aligned}$$

达到溢出线时间为3.12s，此段时间代入上式得所积累的电荷为

$$\begin{aligned} Q_{(t=3.12\text{s})} &= 3.18 \times 10^{-6} - 2.98 \times 10^{-6}e^{-3.12/21.24} \\ &= 3.18 \times 10^{-6} - 2.57 \times 10^{-6} \\ &= 6.10 \times 10^{-7}\text{C} \end{aligned}$$

该值为达到溢出线之前所积累的电荷。

假设容器被空气包围，看作球形容器，其半径

$$r = \left(\frac{3 \times 0.020}{4 \times 3.14}\right)^{1/3} = 0.168\text{m}$$

$$\begin{aligned} C &= 4\pi\varepsilon_r\varepsilon_0 r \\ &= 4 \times 3.14 \times 1.0 \times 8.85 \times 10^{-14} \times 0.168 \times 10^2 \\ &= 1.87 \times 10^{-11}\ \text{F} \end{aligned}$$

容器积累的能量

$$E = \frac{Q^2}{2C} = \frac{(6.10 \times 10^{-7})^2}{2 \times 1.87 \times 10^{-11}} = 9.95 \times 10^{-3}\text{J} = 9.95\text{mJ}$$

大大超过了引燃可燃气体所需能量，所以该系统是在危险的条件下操作。

② 当操作时间远超过松弛时间时，容器将逐渐稳定到平衡状态，此时，容器的电量由式(7－24)来计算。

$$Q = A + B\mathrm{e}^{-C}t \tag{7-24}$$

平衡状态时，式(7－24)中的指数项趋近于零，式中 A 项的表达通式为

$$A = \frac{\sum (I_s)_{i,in}}{\frac{1}{\tau} + \sum \frac{F_n}{V_c}} \tag{7-25}$$

根据本例的具体情况，A 项的表达通式简化为

$$A = \frac{I_s}{\frac{1}{\tau} + \frac{F_n}{V_c}} \tag{7-26}$$

即电量的表达式为

$$Q_{(t \to \infty)} = \frac{I_s}{\frac{1}{\tau} + \frac{F_n}{V_c}} \tag{7-27}$$

式中，V_c为容器的容积，为0.020m^3，甲苯流速 $F = 0.378\text{m}^3/\text{min} = 0.00631\text{m}^3/\text{s}$，所以

$$Q_{(t \to \infty)} = \frac{1.5 \times 10^{-7}}{\frac{1}{21.2} + \frac{0.00631}{0.020}} = 4.14 \times 10^{-7}\text{C}$$

$$E = \frac{Q^2}{2C} = \frac{(4.14 \times 10^{-7})^2}{2 \times 1.87 \times 10^{-11}} = 4.58 \times 10^{-3}\text{J} = 4.58\text{mJ}$$

虽然随着液体的溢出，电荷还有额外的损失，但还是具有点燃可燃气体的危险。

③ 当停止流动后，流出流进的冲流电流均为零，此时只有静电电荷的松弛损失，可有如下关系

$$Q = Q_0 \mathrm{e}^{-t/\tau}$$

累积电荷只剩下一半时，$Q/Q_0 = 0.5$，因$\tau = 21.2$s，所以 $0.5 = \mathrm{e}^{-t/21.2}$，$\ln 0.5 = -t/21.2$，由此得 $t = 14.7$s。

因此，在松弛时间为21.2s时，只需不到15s就可使积累的电荷损失一半。所以物料的电导率增大则静电电荷松弛损失显著增加，静电的危害也减小。

④ 在平衡条件下，静电电荷随时间的变化率等于零，即

$$\frac{\mathrm{d}Q}{\mathrm{d}t} = I_s - \frac{F_j}{V_c}Q - \frac{Q}{\tau} = 0 \quad \text{或} \quad I_s - \left(\frac{F_j}{V_c} - \frac{1}{\tau}\right)Q = 0$$

式中，Q 为平衡状态下的积累电荷量，为4.14×10^{-7} C。静电电荷随液体流出的速率为 $\frac{F_j}{V_c}Q = \frac{0.00631}{0.020} \times 4.14 \times 10^{-7} = 1.31 \times 10^{-7}$ C/s

松弛损失静电电荷的速率为 $\frac{Q}{\tau} = \frac{4.14 \times 10^{-7}}{21.2} = 1.95 \times 10^{-8}$ C/s

7.4 粉体流动产生静电

7.4.1 粉体静电的产生

在粉体产生静电的过程中，也必须满足接触－分离起电的特性。在工业生产的工艺过程中，经常要对粉状物料进行筛分、输送、搅混、气流烘干、旋风分离及袋式除尘等加工处理，过程中免不了有物料颗粒之间或物料与器壁、管壁、布袋之间的相互碰撞和摩擦，接触与分离反复进行，它们之间就会产生电子转移现象，粉体及器壁会分别带上不同符号的静电。

图7－14(a)所示为绝缘粉体物料经贮料斗从斜导槽流入金属容器内时的起电过程。由于容器置于绝缘胶板上，粉体静电排斥与其符号相同的电荷，因而金属容器外壁上的电荷与物料所带电荷符号相同[见图7－14(b)]。它的等效电路如图7－14(c)所示。R 为对地绝缘电阻，C 为系统对地电容，V 是系统产生的静电电位。

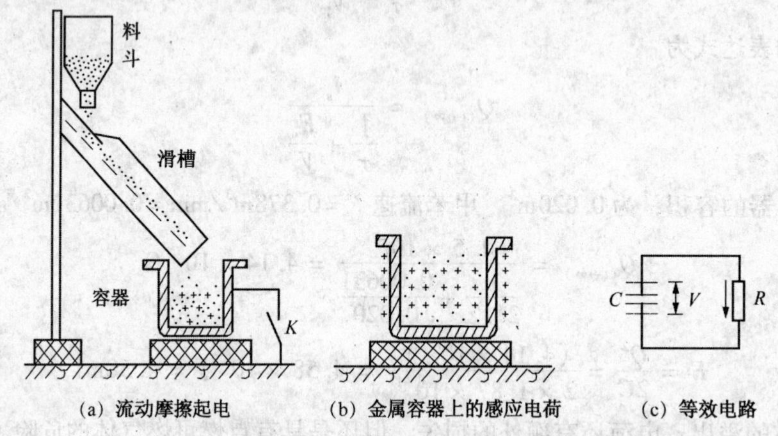

图7－14 粉体物料从斜导槽上流过时带静电的情况

在不同作业方式中，带电量各有所区别，见表7－10。风力输送过程产生的静电电荷量比较大。

表7－10 不同粉料作业的带电范围

作业名称	粉体带电量/(C/kg)	作业名称	粉体带电量/(C/kg)
筛分	$10^{-11}\sim10^{-9}$	粉碎	$10^{-7}\sim10^{-6}$
倾倒	$10^{-9}\sim10^{-7}$	精细粉碎	$10^{-7}\sim10^{-4}$
螺旋进料器	$10^{-8}\sim10^{-6}$	风力输送	$10^{-6}\sim10^{-4}$

风力输送又称为气流输送，是指在密闭的管道中，粉状物料在气流作用下，沿着管道进行输送的作业过程，可做水平、垂直、斜面方向的输送，在输送过程中还可同时进行物料的加热、冷却、干燥、气流分级等物理操作和某些化学操作。

2001年，在某制药集团的一个车间内，在离心机放料过程中发生静电火灾，分析事故原因时，发现离心机与双锥之间垂直高度为3.5m，落差大造成放料速度过快，与普通化纤接料袋的摩擦速度过快，短时间内积聚大量的电荷是造成静电火花放电的主要原因之一。也是在2001年，某工厂车间向预先装(投)好丙酮的反应釜内投加粉状反应物，直接从塑料编织袋中放出，粉体流动产生的静电使编织袋静电电位高达2000V，接触反应釜时放电产生的火花将丙酮蒸汽引爆。

又如，某厂采用气流烘干可燃性粉体物料，气流温度80℃，烘干后用袋式除尘器捕捉细粉。因为粉料堵塞了袋滤的网眼，便停止运转来将布袋上的粉尘抖落下来，抖落后再开车运转时，突然发生了粉尘与空气混合物的燃烧与爆炸。据分析是因为过滤袋由化纤织物制成，粉状物料长时间与布袋摩擦并穿过布袋网眼与其分离，使布袋带上静电，在掸落的过程中，又使静电电压进一步升高，达到数万伏，这样，当重新开车时，布袋被空气吹胀，很可能与金属框架之间发生静电放电而引起燃爆事故。

影响粉末状物料在运动摩擦过程中产生静电的因素很多。例如，物料本身的性质、颗粒大小，物料接触的器壁材料、导电性、接触面积、相对速度、环境的温度、湿度以及介质条件等等。一般说来，高绝缘物料易起电，管壁越粗糙，粉体带电越多；粉体被输送或搅拌的时间愈长，发生摩擦和碰撞的次数愈多，粉体带电愈多。但颗粒在碰撞的同时也发生着中和放电的过程，因而经过一定时间后，静电的产生与消失接近平衡，粉体静电不再增加，即带电状态趋于饱和。当然，粉体运动速度越快，颗粒的碰撞摩擦越剧烈，静电产生越快，粉体带电达到饱和状态所需要的时间越短。

由静电放电引发粉尘爆炸事故时，多发生在料仓中。粉状物料经气力输送进入筒状料仓，输送过程中产生静电电荷，被粉料颗粒携带进入筒仓。静电荷积累后，筒仓内主要的放电形式有：锥形放电、长火花放电和传播性刷形放电。粉尘粒径越小，最小点火能越小，越易被引燃发生爆炸。但从放电的危险性来说，粗粒料(1~10mm)比细粒料(<1mm)有更大的危险，因为粗粒料摩擦更剧烈，产生的静电电荷更多，导致粉料荷/质比(C/kg)增大，放电的危险性增大。粉体在筒仓中消散电荷是通过仓壁进行的，所以靠近仓壁的粉体中电荷密度较小，料堆中心的电荷密度大，这是电荷进入与电荷消散共同作用的结果，相应地，直径越大的筒仓储存的电荷越多，原因是电荷消散距离长，消散速率慢。图7-15反映了料仓直径、粉体直径及粉体最小点火能三者之间的关系。

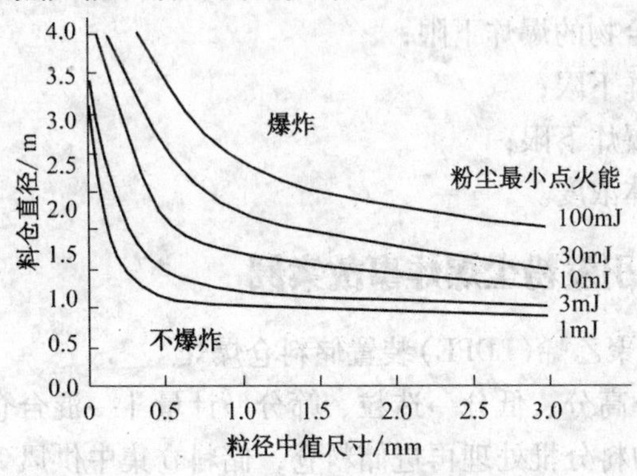

图7-15 粉尘静电放电爆炸危险评估曲线

根据上述可得出如下结论：粉尘粒径减小，最小点火能下降，但产生静电的能力也减弱，而粉尘粒径增大，最小点火能升高，但产生静电的能力也增强。在第1章粉尘爆炸部分曾介绍，粉尘中甲烷气体浓度增加时，爆炸下限显著下降。图7-16为低密度聚乙烯(LDPE)粉尘与乙烯气体混合物的最小点火能随乙烯浓度的增加而降低的变化曲线。

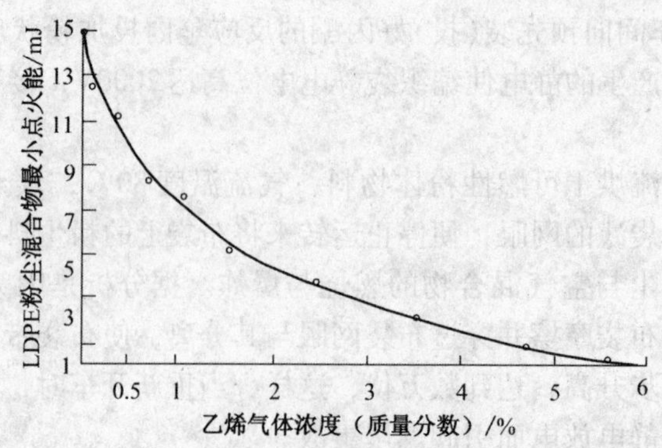

图 7－16　可燃气体与粉尘混合物最小点火能的变化曲线

低密度聚乙烯在切粒后，仍可逸出乙烯气体，在 20℃时，需经 20h 才能逸散完全，在 50℃时，也需要 3h。在工业生产过程中，生产通常是连续进行的，切粒后的颗粒料马上被输送入料仓，逸出的乙烯气体与飞扬起的小颗粒粉尘共存，容易被静电放电火花引爆。在实际工业设计中，需要设置脱气仓和有效的通风，避免单体气体积聚。

可燃气体与粉尘的混合物称为杂混合物，杂混合物的最小点火能可由式(7－28)计算。

$$E_{\min,H} = E_{\min,d}\left(\frac{E_{\min,g}}{E_{\min,d}}\right)^{c/c_p} \qquad (7-28)$$

式中　$E_{\min,H}$——杂混合物的最小点火能，mJ；

$E_{\min,d}$——粉尘的最小点火能，mJ；

$E_{\min,g}$——气体的最小点火能，mJ；

c——可燃气体浓度；

c_p——可燃气体点燃的敏感浓度，一般在化学计量浓度附近。

粉尘云中混合有可燃气体时，混合体系爆炸下限可由式(7－29)计算。

$$LEL_m = LEL_d \times \left(\frac{c}{LEL_g} - 1\right)^2 \qquad (7-29)$$

式中　LEL_m——气粉混合物的爆炸下限；

LEL_d——粉尘爆炸下限；

LEL_g——气体的爆炸下限；

c——可燃气体浓度。

7.4.2　粉体静电放电引发粉尘爆炸事故案例

(1) 案例 1　低密度聚乙烯(LDPE)装置储料仓爆炸

工艺流程：反应器→高分、低分→造粒、筛分→计量斗→混合仓→储料仓。

工艺特点：造粒后物料分批处理再进储料仓，储料仓集中供风 24h。

事故过程：在储料仓进料 60t、通风净化 16～18h 后，向包装料仓送料过程中发生爆炸。发生事故的料仓见图 7－17。

原因分析：主要原因是料仓净化风口滤网堵塞，净化失效，造成气体积聚。次要原因是集中供风系统风温低，在冬季脱气效果更差；仓内物料容易冻结和粘壁，送料过程中易出现冻结料的"破坏静电"和粘壁料的"剥离静电"。

结论：通风系统设计缺陷(一次隐患)和维护不到位(二次隐患)共同作用造成的。

（2）案例2 聚乙烯料仓爆炸事故

工艺流程：反应器→高分、低分→造粒、筛分→称量计上储槽→抽气仓→混合仓→储料仓→包装上储槽→包装。

工艺特点：早期引进设备，验收时料仓负压系统达不到设计要求，设计值为 -2.942kPa，实际值为 -0.098kPa；设备经多次改造，产量提高30%，但通风系统未改。

事故过程：所用设备与图7-17相近，事故发生在储料仓。

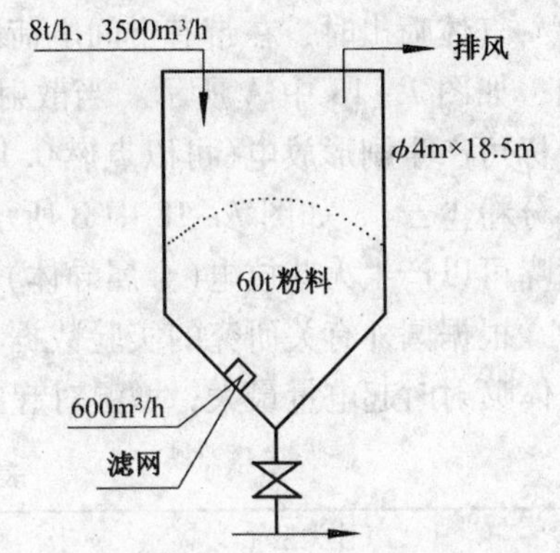

图7-17 储料仓及其通风净化示意图

原因分析：反吹风量明显不足，在20~28m^3/min风量下，可燃气体浓度高达(30~50)% LEL，是危险控制界限的1.4~1.6倍。风送起电范围在0.27~2.16 μC/kg，均值在1.5 μC/kg左右，是粉堆锥形放电密度(0.12~0.30 μC/kg)的5~12倍。

结论：设备改造和提量后，反吹风量不足是该料仓燃爆几率高的主要原因。应将可燃气体浓度降低到0.5%以下，可将反吹风量由28m^3/min提高到46.7m^3/min。

类似的设备造成可燃气体浓度异常升高的原因还有：①在向料仓进料的过程中，误关闭净化风机，2h后料仓已经冒烟；②遥控净化风机失效，进料时反吹净化风机4h未开动，发生燃爆；③三通阀失灵，粉料未进入目标料仓。

（3）案例3 聚丙烯和高密度聚乙烯料仓爆炸事故

原因包括如下的一种或几种：

① 脱气（工厂称脱挥）不彻底，残留的挥发性可燃气体多；

② 氮气因故供应不足，致使通入量减少；

③ 风送粉体，静电荷产生量大，实际积累的电荷密度远远超过控制值；

④ 原设计没有脱气仓。

线型低密度聚乙烯（LLDPE）料仓闪爆事故还有如下原因：聚合不完全，可挥发物含量高；仓内装设低料位报警器和高料位报警器，料面接近电容式高料位报警器时，诱发刷形放电。

7.5 气体流动产生静电

一般认为，纯气体不产生静电，但气体中夹杂有粉尘、液滴或其他异物时，气体在喷射时产生空间静电电荷，如图7-18所示。

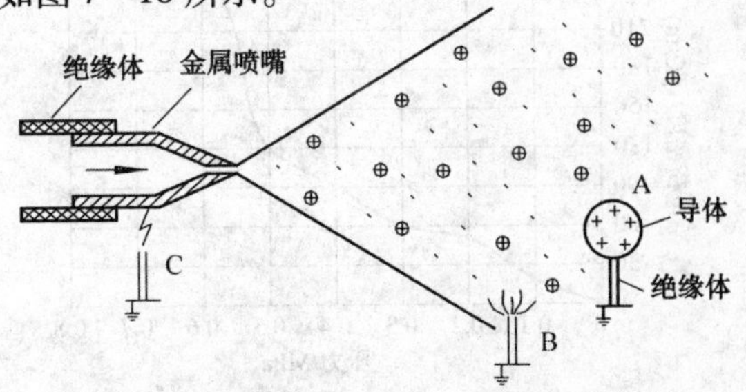

图7-18 气体喷射静电

气体喷出时，在带有空间电荷的气体中，孤立导体收集电荷，产生电荷的积聚和放电现象，如图 7－18 中 A 所示。当散射物的"电荷云"的尺寸和密度达到一定值时，对周围接地目标可产生刷形放电（可以点燃 0.1～1mJ 点火能的气体）或雷状放电（可以点燃所有气体和部分粉尘云），如图 7－18 中 B 所示。当设备或喷嘴没有接地，或喷嘴为绝缘体时，设备或喷嘴可以产生火花放电（金属导体）或传播型刷形放电（绝缘体），如图 7－18 中 C 所示。

根据国外有关研究的实验数据，典型气体起电情况汇总成表 7－11。可见：CO_2 和 CH_4 气体喷射时起电量最大；增湿对起电量影响不大；CO_2 压力超过 1MPa 时，起电变化明显。

表 7－11　典型气体起电情况

气体类型	压力/MPa	最大测量电位/V
干燥 O_2	1.4	3400
增湿 O_2	13.2	4500
CH_4	5.5	18000
干燥 N_2	14	4570
增湿 N_2	14.9	2540
CO_2	0.9	3500
CO_2	4.5	22000
C_2H_2	0.53	4000

我国研究人员用 DN25mm 的钢管做喷射蒸汽起电试验，在 0.1～0.8MPa 压力范围内试验数据见表 7－12。数据表明，蒸汽压力超过 0.1MPa 时起电均远大于 1.2 $\mu C/m^3$ 的危险界限（可以点燃最小点火能在 0.1～1mJ 的可燃气体），特别当蒸汽压力超过 0.5MPa 时，喷出静电呈近似指数规律增长（见图 7－19）。

表 7－12　不同压力蒸汽喷射带电数据

出口压力/MPa	质量流量/(t/h)	金属网泄漏电流/10^{-6} A	体积流量/(m^3/h)	电荷密度/($\mu C/m^3$)
0.1	0.58	2.2	0.030	287.5
0.2	0.58	10.3	0.038	266.9
0.3	0.55	12.4	0.043	259.7
0.4	0.58	21	0.044	118.2
0.5	0.50	26	0.061	86.1
0.6	0.56	67	0.071	58.2
0.7	0.56	71	0.098	52.6
0.8	0.50	69	0.143	15.4

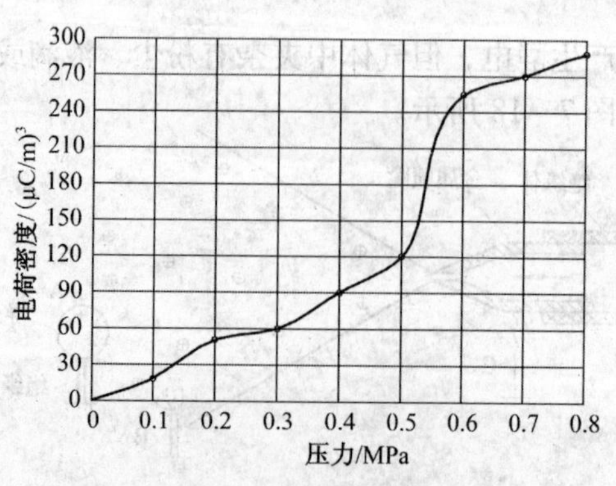

图 7－19　不同压力蒸汽带电曲线

当液化石油气(LPG)瓶、CO_2瓶泄漏或放空时，喷嘴产生静电，钢瓶摆放和使用中必须可靠接地，在喷射空间不能有绝缘体和部接地的导体，包括活动的人体。

7.6 防范静电放电危害的技术措施

防止静电危险放电的措施有两类，一是进行防静电安全设计，采用工程技术措施；二是采取安全管理的措施，消除人的不安全行为。安全设计采取的技术措施多种多样，其核心目的是防止静电电荷在物品(液体或粉体)上和周围物体(设备或人体)上积累。

从原则上讲，有三种方法可用于防范静电放电火花引发的火灾爆炸事故：

① 对于可燃液体的操作过程，一般通过降低电荷产生速度、增加电荷释放速度或中和消除电荷的技术措施，防止电荷积累到危险水平。

② 对于可燃粉体的操作过程，一般采取防止静电电荷积累到危险水平的技术措施，实现这一目的技术系统主要是通过低能放电的方法来减少电荷量。

③ 如果危险的静电放电不能被有效地消除，可通过惰性化或通风净化等措施，维持氧气浓度低于极限氧气浓度(LOC)或维持可燃气体的浓度低于爆炸下限(LEL)。

惰性化已经在前面介绍过，通风净化可参阅相关技术资料。

7.6.1 减少液体静电的产生量

减少静电的产生量是预防静电事故的第一步，也是最重要的一步。制定此类措施主要是从抑制或消除产生的条件入手，主要的方法如下：

① 限制液体流速。

甲、乙类烃类液体(闪点<28℃；28℃≤闪点<60℃)，尤其是电阻率较高的烃类液体，流入储罐、反应器或槽车时，为减少静电的产生量，初始流速应小于1m/s，只有当液面浸没入口管0.2m后，才能提高流速，但最高流速也应小于6m/s。铁路罐(槽)车浸没装油速度应满足下式关系：

$$VD \leqslant 0.8 \tag{7-30}$$

式中 V——油品在管道内的线性流速，m/s；

D——管道内径，m。

汽车罐(槽)车浸没装油速度应满足下式关系：

$$VD \leqslant 0.5 \tag{7-31}$$

铁路机车的轮子是钢制的，与铁轨接触，接地性好于汽车的橡胶轮胎，所以要求稍宽松些。烃类液体流速越快，其起电量越大，限制流速就可限制静电电荷的产生量。静电电荷在液体中可随分子到达管道中心附近，这些电荷要迁移到管壁需要较长时间，且管径越大，所需时间越长。为了使静电电荷密度保持较低的水平，使用管径较小的细管道时，电荷迁移(即松弛)时间较短，消散速率快，即使流速快，产生较多的电荷，流速也可以快些；相反，管径大时，流速必须降低。

德国P·T·B对烃类燃油进行的实验，归结出如下流速公式

$$V \leqslant 0.8\sqrt{1/D} \text{ 或 } V^2D \leqslant 0.64 \tag{7-32}$$

式中 V——平均流速，m/s；

D——管道直径，m。

根据式(7－30)、式(7－31)和式(7－32)计算，不同管径的允许最大流速见表7－13。

表7－13　最大流速与管径的关系

管径/m		0.01	0.025	0.05	0.1	0.2	0.4	0.6
最大允许流速/(m/s)	式(7－29)	80	32	16	8	4	2	1.3
	式(7－30)	50	20	10	5	2.5	1.25	0.83
	式(7－31)	8	5.1	3.6	2.5	1.8	1.3	1.03

以上规定是针对单一品种纯净产品在管道内的正常流动速度。当处于其他情况时，应遵照表7－14中的规定。

表7－14　其他情况的管内流速

序号		情况描述	流速
1	(1)	油料中带有水分杂质时，甲乙类两种以上油品混送	≤1m/s
	(2)	甲乙类液体进入储罐、槽车的初速度	
2	(1)	入口管浸入200mm后	≤6m/s
	(2)	液体中添加了抗静电剂，同时具有专门静电消除器、报警装置	

对于电阻率较低的液体，比如醇类、酮类液体，自身具有较强的导静电性，所产生的电荷能够较快地迁移到管壁，只要管道接地，即使流速较快时，静电电荷也不会大量积累。流速与液体电阻率的关系见表7－15。

表7－15　液体电阻率与允许流速的关系

液体电阻率/(Ω·m)	允许速度/(m/s)
$<10^5$	<10
$10^5 \sim 10^9$	5
$>10^9$	1.2

② 避免采用喷射方式注入有机液体。输送高电阻率液体应自底部注入或自器壁缓缓流入器内，也可改变注油管出口处的几何形状，如倒T形、锥形、斜口形、曲线锥形等；尽量减少过滤器，并安装在管路的起端，否则还应采取其他防静电相应措施，如加装静电缓冲器。

③ 对罐车等大型容器灌装烃类液体时，尽量从底部进油，如不得已采用顶部进油时，则其注油管宜伸入罐内离罐底不大于200mm。在注油管未被液面浸没之前，其流速应限制在1m/s以内。

④ 在储存罐、罐车等大型容器内，可燃性液体的表面，不允许存在不接地的导电性漂浮物(孤立导体)。

⑤ 管道光滑顺直。在有火灾爆炸危险场所，设备管道尽可能光滑平整无棱角，管径无骤变；凹凸不平会局部加速流体流速，产生更多的静电电荷。

⑥ 防止皮带摩擦。皮带传动应用导电皮带，运转速度要慢，要防止过载打滑、脱落，防止皮带与皮带罩相互摩擦；在传动装置中，采用三角皮带或直接用轴传动，以减少或避免因平面皮带摩擦面积和强度过大产生过多静电。

⑦ 防止不同相溶液体相混合及油中掺水夹气。实践证明，油中含水5%，会使起电效应

增大 10 ~50 倍。油品采用空气调合也会增加静电电荷的产生量。

⑧ 对接触起电的物料，如果有可能，尽量选用在带电序列中位置较邻近的，或对产生正负电荷的物料加以适当组合，使最终的起电最小。在生产工艺的设计上，对有关物料应尽量使接触面积和压力较小，接触次数较少，运动和分离速度慢。

7.6.2 加速液体静电电荷的消散

(1) 静电接地连接

静电接地连接是为了给静电电荷提供一条导入大地的通路。接地与连接是最常用、最简单、最有效的防止静电积累的方法。

在静电危险场所，为了使静电电荷尽快地消散，所有的静电导体都必须进行接地。金属物体应采用金属导体与大地做导通性连接，对金属以外的静电导体及亚导体作间接接地。间接接地是指将其表面的局部或全部与接地的金属体紧密相接的一种接地方式。与金属可以进行焊接接地不同，非金属静电导体或静电亚导体与金属导体相互连接时，其紧密接触的面积须大于 $20cm^2$。可将与金属导体向连接的金属板(片)垫锡箔纸与非金属导体紧密连接。易产生静电的生产设备应避免采用静电非导体材质，应采用静电导体或静电亚导体。

通常情况下，静电导体与大地之间的总泄漏电阻值不能大于 $10^6\Omega$，每一组静电接地体的接地电阻不应大于 100 Ω，即使在山区等土壤电阻率较高的地区，其接地电阻值也不应大于 1000 Ω。

储罐、储槽、管网、反应釜、分离设备(离心机、分馏塔)、通风机械、空气压缩机、装桶机、机泵、操作台等都要有可靠的接地措施，接地电阻不大于 100 Ω，同时要保证与接地体的连接线无断裂、无锈蚀，尤其要注意螺丝固定的连接点。

槽罐车等在装卸易燃易爆物料时的临时接地，在与槽罐车连接时要接到导电良好的位置，最好接在专用连接夹头处，绝对不能与绝缘体处连接。使用蝶形夹时，接在新油漆的金属板时，很可能由于绝缘而不能导通。

装设接地装置时应注意，接地装置与冒出液体蒸气的地点要保持一定距离，接地电阻不应大于 10 Ω，敷设在地下的部分不宜涂刷防腐油漆。管道系统的末端、分叉、变径、主控阀门、过滤器，以及直线管道每隔 200 ~300m 处，均应设接地点。车间内管道系统的接地点应不少于两个，接地点、跨接点的具体位置可与管道固定托架位置一致。土壤有强烈腐蚀性的地区，应采用铜质或镀锌钢质接地体。

储罐、储槽等的梯子进门处，应接地并留出 1m 左右的裸露金属，作为操作人员手握连接体，用于人体静电的释放处。

接地只能消除带电导体表面的自由电荷，对于非导体静电荷的消除是无效的。

(2) 等电位连接

凡加工、贮存、运输等能产生静电的物料金属设备和管道，如各种贮罐、反应器、混合器、物料输送设备、过滤器、吸附器、粉碎机械等金属体，应连成一个连续的导电整体，以保持各处静电电位相等。特别要注意的是用法兰连接的管道，如果垫圈是绝缘材料，要保证两侧静电电路相通，当螺栓少于五个时，由于锈蚀、沾污等原因，可能导致螺栓电阻增大，应该用导线进行跨接，确保连接电阻足够小。使用铜质垫圈(比如用铜薄片包聚四氟乙烯型)时，连接效果最好。一般法兰间接触电阻大于 10 Ω时，应跨线连接，也有资料认为不应大于0.3 Ω。

（3）增加空气湿度

空气中水蒸气的浓度提高可在物体表面形成一层导电的液膜，降低静电非导体的绝缘性，提高静电经物体表面泄放的能力，即降低物体的泄漏电阻，有利于把所产生的静电导入大地。通风调湿、地面洒水、喷放水蒸气等是车间增加空气湿度常用的方法。在有爆炸性气体出现的场所，空气湿度增加也可以提高爆炸性混合物的最小引燃能量，有利于防爆。醋酸纤维素、硝酸纤维素、纸张和橡胶等极性强的固体物质易被水润湿形成水膜，增湿泄放静电的效果好。纯涤纶、聚四氟乙烯、聚氯乙烯等被水润湿性差的效果不太明显。实践证明，如果工艺条件允许，空气相对湿度保持在60%以上为宜。需要说明一点，增加空气湿度并不能有效加速非极性液体中静电电荷消散的速度。

毫无疑问，许多固体绝缘材料表面的电导率或电阻率是空气相对湿度的函数。如果水分子的绝对浓度不变，空气的相对湿度随着温度的升高而降低，相反，温度降低时，相对湿度增加。在寒冷的天气里，空气的绝对湿度很低，但相对湿度可能很大。例如，在-1℃的户外饱和空气被吹入室内，温度升高至21℃时，相对空气湿度只有20%多一点。在冬春两季，静电消散的机会减少，比较容易在材料上积累，静电放电的危害较大。

（4）静电缓冲

油罐车、液化石油气槽车、天然气槽车及其他易燃液体移动式容器的停留、停泊处，不仅仅要设置静电接地装置进行接地，还要经一定时间静止后再进行注液或放液，让静电电荷被充分泄放。所用的导液软管必须具有符合要求的导电性。如果所用软管是管壁中包裹着金属丝的导静电软管，在与金属管连接的两端，应将软管的金属丝与金属管进行有效的电气连接，如果软管一端与金属喷嘴相接，也同样需要进行金属丝的电气连接。对于输送氢、乙炔、丙烷、城市煤气和氯等气体物料，不宜使用胶皮管，应采用接地的金属管。

输送高带电液体物料时，如果静电电荷密度不能有效降低，应在管道末端排口前适当位置加设静电缓冲器（见图7-20），以利用流速减慢来延长静电消散时间。对电阻率在$10^{12}\ \Omega\cdot m$以上的液体物料，可用下式计算所采用的缓冲器的长度和直径，并能得到可实际应用的结构尺寸。

$$D_H = D_R\sqrt{2u} \tag{7-33}$$

$$L_H = 2.2\times10^{-11}\varepsilon_r\rho \tag{7-34}$$

式中 D_H——缓冲段管道直径，m；

L_H——缓冲段管道长度，m；

D_R——输送管道直径，m；

u——液体流速，m/s；

ε_r——液体相对介电常数；

ρ——液体的电阻率。

对于非导电液体，在设计上也可采用式（7-35）计算缓冲管段长度。

$$L/V = 3\tau \tag{7-35}$$

式中 L/V——液体在缓冲区域内的停留时间，s；

L——缓和区域长度，m；

V——液体在缓和区域内的流速，m/s；

τ——液体的松弛时间，s。

对于起电量高的粉体物料，可以在进入容器前装设缓冲容器，增加在消散区的停留时间，并控制缓冲器的最大直径，以使静电得到逸散，控制大型容器内的电荷密度。

电阻率高的液体，在接地的金属储罐或容器中产生或接纳的静电也不能马上消散掉，液体内部的电荷要经过一定时间后才能移动到器壁，之后才能导入大地，显然这个过程需要时间。汽车加油站操作规程规定，油罐车进站卸油前，在连接好静电接地线后，还需要静置15min才能进行卸油作业，其目的也是给处于罐中央的静电电荷迁移扩散到罐壁留足时间。

图7-21所示为往油罐注油停止后，油面静电电位的变化情况。当油量达到油罐容积90%时，停止注油，经过23.6s后，油面静电电位才达到最大值，又持续了54.4s电荷才衰减掉。静电电荷在电荷同性相斥的作用下，向四周边缘移动，移动到罐壁上的电荷入地，移动到液面的电荷相对静止，电荷密度增大，电位的高低就是电荷密度的反映。

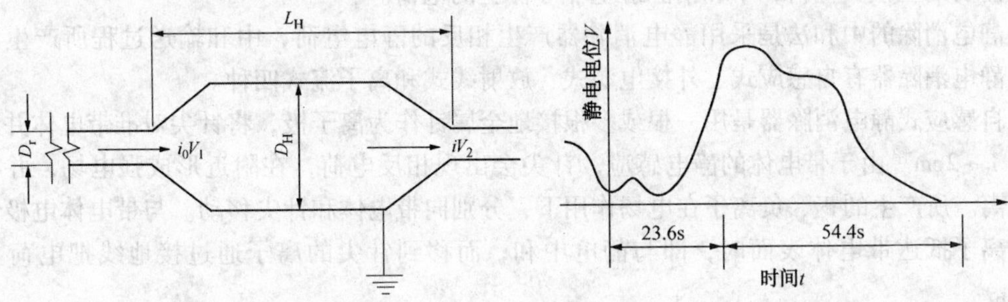

图7-20　管道用静电缓冲器　　图7-21　泵送停止后罐内静电电位变化情况

由此可以看出，刚停泵时进行电位检测、液位检尺或采样是不安全的，易发生放电现象。对于容积小的储罐，装油后等2min即可取样；对于大储罐，则由于带电质点移动受阻，使电荷不能快速消散，特别是油料里含有少量水分时，有时可能出现很强的电场，检测工作必须在水完全沉降后才能进行。英、美两国规定，停止注油后需半小时才能进行工作，原苏联规定为2h以上；法国专家提出，液面每增高1m就需多等1h。我国《防止静电事故通用导则》规定的静置时间见表7-16，如果容器内设有专用的量槽时，可以按容积小于$10m^3$取值。表中数据也表明，容积越大，电荷迁移所需时间越长。

表7-16　烃类油品静置时间

带电物体的电导率/(S/m)	静置时间/min 带电容器的容积/m^3			
	<10	10~50(不含)	50~5000(不含)	>5000
$>10^{-8}$	1	1	1	2
$10^{-12}\sim10^{-8}$	2	3	20	30
$10^{-14}\sim10^{-12}$	4	5	60	120
$<10^{-14}$	10	15	120	240

(5) 加入防静电剂

在不导电或低导电性能的物质中，掺入导电性能较好的防静电剂，或在固体物质表层涂抹防静电剂等方法增加其导电性，降低其电阻，可消除生产过程中产生静电的火灾危险性。

抗静电添加剂可使非导体材料增加吸湿性或离子性，使其电阻率降低至 $10^4 \sim 10^6 \Omega \cdot m$ 以下。有些添加剂本身就具有良好的导电性，能将非导体上的静电荷导出。抗静电添加剂种类繁多，如无机盐表面活性剂、无机半导体、有机半导体、高聚物、电解质高分子成膜物等等。防静电添加剂应根据使用对象、目的、物料工艺状况以及成本、毒性、腐蚀性等具体情况进行选择。

(6) 防静电地板

当危险工作间铺设防静电或导静电地板及工作台面时，其静电泄漏电阻值应为 $1.0 \times 10^4 \sim 1.0 \times 10^8 \Omega$。铺敷导电橡胶地面不仅利于导除人体静电，也是消除摩擦火花的措施。

7.6.3 液体静电电荷的中和消散

消除管道中液体内的静电电荷通常采用静电消除器。静电消除器是利用外部设备或装置产生需要的正或负电荷，中和消除静电非导体上的电荷。

静电消除的中和法是采用静电消除器产生相反的静电电荷，中和输送过程所产生的静电。静电消除器有自感应式、外接电源式、放射线式和离子流式四种。

自感应式静电消除器是用一根或多根接地金属针作为离子极，将针尖对准带电体并距其表面 1 ~2cm。由于带电体的静电感应，针尖会出现相反电荷，在附近形成强电场，并将气体电离。所产生的正、负离子在电场作用下，分别向带电体和针尖移动。与带电体电极性相反的离子抵达带电体表面时，即与静电中和；而移到针尖的离子通过接地线把电荷导入大地。

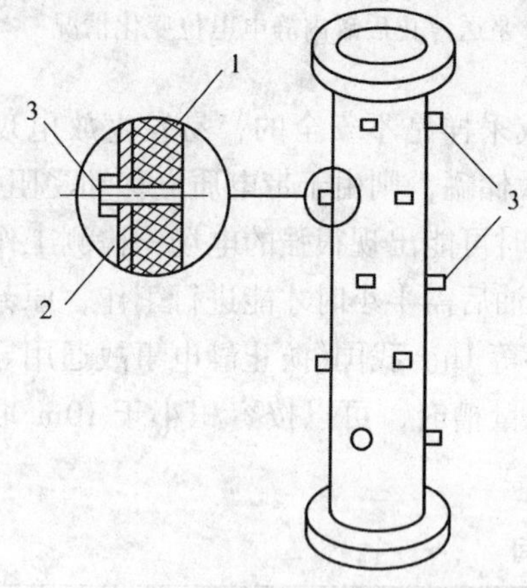

图 7-22 消电器结构示意图
1—聚乙烯；2—钢管；
3—消电电极镶针螺柱(每排三只)

专用于油管上的感应式静电消除器(简称消电器)能解决槽车的静电安全问题，效果显著，可以使槽车油面电压由 25kV 下降为 3 ~4kV。这种消电器的结构如图 7-22 所示，在我国石油化工企业中已被广泛使用。

该消电器主要由三部分组成：接地钢管及法兰部分、内部绝缘管、针螺栓等。为了均匀地在油内产生相反的电荷，放电针沿长度方向交错布置 4 ~5 排，每排沿圆周围均匀布置 3 ~4 根针。为了方便检查和维修，放电针用螺栓做成，可装拆。

外接电源式静电消除器是利用外接电源的高电压，在消除器针尖与接地极之间形成强电场，使空气电离。外接电源是直流的消除器，将产生与带电体电性相反的离子，直接中和带电体的静电。如果外接电源是交流装置，则在带电体周围由等量的正、负离子形成导电层，使带电体表面电荷传导出去。

直流型静电消除器消电能力比交流型高，但所用电源需有整流设备，较为麻烦，因而一般多采用工频交流静电消除器。外接电源式消电器比自感应式消电器效果好，消电较彻底，但也容易使带电体载上反极性的静电。

放射线静电消除器是利用放射性同位素的放射性[镭(Ra)、钋(Po)、钚(Pu)等元素的同位素能放射α射线；铊(Tl)、锶(Sr)、氪(Kr)等元素的同位素能放射β射线，都可以作放射式静电消除器的放射性同位素]使空气电离，从而中和带电体上的静电。离子流式静电消除器就工作原理属于外接电源式静电消除器。所不同的是利用干净的压缩空气通过离子极喷向带电体，把离子极产生的离子不断带到带电体表面，达到消除静电的效果。从适用性出发，自感应式、放射线式静电消除器原则上适于任何级别的场合。但放射线式静电消除器，在有良好的放射性防护时，方能使用。放射线式静电消除器结构简单，不要求有外接电源，而且工作时又不产生火花，适用于有火灾和爆炸危险的场所。

离子流式静电消除器。在直流外接电源式静电消除器工作原理的基础上，用干净的压缩空气通过消电电极喷向带电体，于是就将离子极产生的离子源源不断、有方向地喷到带电体表面，达到中和静电的效果。它能远距离消电(0.6～1m)，安全、防爆、防火，能低压配线，离子流极性可选择。离子流静电消除器消电图如图7－23所示。

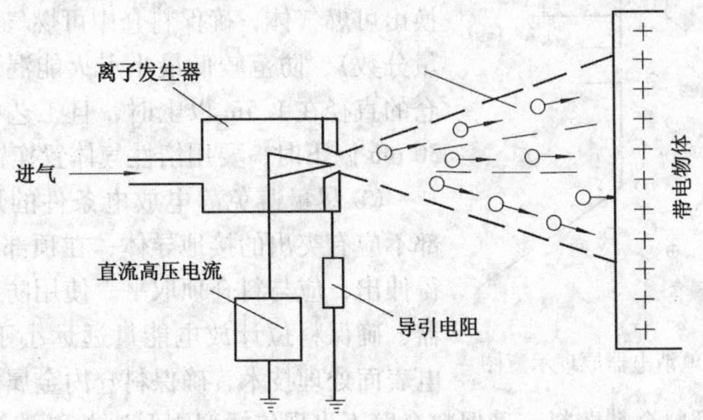

图7－23　离子流式静电消除器消电示意图

利用摩擦起电的带电规律，把相应的物质匹配，使生产过程中产生极性相反的电荷，并互相中和。这就是所谓物质匹配消电的方法。如在橡胶制品生产中，辊轴用塑料、钢铁两种不同的材料制成，交叉安装，胶片先与钢辊接触分离得负电，然后胶片又与塑料辊摩擦带正电，正、负电互相抵消保证了安全。

7.6.4　粉体料仓静电的消除

粉体与气体不同，其最小点火能一般是气体的10倍甚至百倍，所以其防范静电的方法也有不同。

① 尽量避免细小颗粒。一般情况下，粉体的粒径越细小，越易起电和点燃。在整个工艺过程中，应尽量避免利用和形成粒径在75 μm或更细小的细微粉尘。

② 防范孤立的绝缘导体。粉体中的金属导体，如果不能与金属器壁连接，处于对地绝缘状态，就称为孤立导体。孤立导体不仅易产生静电电荷，而且易积聚电荷，所以其也易导致放电现象发生。在气流输送系统内，应防止偶然性外来金属导体混入，成为对地绝缘的孤立导体。纯粹粉体静电引爆纯粉尘云(没有混入可燃气体)的情况较少，但有孤立导体放电时，其放电能量较高，就比较容易引爆粉尘云。在结构设计和维护上要确保料仓内不出现绝缘导体和易脱落导体。

③ 使用金属管道或金属接地容器。为了尽量减少静电电荷的积累，应尽量采用金属管道。必要时，可在气流输送系统的管道中央，顺其走向加设两端接地的金属线，以降低管道内静电电位。

粉体产生静电电荷时，也可以采用管道型粉体静电消电器消除部分静电电荷，其消除原理如图 7-24 所示。具有正高电压或负高电压的金属尖端产生正或负电荷，由工业风带入管道中，与粉体颗粒中所带的相反电荷中和，减少粉体中的静电电荷量。

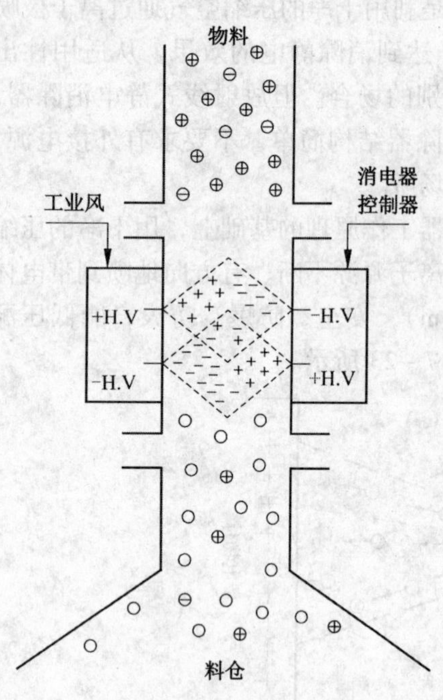

图 7-24　粉体静电消电器原理示意图

对于强烈带电的粉料，最好先输入小体积的金属接地容器中，待静电消除后再装入大料仓。

总之，应通过静电消除系统确保料仓中粉堆表面放电能量远远小于 10mJ。

④ 避免可燃气体积聚与惰性化。由通风系统置换出可燃气体，确保料仓中可燃气体浓度≤0.5%(质量分数)，防范较低最小点火能混合体的形成。当筒仓的直径在 1.5m 以上时，且工艺中粉尘粒径多数在 30 μm 以下时，要用惰性气体置换，密闭筒仓。

⑤ 尽量避免静电放电条件的形成。大型料仓内部不应有突出的接地导体，在顶部进料时，进料口不得伸出，应与料仓顶取平。使用防静电型高料位报警器，确保料位计放电能量远远小于 10mJ。采用防静电表面处理技术，确保料仓内金属突出物放电远远小于 10mJ。定期清理料仓粘壁料，确保料仓壁不出现传播型刷形放电和剥离放电。

7.7　人体静电及其危害与防范

7.7.1　人体静电

人体静电是指由于人体自身行动或与其他带电物体相接触或相接近，在人体上产生和积聚的静电。通常所说的人体静电是指人体在活动过程中，人体与衣服之间、衣服与衣服之间摩擦产生的静电。在冬春等气候干燥、气温低的季节，人手接近金属门把手、汽车门把手时常感觉到有轻微的刺痛感，在脱衣服时有轻微的噼啪声，这都是人体静电放电的现象。空气湿度低、人体皮肤干燥的季节，不利于人体静电向大地泄放，易于积累。人体可认为是静电导体，与大地构成电容，具有储存电能的能力，手接近金属导体时，向金属(如金属把手)放电。一般的衣服布料都是非静电导体，静电电荷在衣服上的分布并不均匀，有的部位密度大，有的部位密度小，密度大的部位电位高，脱衣服时，在电位高低不同的部位之间有放电现象。不同的布料材质具有不同的电子逸出功，各自产生携带的电荷极性也有区别，正负电荷材料之间接近时，也会发生较强的放电。天然纤维布料，如棉布、麻织品产生的静电较少，而合成纤维，如腈纶、涤纶织物易产生静电。

人体静电的电位能达到多高？刘尚合院士在实验室试验时，让受试人身穿化纤服装和塑料拖鞋，在绝缘的橡胶地板上走动，测得人体的极端电位值为 60000V，该值是可靠的。人走动速度的快慢决定了摩擦的频率，走动越快，产生的人体静电电荷越多。通常情况下，人体静电不可能总达到极端值水平，但达到数千至一万伏是较容易的。人体静电电荷产生的速率与行走速度及服装布料的种类有关，静电电荷积累的多少与空气湿度、皮肤干燥程度、鞋袜的电阻大小有关。在夏季，人很少感觉到静电的存在，主要原因是空气湿度大，皮肤湿润，静电电荷不能积累。人体带电电位与静电电击程度的关系见表 7－17。

表 7－17　人体带电电位与静电电击程度的关系

人体带电电位/V	静电放电时人体感觉程度	备注
1000	没有感觉	
2000	手指外侧有感觉，但不痛	产生微弱放电声
3000	有针触的感觉，有哆嗦感，但不疼	
4000	手指有微痛感，如针扎之痛感	可见放电的微弱火花
5000	手掌到手臂前半部有电击痛感	手指尖伸出微光
6000	手指剧烈痛感，受电击后手臂感觉沉重	
7000	手指和手掌有强烈痛感，稍有麻木感觉	
8000	从手掌到前臂有麻木感觉	
9000	手腕有强烈痛感，手感到麻木沉重	
10000	整个手都痛，感到电流流过	
11000	手指强烈麻木，整个手有强烈电击感	
12000	整个手感到被强烈的打击	

注：人体的静电电容大约为 100pF。

部分人体活动中产生的静电电位见表 7－18。

表 7－18　工作环境的人体带电

人体活动方式		环境温、湿度	人体对地电阻/Ω	人体对地电容/pF	人体对地电位/V
穿塑料凉鞋站在红橡胶地板上走动	慢步约 20m	25℃ 64%	10^{12}	180（双脚） 120（单脚）	－900（双）－1500（单）
	快步约 20m				－1200（双）－2000（单）
	快步约 40m				－1500（双）－2800（单）
穿塑料凉鞋在红橡胶地板上掸桌椅后	用干抹布抽掸干净的漆桌面	25℃ 59%	10^{12}	180（双脚） 120（单脚）	＋2500（双）＋3700（单）
	用干抹布抽掸人造革椅子面				＋2800（双）＋3800（单）
	用干抹布抽掸红橡胶板铺设的工作台面				＋2200（双）＋3400（单）

7.7.2　人体静电放电的防范措施

在气体混合物存在的爆炸性气体环境中，人是活动的带电体，由于工作的需要，带有静电的人可能到达所有的危险区域，而人体静电放电可能产生足以引爆爆炸性气体的能量，因此，在特定的危险区域或场所，防范人体静电的危害是很重要的。同样，防范人体静电的措施也包括减少静电产生量和避免静电电荷积累两类措施。

（1）穿防静电工作服

国家标准《防静电服》（GB 12014—2009）定义，防静电服是为防止衣服的静电积聚，用防静电织物为面料而缝制的，适用于对静电敏感场所或火灾、爆炸危险场所穿用工作服装。使用的防静电织物的制作工艺，主要是在纺织时，大致等间隔或均匀地混入全部或部分使用金属或有机物的导电材料制成的防静电纤维或防静电合成纤维，或者两者混合交织而成。

导电纤维是指全部或部分使用金属或有机物的导电材料或亚导电材料制成的纤维的总称，其体积电阻率ρ_v介于$10^4 \sim 10^9 \Omega \cdot cm$之间。接照导电成分在纤维中的分布情况又可将导电纤维分为导电成分均一型、导电成分覆盖型和导电成分复合型3类。目前，绝大多数防静电织物是采用导电纤维制作的，其中尤以导电成分复合型，即复合纤维使用最多。

在化纤织物中加入导电纤维制成的防静电工作服，其消电是基于电荷的泄漏与中和两种机理。当接地时，织物上的静电除因导电纤维的电晕放电被中和之外，还可经由导电纤维向大地泄放；不接地时则借助于导电纤维微弱的电晕放电而消电。

一般认为穿纯棉工作服可防止服装静电积累，因而就安全，实际这种观点具有片面性。只有当空气相对湿度高于50%时才基本如此；而当相对湿度比较低时，纯棉制品的带电量明显增大。试验表明，在相对湿度低于30%时，纯棉织物的带电量与涤纶相当；而当相对湿度低于20%时，棉织物的带电量甚至会高于某些化纤织物。所以在气候干燥地区，不能指望在任何情况下都能用纯棉制品消除服装静电危害。

不准在操作静电敏感产品的现场穿上或脱去工作服，应在指定的更衣室进行更衣。工作服的钮扣应全部扣上，尽量不使其处于接近脱衣的状态。

（2）人体接地

人在进入爆炸危险区域前，应将身体积累的静电电荷消散掉。一般的方法是用手直接接触接地的静电释放器，比如：在车间门口外设置不锈钢的静电释放牌；悬挂用导静电材料制成的门帘(应接地)；设置扶手或金属门等；在油罐、精馏塔的爬梯入口应留一小段不涂漆，供工作人员上梯时触摸接地；在人体必须接地的场所，应装设金属接地棒—消电装置，工作人员随时用手接触接地棒，以清除人体所带有的静电。如果是坐着工作，必要时可佩戴用于人体接地的腕带、脚镯等。

（3）工作地面导静电化

地面保持一定的导电性，才能使人体活动时有效接地。工作地面导静电化就是使用具有导静电性能的工作地面，其电阻阻值既要小到能防止人体静电的积累，又要考虑不会由于误触动力电导致人体严重伤害，故电阻值应适当。目前国内定为一般场合为$10^8\Omega$，有火灾爆炸危险的场所为$10^6\Omega$，国内一般要求为$3\times10^4\Omega \leqslant R \leqslant 10^6\Omega$。当空气相对湿度在30%以下时，每班洒水至少1~2次，使混凝土地面、嵌木地板湿润，使橡胶、塑料贴面及油漆地面形成水膜，增加导电性。表7-19所示为不同地面材料的泄漏电阻，厚度不同时会有变化，表中数据仅供参考。

表7-19　不同地面材料的泄漏电阻

材料名称	泄漏电阻/Ω	材料名称	泄漏电阻/Ω
导电性水磨石	$10^5 \sim 10^7$	一般涂漆地面	$10^9 \sim 10^{12}$
导电性橡胶	$10^4 \sim 10^8$	橡胶贴面	$10^9 \sim 10^{13}$
石	$10^4 \sim 10^9$	木胶合板	$10^{10} \sim 10^{13}$
大理石	$10^9 \sim 10^{10}$	沥青	$10^{11} \sim 10^{13}$
混凝土	$10^5 \sim 10^{10}$	聚氯乙烯贴面	$10^{12} \sim 10^{15}$
导电性聚氯乙烯	$10^7 \sim 10^{11}$	陶瓷	$10^{11} \sim 10^{13}$

导静电地面发挥作用的前提是鞋袜都不是静电绝缘体，必要时可穿用防静电鞋。静电鞋采用散电材料 PVC 或 PU(聚氨基甲酸酯简称聚氨酯)发泡材料制作鞋底，与鞋帮一体成型，然后进行上线加固。防静电鞋能有效释放静电，同时与防静电服一起构成完整的防静电体系。静电鞋灵巧轻便，鞋底中层有防静电 EVA(乙烯－乙酸乙烯酯共聚物)，缓解足部压力。防静电鞋的电阻值应小于 $10^7\Omega$，并大于 $10^5\Omega$。

(4) 防止孤立的金属导体

身上携带金属器物时，其与地绝缘，类似于孤立导体，易产生和积累静电电荷，尖端部位易放电，也容易发生刷形放电。因此，禁止在防静电工作服上附加或佩带任何金属物件，也不得携带与工作无关的金属物品，如钥匙、硬币、手表、戒指等。

(5)尽量缓步走动

跑动、快走都加快摩擦的频率和强度，将产生更多的静电电荷，因此在爆炸危险环境中，应尽量避免跑动，宜缓步走动，减少静电产生量。

另外，还应该避免在爆炸危险环境中形成静电放电条件。某厂用浸了汽油的锯末擦精密车间的地板，汽油蒸气充满了这个 $40m^2$ 的房间。由于工作人员穿着涤纶衣服和泡沫塑料凉鞋活动，使衣服和拖鞋上都带上较高电位的静电，这时恰好有人踢到地面上一小段露头的旧穿线铁管，于是立即发生放电，放电火花引起汽油蒸气与空气混合物的燃烧爆炸，伤亡多人，室内设备和仪器也严重烧毁。由此可见，人体静电放电有时危害是很大的。

思考题

1. 根据静电起电的“双电层理论”，阐述静电起电的过程。
2. 为什么相接触物质的电子逸出功差值和接触－分离频率对起电量产生影响?
3. 静电带电序列是根据什么进行排列的? 其在生产过程中有什么用途?
4. 静电具有哪些特点?。
5. 物质的电阻率和电导率是如何定义的?
6. 放电时间常数或松弛时间的物理含义? 哪些物理参数决定其数值的大小?
7. 甲苯和乙醇的相对介电常数分别为 2.37 和 25.7，电阻率分别为 $2.7\times10^{13}\Omega\cdot cm$ 和 $7.4\times10^{8}\Omega\cdot cm$，分别计算其静电电荷消散的半衰期，并分析其积累电荷的特性。
8. 简要说明火花放电、刷形放电和传播性刷形放电的发生条件和特点。
9. 对于一个具体的场所，如果可确定其产生静电且存在爆炸性体系(爆炸性混合气体或粉尘云)，应该怎样分析其是否具有引爆的危险性?
10. 根据静电的产生机理，分析哪些因素可导致产生更多的静电电荷? 这些因素有无共同点?
11. 根据液体在管道中流动时，冲流电流的公式可看出，相对介电常数较大的液体物料可产生较大的冲流电流，即产生静电电荷的速率较高，但一般认为其受静电放电的威胁较小，请说明原因。
12. 对液体在管道中流动时冲流电流的公式进行分析，说明流速与产生静电的速率有何关系，根据静电产生的双电层理论，分析其原因。
13. 用不导电软管将高位容器中的液体放入放在地面上的塑料桶中(如下图所示)，计算静电能量是否能将液体蒸气引燃。计算所需参数如下：软管长度5m；软管直径5cm；电

阻率 $1.6\times10^{13}\Omega\cdot cm$；介电常数2.284，流速5L/min；蒸气最小点火能2.5mJ。如果液体的电阻率 $7.4\times10^{8}\Omega\cdot cm$；介电常数25.2，再进行计算。

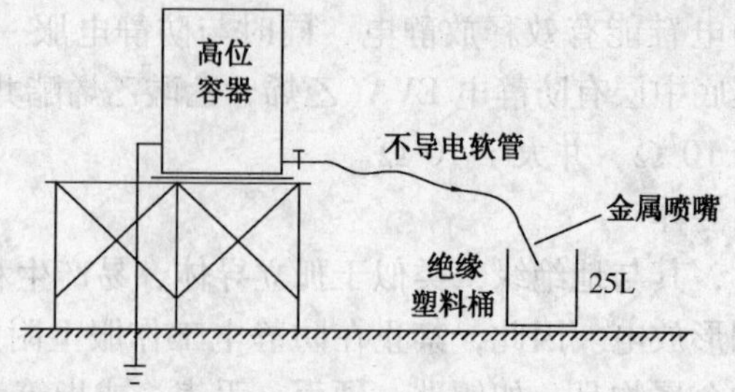

14. 为什么烃类油品中混有少量水时产生的静电量较多？如果使用金属管道且接地良好，当含水量进一步增加时，其具有的静电电荷是增加还是减少，分析原因？
15. 喷射水时产生的水雾也产生空间电荷，空间电荷易发生雷状放电。用水冲洗油罐、油轮舱时也会发生火灾爆炸事故，请分析原因。
16. 粉体物料在气流输送和滑槽输送过程中产生静电，分析导致静电量增多的因素。
17. 某种粉体物料中细粉(可漂浮粉尘)的平均最小点火能为8mJ，爆炸下限为 $50mg/m^3$。如果空气中混有1.5%的乙烯气体，计算该混合体系的最小点火能和爆炸下限。
18. 在向槽车充装压缩天然气时，槽车要进行静电接地，请分析原因。
19. 采用哪些方法可减少液体静电电荷的产生量？
20. 为什么用粗管输送液体时，必须对液体的线性流速进行限制？使用缓和器为什么能减少静电电荷的积累量？
21. 接地与连接是消除或减少静电电荷积累的主要措施，请叙述其道理。
22. 油罐车停稳后，首先要进行油罐的静电接地连结，接地后静置一段时间才能卸油，说明理由。当罐内物料的电阻率不同时，所需的静置时间有何变化？
23. 简述自感应式静电消除器的消电原理。离子流式静电消除器用于哪些物体的静电？

第 8 章　易燃易爆场所雷电危害的防范

雷电是大自然中一种常见的静电放电现象，其本质与生产工艺过程中所产生的静电放电现象相同，但雷电过程中所积累和释放的电能量十分巨大，这一点与通常的静电不同。当建构筑物、化工装置、输电线路、变电装置、树木等高大物体遭受雷击时，会产生极高的过电压和过电流，其所释放出的巨大能量可能会造成严重的毁坏作用。如果是存在易燃易爆物质的场所遭受雷击时，就会引发火灾或爆炸事故。本章将介绍雷电、雷电的危害、雷电危害的防范措施、化工装置的防雷措施等内容。

8.1　雷云及雷电的种类

8.1.1　雷云及雷击过程

雷电是如何形成的？目前还没有公认的解释，其中有一种冰晶与冰块带电说。该学说认为，在雷雨季节，水分受热蒸发上升，水蒸气在上升过程中遇冷，空气变成饱和蒸汽，水蒸气凝结成水滴，上升到更高空中时，受冷被结成冰晶粒，冰晶粒表面再凝结更多的水蒸气，重量增加，开始逐渐下降，在降落途中粘住相遇的小水滴和蒸汽，部分形成冰粒。在冰粒周围形成一层水膜，在冰粒与水膜之间的界面上产生电位差，冰粒带负电荷，水膜带正电荷。由于冰粒粘附的水滴越来越多，水膜不断加厚，下降的速度越来越快，最后水膜层被上升的气流吹散，成为小水滴，水滴带正电荷。小水滴被上升的热气流带到云层的顶部，再遇冷又形成小冰晶。如此反复，就在雷云的顶部形成带正电荷的冰晶区，而大粒的冰粒下降到雷云层的底部，融化形成带负电荷的液水区。多数雷云的底部带负电荷，顶部带正电荷，即雷云电荷结构是上正、下负的偶极型。也有少部分(约 15%)为上正、中负、下次正的三极型。随着雷云上下部分电荷的积聚，雷云的电位逐渐升高，产生的电场强度也逐渐增强。

当雷雨云飘移到某处时，雷雨中下层是强大的负电荷中心，在云底下面与云底相对的地面上感应出正电荷，形成正电荷中心，在负电荷中心与正电荷中心之间形成强大的电场。当电荷越聚越多，电场强度越来越大时，云雾大气会被击穿，气体分子被电离产生大量离子，该部分导电的气体有发光现象，所以此导电的气体称为流柱。在电场的作用下，从雷云逐级向下弯曲的流柱称为梯级先导或阶跃先导。阶跃先导向下至距离地面一定高度时，地面上突出部分与阶跃先导下端之间的距离最近，二者之间的空气被击穿，地面上正电荷开始向上回击，以更高的速度从地面驰向云底，此为迎面先导。阶跃先导与迎面先导回合时，就形成了从云层到地面的强烈电离通道，云中大量的电荷沿着此通道飞驰向地面，由于电流巨大，温度极高，使气体发光，形成光亮耀眼的光柱，这就是雷电闪击放电过程，闪电放电过程及典型数据如图 8 - 1 所示。

阶跃下行先导通道宽度大约 50m，下行速度约 1500m/s，先导前端距地面 100 ~ 300m 时，地面电荷开始集中，先导前端距地面或突出物 5 ~ 50m 时，迎面先导开始迎击。

雷电的闪击过程实际上是由紧密相连的几次闪击过程组成，由于在闪击过程持续的极短

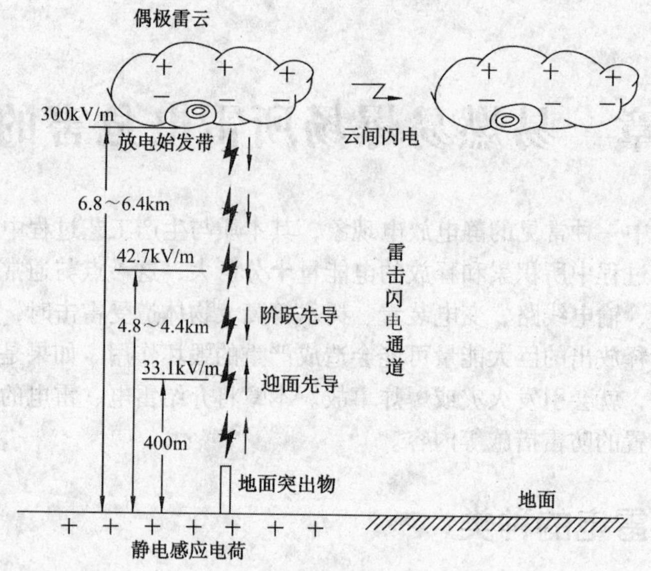

图 8-1　雷云与地面突出物之间的放电过程

时间内，携带巨大能量的雷电流穿过狭窄的闪电通道，通道内的气体温度极高，所以能发出光亮无比的闪光，且通道局部压力急剧升高，造成气体强烈爆炸，产生冲击波，压缩周围空气形成声波向四周传播，形成隆隆的雷声。

雷云与大地或与地上突出物之间的一次或多次放电称为对地闪击，对地闪击中的每一次放电都称为雷击，闪击击在地上或地上突出物上的那一点称为雷击点，一次闪击可能有多个雷击点，流经雷击点的电流称为雷电流。

雷击先导向下发展时，在先导头部还没有到达距被击物体的临界定向距离之前，它的下行发展是不受地面影响的。当下行先导最先到达地面上某一物体的临界定向范围时，它才定向地向这个物体发展，并使之遭受雷击，如图 8-2 所示。这种临界定向距离称为雷击距。

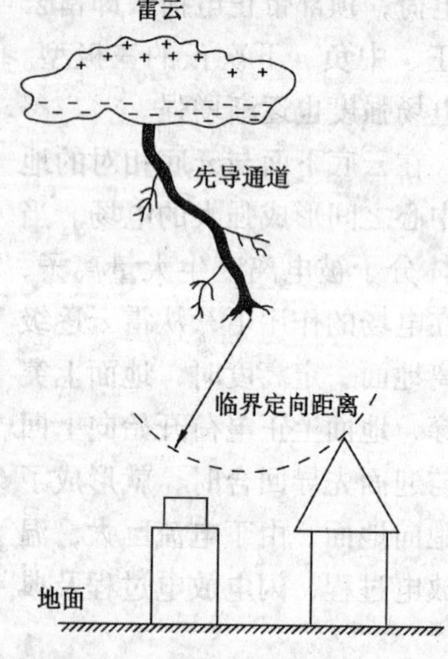

图 8-2　临界定向范围示意图

8.1.2　雷电的种类

雷电种类有片状雷、线状雷、球状雷电、联珠状闪电、蛛状闪电等。

（1）片状雷

在云间线状闪电放电时被云体遮住，或者是云内闪电被云滴遮住时，看到的是漫射光，好像是云面上有一片闪光。经常在云的强度已经减弱，降水趋于停止时出现片状雷。片状雷一般不会对地面上的建构筑物等高大物体造成伤害。

（2）线状雷

有时雷云较低，周围没有带异性电荷的云层，而在地面上突出的树木、建筑物、化工装置上，感应出异性电荷，由于同性电荷相斥作用，尖端或顶部积聚较多的电荷，雷云就会通过这些物体与大地之间直接放电，这种直接击在建筑物或其他物体的雷击称为直击雷。由于放电通道直径较小，看似呈线状，所以又称为线状雷。线状雷多发生在强对流天气，云层中积聚的电能很大，放电释放的电能量大，雷电流也极大。

(3) 球状雷电

球状雷电简称为球形雷、球状雷。关于球状雷电的图像资料极少，通常表现为直径100~300mm的炽热等离子体，温度极高，呈彩色火焰状球体，一般呈红色或橙色，有时呈黄色、绿色、蓝色或紫色，存在寿命一般在3~5s，有时也可达几分钟。球状雷自天空降落后，有时在距地面1m左右的高度，沿水平方向以1~2m/s的速度上下跳跃；有时在距地面0.5~1m的高处滚动，或突然升起2~3m，因此常常被民间称为地滚雷。常常沿着建筑物的孔洞、未关闭的门窗、烟囱等进入室内，可用网孔小于4cm且接地的镀锌金属网予以防范。

(4) 联珠状闪电

联珠状闪电看似投向地面的发光点的连线，又像闪光的珍珠项链，一般紧随线状雷而至，其持续时间比直击雷长得多，熄灭时间也缓慢。

(5) 蛛状闪电

蛛状闪电较少出现，一般发生在雷云消散阶段的云下面，闪电发展速度较慢，放电通道呈多级分枝状，其状类似于蜘蛛的爬行而得名。

8.2 雷电的危害

雷电的危害主要由直击雷、闪电感应和闪电电涌侵入等雷电的三大作用引发。

8.2.1 直击雷

直击雷作用于地面物体上时，在巨大电压的作用下，强大的电流流过被击中的物体，由此导致多种灾害。

(1) 雷击点处的热量

大部分化工生产设备和储运设备都是金属结构，在现代防雷设计中，常常采用这些金属结构的顶部作为防雷装置的接闪器，如塔器顶、液体储罐顶等来接引雷击，接受并导引雷电流，在雷电流的短暂作用期间，雷击点处金属板被溶化击穿，必将导致火灾甚至爆炸事故。

在雷电通道直接与金属物体接触时，雷击点处产生的热量可通过在雷电流持续期间内的积分来计算，即

$$W = \int V_{AR} i dt \tag{8-1}$$

式中 W——雷击点处产生的热量，J；

V_{AR}——雷击点处的电弧压降，其经验值为20~30V；

i——从雷击点处流入金属物体的雷电流，A。

由于电弧压降V_{AR}近似为常数，所以流入的电荷量Q为

$$Q = \int i dt \tag{8-2}$$

带入式(8-1)得

$$W = V_{AR} Q \tag{8-3}$$

可见，雷击点处产生的热量与雷电放电通道流入的电荷量成正比。

在化工设备的顶部和金属储罐的罐顶，都是由钢质材料(少数为铝合金)制成，其遭受

雷击时，熔化深度一般不超过1mm，所以其厚度不小于4mm时，不会被雷击击穿。

(2) 雷电流的热效应

雷电流流过导体时，其电阻消耗电能而产生焦耳热，产生热量的多少与雷电流及电流通道的电阻成正比。

由于雷电流持续时间极短，考虑热效应时，可按照绝热过程处理，也就是可忽略散热作用。雷电流沿着建构筑物中的各种金属导体通路流入大地时，雷电流所产生的热量 W 可表达为

$$W = R\int i^2 \mathrm{d}t \tag{8-4}$$

式中 W——雷电流流过导体时产生的热量，J；

R——金属导体的电阻，Ω；

i——雷电流，A。

金属导体的温升可由下式表达

$$\Delta T = \frac{W}{m\lambda} \tag{8-5}$$

式中 ΔT——导体的温升，℃；

m——金属导体的质量，kg；

λ——导体材料的比热容，J/(kg·℃)。

在一般情况下，雷电流产生的热量不会对设备的金属材料产生影响，但导体的截面积较小，或接触不良处，热效应将特别明显，金属可能被熔化。

(3) 雷电流的反击

在防雷装置接受雷击时，雷电流沿着接闪器、引下线和接地体流入大地，并且在它们上面产生很高的电位。如果防雷装置与建筑物内外电器设备、电线或其他金属管线的绝缘距离不够，它们之间就会产生放电现象，或导致人受到电击，这种情况称之为“反击”。反击的发生，可能引起电气设备绝缘被破坏，金属管道被烧穿，甚至会引起火灾、爆炸及人身伤亡事故。地电位反击：是指防雷地网与电子设备的地网(如直流工作地、交流工作地、安全保护地)不共网时，在雷击发生时，雷电流在不同地网上产生的电位差可达数百千伏瞬时冲击电压，使电子设备的内外电位差可达几十到几百伏，从而损坏这些设备。

雷电反击：雷电反击通常是指接受直击雷的金属体(包括接闪器、接地引线和接地体)在接闪瞬间与大地间存在很高的电压，这电压对与大地连接的其他金属物品发生闪击(又叫闪络)的现象称为反击，如图8-3所示。此外，当雷击到树上时，树木上的高电压与它附近的房屋、金属物品之间也会发生反击。

为防止地线间出现电位反击(称为地电位反击)，造成设备损坏，防电位反击避雷箱内置高频抑制器，能有效控制由雷电等原因造成的地电位反击，更好地保护用电设备。

(4) 跨步电压

所谓跨步电压，就是指电气设备碰壳或电力线路的一相接地短路时，电流从接地极四散流出，在地面上形成不同的电位分布，人在走近短路地点时，两脚之间的电位差叫跨步电压，如图8-4所示。

当架空线路的一根带电导线断落在地上时，落地点与带电导线的电势相同，电流就会从导线的落地点向大地流散，于是地面上以导线落地点为中心，形成了一个电势分布区域，离

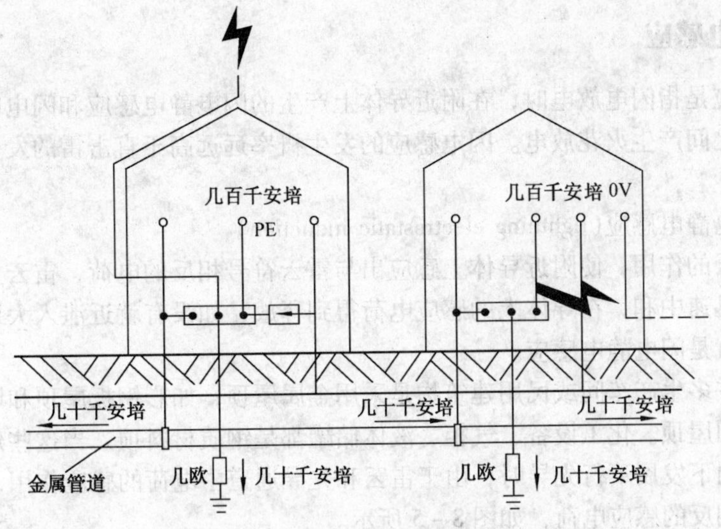

图 8－3　瞬态过电压的传递与反击

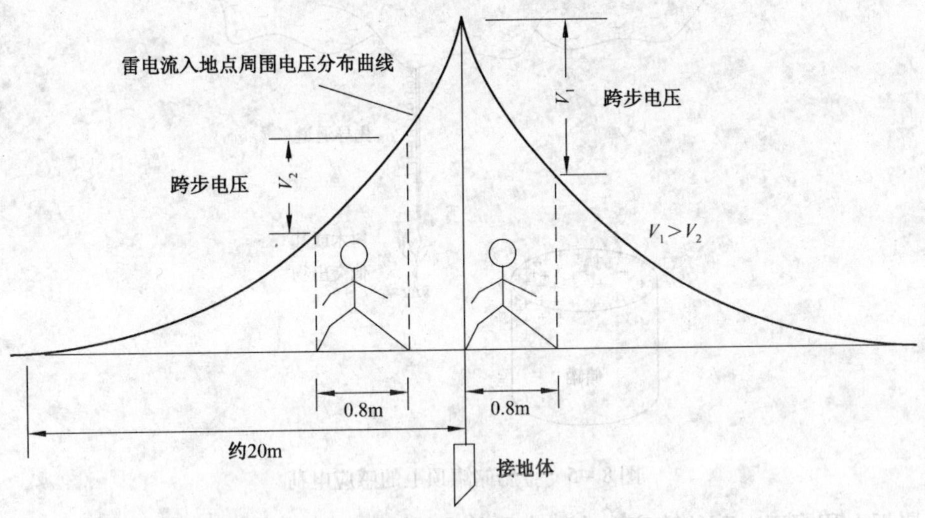

图 8－4　接地体电位分布和跨步电压示意图

落地点越远，电流越分散，地面电势也越低。如果人或牲畜站在距离电线落地点 8～10m 以内，就可能发生触电。

在雷击点处或防雷装置接地点处，遭雷击时都会出现跨步电压。在工程上，常将人跨一步的步长取为 0.8m，并把这一距离两端的电位差称为跨步电压。接地点处的电位最高，变化梯度最大，离接地点越远电压越低，距离 20m 处的电位与大地零电位相同，跨步电压小时，但在 8～10m 以内，跨步电压对人构成威胁。

（5）雷电流的机械效应

如果雷电流流过的物体中含有少量水分，如树木，雷电流的热效应将导致水分受热，强大的雷电流可在瞬间将水分气化，产生高压，压力从内部向外部作用，导致物体被“劈开”，这种现象在树木遭雷击时最为常见，如果在建筑物的某部分，如女儿墙中渗入了水分，也可以发生此后果。

8.2.2 闪电感应

闪电感应是指闪电放电时，在附近导体上产生的闪电静电感应和闪电电磁感应，它可能使金属部件之间产生火花放电。闪电感应的发生概率远远高于直击雷的发生概率，所以其危害更容易发生。

(1) 闪电静电感应(lightning electrostatic induction)

由于雷云的作用，使附近导体上感应出与雷云符号相反的电荷，雷云主放电时，先导通道中的电荷迅速中和，在导体上的感应电荷得到释放，如没有就近泄入大地中就会产生很高的电位，这就是闪电静电感应。

现在有许多生产车间或民用建筑物是采用金属屋顶，如彩钢板屋顶和墙面，还有一些用铜壳装饰的圆屋顶。化工设备、气柜、液体储罐都是钢质材料顶。当这些建构筑物上空有雷云存在，并向下发展下行先导时，由于雷云和先导通道中电荷的感应作用，在顶部的金属体上出现极性相反的感应电荷，如图 8 -5 所示。

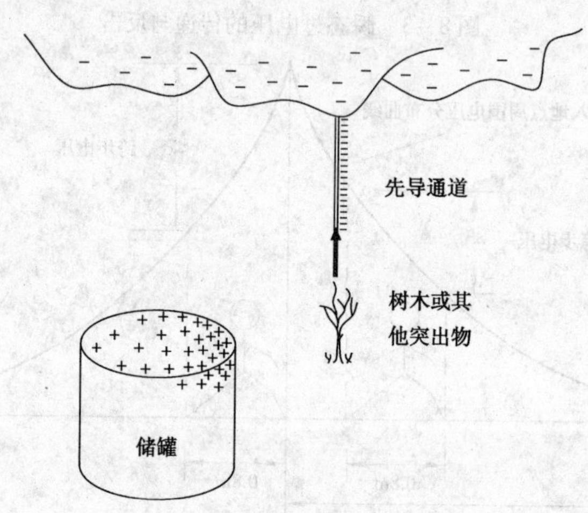

图 8 -5 金属储罐顶上的感应电荷

金属板上积聚正电荷的速度取决于先导的发展速度，因为先导的发展速度约比回击速度小 100 倍，所以在下行先导发展期间，金属板上有足够的时间来聚积大量正电荷。被聚积电荷受下行先导通道中负电荷的吸引力作用下，不能自由运动。当先导下行至地面附近临界距离时，回击过程开始，先导通道中携带的负电荷被地面上的正电荷自下而上地迅速中和，由于束缚金属板的负电荷的消失，金属板上的正电荷变成自由电荷。如果金属板与大地之间的电荷流散路径上存在足够的电阻，这些被释放的正电荷不能以与回击发展同样的速度来消散。在回击中和后的短时间内，金属体上仍然存有大量正电荷。金属体与大地之间构成电容器，由于电荷的存在，金属体具有高电位，可由下式表示：

$$V_0 = \frac{Q}{C} \tag{8-6}$$

式中 V_0——金属体对地电位，即金属体上感应电压的最大值；

Q——金属体上的电荷；

C——金属体对地电容。

如果电荷流散路径的电阻为 R，电容体向大地泄放电荷，金属板的对地电压 V 按照下式所示规律降低：

$$V = V_0 e^{-\frac{t}{RC}} \quad (8-7)$$

其规律与前面所讲静电电荷消散规律相同。如果金属体对地电阻较大，消散所需时间将延长。金属板与其他导体之间距离较近时，电场强度高于临界击穿场强，产生电火花，不仅可以危及人身安全，还可以引燃、引爆。如果邻近导体都进行电气连接，使各部分电位相等，且进行良好的接地，就可以避免此类危险。

工业企业都有输入电气线路，同样能感生出静电电荷，在回击开始后，聚积的电荷也会沿着线路向两端运动，经电网的中性点和泄漏电阻进入大地，向两端运动时形成过电压波。由于过电压波持续时间很短暂，所以过电压波的幅值很高。过电压幅值可按下式计算

$$V = k_p \frac{hI_m}{d} \quad (8-8)$$

式中 V——过电压幅值，kV；

I_m——雷电流幅值，kA；

d——雷击点到线路导线的水平距离，m；

h——导线相对于地面的平均悬挂高度，m；

k_p——具有电阻量纲的系数，当 $d>65$m 时，取值 25 Ω，与回击速度关系不大。

过电压波是一种典型的雷电暂态过电压，当过电压波进入建筑物或电气设备时，将导致电气设备和信息系统被损坏，属于闪电电涌侵入危害的一种，需要在防雷设计中采取专门的技术措施加以防范。

(2) 闪电电磁感应(lightning electromagnetic induction)

由于雷电流迅速变化，在其周围空间产生瞬变的强电磁场，使附近导体上感应出很高的电动势，此即为闪电电磁感应。

雷电击中导体，包括击中接闪器时，雷云向其放电产生的雷电流为浪涌电流，上升的陡度极大，几十微秒可达到幅值，之后又迅速降低，幅值可达几千安培至几百千安培，产生暂态脉冲强电磁场。根据电磁感应定律，瞬变的电流经导体通路流向大地，在脉冲磁场作用下，能在其周围导体中感应出电动势，在回路中产生电流，即可过电压和过电流。化工设备中区域内管道很多，有些靠得很近，瞬变的雷电流流过其中的一部分时，在其附近的金属设备和管道中感生出过电压和过电流。

电磁感应不仅在管道、建筑物钢筋、导线上产生电磁感应电流和电动势，在信号线上也产生电流和电动势。信号线所连接的设备多为弱电电器，其承受过电流、过电压的能力很差，极易受到伤害。

8.2.3 闪电电涌侵入

闪电电涌是指闪电击于防雷装置或输电线路或管道上以及由闪电静电感应或雷击电磁脉冲引发，表现为过电压、过电流的瞬态波。闪电电涌侵入(lightning surge on incoming services)又称为雷电波侵入，是指由于雷电对架空线路、电缆线路或金属管道的作用，雷电波(即闪电电涌)可能沿着这些管线侵入屋内或室外设备，危及人身安全或损坏设备。

闪电电涌的产生与侵入的方式通常有三种：

第一种是直击雷击中金属导线，让高压雷电波以波的形式沿着导线两边传播而引入室内，多见于室外高架输电线路。

第二种是来自于闪电感应的高电压脉冲，即由于雷云对大地放电或雷云之间迅速放电形成的静电感应和电磁感应，他们在各种电线中感应出几千伏到几十千伏的高电位，以波的形式沿着导线传播而引入室内的。

第三种是由于直击雷在房子或房子附近入地，因其通过地网入地时，在地网上会发生数十千伏到数百千伏的高电位，这高电位通过电力线的零线、保安接地线和通信系统的地线，也是以波的形式传入室内，并沿着导线传播到别处，殃及更大范围。

从产生原理来分析，闪电电涌侵入实际上是由直击雷雷击、闪电感应所造成，所以在采取防范措施时可与防范其他危害的措施合并。

8.3 雷电危害的防范措施

8.3.1 雷电防范概述

在相关的防雷设计规范中，能找到很多具体的防雷技术措施，将其归纳总结后，可大体上分为分流(dividing)、均压(bonding)、屏蔽(shielding)和接地(earthing)四项技术，即DBSE技术，主要包括接闪、分流、均压、接地和屏蔽等，实际工作中必须综合运用这些技术，才能真正做到易燃易爆设备、低压配电和电气电子设备信息控制系统的防雷。

在前面进行雷电的危害分析时，阐述了产生危害的机理，从中可以得出如下结论：闪电是强大的电流源，就像是暴雨时的山洪，不可以采用“堵”的方式防范，只要给雷电流(也包括闪电静电感应消散电流和闪电电磁脉冲感应电流)提供一条向大地泄放的低阻抗通路即可，简言之就是控制雷电能量的泄放和限制其转换。

在具体的防雷工作中，也可以将防雷措施分为如下三类：

① 外部防雷措施。将绝大部分雷电流直接引入地下泄散。外部防雷措施包括使用外部防雷装置和屏蔽。外部防雷装置包括接闪器、引下线、接地装置。

② 内部防雷措施。用来减小和防止雷电流在需要防护的空间所产生的电磁效应、电火花等，其主要防雷措施包括等电位连接、接地、分流、屏蔽、合理布线等。内部防雷装置是由防雷等电位连接和与外部防雷装置的间隔距离组成。此处“与外部防雷装置的间隔距离”主要是为了防范接地体上高电位对与接地点靠近处设备的“反击”。

③ 过电压保护。限制被保护设备上的雷电过电压。

系统的综合防雷措施归纳起来如图8-6所示。

8.3.2 直击雷雷击的防范措施

防范直击雷雷击的装置主要包括接闪器、引下线和接地装置，属于主动防雷措施，引导向下先导在接闪器上放电，让雷电流沿着引下线向下流动，进入接地体，在地下向四周流散，是外部防雷装置的主要组成。

接闪器由金属材料制成，由拦截闪击的接闪杆、接闪带、接闪线、接闪网以及金属屋面、金属构件等组成。原先的名称与现在不同，接闪杆称为避雷针，接闪带称为避雷带，接闪线称为避雷线，接闪网称为避雷网。接闪杆安装在专用塔架的顶端或被保护建构筑物的顶部，接闪带和接闪网安装在建筑物的屋顶女儿墙上和屋面上，接闪线安装在高压输电线路的上方、被保护建筑物(如炸药库)上，其共同点是显著高于被保护物的最高点。金属屋面，

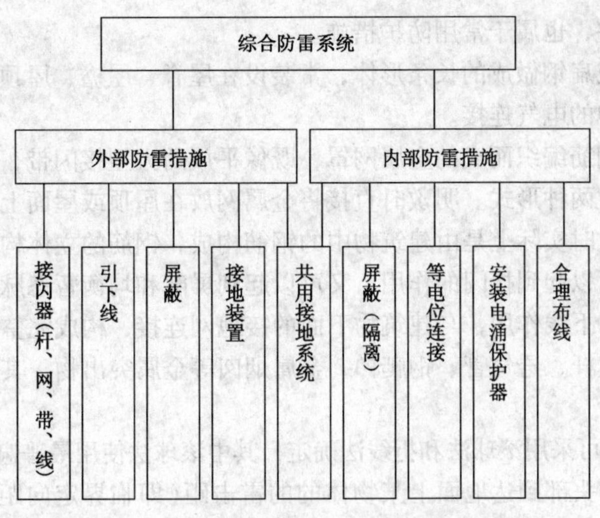

图 8-6 综合防雷系统的防雷措施

包括钢筋焊制的棚架顶自身就起到接闪器作用。金属构件，如放散管、伸出屋面的金属管等也能起到接闪器的作用，如其不被允许接受雷击，就需要用高架的接闪网保护。

引下线是用于将雷电流从接闪器传导至接地装置的导体。可以是专设的粗钢丝，也可以利用金属设备的本体、建筑物中上下焊接连接起来的钢筋来充当。引下线的另一个作用是分流，在接闪带、接闪线、接闪网等接闪器与接地装置之间多设几根引下线，将雷电流进行分散，使每一根引下线中流过的雷电流的峰值降低，降低的电流所产生的电磁感应效应也较低，感生的过电压、过电流也低。

接地装置是接地体和接地线的总合，用于传导雷电流并将其流散入大地，要求接地冲击电阻低，并能使电位均衡。接地线是指从引下线断接卡或换线处至接地体的连接导体；或从接地端子、等电位连接带至接地体的连接导体。接地体是埋入土壤中或混凝土基础中作散流用的导体。也可以不使用接地线，将引下线直接与接地体连接。

接地体由水平接地体和垂直接地体组成，多采用镀锌钢板或镀锌钢管做成，水平接地体埋入地下 0.5m 以下或建筑物基础下面，此深度以下土壤的电阻率较低。接地体应确保处于冻土层以下，即埋深不小于当地最大冻土深度。水平接地体一般采用接地网的形式，其范围要大于被保护区域，这样可起到均衡电位的作用。在等电位原理的防雷理论中，地网只是一个总的电位基准点，并不是绝对的零电位点，所以要求地网的形状需满足等电位的要求，如果条件许可，也应尽可能地获得低的接地电阻。

由专用塔架架设的接闪杆、引下线和接地装置构成的防雷装置称为独立接闪杆，其外部特征是“细高”，相对独立，与被保护设备、建筑物等保持一段距离。

接闪器是直接承受雷电的部分，须高出被保护物体，当雷云的下行先导向地面上被保护的物体发展靠近时，由于接闪器与接地体保持良好的电气连接，接闪器的尖端感应聚积了与雷云电荷极性相反的电荷，在接闪器顶端处的电场发生畸变，出现局部集中的高电场区，易于发生向上的迎击，将先导定向引向自身，闪击发生在接闪器上，如图 8-7 所示。总之，接闪器的作用就是引雷，提供利于放电的部位。

接闪线防护装置由悬挂在空中的水平导线、引下线和接地体组成。水平导线直接承受雷击，起接闪器作用，水平线的长度不短于被保护物体。接闪线对周围电场的畸变作用不如接闪杆，引雷效果稍差，也属于常用防护措施。

接闪带由圆钢或扁钢做成的长条形体，常装设在屋脊、屋檐、屋顶边缘及女儿墙上，同样也需要保持与大地的电气连接。

接闪网就像由钢筋编织而成的金属网罩，既像平放的大型接闪带，又像多条交织的接闪线，分为明敷和暗敷两种形式。明敷时直接将金属网放在屋顶或屋面上，在新建的建筑物上已经较少使用。暗敷时实际上是由建筑物中的钢筋构成，钢筋的立体构造与建筑物相同，形成法拉第笼，不仅可以起到接闪的作用，又可以起到屏蔽和均衡暂态脉冲电压的作用。实际上立面的钢筋起到引下线作用，与建筑物下面的接地网连接，构成完整的防雷系统。由于建筑物屋顶常有金属旗杆、透气管、钢爬梯、金属烟囱等金属突出物，其也能引雷，因此需要与接闪网焊接连接。

接闪杆保护范围可采用滚球法和折线法确定，其中滚球法使用最普遍，本章简要介绍之。

雷云下行先导的头部到达地面上某物体的的雷击距(即临界定向距离)时，才会定向地击向该物体，有接闪杆时，首先击向接闪杆顶部。当先导头部进入接闪杆雷击距范围时，它就定向地向接闪杆顶部发展，杆顶就是雷击点，这是滚球法计算接闪杆保护范围的理论基础。滚球法将雷击地面上物体的过程，描述为一个以雷击距为半径的假想球体从天上随机地降向地面，沿着随机路径逼近地面上的物体，球体外缘最先触及到的点就是最可能的雷击点，如图 8－8 所示，图中 h_r 就是雷击距。

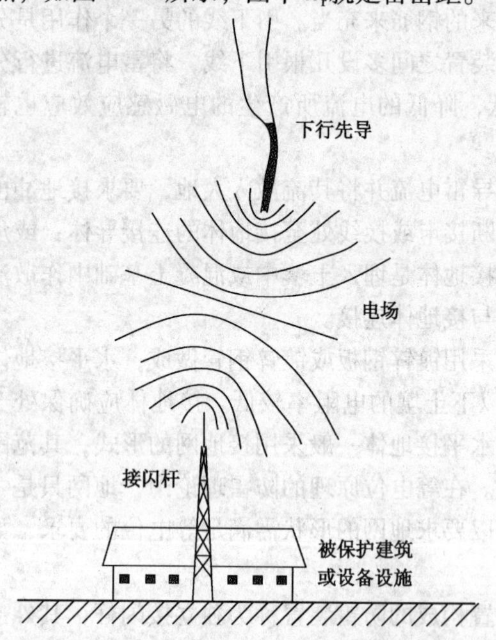

图 8－7　接闪杆顶端处的电场畸变

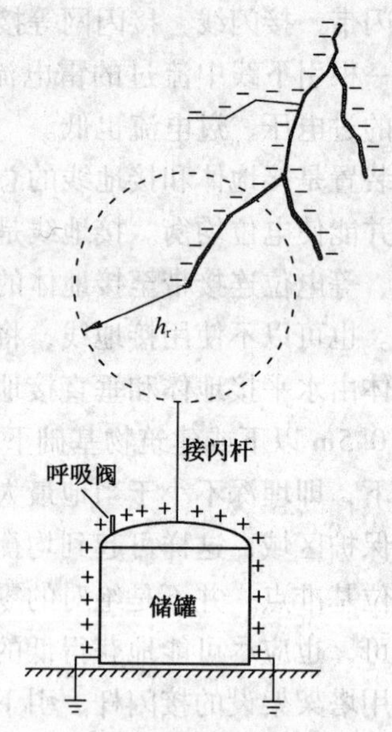

图 8－8　雷击距示意图

雷击距的大小主要依赖于雷电流幅值的大小，雷击距与雷电流幅值的关系可用下述经验公式表达。

$$h_r = bI_{max}^c \qquad (8-9)$$

式中　h_r——雷击距，m；

I_{max}——雷电流幅值，kA；

b、c——由实测数据拟合确定的常数。

由实测数据取得的雷击距与雷电流幅值的关系曲线见图 8-9。由于正、负电荷击穿空气的机理有区别，对于细高性物体的雷击距计算公式还需要进行修正，反映高度变化的影响。我国相关设计规范所依据的是公式(8-9)，常数选用图 8-9 中从上数第二条曲线数据。

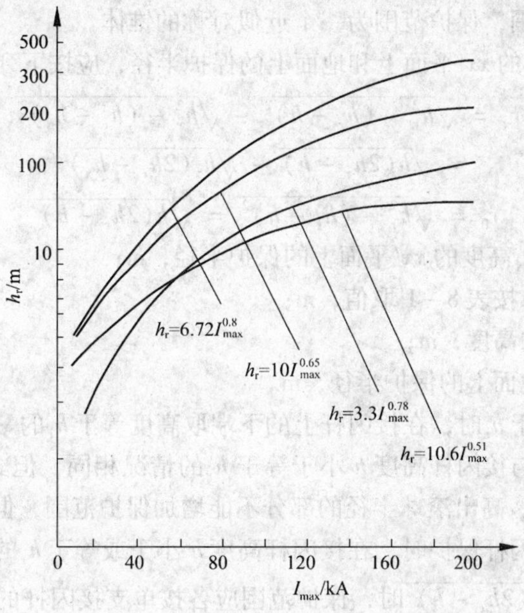

图 8-9 雷击距与雷电流幅值的关系曲线

我国《建筑物防雷设计规范》(GB 50057—2010)在接闪器布置部分采用的滚球半径(即雷击距)见表 8-1。

表 8-1 接闪器布置参数

建筑物防雷类别	滚球半径 h_r/m	接闪网网格尺寸/m
第一类防雷建筑物	30	≤5×5 或≤6×4
第二类防雷建筑物	45	≤10×10 或≤12×8
第三类防雷建筑物	60	≤20×20 或≤24×16

确定单支接闪杆的保护范围时，如果接闪杆高度 h 小于等于 h_r，按图 8-10 所示方法来确定。

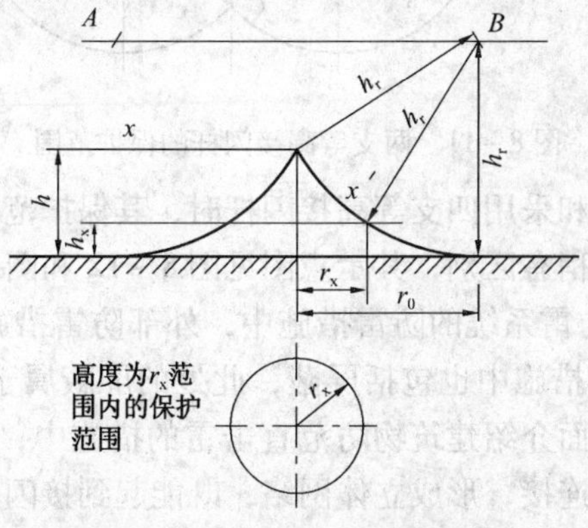

图 8-10 单支接闪杆的保护范围

① 距地面 h_r处作一平行于地面的平行线。

② 以杆尖为圆心，以 h_r为半径作弧线交于平行线的 A、B 两点。

③ 分别以 A、B 为圆心，h_r为半径作弧线，弧线与杆尖相交并与地面相切。两条弧线到地面为接闪杆的保护范围，保护范围为一个近似对称的锥体。

④ 接闪杆在 h_x高度的 xx'平面上和地面上的保护半径，应按下列公式计算：

$$r_x = \sqrt{h_r^2 - (h_r - h)^2} - \sqrt{h_r^2 - (h_r - h_x)^2}$$
$$= \sqrt{h(2h_r - h)} - \sqrt{h_x(2h_r - h_x)} \quad (8-10)$$

$$r_0 = \sqrt{h_r^2 - (h_r - h)^2} = \sqrt{h(2h_r - h)} \quad (8-11)$$

式中 r_x——接闪杆在 h_x高度的 xx'平面上的保护半径，m；

h_r——滚球半径，按表 8－1 取值，m；

h_x——被保护物的高度，m；

r_0——接闪杆在地面上的保护半径，m。

当接闪杆高度 h 大于 h_r时，在接闪杆上的下端取高度等于 h_r的一点代替单支接闪杆杆尖作为圆心，其余的做法与接闪杆高度 h 小于等于 h_r的情况相同，但式(8－10)和式(8－11)中的 h 换用 h_r代入计算。高出滚球半径的部分不能增加保护范围，但增强引雷效果。

当采用两支等高接闪杆保护时，在接闪杆高度 h 小于或等于 h_r的情况下，当两支接闪杆距离 D 大于或等于 $2\sqrt{h(2h_r - h)}$ 时，保护范围应各按单支接闪杆的方法确定；当 D 小于 $2\sqrt{h(2h_r - h)}$ 时，按照图 8－11 所示方法确定，$AEBC$ 外侧的保护范围，应按单支接闪杆的方法确定。

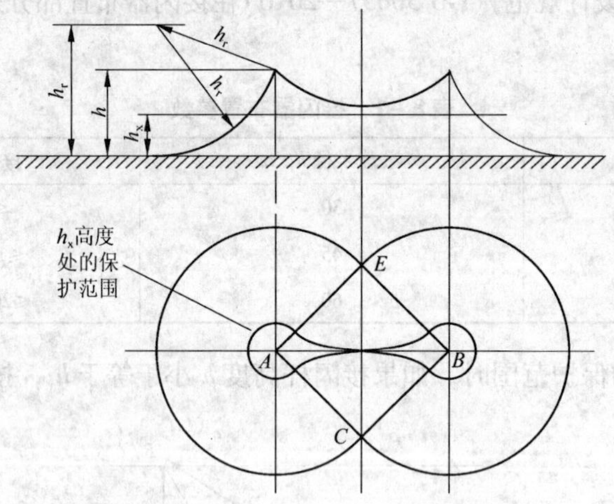

图 8－11　两支等高接闪杆的保护范围

采用两支不等高接闪杆和采用四支等高接闪杆时，其保护范围的确定方法的原理与上述相同，具体绘图和计算方法稍有区别，其示意图见图 8－12 和图 8－13。

在图 8－6 所示的综合防雷系统的防雷措施中，外部防雷措施还包括屏蔽，此处的屏蔽属于“宏观屏蔽”。内部防雷措施中也包括屏蔽，此处的屏蔽属于“微观屏蔽”，将在闪电感应的防范措施中介绍。在前面介绍建筑物防范直击雷的措施中，建筑物内的钢筋通过焊接、绑扎等措施，全部进行电气连接，形成立体网络，既能起到接闪起的作用，也能起到引下线的作用，其再与接地网连接起来后，就像用金属网将建筑物包裹起来，形成“鸟笼型”防雷结构，此种防雷方式就是外部防雷措施中的屏蔽。在建筑的屋顶处设置有通气管、放散管、金属烟囱等突出金属构件时，用接闪网将其罩住，也起到接闪与屏蔽作用。钢筋混凝土这种“宏观屏蔽”只能算是初级屏蔽。

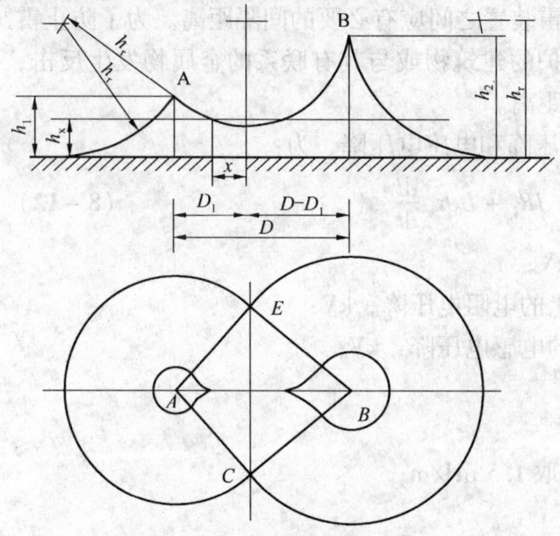

图 8－12　两支不等高接闪杆的保护范围

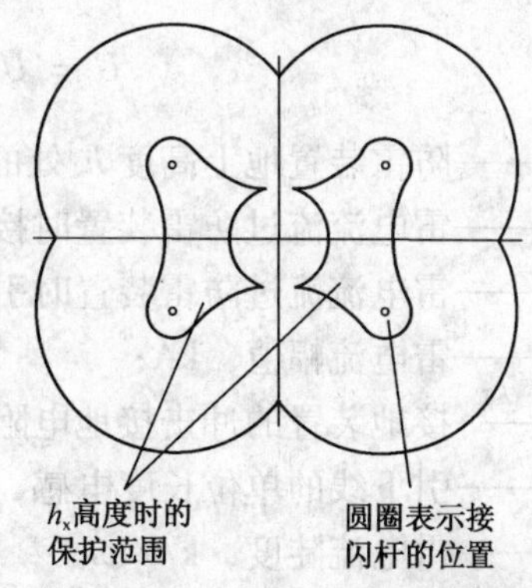

图 8－13　四支等高接闪杆的保护范围(不等距)

8.3.3　闪电感应的防范措施

无论是闪电静电感应，还是闪电电磁感应，都能产生很强的电动势，在能形成闭合回路的情况时，就产生较强的感生电流。其瞬间冲击脉冲波不仅能导致电气设备，尤其是弱电设备的击穿烧毁，还能产生放电火花，引爆爆炸性混合体系。

闪电感应造成危害的根源是：①受危害区域内导体间电位不均衡，存在电位差，有发生导体间空气被击穿而产生电火花的能量条件；②静电感应的消散电流和闪电电磁感应的感生电流都是暂态瞬变电流，受危害区域内的电磁场强度也是暂态瞬变，能产生二次感生电流或感生电动势；③爆炸危险区域、承受雷电危害能力较差的设备与外部防雷装置，尤其是接地体入地点的距离太近，暂态地电位过高，易受到反击。

只要使建筑物内、装置内各金属导体电位相等，前两种危害就可以消除。实现此效果的技术措施就是等电位连接，它是内部防雷措施中的主要技术措施。

防雷等电位连接是指将互不相连的诸金属物体，如建筑物内的设备、管道、构架、电缆金属外皮、钢屋架、钢窗等较大金属物和突出屋面的放散管、风管等金属物等，直接用连接导体或经电涌保护器连接到防雷装置上，以减小雷电流引发的电位差的技术措施。将分开的诸导电性物体连接到防雷装置的导体称为等电位连接导体。为了方便地将各等电位部分连接起来，有时需要设置等电位连接带，它是将金属装置、外来导电物、电力线路、电信线路及其他线路连于其上以能与防雷装置做等电位连接的金属带。必要时，可将建(构)筑物和建(构)筑物内系统(带电导体除外)的所有导电性物体互相连接组成的一个网，形成等电位连接网络。

使用具有金属外皮的电缆(铠装电缆)，或将导线、信号线等穿钢管保护，都可有效地实现屏蔽，但其金属外皮或钢管必须两端都接地，如只是一端接地，则不能消除感生电动势。

为了降低电位，等电位连接网络必需设置有效的接地。用于防闪电感应的接地装置应与电气和电子系统的接地装置共用，其工频接地电阻不宜大于 10 Ω。

此处要特别注意，内部防雷装置与外部防雷装置之间应有必要的间隔距离。为了防止雷击电流流过防雷装置时所产生的高电位对被保护的建筑物或与其有联系的金属物发生反击，应使防雷装置与这些物体之间保持一定的间隔距离。

防雷装置地上高度 h_x 处的电位包括电阻电压降和电感电压降，为：

$$U = U_R + U_L = IR_i + L_0 h_x \frac{di}{dt} \tag{8-12}$$

式中 U——防雷装置地上高度 h_x 处的电位，kV；

U_R——雷电流流过防雷装置时接地装置上的电阻电压降，kV；

U_L——雷电流流过防雷装置时引下线上的电感电压降，kV；

I——雷电流幅值，kA；

R_i——接地装置的冲击接地电阻，Ω；

L_0——引下线的单位长度电感，μH/m，取 1.5 μH/m；

di/dt——雷电流陡度，kA/μs。

相应的间隔距离为：

$$S_{a1} = IR_i/E_R + (L_0 h_x di/dt)/E_L \tag{8-13}$$

式中 E_R——电阻电压降的空气击穿强度，kV/m，取 500kV/m；

E_L——电感电压降的空气击穿强度，kV/m。

根据计算结果，独立接闪杆和架空接闪线或接闪网的支柱及其接地装置与被保护建筑物及与其有联系的管道、电缆等金属物之间的间隔距离（见图 8-14）必需满足相关设计规范的要求，但最低也不能小于 3m。比如，民用炸药库库房旁的接闪杆的引下线、接地点与炸药库墙体之间的距离不能少于 3m。

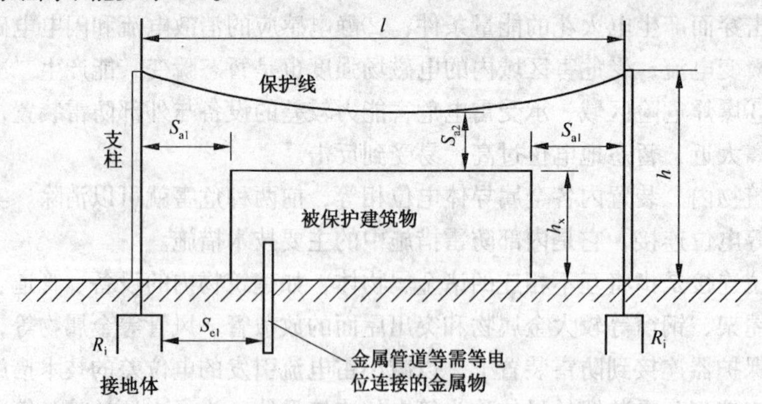

图 8-14　防雷装置至被保护物的间隔距离

在考虑等电位连接时，需要根据电磁环境的特性，将需要保护的空间由表及里地划分为不同的防雷区（LPZ，lightning protection zone），在各防雷区的交界处，两侧的电磁环境有明显改变。划分雷击电磁环境的区时，一个防雷区的区界面不一定要有实物界面，比如不一定要有墙壁、地板或天花板作为区界面。划分防雷区的目的是以规定各部分空间不同的雷击脉冲磁场强度的严重程度和指明各区交界处的等电位连接点的位置。

某区域内的各物体都可能遭到直接雷击并能导走全部雷电流，且该区内的雷击电磁场强度没有衰减时，该区域划分为 $LPZ0_A$ 区。

某区域内的各物体不可能遭到大于所选滚球半径对应的雷电流直接雷击，且该区内的雷击电磁场强度仍没有衰减时，该区域划分为 $LPZ0_B$ 区。建筑物内电磁场会受到如窗户这样的洞的影响和金属导体(如等电位连接带、电缆屏蔽层、管子)上电流的影响以及电缆路径的影响。

某区域内的各物体不可能遭到直接雷击，且由于在界面处的分流，流经各导体的电涌电流比 $LPZ0_B$ 区内的更小，而且该区内的雷击电磁场强度可能衰减，衰减程度取决于屏蔽措施时，该区划分为 LPZ1 区。

如果需要进一步减小流入的电涌电流和雷击电磁场强度时，增设的后续防雷区应划分为 LPZ2…n 后续防雷区。

将需要保护的空间划分成不同防雷区的一般原则见图 8 – 15。

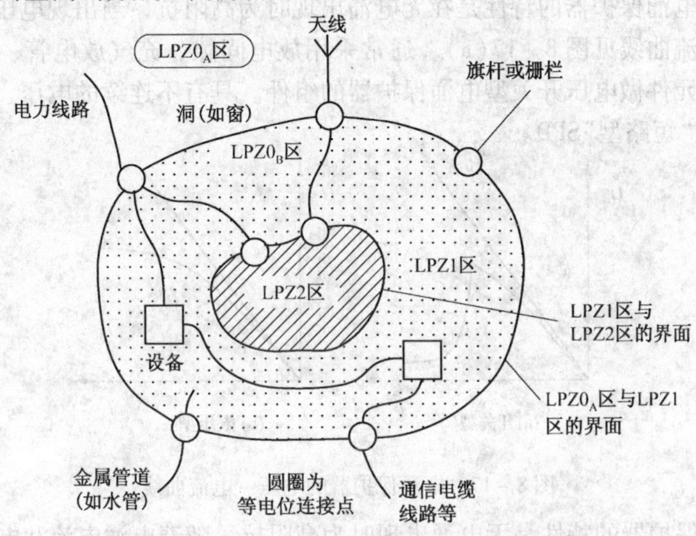

图 8 – 15　空间区域防雷区划分的一般原则

8.3.4　闪电电涌侵入的防范措施

根据前面的讲述已知，闪电电涌是闪电击于防雷装置或线路上以及由闪电静电感应或雷击电磁脉冲引发，表现为过电压、过电流的瞬态波。雷电过电压一般分为：直接雷击过电压、雷电反击过电压、闪电感应过电压和闪电电涌侵入波过电压。闪电电涌经过架空线路、电缆线路或金属管道侵入室内或设备时，会危及人身安全或损坏设备。

过电压不仅仅是雷电能产生，电路自身也产生过电压，称为内过电压。电力系统中电路状态和电磁状态的突然变化是产生过电压的根本原因，例如：三相线不对称短路时，未短路相线电压会突然升高；输电线路因发生故障而被迫突然甩掉负荷时，由于电源电动势尚未及时自动调节而引起的过电压。

防范过电压的措施是“拦截改道”，方法是在线路进入室内或设备之前，设置“陷阱”。此处的陷阱就是电涌保护器，其安装方式如图 8 – 16 所示，过电压导致的过电流在避雷器处被迫改道转入地下。

电涌保护器(SPD，surge protective device)又称为避雷器，是用于限制瞬态过电压和分泄

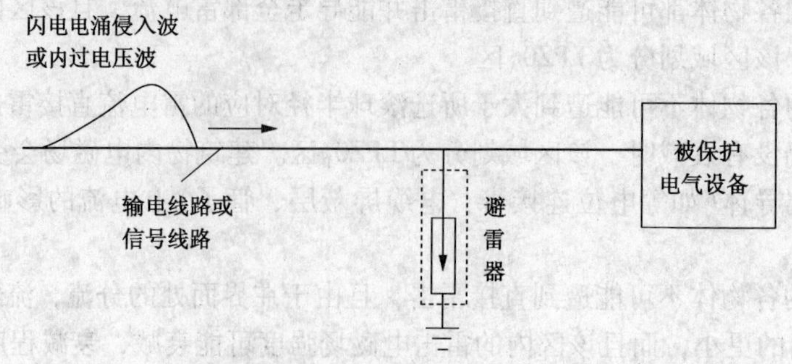

图 8－16　避雷器的设置

电涌电流的器件。按照特性分为电压开关型电涌保护器、限压型电涌保护器和组合型电涌保护器三类。

电压开关型电涌保护器的特性是在无电涌出现时为高阻抗，当出现电压电涌时突变为低阻抗，电压－电流曲线见图 8－17(a)。通常采用放电间隙、充气放电管、可控硅整流器或三端双向可控硅元件做电压开关型电涌保护器的组件。具有不连续的电压、电流特性，有时也称这类 SPD 为“短路型”SPD。

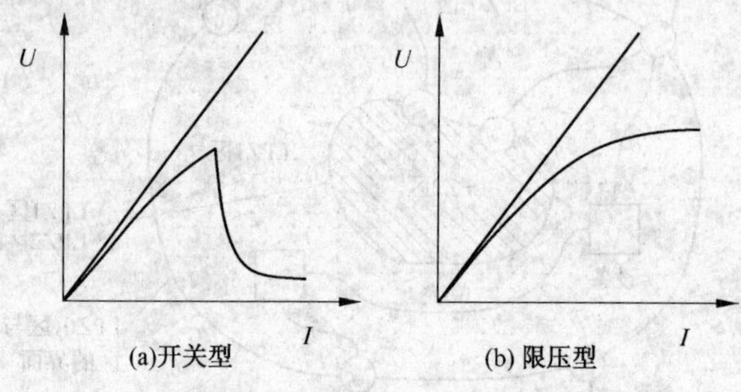

图 8－17　电涌保护器的电压－电流曲线

限压型电涌保护器的特性是无电涌出现时为高阻抗，随着电涌电流和电压的增加，阻抗连续变小，电压－电流曲线见图 8－17(b)。通常采用金属氧化物压敏电阻、抑制二极管作限压型电涌保护器的组件。也称“箝压型”电涌保护器。具有连续的电压、电流特性。

组合型电涌保护器是由电压开关型元件和限压型元件组合而成的电涌保护器，其特性随所加电压的特性可以表现为电压开关型、限压型或电压开关型和限压型皆有。

电涌保护器中至少含有一个非线性元件。何谓非线性元件？通常电阻的电阻值基本是常数，而非线性元件的电阻值随着施加其两端的电压的增加而降低，所以流过的电流也呈非线性增加。图 8－18 是氧化锌避雷器电阻阀片的伏安特性曲线。

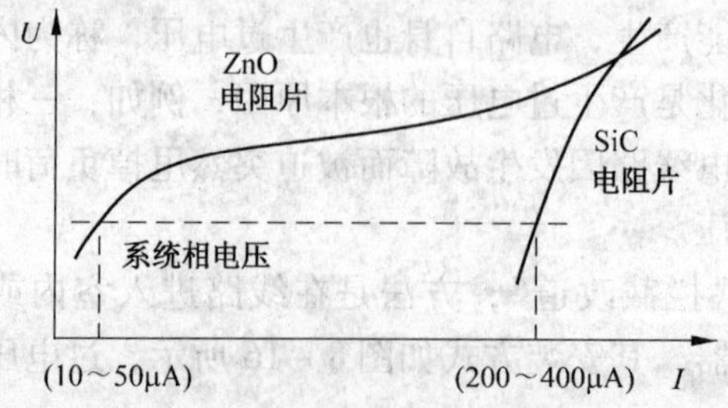

图 8－18　氧化锌避雷器电阻阀片的伏安特性曲线

氧化锌避雷器的电阻阀片是以 ZnO 为主要材料，掺杂少量的 Bi_2O_2、Co_2O_2、MnO_2 和 SbO_3 等金属氧化物，经成型高温烧结处理工艺而制成的。在正常线路电压下，氧化锌电阻阀片对应的电流为 10 ~ 50 μA，所以正常工作时的漏电流很小，可以忽略不计，相当于一个绝缘体材料。当受到高过电压(如闪电电涌脉冲)作用时，流过的电流呈非线性急剧增大，说明电阻值降至很低，只要接地电阻很低，脉冲电流就像水流下瀑布一样被引入大地，而当脉冲结束后，电阻值又恢复到原来的高值状态。

在易燃易爆场所，供电系统多采用 TN 供电方式，TN 系统安装在进户处的电涌保护器的安装方式如图 8 - 19 所示。

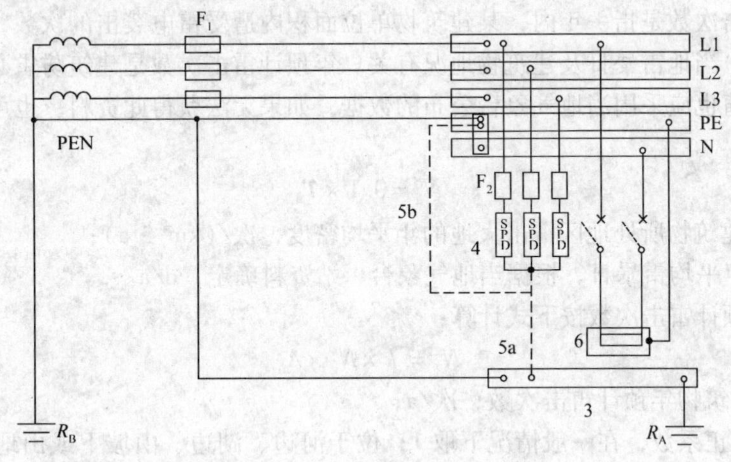

图 8 - 19　TN 系统安装在进户处的电涌保护器

图中代号及符号说明：

3——总接地端或总接地连接带；

4——U_p 应小于或等于 2. 5kV 的电涌保护器；

5——电涌保护器的接地连接线，5a 或 5b；

6——需要被电涌保护器保护的设备；

F_1——安装在电气装置电源进户处的保护电器；

F_2——电涌保护器制造厂要求装设的过电流保护电器；

R_A——本电气装置的接地电阻；

R_B——电源系统的接地电阻 ；

L1、L2、L3——相线 1、2、3。

注：当采用 TN - C - S 或 TN - S 系统时，在 N 与 PE 线连接处电涌保护器用三个，在其以后 N 与 PE 线分开 10m 以后安装电涌保护器时用四个，即在 N 与 PE 线间增加一个。

由于氧化锌避雷器具有优良的性能，在输配电等强电系统中得到了广泛的应用。在为了保护信息系统和电子设备而使用的电涌保护器中，气体放电管、压敏电阻、雪崩二极管、暂态抑制晶闸管等类型的电涌保护器都是可靠的选择。

8. 4　建筑物防雷分类和火灾爆炸危险场所防雷措施

8. 4. 1　建筑物防雷分类

在我国现行的《建筑物防雷设计规范》中，根据建筑物的重要性、使用性质、发生雷电事故的可能性和后果，按照防雷要求分为三类。建筑物或设备设施发生雷电事故的可能性与所在地的年平均雷暴日、雷击大地的年平均密度、年预计雷击次数和建筑物截收相同雷击次数的等效面积等参数有关。

(1) 年预计雷击次数的计算

反映一个地区雷电活动频繁程度的常用参数是雷暴日。雷暴日是指某地区一年中有雷电放电的天数，一天中只要听到一次及以上的雷声就算一个雷暴日。年平均雷暴日是指根据多年的观测结果统计计算出来的每年出现雷暴日数量的平均值，单位为天/年(d/a)。不同地区的数值可能差别较大，应以当地气象台统计的结果为准。

年预计雷击次数是指一年内，某建筑物单位面积内遭受雷电袭击的次数，具体数值与建筑物等效面积、当地雷暴日及建筑物地况有关。年预计雷击次数是建筑防雷必要性分析的一个指标。其数值也应采用当地气象台公布的数据，如果无法获得此资料，也可利用下式进行计算：

$$N_g = 0.1 \times T_d \tag{8-14}$$

式中 N_g——建筑物所处地区雷击大地的年平均密度，次/($km^2 \cdot a$)；

T_d——年平均雷暴日，根据当地气象台、站资料确定，d/a。

建筑物年预计雷击次数按下式计算：

$$N = k \times N_g \times A_e \tag{8-15}$$

式中 N——建筑物年预计雷击次数，次/a；

k——校正系数，在一般情况下取1；位于河边、湖边、山坡下或山地中土壤电阻率较小处、地下水露头处、土山顶部、山谷风口等处的建筑物，以及特别潮湿的建筑物取1.5；金属屋面没有接地的砖木结构建筑物取1.7；位于山顶上或旷野的孤立建筑物取2；系数较大的地区或场所遭受雷击的概率较高；

A_e——与建筑物接收相同雷击次数的等效面积，km^2，它不一定是实际面积，是其实际平面积向外扩大后的面积，可根据国家标准推荐的方法进行计算得到。

(2) 在可能发生对地闪击的地区，遇下列情况之一时，应划为第一类防雷建筑物

① 凡制造、使用或贮存火炸药及其制品的危险建筑物，因电火花而引起爆炸、爆轰，会造成巨大破坏和人身伤亡者。

② 具有0区或20区爆炸危险场所的建筑物。

③ 具有1区或21区爆炸危险场所的建筑物，因电火花而引起爆炸，会造成巨大破坏和人身伤亡者。

(3) 在可能发生对地闪击的地区，遇下列情况之一时，应划为第二类防雷建筑物

① 国家级重点文物保护的建筑物。

② 国家级的会堂、办公建筑物、大型展览和博览建筑物、大型火车站和飞机场、国宾馆，国家级档案馆、大型城市的重要给水泵房等特别重要的建筑物。

③ 国家级计算中心、国际通信枢纽等对国民经济有重要意义的建筑物。

④ 国家特级和甲级大型体育馆。

⑤ 制造、使用或贮存火炸药及其制品的危险建筑物，且电火花不易引起爆炸或不致造成巨大破坏和人身伤亡者。

⑥ 具有1区或21区爆炸危险场所的建筑物，且电火花不易引起爆炸或不致造成巨大破坏和人身伤亡者。

⑦ 具有 2 区或 22 区爆炸危险场所的建筑物。

⑧ 有爆炸危险的露天钢质封闭气罐。

⑨ 预计雷击次数大于 0.05 次/a 的部、省级办公建筑物和其他重要或人员密集的公共建筑物以及火灾危险场所。

⑩ 预计雷击次数大于 0.25 次/a 的住宅、办公楼等一般性民用建筑物或一般性工业建筑物。

(4) 在可能发生对地闪击的地区，遇下列情况之一时，应划为第三类防雷建筑物

① 省级重点文物保护的建筑物及省级档案馆。

② 预计雷击次数大于或等于 0.01 次/a，且小于或等于 0.05 次/a 的部、省级办公建筑物和其他重要或人员密集的公共建筑物，以及火灾危险场所。

③ 预计雷击次数大于或等于 0.05 次/a，且小于或等于 0.25 次/a 的住宅、办公楼等一般性民用建筑物或一般性工业建筑物。

④ 在平均雷暴日大于 15d/a 的地区，高度在 15m 及以上的烟囱、水塔等孤立的高耸建筑物；在平均雷暴日小于或等于 15d/a 的地区，高度在 20m 及以上的烟囱、水塔等孤立的高耸建筑物。

分类中所使用的爆炸危险性区域定义和分区方法与第 6 章所介绍的完全相同。第一类防雷建筑物和第二类防雷建筑物中的⑤～⑧都是爆炸危险场所。

8.4.2 火灾爆炸危险场所的防雷措施

雷电的危害及其防范原理已经讲述，本节所述安全技术措施都是依据现行防雷设计规范提出的，便于读者在掌握技术原理的基础上了解设计规范的要求，即技术原理是如何实现的。

8.4.2.1 防雷的共性要求

① 各类防雷建筑物均应设置防范直击雷的外部防雷装置，并应采取防范闪电电涌侵入的措施。

② 第一类防雷建筑物和具有爆炸危险区域的第二类防雷建筑物，还应采取防闪电感应的措施。

③ 各类防雷建筑物应设内部防雷装置，并应符合下列规定：

a. 在建筑物的地下室或地面层处，建筑物金属体、金属装置、建筑物内系统、进出建筑物的金属管线等物体应与内部防雷装置做防雷等电位连接。

b. 另外，外部防雷装置与建筑物金属体、金属装置、建筑物内系统之间，还应满足间隔距离的要求。

④ 石油和石油产品应贮存在密闭性的容器内，并避免油气混合物在容器周围积聚。

⑤ 油气可能泄漏或积聚的区域，应避免金属导体间产生火花放电。

⑥ 固定顶金属容器附件(如呼吸阀、安全阀)应装设阻火器。

⑦ 石油设施应采用防雷接地。防雷、防静电、电气设备、保护及信息系统等的接地，宜共用接地装置。

8.4.2.2 第一类防雷建筑物的防雷措施

(1) 第一类防雷建筑物防直击雷的措施应符合下列规定

① 必须装设独立接闪杆或架空接闪线或网，架空接闪网的网格尺寸不应大于 5m×5m

或 6m ×4m。

钢储罐顶板钢体厚度不小于 4mm 时，不应装设避雷针。铝顶储罐顶板厚度小于 7mm 和钢储罐顶板厚度小于 4mm，应装设防直击雷设备。

生产装置内露天布置的塔、容器等，当顶板厚度不小于 4mm 时，可不设避雷针保护，但应设防雷接地。

② 排放爆炸危险气体、蒸气或粉尘的放散管、呼吸阀、排风管等的管口外的下列空间应处于接闪器的保护范围内：

当有管帽时，应按表 8 –2 的规定来确定。

表 8 –2　有管帽的管口外处于接闪器保护范围内的空间

装置内的压力与周围空气压力的压力差/kPa	排放物对比于空气	管帽以上的垂直距离/m	距管口处的水平距离/m
<5	重于空气	1	2
5 ~ 25	重于空气	2.5	5
≤25	轻于空气	2.5	5
>25	重或轻于空气	5	5

在表 8 –2 中，相对于空气的密度小于或等于 0.75 的爆炸性气体规定为轻于空气的气体；而相对密度大于 0.75 的爆炸性气体规定为重于空气的气体。

当无管帽时，应为管口上方半径 5m 的半球体。

接闪器与雷闪的接触点应设在上述两项所规定的空间之外。

③ 排放爆炸危险气体、蒸气或粉尘的放散管、呼吸阀、排风管等，当其排放物达不到爆炸浓度、长期点火燃烧、一排放就点火燃烧，以及发生事故时排放物才达到爆炸浓度的通风管、安全阀，接闪器的保护范围应保护到管帽，无管帽时应保护到管口。

④ 独立接闪杆的杆塔、架空接闪线的端部和架空接闪网的每根支柱处应至少设一根引下线。对用金属制成或有焊接、绑扎连接钢筋网的杆塔、支柱，宜利用金属杆塔或钢筋网作为引下线。

⑤ 独立接闪杆和架空接闪线或网的支柱及其接地装置与被保护建筑物及与其有联系的管道、电缆等金属物之间的间隔距离应符合设计规范的要求，但不得小于 3m。

架空接闪线至屋面和各种突出屋面的风帽、放散管等物体之间的间隔距离应符合设计规范的要求，但不得小于 3m。

架空接闪网至屋面和各种突出屋面的风帽、放散管等物体之间的间隔距离应符合设计规范的要求，但不应小于 3m。

⑥ 独立接闪杆、架空接闪线或架空接闪网应设独立的接地装置，每一根引下线的冲击接地电阻不宜大于 10 Ω。在土壤电阻率高的地区，可适当增大冲击接地电阻，但在 3000 Ω · m以下的地区，冲击接地电阻不应大于 30 Ω。

⑦ 管路系统的所有金属件，包括护套的金属包覆层，应接地。管路两端和每隔 200 ~ 300m 处，以及分支处、拐弯处均应有接地装置。接地点宜在管墩处，其冲击接地电阻不得大于 10 Ω。

⑧ 可燃气体放空管路应安装阻火器或装设避雷针，当安装避雷针时保护范围应高于管

口2m，避雷针距管口的水平距离不应小于3m。

地埋管道上应设置接地装置，并经隔离器或去耦合器与管道连接，接地装置的接地电阻应小于30 Ω。

地埋管道附近有构筑物（高压线杆塔、变压器、电气化铁路、通信基站等）时，宜沿管线增设屏蔽线，并经去耦合器与管道连接。

⑨ 金属储罐应作为环型防雷接地，其接地点不应少于2处，并应沿罐周均匀或对称布置，其罐壁周长间距不应小于30m，接地体距罐壁的距离应大于3m。引下线宜在距离地面0.3～1.0m之间装设断接卡，用不锈钢螺栓加放松垫片连接。宜将储罐基础自然接地体与人工接地装置相连接，其接地点不应少于两处。冲击接地电阻不应大于10 Ω。

浮顶金属储罐应采用两根截面不小于50mm^{2}的扁平镀锡软铜复绞线或绝缘阻燃护套软铜复绞线将浮顶与罐体作电气连接，其连接点不少于2处。宜采用有效的、可靠的连接方式将浮顶与罐体沿罐周做均布的电气连接，连接点沿罐壁周长的间距不应大于30m。

⑩ 甲、乙类厂房、泵房（棚）的防雷，应符合下列规定：

——厂房、泵房（棚）应采用避雷带（网），其引下线不应少于两根，并应沿建筑物均匀对称布置，间距不应大于18m，网格不应大于10m×10m或12m×8m。

——进出厂房、泵房（棚）的金属管道、电缆的金属外皮、所穿钢管或架空电缆金属槽，在厂房、泵房（棚）外侧应做一处接地，接地装置应与保护接地装置及避雷带（网）接地装置合用。

丙类厂房、泵房（棚）的防雷，应符合下列规定：

——在平均雷暴日大于40d/a的地区，厂房、泵房（棚）应采用避雷带（网），其引下线不应少于两根，间距不应大于18m；

——进出厂房、泵房（棚）的金属管道、电缆的金属外皮、所穿钢管或架空电缆金属槽，在厂房、泵房（棚）外侧应做一处接地，接地装置应与保护接地装置及避雷带（网）接地装置合用。

（2）第一类防雷建筑物防闪电感应的措施应符合下列规定

① 建筑物内的设备、管道、构架、电缆金属外皮、钢屋架、钢窗等较大金属物和突出屋面的放散管、风管等金属物，均应接到防闪电感应的接地装置上。此为等电位连接措施。

金属屋面周边每隔18～24m应采用引下线接地一次。

现场浇灌或用预制构件组成的钢筋混凝土屋面，其钢筋网的交叉点应绑扎或焊接，并应每隔18～24m采用引下线接地一次。上述两条既起到分散雷电流、屏蔽的作用，又能保证接地的可靠性。

金属储罐的阻火器、呼吸阀、量油孔、人孔、切水管、透光孔等金属附件应等电位连接。

（2）与金属储罐相接的电气、仪表配线应采用金属管屏蔽保护。配线金属管上下两端与罐壁应做电气连接。在相应的被保护设备处，应安装与设备耐压水平相适应的浪涌保护器。

② 平行敷设的管道、构架和电缆金属外皮等长金属物，其净距小于100mm时，应采用金属线跨接，跨接点的间距不应大于30m；交叉净距小于100mm时，其交叉处也应跨接。此措施可保证不发生空气被击穿的电火花。

当长金属物的弯头、阀门、法兰盘等连接处的过渡电阻大于0.3Ω时，连接处应用金属线跨接。对有不少于5根螺栓连接的法兰盘，在非腐蚀环境下，可不跨接，但应构成电气通路。此措施能实现各部分的有效电气连接，可保证等电位连接的可靠性。

③ 防闪电感应的接地装置应与电气和电子系统的接地装置共用，其工频接地电阻不宜大于10 Ω。防闪电感应的接地装置与独立接闪杆、架空接闪线或架空接闪网的接地装置之间的间隔距离，应符合设计规范的要求，但不得小于3m。

当屋内设有等电位连接的接地干线时，其与防闪电感应接地装置的连接不应少于2处。

（3）第一类防雷建筑物防闪电电涌侵入的措施应符合下列规定

① 室外低压配电线路应全线采用电缆直接埋地敷设，在入户处应将电缆的金属外皮、钢管接到等电位连接带或防闪电感应的接地装置上。

② 当全线采用电缆有困难时，应采用钢筋混凝土杆和铁横担的架空线，并应使用一段金属铠装电缆或护套电缆穿钢管直接埋地引入。架空线与建筑物的距离不应小于15m。

在电缆与架空线连接处，还应装设户外型电涌保护器。电涌保护器、电缆金属外皮、钢管和绝缘子铁脚、金具等应连在一起接地，其冲击接地电阻不应大于30 Ω。所装设的电涌保护器应选用I级试验产品（参阅相关规范了解其含义），其电压保护水平应小于或等于2.5kV，其每一保护模式应选冲击电流等于或大于10kA；若无户外型电涌保护器，应选用户内型电涌保护器，其使用温度应满足安装处的环境温度，并应安装在防护等级IP54的箱内。

在TT系统中，接在中性线和PE线间电涌保护器的冲击电流，当为三相系统时不应小于40kA，当为单相系统时不应小于20kA。

③ 当架空线转换成一段金属铠装电缆或护套电缆穿钢管直接埋地引入时，其埋地长度可按下式计算：

$$l \geqslant 2\sqrt{\rho} \tag{8-16}$$

式中 l——电缆铠装或穿电缆的钢管埋地直接与土壤接触的长度，m；

ρ——埋电缆处的土壤电阻率，Ω · m。

④ 在入户处的总配电箱内是否装设电涌保护器应按建筑物防雷设计规范的规定确定。

⑤ 电子系统的室外金属导体线路宜全线采用有屏蔽层的电缆埋地或架空敷设，其两端的屏蔽层、加强钢线、钢管等应等电位连接到入户处的终端箱体上，必要时在终端箱内装设电涌保护器。

⑥ 当通信线路采用钢筋混凝土杆的架空线时，应使用一段护套电缆穿钢管直接埋地引入，其埋地长度可按式(8-16)计算，且不应小于15m。在电缆与架空线连接处，尚应装设户外型电涌保护器。电涌保护器、电缆金属外皮、钢管和绝缘子铁脚、金具等应连在一起接地，其冲击接地电阻不应大于30 Ω。

⑦ 架空金属管道，在进出建筑物处，应与防闪电感应的接地装置相连。距离建筑物100m内的管道，宜每隔25m接地一次，其冲击接地电阻不应大于30 Ω，并应利用金属支架或钢筋混凝土支架的焊接、绑扎钢筋网作为引下线，其钢筋混凝土基础宜作为接地装置。

埋地或地沟内的金属管道，在进出建筑物处应等电位连接到等电位连接带或防闪电感应的接地装置上。

（4）当难以装设独立的外部防雷装置时，可将接闪杆或网格不大于5m×5m或6m×4m的接闪网或由其混合组成的接闪器直接装在建筑物上，接闪网沿屋角、屋脊、屋檐和檐角等易受雷击的部位敷设；当建筑物高度超过30m时，首先应沿屋顶周边敷设接闪带，接闪带应设在外墙外表面或屋檐边垂直面上，也可设在外墙外表面或屋檐边垂直面外，并应符合下列规定：

① 接闪器之间应互相连接。

② 引下线不应少于 2 根，并应沿建筑物四周和内庭院四周均匀或对称布置，其间距沿周长计算不宜大于 12m。

③ 排放爆炸危险气体、蒸气或粉尘的管道应符合防范直击雷的规定。

④ 建筑物应装设等电位连接环，环间垂直距离不应大于 12m，所有引下线、建筑物的金属结构和金属设备均应连到环上。等电位连接环可利用电气设备的等电位连接干线环路。

⑤ 外部防雷的接地装置应围绕建筑物敷设成环形接地体，每根引下线的冲击接地电阻不应大于 10 Ω，并应和电气和电子系统等接地装置及所有进入建筑物的金属管道相连，此接地装置可兼作防雷电感应接地之用。

⑥ 当每根引下线的冲击接地电阻大于 10 Ω时，外部防雷的环形接地体最好按照相关规定补加水平接地体或垂直接地体。

⑦ 当建筑物高于 30m 时，还应采取下列防侧击的措施：应从 30m 起每隔不大于 6m 沿建筑物四周设水平接闪带并应与引下线相连；30m 及以上外墙上的栏杆、门窗等较大的金属物应与防雷装置连接。

⑧ 在电源引入的总配电箱处应装设 I 级试验的电涌保护器。电涌保护器的电压保护水平值应小于或等于 2. 5kV。每一保护模式的冲击电流值，当无法确定时，冲击电流应取等于或大于 12. 5kA。

⑨ 输送火灾爆炸危险物质的埋地金属管道，当其从室外进入户内处设有绝缘段时，应在绝缘段处跨接符合要求的电压开关型电涌保护器或隔离放电间隙。

⑩ 具有阴极保护的埋地金属管道，在其从室外进入户内处宜设绝缘段，应在绝缘段处跨接符合要求的电压开关型电涌保护器或隔离放电间隙。

(5) 生产装置信息系统的防雷，应符合下列规定

① 配线电缆宜采用铠装屏蔽电缆，且宜直接埋地敷设；电缆金属外皮两端及在进入建筑物处应接地；当电缆采用穿钢管敷设时，钢管两端及在进入建筑物处应接地；建筑物内防雷接地应与交流工作接地、直流工作接地、安全保护接地共用一组接地装置，接地装置的接地电阻值应按接入设备中要求的最小值确定。

② 线路首末端应装设与电子器件耐压水平相适应的浪涌保护器。

8. 4. 2. 3　第二类防雷建筑物的防雷措施

① 第二类防雷建筑物外部防雷的措施，宜采用装设在建筑物上的接闪网、接闪带或接闪杆，也可采用由接闪网、接闪带或接闪杆混合组成的接闪器。接闪网、接闪带应沿屋角、屋脊、屋檐和檐角等易受雷击的部位敷设，并应在整个屋面组成不大于 10m × 10m 或 12m × 8m 的网格；当建筑物高度超过 45m 时，首先应沿屋顶周边敷设接闪带，接闪带应设在外墙外表面或屋檐边垂直面上，也可设在外墙外表面或屋檐边垂直面外。接闪器之间应互相连接。

② 突出屋面的放散管、风管、烟囱等物体，应按下列方式保护：

a. 排放爆炸危险气体、蒸气或粉尘的放散管、呼吸阀、排风管等管道应采取符合第一类防雷建筑物要求的防雷措施。

b. 排放无爆炸危险气体、蒸气或粉尘的放散管、烟囱，1 区、21 区，2 区和 22 区爆炸危险场所的自然通风管，0 区和 20 区爆炸危险场所的装有阻火器的放散管、呼吸阀、排风管，以及煤气和天然气放散管等，其防雷保护应符合下列规定：金属物体可不装接闪器，但

应和屋面防雷装置相连；在屋面接闪器保护范围之外的非金属物体应装接闪器，并应和屋面防雷装置相连。

③ 专设引下线不应少于2根，并应沿建筑物四周和内庭院四周均匀对称布置，其间距沿周长计算不应大于18m。当建筑物的跨度较大，无法在跨距中间设引下线时，应在跨距两端设引下线并减小其他引下线的间距，专设引下线的平均间距不应大于18m。

④ 外部防雷装置的接地应和防闪电感应、内部防雷装置、电气和电子系统等接地共用接地装置，并应与引入的金属管线做等电位连接。外部防雷装置的专设接地装置宜围绕建筑物敷设成环形接地体。

⑤ 利用建筑物的钢筋作为防雷装置时，应符合下列规定：

a. 建筑物宜利用钢筋混凝土屋顶、梁、柱、基础内的钢筋作为引下线。当其女儿墙以内的屋顶钢筋网以上的防水和混凝土层允许不保护时，宜利用屋顶钢筋网作为接闪器；多层建筑，且周围很少有人停留时，宜利用女儿墙压顶板内或檐口内的钢筋作为接闪器。

b. 当基础采用硅酸盐水泥和周围土壤的含水量不低于4%及基础的外表面无防腐层或有沥青质防腐层时，宜利用基础内的钢筋作为接地装置。当基础的外表面有其他类的防腐层且无桩基可利用时，宜在基础防腐层下面的混凝土垫层内敷设人工环形基石出接地体。

c. 敷设在混凝土中作为防雷装置的钢筋或圆钢，当仅为1根时，其直径不应小于10mm。被利用作为防雷装置的混凝土构件内有箍筋连接的钢筋时，其截面积总和不应小于一根直径10mm钢筋的截面积。

d. 利用基础内钢筋网作为接地体时，在周围地面以下距地面不应小于0.5m，每根引下线所连接的钢筋表面积总和应按下式计算：

$$S \geqslant 4.24k_c^2 \tag{8-17}$$

式中 S——钢筋表面积总和，m^2；

k_c——分流系数，按相应的规定取值。

e. 当在建筑物周边的无钢筋的闭合条形混凝土基础内敷设人工基础接地体时，接地体的规格尺寸应按表8-3的规定确定。

表8-3　第二类防雷建筑物环形人工基础接地体的最小规格尺寸

闭合条形基础的周长/m	扁钢/mm	圆钢，根数×直径/mm
≥60	4×25	2×ϕ10
40~60	4×50	4×ϕ10 或 3×ϕ12
<40	钢材表面积总和≥4.24m²	

当长度相同、截面相同时，宜选用扁钢；采用多根圆钢时，其敷设净距不小于直径的2倍；利用闭合条形基础内的钢筋作接地体时可按本表校验，除主筋外，可计入箍筋的表面积。

f. 构件内有箍筋连接的钢筋或成网状的钢筋，其箍筋与钢筋、钢筋与钢筋应采用土建施工的绑扎法、螺丝、对焊或搭焊连接。单根钢筋、圆钢或外引预埋连接板、线与构件内钢筋应焊接或采用螺栓紧固的卡夹器连接。构件之间必须连接成电气通路。

⑥ 共用接地装置的接地电阻应按50Hz电气装置的接地电阻确定，不应大于按人身安全所确定的接地电阻值。

⑦ 对具有爆炸危险场所的第二类防雷建筑物，其防闪电感应的措施应符合下列规定：

a. 建筑物内的设备、管道、构架等主要金属物，应就近接到防雷装置或共用接地装置上。

b. 平行敷设的管道、构架和电缆金属外皮等长金属物，应按照第一类防雷建筑物的规定进行跨接，但长金属物连接处可不跨接。

c. 建筑物内防闪电感应的接地干线与接地装置的连接，不应少于2处。

⑧ 防止雷电流流经引下线和接地装置时产生的高电位对附近金属物或电气和电子系统线路的反击，应符合下列规定：

a. 在金属框架的建筑物中，或在钢筋连接在一起、电气贯通的钢筋混凝土框架的建筑物中，金属物或线路与引下线之间的间隔距离可无要求；在其他情况下，金属物或线路与引下线之间的间隔距离应按下式计算：

$$S_{a3} \geqslant 0.06 k_c l_x \qquad (8-18)$$

式中 S_{a3}——空气中的间隔距离，m；

l_x——引下线计算点到连接点的长度，m；连接点即金属物或电气和电子系统线路与防雷装置之间直接或通过电涌保护器相连之点。

b. 当金属物或线路与引下线之间有自然或人工接地的钢筋混凝土构件、金属板、金属网等静电屏蔽物隔开时，金属物或线路与引下线之间的间隔距离可无要求。

c. 当金属物或线路与引下线之间有混凝土墙、砖墙隔开时，其击穿强度应为空气击穿强度的1/2。当间隔距离不能满足式(8-18)的规定时，金属物应与引下线直接相连，带电线路应通过电涌保护器与引下线相连。

d. 在电气接地装置与防雷接地装置共用或相连的情况下，应在低压电源线路引入的总配电箱、配电柜处装设Ⅰ级试验的电涌保护器。电涌保护器的电压保护水平值应小于或等于2.5kV。每一保护模式的冲击电流值，当无法确定时应取等于或大于12.5kA。

e. 当Yyn0型或Dyn11型接线的配电变压器设在本建筑物内或附设于外墙处时，应在变压器高压侧装设避雷器；在低压侧的配电屏上，当有线路引出本建筑物至其他有独自敷设接地装置的配电装置时，应在母线上装设Ⅰ级试验的电涌保护器，电涌保护器每一保护模式的冲击电流值，当无法确定时冲击电流应取等于或大于12.5kA；当无线路引出本建筑物时，应在母线上装设Ⅱ级试验的电涌保护器，电涌保护器每一保护模式的标称放电电流值应等于或大于5kA。电涌保护器的电压保护水平值应小于或等于2.5kV。

f. 低压电源线路引入的总配电箱、配电柜处装设Ⅰ级试验的电涌保护器，以及配电变压器设在本建筑物内或附设于外墙处，并在低压侧配电屏的母线上装设Ⅰ级试验的电涌保护器时，电涌保护器每一保护模式的冲击电流值，按照电源线路无屏蔽层和有屏蔽层时计算。

g. 在电子系统的室外线路采用金属线时，其引入的终端箱处应安装D1类高能量试验类型的电涌保护器，其短路电流按规定计算，当无法确定时应选用1.5kA。

h. 在电子系统的室外线路采用光缆时，其引入的终端箱处的电气线路侧，当无金属线路引出本建筑物至其他有自己接地装置的设备时，可安装B2类慢上升率试验类型的电涌保护器，其短路电流宜选用75A。

i. 输送火灾爆炸危险物质和具有阴极保护的埋地金属管道，当其从室外进入户内处设有绝缘段时，应采用符合要求的开关型电涌保护器或隔离放电间隙。

⑨ 高度超过45m的建筑物，除屋顶的外部防雷装置应符合规定外，还应符合下列规定：

a. 对水平突出外墙的物体，当滚球半径45m球体从屋顶周边接闪带外向地面垂直下降接触到突出外墙的物体时，应采取相应的防雷措施。

b. 高于60m的建筑物，其上部占高度20%并超过60m的部位应防侧击，防侧击应符合下列规定：

在建筑物上部占高度20%并超过60m的部位，各表面上的尖物、墙角、边缘、设备以及显著突出的物体，应按屋顶上的保护措施处理。

在建筑物上部占高度20%并超过60m的部位，布置接闪器应符合对本类防雷建筑物的要求，接闪器应重点布置在墙角、边缘和显著突出的物体上。

外部金属物的最小尺寸符合相关规定时，可利用其作为接闪器，还可利用布置在建筑物垂直边缘处的外部引下线作为接闪器。

符合规定的钢筋混凝土内钢筋和建筑物金属框架，当作为引下线或与引下线连接时，均可利用其作为接闪器。

c. 外墙内、外竖直敷设的金属管道及金属物的顶端和底端，应与防雷装置等电位连接。

⑩ 有爆炸危险的露天钢质封闭气罐，当其高度小于或等于60m，罐顶壁厚不小于4mm时，或当其高度大于60m，罐顶壁厚和侧壁壁厚均不小于4mm时，可不装设接闪器，但应接地，且接地点不应少于2处，两接地点间距离不宜大于30m，每处接地点的冲击接地电阻不应大于30 Ω。

思考题

1. 简述阶跃先导、迎面先导和雷击距的含义。
2. 常见的雷击有哪几种？为何高大的物体易遭受直击雷的危害？
3. 雷电的主要危害有哪几种？
4. 直击雷能造成哪些危害？危害是如何产生的？
5. 雷电流的反击是什么含义？在什么条件下发生？
6. 何谓跨步电压？接闪杆引下线的接地点与人行道路之间的间隔过小时有什么危害？
7. 闪电感应分为哪两种？各自产生危害的原因是什么？
8. 建筑物中的主钢筋常常被用作防雷引下线，假如钢窗靠近内有接地主钢筋的柱子时，可能会有什么危险？
9. 闪电电涌是如何产生的？其有哪些危害？
10. 外部防雷措施主要是指什么措施？其装置包括哪些？内部防雷措施的涵义是什么？
11. 接闪杆过去称为避雷针，请叙述其作用。
12. 接闪杆的保护范围常用滚球法计算，滚球半径是指什么？为什么其数值与建筑物的防雷等级有关？
13. 防范闪电感应的主要措施是哪些？
14. 如何防范闪电电涌的危害？叙述避雷器的特性和工作原理。
15. 解释雷暴日的概念，建筑物年预计雷击次数是如何计算的？
16. 建构筑物的防雷等级是如何划分的？储存汽油、甲醇、甲苯的钢储罐和储存天然气、煤气的气柜属于哪类构筑物？
17. 防雷措施可以归纳为分流、均压、屏蔽和接地四大类，请叙述其各自的原理。

第 9 章　化学反应失控爆炸的预防

在化学工业中，合成工序是生成新物质的基本工序，分离提纯是不可缺少的工序。在化学反应过程中，多数化学反应是放热反应，为使合成反应具有较高且适当的反应速率，需要维持反应体系处于一定的温度。在启动反应时，需要向反应体系加热，在反应正常进行时，化学反应释放出热量，此时需要减少外部供热速率，或者是停止加热，更多的是需要将化学反应产生的热量从反应器中移出，即冷却，以保持热量平衡和温度平稳，达到稳定反应速度的目的。与此相配合，还需要不间断的搅拌，这也是固－液、液－液反应体系稳定反应速度所不可缺少的。如果热量移出速率低于热量产生速率，热量将在反应器内积累，致使温度异常升高。由于化学反应速率与温度成指数关系，温度升高导致反应速率呈指数规律加快，释放热量的速率更快，如此将导致反应设备内压力异常升高，甚至超压爆炸。有些化学物质(原料或产物)在温度高于某一特定值时，将发生热分解、聚合等强放热反应，或生成易爆炸性物质，所以一旦反应失控超温，爆炸事故就很难避免了。

9.1　化学反应失控的致因

9.1.1　阿伦尼乌斯公式

基于分子有效碰撞理论，阿伦尼乌斯推导出均相化学反应的反应速率公式，即阿伦尼乌斯公式(Arrhenius equation)[见式(9－1)]。

$$k = Ae^{\frac{-E_a}{RT}} \tag{9-1}$$

式中　k——化学反应速率；

A——反应的频率因子或称为指前因子，对于某一确定的反应体系为常数；

E_a——化学反应的活化能；

R——理想气体常数；

T——反应体系的热力学温度。

将式(9－1)两边求对数，可得出反应速率与反应温度的简化关系式(9－2)。

$$\ln k \propto -\frac{1}{T} \tag{9-2}$$

从式(9－2)可明确看出，反映温度越高，反应速率越快。反应速率快则释放化学反应热的速率也加快，当释放热量的速率明显高于散失热量的速率时，反应器内的温度和压力都将急剧增加，反应器将向超压破裂的方向发展。

9.1.2　化学反应体系的 Semenov 热温图

对于流体均相化学反应体系，一方面它会随着反应的进行不断释放出热量，使体系温度升高，另一方面体系又会通过器壁向体系外(也包括反应器夹套中的冷却介质)散热，使体系温度下降。

化学反应生成热量的速度可由式(9-3)表示。

$$q_1 = QVk \tag{9-3}$$

式中　V——反应容器的容积，对于液相反应，应为液体的体积；

k——反应速度，单位时间内单位容积中物质的反应量；

Q——单位容积中物质反应释放的热量；

q_1——在单位时间内反应系统所产生的热量。

将质量作用定律与阿伦尼乌斯公式结合，引入反应物浓度对化学反应速率的影响参数，将公式(9-1)变为公式(9-4)。

$$k = K_0 c_A c_B e^{\frac{-E_a}{RT}} \tag{9-4}$$

式中　K_0——阿伦尼乌斯反应速率常数；

c_A、c_B——反应物分子的摩尔浓度。

将式(9-4)代入式(9-3)得：

$$q_1 = K_0 QV c_A c_B e^{\frac{-E_a}{RT}} \tag{9-5}$$

如果假设反应器各部分的温度是均匀的，可利用牛顿冷却定律式(9-6)来表达反应器的散热速率，在一定条件下，散热速率与内外温度差成正比线性关系。

$$q_2 = hS(t - t_0) \tag{9-6}$$

式中　q_2——在单位时间内通过反应器器壁而损失的热量；

h——通过器壁的对流换热系数(可简单理解为传热系数)；

S——器壁的传热面积；

t——反应系统温度，即物料的温度，如果用热力学温度，可用 T 表示，与式(9-5)中的 T 为同一参数；

t_0——容器壁温度，一般为冷却介质的温度，如果是风冷则为环境空气温度。同样，用热力学温度时，可由 T_0 表示。

将一反应体系的 q_1 和 q_2 随 T 的变化规律绘制成图，即为该反应体系的 Semenov 热温图(谢苗诺夫热温图)，如图 9-1 所示。

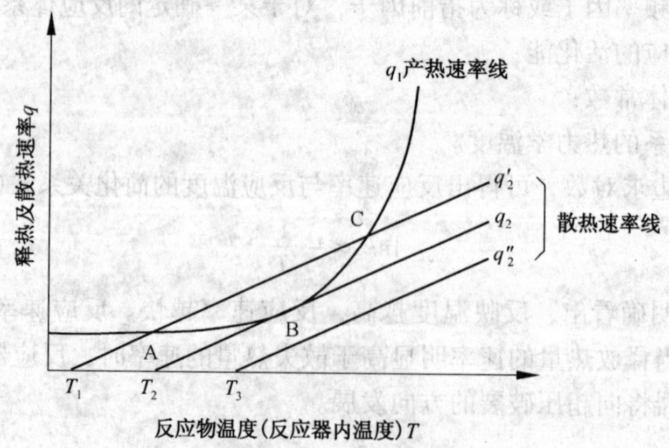

图 9-1　Semenov 热温图

图中 q_1 曲线为反应体系产生热量速率随反应物温度的变化曲线，其呈指数关系变化，T_1、T_2、T_3 分别为反应器外冷却介质或环境的三个温度，所对应的曲线为三种冷却温度时的散热速率变化曲线，$T_1 < T_2 < T_3$，冷却介质温度越低，散热速率越快。当冷却介质温度较高，散热速率(如 q''_2线)较低，且始终低于产热(即释热)速率时，体系的温度持续升高，升温速率与产热散热速率之差成正比，且越来越大。当冷却介质温度较低，散热速率(q'_2线)较高时，散热速率线与产热速率线有 A、C 两个交叉点；在 A 点以下，散热速率低于产热速率，体系温度可自动升高到 A 点；在 A、C 两点之间时，散热速率高于产热速率，体系将自动变化到 A 点；当体系处于 A 和 C 两点时，散热速率与产热速率相等，处于稳定状态；当体系受到使产热速率加快、散热速率减慢等因素扰动，状态处于 C 点以上时，产热速率高于散热速率，且产热速率急剧升高，体系的温度和压力也都急剧增大，此时如果不能加速散热或停止加入反应物料(加料也是输入能量)，则体系必然失控。当冷却介质温度处于 T_2，按照 q_2线散热时，散热变化线与产热线在 B 点交叉，B 点为稳定点，但状态点一旦偏离到 B 点右侧，体系也将自动升温，如其他条件不变，终将进入失控状态。

无论是弱放热反应还是强放热反应，只要体系产热速率大于散热速率，体系的热量就产生积累，温度将自动升高，如果系统密闭，压力也将自动升高。进行工艺设备设计时，必须保证散热能力有足够的余量，这样才能保证反应体系处于可控状态。对于弱放热反应过程，做到这一点比较容易，对于硝化、磺化等强放热反应过程，实现稳定控制将有一定的难度，需要在设计阶段就要充分考虑。

9.1.3　导致反应失控的因素

在化工企业的生产操作中，若反应容器内进行的是放热反应，需要借助冷却系统及搅拌设备将产生的反应热移出反应器之外，保持热量动态平衡，这样反应过程才能平稳进行。在搅拌动力中断、冷却能力不足、加料速度过快、错误操作等情况下，反应热不能及时移出，便会导致反应热在反应器内蓄积，加快反应速度和产生热量的速度，反应将失控，反应失控将引起爆炸或冲料等事故，冷却能力不足和产热速度过快是导致事故的根本原因。

(1) 搅拌中断

一种反应物料被加入到反应设备后，如果搅拌中断，物料不能与其他反应物均匀混合，尤其是粉状(或小颗粒)物料与液体反应物的反应过程，由于只有局部反应，所以开始时反应慢，当粉料较充分溶解且局部温度升高后，反应将突然加速，温度和压力急剧升高，如果反应有气体生成，且物料有一定黏度，很容易发生“冲料”事故，如果反应器是密闭的，就容易发生设备超压破裂，甚至是爆炸事故。造成搅拌中断的原因可能有：动力电断电，没有设置有效的双电源，搅拌设备发生故障，搅拌负荷过大导致转速太慢等。

(2) 冷却能力不足

冷却能力由传热面积、冷却介质温度和反应器器壁传热系数决定。如果在工艺过程设计时没有进行热平衡计算，有效散热面积小，或实际使用的冷却介质(如冷却水)高于设计温度，将导致冷却能力不足。假如过度冷却，物料温度低，反应速率慢，导致反应物料反应不彻底，不仅产率低、反应时间长，也可能由于反应物的积累而发生反应突然加速而失控。

有些事故的发生原因不属于冷却能力不足，而是没有设置冷却系统。如反应所需的初始温度较高，为了加快物料升温速度，企业擅自采用高温导热油加热，就没有办法像使用蒸汽加热、冷水冷却那样可方便地进行加热 - 冷却切换，即只能加热而不能冷却，当反应器内反应物料进入自行升温状态时，就没有办法进行冷却制止。这就像驾驶刹车系统失灵的汽车，即使速度不太快，也不能进行有效地降低车速。

(3) 加料速度过快

对于放热反应，加入物料就相当于加入能量。如果所加入物料能被及时搅拌分散，加快了加料速度，温度必将升高，长时间超速加料，热量严重偏离平衡状态，可能导致超温超压而失控。与连续生产或半间歇式生产过程相比较，间歇式生产过程更难控制加料速度。

(4) 错误操作

不及时观察温度、压力、流量等仪表，加热蒸汽阀门关闭不严，违反操作规程，擅自变更加料顺序，没有考虑设备变更后的性能参数变化等都属于错误操作。毫无疑问，错误操作不仅仅限于此处所述。

9.2 二次反应引发爆炸

大部分反应原料或者产物，在正常的生产温度范围内时，只发生目标反应，即使有副反应发生，也只是导致产率下降，不会发生强放热现象。而有些物质在超过一定温度时会发生强放热反应，此反应并非合成的目标反应，而是另外一种新的强放热反应，反应失控的后果通常是发生爆炸事故。本章将这种反应称为"二次反应"。

下面通过几个实例来说明二次反应。

【实例1】硝酸胍过热分解爆炸

某企业生产硝酸胍，原料是硝酸铵和尿素(或双氰胺)，反应介质是水。以双氰胺或尿素与硝酸铵进行缩合反应制得硝酸胍，生产方式是间歇法。硝酸胍分子式为$(NH_2)C=NH_2 \cdot HNO_3$，270℃时分解，属于强放热反应，因此分解时爆炸，属于爆炸品。硝酸铵晶体210℃时分解。企业采用的反应釜容积为$3m^3$，低压水蒸汽加热，为了提高产量，后改用$10m^3$的反应釜，再用低压水蒸汽加热则加热耗时长，成本提高，用中压水蒸汽可提高加热效率，但所用设备不能承受中压，于是改用导热油加热，导热油的设计出口温度为215℃。后来，为进一步提高加热速率，将导热油的设计出口温度提高至255℃，这样可有效缩短加热时间。发生事故时，反应过程将近完成(因温度计已拆除，物料温度不知)，但因导热油管破裂，泄漏出的高温导热油自燃着火，火焰又加热反应釜，使反应釜内物料温度到达或超过了危险的270℃，致使釜内产物硝酸胍分解爆炸，之后一连串的反应釜殉爆导致特大事故。硝酸胍的分解不是希望的目标反应，属于二次反应，如果不是反应体系超温，不会发生失控的剧烈分解爆炸。

【实例2】过氧化甲乙酮过热分解爆炸

过氧化甲乙酮(MEKPO)又称为过氧化丁酮，分子中含有不稳定的过氧基团(—O—O—)，温度高于100℃时即发生分解爆炸，实际使用的一般为其邻苯二甲酸二甲酯溶液，分解温度为105℃。在过氧化甲乙酮的储存和运输过程中，其也会发生缓慢的分解，分解反应为放热过程。有人对过氧化甲乙酮的热稳定性进行研究得出如下结果：利用差示扫描量热仪(DSC)对质量分数为52%的MEKPO溶液[以2，2，4-三甲基-1，3-戊二醇二异丁酸酯为溶剂)进行测试，得到其起始分解温度T_0约为40℃，比放热量ΔH约为1.24kJ/g；运用加速量热仪(ARC)对3种MEKPO溶液(40%、45%和52%)]及MEKPO纯品(化学纯)在绝热条件下进行了热分解测试，并在此基础上，借助Semenov热爆炸模型，计算得到上述样品在50kg包装规格下的自加速分解温度(TSADT)分别为65.64℃、63.72℃、55.88℃和51.17℃。

上述研究结果表明，过氧化甲乙酮在温度超过70℃时，可以自分解加热，即使在40℃下，过氧基团也能缓慢分解并释放热量，温度也可缓慢升高，因此在储运过程中易发生自爆炸。根据经验，包装越大，越有利于热量积累，也就越易发生分解爆炸。也正是由于过氧化甲乙酮分解温度较低，在合成过程中也常发生爆炸事故。合成反应的原料是甲乙酮和30%的过氧化氢（双氧水），一旦氧化反应的热量不能及时移出，就会导致分解爆炸事故。

【实例3】设备变更导致超温分解爆炸

在串联连续搅拌釜式反应器中，用发烟硫酸与对硝基甲苯进行磺化反应。在串联的第一台400L反应器中装入对硝基甲苯物料，用150℃蒸汽经反应器夹套将物料加热到85℃，对硝基甲苯熔化，同时加入发烟硫酸，发生磺化反应并释放反应热。当温度升高到110℃时，冷却系统自动启动。事故当天，显示物料温度为102℃，但压力急剧升高，反应器顶盖被冲起飞出，正在分解着的物料像熔岩一样涌出。原因分析：该装置经过几次改造，可调搅拌装置的浸入位置由原来的160L位置变更到250L位置。对硝基甲苯的密度小于发烟硫酸，二者分层，熔化的对硝基甲苯在上层，温度检测系统的温度传感器位于底层。搅拌器与反应器不配套，虽然搅拌器一直在旋转，但不能使两种物料有效混合（仍处于分层状态）。夹套的结构和物料性质决定了加热套主要对上层的对硝基甲苯加热，不能对下层的发烟硫酸有效加热，使上层温度高于下层，而显示的温度为下层发烟硫酸的温度。虽然事故发生时的显示温度为102℃，实际上对硝基甲苯层的温度远高于此温度。在显示温度为102℃时，冷却系统不会启动，而150℃蒸汽的加热仍在进行，虽然物料不能很好地混合，但分层处的放热反应仍进行，由于温度较高，反应速度显著高于正常时的速度，导致对硝基甲苯层的温度远高于150℃，起码是分层处温度很高。混合物料在130～150℃温度范围时，分解速度相对较慢，但在170～200℃时，分解迅速，且分解过程变得比较危险。此事故也说明，看似很简单的设备变更，也可能使其安全性显著降低，所以进行设备变更时，必须进行必要的风险分析和评估，起码对于化工生产过程是如此。

【实例4】蒸汽阀门内漏加热导致分解爆炸

某种芳香烃硝基化合物与另一种化合物在反应器中进行半间歇缩合反应，溶剂为二甲基亚砜水溶液。按照操作规程，首先将硝基化合物和溶剂加到反应器中，在加入第二种反应物之前，需先将反应器中的混合物加热到工艺所需的60～70℃。此时，由于工厂冷却水系统发生故障，决定中断合成过程，并采取如下措施：保持搅拌至恢复生产，推迟第二种反应物的加入，排空反应器夹套中的冷却水。5d以后，发现反应器排气系统冒出浓烟，温度显示为118℃，随后又有160℃的黏稠焦油状物从反应器敞开的人孔中流出，立即启动冷却水系统，但不起作用。不久后，反应器发生爆炸，反应器碎成四块，建筑物受到严重破坏，控制室被完全摧毁。原因分析：蒸汽阀门有故障，关闭后仍有内漏，反应器被缓慢加热，反应物溶液被加热到118℃，混合溶剂缓慢蒸发，在此温度下，引发了二次放热反应，释放出的热量又加快了蒸发速度，剩余物温度进一步升高，最终，初始反应混合物在自催化机理作用下分解。

在上述几个事故案例中，不仅有合成过程中温度失控导致的超压爆炸，也有储存过程中发生自加热分解爆炸，无论哪种情况，其共同点是温度异常升高导致剧烈分解爆炸，温度控制的措施多种多样，要依据造成升温的可能原因来制定。

有些物质在潮湿环境中储存时，容易发生分解，由于分解热能积累，有可能引发热分解爆炸事故，其中包括工业炸药中的硝胺炸药。硝胺炸药是分子中含氮－硝基的炸药，可视为硝酰胺的衍生物或胺的硝基取代物。感度和安定性介于硝基化合物炸药与硝酸酯炸药之间，能量较高，综合性能较好。可分为氮杂环硝胺、脂肪族硝胺及芳香族硝胺3类，或分为伯硝胺、仲硝胺及叔硝胺3类。最重要的硝胺类炸药是氮杂环硝胺中的黑索今及奥克托今，其次是硝基胍、乙二硝胺、*N*－硝基二乙醇胺二硝酸酯(分子中同时含有氮－硝基及氧－硝基)、特屈儿(同时含氮－硝基及碳－硝基)等。硝胺炸药储存库中的空气相对湿度要严格控制，其门窗既要防止小动物进入，也要能通风，后者的目的包括降温和降湿。

9.3 潜在危险反应的辨识

9.3.1 引言

在安全生产管理过程中，经常用到"本质安全"的概念，实际上真正本质安全的生产过程和设备是不存在的，只能通过人们在设计、生产和使用过程中的努力，使设备设施的本质安全程度进一步提高。生产过程中所涉及的原料、中间产物和产物具有某种或某几种危险特性是导致生产过程具有风险的原因之一，也可以说，具有危险特性的物质存在就构成了危险源。在发生二次反应失控爆炸事故的原因中，工艺设计和设备设计人员、安全生产管理人员和生产人员，对所涉及的物质具有的危险特性不了解，以及对危险特性可导致的灾难性后果的严重程度不了解是导致设备设施本质安全程度低、缺少应有的技术安全措施、操作失误的根本原因。本节主要讨论获得物质潜在危险性质信息的途径和方法。

由于"过热"而引发的化学反应可称为过热反应，由过热反应造成的危害可称为过热危害。某一反应过程是否存在过热危害风险？什么条件下会发生危害？危害的程度有多大？这是进行过热危害风险分析时要回答的问题，找到答案的途径有两个：一是通过热分析测试的实验手段获得基础数据，经结合实际分析得到；二是通过查阅已有的文献资料获得，即文献资料查阅分析法。实验方法在本书第4章中已进行简单介绍，欲详细了解可查阅相关书籍。文献资料查阅分析法也被称为文案筛选，其目的是通过理论分析来预测潜在的化学反应危害，其所获得的结果对于早期提高人员的危害意识是很有用的，同时在工艺开发的早期也能给予有益的指导。文献资料查阅分析法是基于已知和预期的事件及两者间的相互关联关系来进行危险分析与评估，由于实际工艺过程影响因素的多样性和复杂性，决定了文献资料查阅分析法用于大规模的工业生产过程有许多不确定性，但用于小规模的工艺开发时是有效的。通过危害评估可有效地降低风险，但不合适的或者不完善的危害评估的结果可能是导致灾难的祸根，因为它无意地隐瞒了部分危险性。

9.3.2 利用公共文献

虽然有些重大事故发生后人们感到意外，但大量的化学工业事故经验可以告诉人们，很少是由于稀奇的化学反应造成的，也就是说，大多数事故可以轻易地从公共文献中查到的化学反应或特性来解释，只是人们可能没有注意到或者没有引起足够的重视。文献甚至可以描述特殊的危害和/或相关工业过程中的事故，例如：1976年7月9日，位于意大利萨维索(Seveso)的美达镇，发生了人类历史上最严重之一的毒性化学物质四氯双苯并二噁英(2，3，7，8－tetrachlorodibenzo－dioxin，以下简称TCDD)外泄事件，当时有2kg的TCDD泄漏，导致附近的土地遭受严重污染，居民发生各种病变，其后各国注意防止类似毒性化学物质的灾害，相继制定出管理条例，例如欧洲的《萨维索指令》，但在此次事故之前就曾经有过多次涉及三氯苯酚的事故报道。所以，其他企业发生的事故应该作为自己的教训，不仅仅是相同的工艺装置和物料，也应包括类似的装置和物料，做到“举一反三”是最聪明的学习方法，所以有人说：事故发生是件非常糟糕的事情，但是更糟糕的是发现以前就曾经发生过类似的事故！

可以利用的公共文献资料包括：

① Bretherick 的活性化学物质危害手册（Bretherick′s Handbook of Reactive Chemical Hazards）。该手册在化学反应危害方面是使用得最广泛的文献，而且到目前为止，在涉及这类数据（>5000 种化合物）的文献中也是最受关注的。

人们对化学物质危险性质的认识需要一个过程，所以，如果在公开的文献里没有涉及有关危害的信息，这也并不意味着肯定没有危害。例如：常用的肽偶合剂 HOBt（1－羟基苯并三唑）已经使用了很长时间，被认为是安全的，然而现在 HOBt 已被归类为“爆炸品”。

Bretherick 的手册中的例子：溶剂二甲基亚砜（DMSO），曾经 2 次观察到使用过的二甲基亚砜，在通过真空蒸馏回收之前，被置于 150℃ 的环境中发生放热分解反应。在 180℃ 温度下，微量烷基溴化物可导致一个滞后的、剧烈的强放热反应（$Q=850J/g$）。可以根据此例子，再分析 9.2 中的实例 4。

② NFPA（National Fire Protection Association 美国消防协会）的危险品消防指南。其第 13 版以标准格式提供了 325 种/类化合物的信息、1300 多种/类物质的火灾危害性信息、有机过氧化物配制品储存的 US 法令、3600 多类混合物的有害化学反应（不相容）的指南，以及在区域性分类及应急救援方面的建议。

③ 化学品安全技术说明书（MSDS）。我国《危险化学品安全管理条例》规定，每一种危险化学品商品都必须附带该种化学品的安全技术说明书，说明书由危险化学品的生产企业负责编印。同时国家制定了化学品安全技术说明书的格式和需要说明的内容。一份 MSDS 描述了一个物质的危害，并提供了如何安全地处置、使用和贮存等方面的信息，它是关于物质安全信息的总结。许多国家都在物质运输之前要求提供这份文件。一份 MSDS 可以提供化学反应危害方面的数据，特别是在“稳定性和反应性”部分。然而，这类数据经常只是稍微标注“没有已知的反应性危害”或其他相类似的简要表述。所以要切记：不要仅仅因为 MSDS 没有提到危害而假设该化学品没有危害！对于安全生产技术人员，对你所涉及的每一种危险化学品，都应该有一份详细的、内容齐全的化学品安全技术说明书，只靠互联网上的资料有时不可靠，即使是相关手册，内容也不一定全，所以要留心并逐渐积累丰富自己的 MSDS。

④ 相关期刊。下列期刊中常常登载相关的研究成果和你所需的资料，这些资料在授权的网站上可以查到：

Journal of Loss Prevention《风险预防》

Process Safety Progress《过程安全进展》

Journal of Hazardous Material《有害材料》

Thermochimica Acta《热化学学报》

Journal of Thermal Analysis《热分析学报》

9.3.3 利用已有知识判定危险反应

（1）配伍矩阵法判定

对于理解在一个化学过程中多种物质之间可能发生的反应，包括期望的和不期望的反应，配伍矩阵法是一个很有用的工具。该矩阵可以应用于工艺过程生命周期中的任何一个阶段，但更适用于工艺开发阶段的初期，目的是鉴别已知的化学品之间的相互作用关系。在许多情况下，因为不能够轻易得到相关的信息或知识，该矩阵可以导致比答案更多的问题，这意味着你可能会带着很多“空匣子”而结束，但可以给你提供思考问题的方向。

配伍矩阵法很简单，以甲醇与次氯酸钠接触的反应为例，其矩阵和判定的结果为可列于矩阵表中的相应位置，结果见表 9－1。

表 9－1　矩阵和判定的结果

	CH_3OH	NaOCl	X
CH_3OH		形成爆炸物 CH_3OCl	无
NaOCl			?
X			

矩阵表中的 X 可以是其他相关的化学品、物质，甚至是容器材料、建筑材料。毫无疑问，这种评估是建立在文献、实验数据或者专家判断的基础上。

（2）从特性基团判定爆炸性物质

经验表明，大多数物质的爆炸性与分子中特定的结构基团有关。这可以通过观察、分析化学物质的结构来轻易鉴别，含有下列结构基团的分子常常具有爆炸性（来源于 Bretherick 手册），这些物质对热、摩擦、冲击比较敏感。

—C≡C—Met, Hal　　　　—C—N═N—O—C—

R—NO　　　　N—Met

R—NO_2　　　　N—N═O　　　　—C—N═N—S—C—

R—ONO　　　　N—N═O_2　　　　—N═N—N═N—

R—ONO_2

C—C（O 桥，环氧）　　　　—C—N═N—C—　　　　R—O—O—R

C═N—O—Met

符号：—Met 甲基　　　　—Hal 卤代　　　　—N_3

从下面几种常见军用炸药分子结构中都可以找到爆炸性结构基团（见图 9－2）。

（3）利用氧平衡判定爆炸性物质

氧平衡（OB，oxygen balance）一般是指炸药含氧量与炸药中所含可燃元素完全氧化所需氧量之间的相差程度。多余时称“正氧平衡（positive oxygen balance）”，不足时称“负氧平衡（negative oxygen balance）”，相等时称“零氧平衡（zero oxygen balance）”。所谓完全氧化，即

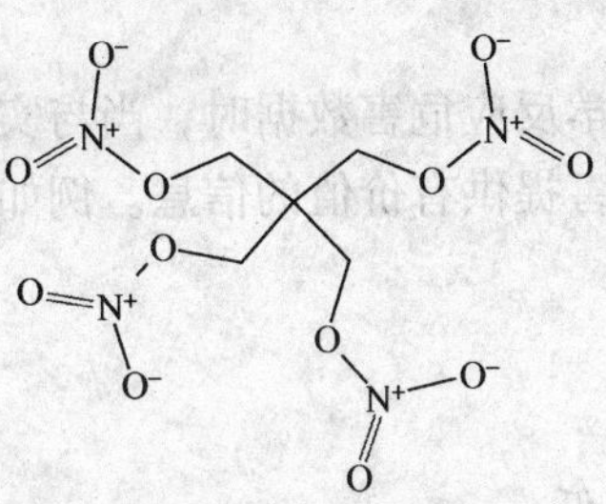

(a) 季戊四醇四硝酸酯(太安，PETN)

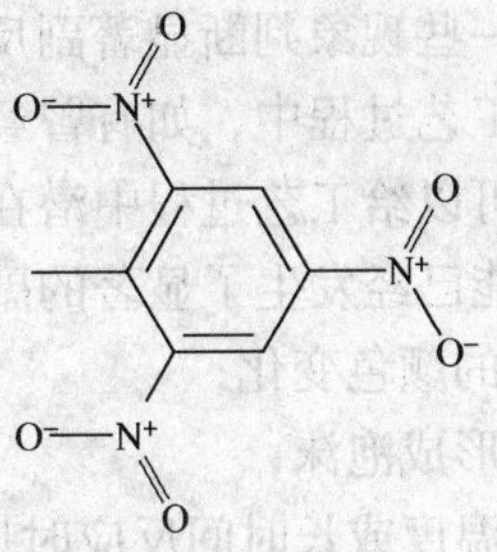

(b) 三硝基甲苯(TNT)

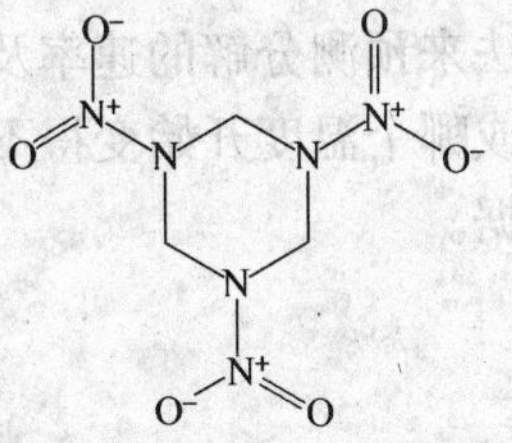

(c) 环三亚甲基三硝胺(黑索金，RDX)

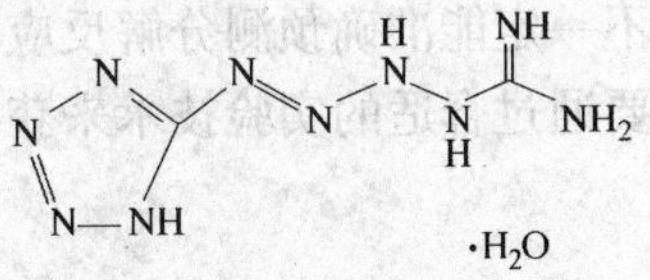

(d) 四氮烯(Tetrazene)

图 9－2　常见军用炸药分子结构

碳原子完全氧化生成二氧化碳，氢原子完全氧化生成水。

从元素组成来说，炸药通常是由碳(C)、氢(H)、氧(O)、氮(N)四种元素组成的。其中碳、氢是可燃元素，氧是助燃元素，炸药是一种载氧体。炸药的爆炸过程实质上是可燃元素与助燃元素发生极其迅速和猛烈的氧化还原反应的过程。反应结果是氧和碳化合生成二氧化碳(CO_2)或一氧化碳(CO)，氢和氧化合生成水(H_2O)，这两种反应都放出了大量的热。每种炸药里都含有一定数量的碳、氢原子，也含有一定数量的氧原子，发生反应时就会出现碳、氢、氧的数量不完全匹配的情况。氧平衡就是衡量炸药中所含的氧与将可燃元素完全氧化所需要的氧两者是否平衡的问题。

实践表明，只有当炸药中的碳和氢都被氧化成 CO_2 和 H_2O 时，其放热量才最大。零氧平衡一般接近于这种情况。负氧平衡的炸药，爆炸产物中就会有 CO、H_2，甚至会出现固体碳；而正氧平衡炸药的爆炸产物，则会出现 NO、NO_2 等气体。这两种情况，都不利于发挥炸药的最大威力，同时会生成有毒气体。如果把它们用于地下工程爆破作业，特别是含有矿尘和瓦斯爆炸危险的矿井，就更应引起注意。因为 CO、NO、N_xO_y 不仅都是有毒气体，而且能对瓦斯爆炸反应起催化作用，因此这样的炸药就不应用于地下矿井的爆破作业。

简单说氧平衡的算法：(炸药中的氧原子数—碳全部被氧化成二氧化碳所需要的氧原子数—氢全部被氧化成水需要的氧原子数)×1600/炸药的摩尔质量。

如果分子中的 C、H、O 元素数为 $C_xH_yO_z$，上述氧平衡(OB)算法可由式(9－7)表示。

$$OB = \frac{-1600(2x + \frac{y}{2} - z)}{\text{分子的摩尔量}} \quad (9-7)$$

氧平衡是指有机化合物具有只利用分子本身所含有的氧元素来进行分解或爆炸的倾向。氧平衡对于含有氧化基团的化合物是有用的，例如：硝基化合物、硝酸盐类、氯酸盐类和过氧化物。所有氧平衡值大于－200 的物质通常被认为是潜在的爆炸性物质。几乎所有的已知爆轰物质的氧平衡值范围为－100～＋40。

（4）通过一些现象判断显著副反应的存在

在相似的工艺过程中，如有曾经被评估过的化学反应危害数据时，当与实验室的观测报告相结合时，可以给工艺过程中潜在的化学反应危害提供有价值的信息。例如如下的观测报告可体现出可能已经发生了显著的副反应：

① 熔化时的颜色变化；

② 蒸馏时形成泡沫；

③ 在较高温度或长时间反应时反应产物收率降低；

④ 反应产物收率可变。

最后还需要强调一点，目前还没有一个可靠的方法来预测分解的速率及其受温度影响的程度，因此不一定能准确预测分解反应将在哪个时间或哪个温度开始变得不安全，最可靠的方法还是需要通过合适的实验技术来获得热稳定性数据。

思考题

1. 根据阿伦尼乌斯公式，说明温度对化学反应速度的影响规律。
2. 结合 Semenov 热温图，说明在什么情况下化学反应体系会自动升温？你认为采取什么方法可以抑制温度的升高？
3. 哪些因素可导致化学反应过程的温度失控？简述理由。
4. 高温下剧烈分解放热是发生“二次反应”原因，你认为应采取什么措施来防止此类事故发生？
5. 在进行新合成工艺开发时，了解所有可涉及物质的反应性和热稳定性有什么意义？
6. 计算过氧化甲乙酮的氧平衡值，判断其是否具有爆炸性？

第10章　化工厂选址与总平面布置

10.1　工厂安全设计的基础资料

10.1.1　气象资料

（1）风向频率图

风向频率图又称为风向玫瑰图或风频图，是根据某地多年的气象观测资料，将风向分为8个或16个方位，在各方向线上按各方向风的出现频率，截取相应的长度，将相邻方向线上的截点用直线连结的闭合折线图形。图10－1为根据河北某地近10年观测资料统计数据绘制的风向玫瑰图，每一圆圈间隔代表风向频率5%。在图中该地区最大风频风向为北风，约为13%；最小频率风向为西南偏南（南南西），不足1%；中心圆点处代表静风的频率0%。

某地的最大风频风向称为该地的全年最大频率风向，常常称为主导风向，即出现概率最高的风向。相反，某地的最小风频风向称为该地的全年最小频率风向，即出现概率最小的风向。主导风向与全年最小频率风向并不一定是互为相反方向。

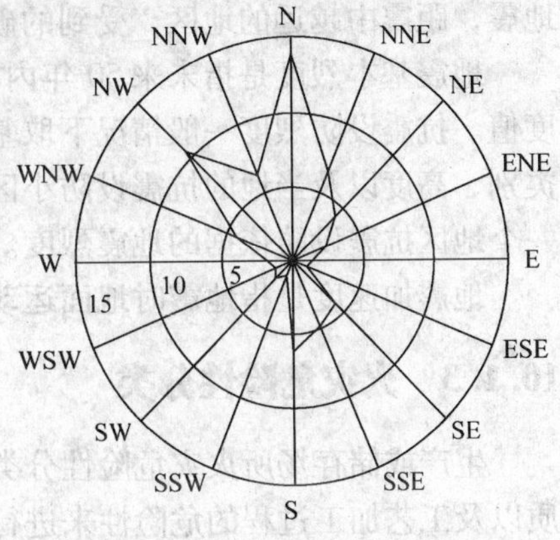

图10－1　河北坝上某地风向玫瑰图

（2）最大冻土深度

某地的最大冻土深度是指该地历年冻土深度最大值中的最大值。地下水管的设计敷设深度不能浅于该地的最大冻土深度，以防止在冬季结冰堵塞或冻胀。埋地电缆、接地体的埋深都应在最深冻土层以下。

（3）最高温度、最低温度、最大风速

10.1.2　地质地震资料

（1）断层

断层是构造运动中广泛发育的构造形态，断层面是岩块沿之发生相对位移的破裂面。凡是地震发生地都有断层，但断层处不一定发生地震。

（2）塌方

塌方是指因地层结构不良，雨水冲刷或修筑上的缺陷，道路、堤坝等旁边的陡坡或坑道、隧道、矿井的顶部突然坍塌。

（3）滑坡

滑坡是斜坡岩土体沿着贯通的剪切破坏面所发生的滑移地质现象，滑坡的机制是某一滑移面上剪应力超过了该面的抗剪强度所致。

（4）泥石流

泥石流是指在山区或者其他沟谷深壑，地形险峻的地区，因为暴雨暴雪或其他自然灾害引发的山体滑坡并携带有大量泥沙以及石块的特殊洪流。泥石流具有突然性以及流速快，流量大，物质容量大和破坏力强等特点。发生泥石流常常会冲毁公路铁路等交通设施甚至村镇等，造成巨大损失。

(5) 软弱土地基

软弱土指淤泥、淤泥质土和部分冲填土、杂填土及其他高压缩性土。由软弱土组成的地基称为软弱土地基。淤泥、淤泥质土在工程上统称为软土，其具有特殊的物理力学性质，从而导致了其特有的工程性质。软弱土的特性是天然含水量高、天然孔隙比大、抗剪强度低、压缩系数高、渗透系数小。在外荷载作用下的地基承载力低、地基变形大，不均匀变形也大，且变形稳定历时较长。

(6) 膨胀土和湿陷性黄土

膨胀土是指富含亲水性矿物，具有较大的吸水后显著膨胀、失水后显著收缩特性的高液限黏土。在上覆土层自重应力作用下，或者在自重应力和附加应力共同作用下，因浸水后土的结构破坏而发生显著附加变形的土称为湿陷性土，属于特殊土。

(7) 地震烈度

地震烈度是指地震时某一地区的地面和各类建筑物遭受到一次地震影响的强弱程度，即反映地震破坏程度的参数。地震震级是反映一次地震释放出的总能量多少的参数。对于一次地震，距震中越远的地区，受到的破坏程度越低，即地震烈度低。

地震基本烈度是指未来50年内在一般场地条件下可能遭遇的超越概率为10%的地震烈度值。抗震设防烈度一般情况下取基本烈度，但还须根据建筑物所在城市的大小，建筑物的类别、高度以及当地的抗震设防小区规划进行确定，在我国，要按国家规定的权限批准作为一个地区抗震设防依据的地震烈度。

地震加速度是指地震时地面运动的加速度，其参数值也可反映地震烈度大小。

10.1.3 火灾危险性分类

生产或储存场所火灾危险性分类，主要是依据场所中火灾危险物质的种类、燃烧爆炸性质以及工艺加工过程的危险性来进行的。火灾危险性分类主要是为危险场所进行安全措施设计提供基础资料，同时也为危险因素分析提供依据。

(1) 物质火灾危险性分类

生产场所的火灾危险性与燃烧物质的燃烧性密切相关，确切地说是由可燃物质的火灾危险性决定的。《石油化工企业设计防火规范》根据反映可燃物质火灾危险特性的参数，即爆炸极限、闪点和蒸气压等将可燃气体分为甲、乙两类，将液化烃、可燃液体分为甲、乙、丙三类，每一类又分为A和B两小类。具体分类见表10－1和表10－2。

表10－1 可燃气体的火灾危险性分类

类别	可燃气体与空气混合物的爆炸下限
甲	$<10\%$
乙	$\geqslant 10\%$

最能反映可燃气体火灾爆炸危险性的参数是爆炸下限，所以将爆炸下限作为可燃气体分类所依据的参数。在常见的可燃气体中，绝大部分的爆炸下限低于10%，只有氨气、一氧化碳、溴甲烷和氯代甲烷等的爆炸下限高于10%。一旦设备发生泄漏，爆炸下限低于10%

的气体很容易在空气中达到爆炸浓度，因此划分为甲类。

表 10－2　液化烃、可燃液体的火灾危险性分类

类别		名称	特征
甲	A	液化烃	15℃时的蒸气压力＞0.1MPa 的烃类液体及其他类似的液体
	B	可燃液体	$甲_A$类以外，闪点＜28℃
乙	A		28℃≤闪点≤45℃
	B		45℃＜闪点＜60℃
丙	A		60℃≤闪点≤120℃
	B		闪点＞120℃

蒸气压是能直接反映液体火灾危险性的参数，但多数液体的蒸气压很低，测定比较困难。与挥发性密切相关的参数是闪点，所以对液体分类依据闪点来进行。在常温下遇火源能被点燃的液体归类为甲类液体。在常见的易燃液体中，多数的闪点低于 28℃，且我国南方最热月平均气温在 28℃左右，而厂房的设计温度在冬季一般采用 12～25℃，所以将闪点低于 28℃的液体归类为甲类液体。

表 10－2 中的液化烃是指液化石油气及乙烯、乙烷、丙烯等单组分的液化烃类。液化石油气一般是以 C_3、C_4为主所组成的混合物。

物料的温度高低决定了其挥发速率的快慢，温度高于其闪点时，气体挥发量增加，危险性也随之增加。所以，操作温度高于液体的闪点时，液体的火灾危险性也相应提高，我国标准的相应规定是：乙类液体视为$甲_B$类液体，$丙_A$类液体视为$乙_A$类液体，$丙_B$类液体视为$乙_B$类液体。如果操作温度超过液体沸点，泄漏时危险性更大，此时的$丙_B$类液体应视为$乙_A$类液体。

常见液化烃、可燃液体的火灾危险性分类见表 10－3。

表 10－3　液化烃、可燃液体的火灾危险性分类举例

类别		名　称
甲	A	液化氯甲烷，液化顺式－2 丁烯，液化乙烯，液化乙烷，液化反式－2 丁烯，液化环丙烷，液化丙烯，液化环丁烷，液化新戊烷，液化丁烯，液化丁烷，液化氯乙烯，液化环氧乙烷，液化丁二烯，液化异丁烷，液化异丁烯，液化石油气，液化二甲胺，液化三甲胺，液化二甲基亚硫，液化甲醚(二甲醚)
	B	异戊二烯，异戊烯，汽油，戊烷，二硫化碳，异己烷，己烷，石油醚，异庚烷，环戊烷，环己烷，辛烷，异辛烷，苯，庚烷，石脑油，原油，甲苯，乙苯，邻二甲苯，间、对二甲苯，异丁醇，乙醚，乙醛，环氧丙烷，甲酸甲酯，乙胺，二乙胺，丙酮，丁醛，三乙胺，醋酸乙烯，甲乙酮，丙烯腈，醋酸乙酯，醋酸异丙脂，二氯乙烯，甲醇，异丙醇，乙醇，醋酸丙酯，丙醇，醋酸异丁酯，吡啶，二氯乙烷，醋酸丁酯，醋酸异戊酯，甲酸戊酯，丙烯酸甲酯，甲基叔丁基醚，液态有机过氧化物
乙	A	丙苯，环氧氯丙烷，苯乙烯，喷气燃料，煤油，丁醇，氯苯，乙二胺，戊醇，环己酮，冰醋酸，异戊醇，异丙苯，液氨
	B	轻柴油，硅酸乙酯，氯乙醇，氯丙醇，二甲基甲酰胺，二乙基苯
丙	A	重柴油，苯胺，锭子油，酚，甲酚，糠醛，20#重油，苯甲醛，环己醇，甲基丙烯酸，甲酸，乙二醇丁醚，甲醛，糖醇，辛醇，单乙醇胺，丙二醇，乙二醇，二甲基乙酰胺
	B	蜡油，100#重油，渣油，变压器油，润滑油，二乙二醇醚，三乙二醇醚，邻苯二甲酸二丁酯，甘油，联苯－联苯醚混合物，二氯甲烷，二乙醇胺，三乙醇胺，二乙二醇，三乙二醇，液体沥青，液硫

在进行固体物质火灾危险性分类时，不仅要考虑物质自身具有的火灾危险性，还要考虑生产过程中的中间产物、最终产物、副产物的特性，以及操作条件变化是否导致物质性质的改变。另外最重要的是考虑物质化学反应特性，如热分解特性、与水或水蒸气的反应性、氧

化性、对触发因素（如摩擦、冲击、受热）的敏感性等。甲、乙、丙类固体的火灾危险性分类举例见表 10-4。

表 10-4 甲、乙、丙类固体的火灾危险性分类举例

类别	名称
甲	黄磷，硝化棉，硝化纤维胶片，喷漆棉，火胶棉，赛璐珞棉，锂，钠，钾，钙，锶，铷，铯，氢化锂，氢化钾，氢化钠，磷化钙，碳化钙，四氢化锂铝，钠汞齐，碳化铝，过氧化钾，过氧化钠，过氧化钡，过氧化锶，过氧化钙，高氯酸钾，高氯酸钠，高氯酸钡，高氯酸铵，高氯酸镁，高锰酸钾，高锰酸钠，硝酸钾，硝酸钠，硝酸铵，硝酸钡，氯酸钾，氯酸钠，氯酸铵，次亚氯酸钙，过氧化二乙酰，过氧化二苯甲酰，过氧化二异丙苯，过氧化氢苯甲酰，（邻、间、对）二硝基苯，2-二硝基苯酚，二硝基甲苯，二硝基萘，三硫化四磷，五硫化二磷，赤磷，氨基化钠
乙	硝酸镁，硝酸钙，压硝酸钾，过硫酸钾，过硫酸钠，过硫酸铵，过硼酸钠，重铬酸钾，重铬酸钠，高锰酸钙，高锰酸银，高碘酸钾，溴酸钠，碘酸钠，亚氯酸钠，五氧化二碘，三氧化铬，五氧化二磷，萘，蒽，菲，樟脑，铁粉，铝粉，锰粉，钛粉，咔唑，三聚甲醛，松香，均四甲苯，聚合甲醛偶氮二异丁腈，赛璐珞片，联苯胺，噻吩，苯磺酸钠，环氧树脂，酚醛树脂，聚丙烯腈，季戊四醇，己二酸，炭黑，聚氨酯，硫黄（颗粒度小于 2mm）
丙	石蜡，沥青，苯二甲酸，聚酯，有机玻璃，橡胶及其制品，玻璃钢，聚乙烯醇，ABS 塑料，SAN 塑料，乙烯树脂，聚碳酸酯，聚丙烯酰胺，己内酰胺，尼龙 6，尼龙 66，丙纶纤维，蒽醌，（邻、间、对）苯二酚，聚苯乙烯，聚乙烯，聚丙烯，聚氯乙烯，精对苯二甲酸，双酚 A，硫黄（工业成型颗粒度大于等于 2mm），过氯乙烯，偏氯乙烯，三聚氰胺，聚醚，聚苯硫醚，硬脂酸钙，苯酐，顺酐

（2）场所火灾危险性分类

场所的火灾危险性分为生产场所的火灾危险性和储存场所的火灾危险性。

设备的火灾危险性类别是根据设备内操作介质的火灾危险性类别确定的，比如，乙醇为甲$_B$类，乙醇泵的火灾危险性类别就确定为甲$_B$类。厂房的火灾危险性是根据布置在厂房内设备的火灾危险性来确定的，例如布置甲$_B$类乙醇泵的泵房，其火灾危险性就确定为甲$_B$类。在我国《建筑设计防火规范》中，根据使用或产生的物质性质及其数量等因素，只将生产场所火灾危险性为甲、乙、丙、丁、戊五类，每一类中不再分 A、B 小类，见表 10-5。

表 10-5 生产的火灾危险性分类

生产的火灾危险性类别		火灾危险性特征
甲类	生产时使用或产生的物质特征	①闪点 <28℃ 的液体； ②爆炸下限 <10% 的气体； ③常温下能自行分解或在空气中氧化即可导致迅速自燃或爆炸的物质； ④常温下受到水或空气中水蒸气的作用，能产生可燃气体并引起燃烧或爆炸的物质； ⑤遇酸、受热、撞击、摩擦、催化以及遇有机物或硫磺等易燃的无机物，极易引起燃烧或爆炸的强氧化剂； ⑥受撞击、摩擦或与氧化剂、有机物接触时能引起燃烧或爆炸的物质； ⑦在密闭设备内操作温度等于或超过物质本身自燃点的生产
乙类		①28℃ ≤闪点 <60℃ 的液体； ②爆炸下限≥10% 的气体； ③不属于甲类的氧化剂； ④不属于甲类的易燃危险固体； ⑤助燃气体； ⑥能与空气形成爆炸性混合物的浮游状态的粉尘、纤维、闪点≥60℃ 的液体雾滴
丙类		①闪点≥60℃ 的液体； ②可燃固体

续表

生产的火灾危险性类别		火灾危险性特征
丁类	生产特征	① 对不燃物质进行加工，并在高温或熔化状态下经常产生强辐射热、火花或火焰的生产； ② 利用气体、液体、固体作为燃烧或将气体、液体进行燃烧作为它用的各种生产； ③ 常温下使用或加工难燃烧物质的生产
戊类		常温下使用或加工非燃烧物质的生产

如果在一个场所中存在多种火灾危险物质，应根据危险性最高的物质确定其火灾危险性。在生产过程中，如果使用或生产易燃、可燃物质的量较少，不足以构成爆炸或火灾危险时，可以按实际情况确定其火灾危险性的类别。一座厂房内或防火分区内有不同性质的生产时，其分类应按火灾危险性较大的部分确定，但火灾危险性大的部分占本层或本防火分区面积的比例小于5%（丁、戊类生产厂房的油漆工段小于10%），且发生事故时不足以蔓延到其他部位，或采取防火措施能防止火灾蔓延时，可按火灾危险性较小的部分确定。丁、戊类生产厂房的油漆工段，当采用封闭喷漆工艺时，封闭喷漆空间内保持负压、且油漆工段设置可燃气体浓度报警系统或自动抑爆系统时，油漆工段占其所在防火分区面积的比例不应超过20%。

为迅速了解和确定危险场所的火灾危险性类别，在安全设计、安全评价和安全管理过程中方便地确定场所的火灾危险性，可根据表10－6列举出的大量分类实例来确定。

表10－6　生产的火灾危险性分类举例

火灾危险性类别	举　例
甲类	①闪点<28℃的油品和有机溶剂的提炼、回收或洗涤部位及其泵房，橡胶制品的涂胶和胶浆部位，二硫化碳的粗馏、精馏工段及其应用部位，青霉素提炼部位，原料药厂的非纳西汀车间的烃化、回收及电感精馏部位，皂素车间的抽提、结晶及过滤部位，冰片精制部位，农药厂乐果厂房、敌敌畏的合成厂房，磺化法糖精厂房，氯乙醇厂房，环氧乙烷、环氧丙烷工段，苯酚厂房的磺化、蒸馏部位、焦化厂吡啶工段，胶片厂片基厂房，汽油加铅室，甲醇、乙醇、丙酮、丁酮异丙醇、醋酸乙酯、苯等的合成或精制厂房，集成电路工厂的化学清洗间（使用闪点<28℃的液体），植物油加工厂的浸出厂房。 ②乙炔站，氢气站，石油气体分馏（或分离）厂房，氯乙烯厂房，乙烯聚合厂房，天然气、石油伴生气、矿井气、水煤气或焦炉煤气的净化（如脱硫）厂房压缩机室及鼓风机室，液化石油气罐瓶间，丁二烯及其聚合厂房，醋酸乙烯厂房，电解水或电解食盐厂房，环已酮厂房，乙基苯和苯乙烯厂房，化肥厂的氢氮气压缩厂房，半导体材料厂使用氢气的拉晶间，硅烷热分解室。 ③硝化棉厂房及其应用部位，赛璐珞厂房，黄磷制备厂房及其应用部位，三乙基铝厂房，染化厂某些能自行分解的重氮化合物生产，甲胺厂房，丙烯腈厂房。 ④金属钠、钾加工厂房及其应用部位，聚乙烯厂房的一氯二乙基铝部位、三氯化磷厂房，多晶硅车间三氯氢硅部位，五氧化磷厂房。 ⑤氯酸钠、氯酸钾厂房及其应用部位，过氧化氢厂房，过氧化钠、过氧化钾厂房，次氯酸钙厂房。 ⑥赤磷制备厂房及其应用部位，五硫化二磷厂房及其应用部位。 ⑦洗涤剂厂房石蜡裂解部位，冰醋酸裂解厂房

续表

火灾危险性类别	举 例
乙类	①闪点≥28℃至<60℃的油品和有机溶剂的提炼、回收、洗涤部位及其泵房，松节油或松香蒸馏厂房及其应用部位，醋酸酐精馏厂房，已内酰胺厂房，甲酚厂房，氯丙醇厂房，樟脑油提取部位，环氧氯丙烷厂房，松针油精制部位，煤油罐桶间。 ②一氧化碳压缩机室及净化部位，发生炉煤气或鼓风炉煤气净化部位，氨压缩机房。 ③发烟硫酸或发烟硝酸浓缩部位，高锰酸钾厂房，重铬酸钠(红钒钠)厂房。 ④樟脑或松香提炼厂房，硫磺回收厂房，焦化厂精萘厂房。 ⑤氧气站、空分厂房。 ⑥铝粉或镁粉厂房，金属制品抛光部位，煤粉厂房、面粉厂的碾磨部位，活性炭制造及再生厂房，谷物筒仓工作塔，亚麻厂的除尘器和过滤器室
丙类	①闪点≥60℃的油品和有机液体的提炼、回收工段及其抽送泵房，香料厂的松油醇部位和乙酸松油脂部位，苯甲酸厂房，苯乙酮厂房，焦化厂焦油厂房，甘油、桐油的制备厂房，油浸变压器室，机器油或变压油罐桶间，柴油罐桶间，润滑油再生部位，配电室(每台装油量>60kg的设备)，沥青加工厂房，植物油加工厂的精炼部位。 ②煤、焦炭、油母页岩的筛分、转运工段和栈桥或储仓，木工厂房，竹、藤加工厂房，橡胶制品的压延、成型和硫化厂房，针织品厂房，纺织、印染、化纤生产的干燥部位，服装加工厂房，棉花加工和打包厂房，造纸厂备料、干燥厂房，印染厂成品厂房，麻纺厂粗加工厂房，谷物加工房，卷烟厂的切丝、卷制、包装厂房，印刷厂的印刷厂房，毛涤厂选毛厂房，电视机、收音机装配厂房，显像管厂装配工段烧结间，磁带装配厂房，集成电路工厂的氧化扩散间、光刻间，泡沫塑料厂的发泡、成型、印片压花部位，饲料加工厂房
丁类	①金属冶炼、锻造、铆焊、热轧、铸造、热处理厂房。 ②锅炉房，玻璃原料熔化厂房，灯丝烧拉部位，保温瓶胆厂房，陶瓷制品的烘干、烧成厂房，蒸汽机车库，石灰焙烧厂房，电石炉部位，耐火材料烧成部位，转炉厂房，硫酸车间焙烧部位，电极锻烧工段配电室(每台装油量≤60kg的设备)。 ③铝塑材料的加工厂房，酚醛泡沫塑料的加工厂房，印染厂的漂炼部位，化纤厂后加工润湿部位
戊类	制砖车间，石棉加工车间，卷扬机室，不燃液体的泵房和阀门室，不燃液体的净化处理工段，金属(镁合金除外)冷加工车间，电动车库，钙镁磷肥车间(焙烧炉除外)，造纸厂或化学纤维厂的浆粕蒸煮工段，仪表、器械或车辆装配车间，氟里昂厂房，水泥厂的轮窑厂房，加气混凝土厂的材料准备、构件制作厂房

生产和储存物品本身的特性不会变化，但物质所处的条件变化时，物质的危险性却有所变化。比如甲、乙、丙类液体在高温、高压生产过程中，其温度往往超过液体本身的自燃点，当其设备或管道破裂时，液体喷出就会着火。有些生产的原料及成品的火灾危险性较低，但当其生产条件发生变化或经化学反应后产生了中间产物则可能增加其火灾危险性，例如，可燃粉尘静止时的火灾危险性较小，但在生产过程中，粉尘悬浮在空气中并与空气形成爆炸性混合物，遇火源则可能爆炸起火，而这类物品在储存时就不存在这种情况。桐油织物及其制品则与此相反，如堆放在通风不良的地点，受到一定温度作用时，则会缓慢氧化、积热不散而自燃着火，因而在储存时其火灾危险性较大，而在生产过程中则不存在这种情况。

在仓储条件下，仓库建筑物的火灾危险性也同样与内存物质的火灾危险性相关，与生产场所相似。储存物品的火灾危险性分类见表10－7。

表 10－7　储存物品的火灾危险性分类

火灾危险性类别	火灾危险性特征
甲类	①闪点＜28℃的液体； ②爆炸下限＜10%的气体，以及受到水或空气中水蒸气的作用，能产生爆炸下限＜10%气体的固体物质； ③常温下能自行分解或在空气中氧化即能导致迅速自燃或爆炸的物质； ④常温下受到水或空气中水蒸气的作用产生可燃气体并引起燃烧或爆炸的物质； ⑤遇酸、受热、撞击、摩擦、催化以及遇有机物或硫磺等易燃的无机物，极易引起燃烧或爆炸的强氧化剂； ⑥受撞击、摩擦或与氧化剂、有机物接触时能引起燃烧或爆炸的物质
乙类	①闪点≥28℃至＜60℃的液体； ②爆炸下限≥10%的气体； ③不属于甲类的氧化剂； ④不属于甲类的化学易燃危险固体； ⑤助燃气体； ⑥常温下与空气接触能缓慢氧化，积热不散引起自燃的物品
丙类	①闪点≥60℃的液体； ②可燃固体
丁类	难燃烧物品
戊类	非燃烧物品

丁、戊类储存物品的可燃包装重量大于物品本身质量1/4的仓库，其火灾危险性应以包装物的危险性为准，按丙类确定。储存物品的火灾危险性分类举例见表10－8。

表 10－8　储存物品的火灾危险性分类举例

火灾危险性类别	举　例
甲类	①乙烷，戊烷，环已烷，石脑油，二硫化碳，苯，甲苯，甲醇，乙醇，乙醚，蚁酸甲酯，醋酸甲酯，硝酸乙酯，汽油，丙酮，丙烯，60度及以上的白酒； ②乙炔，氢，甲烷，环氧乙烷，水煤气，石油液化气，乙烯，丙烯，丁二烯，硫化氢，氯乙烯，电石，碳化铝； ③硝化棉，硝化纤维胶片，喷漆棉，火胶棉，赛璐珞棉，黄磷； ④金属钾、钠、锂、钙、锶，氢化锂、氢化钠，四氢化锂铝； ⑤氯酸钾、氯酸钠，过氧化钾、过氧化钠，硝酸铵； ⑥赤鳞，五硫化磷，三硫化磷
乙类	①煤油，松节油，丁烯醇，异戊醇，丁醚，醋酸丁酯，硝酸戊酯，乙酰丙酮，环已胺，溶剂油，冰醋酸，樟脑油，蚁酸； ②氨气，液氯； ③硝酸铜，铬酸，亚硝酸钾，重铬酸钠，铬酸钾，硝酸，硝酸汞，硝酸钴，发烟硫酸，漂白粉； ④硫黄，镁粉，铝粉，赛璐珞板(片)，樟脑，萘，生松香，硝化纤维漆布，硝化纤维色片； ⑤氧气，氟气； ⑥漆布及其制品，油布及其制品，油纸及其制品，油绸及其制品

续表

火灾危险性类别	举　例
丙类	①动物油、植物油，沥青，蜡，润滑油，机油，重油，闪点大于等于60℃的柴油，糠醛，大于50度至小于60度的白酒； ②化学、人造纤维及其制品，纸张，棉、毛、丝、麻及其织物，谷物，面粉，天然橡胶及其制品，竹、木及其制品，中药材，电视机、收录机等电子产品，计算机房已录数据的磁盘储存间，冷库中的鱼、肉间
丁类	自熄性塑料及其制品，酚醛泡沫塑料及其制品，水泥刨花板
戊类	钢材、铝材、玻璃及其制品，搪瓷制品、陶瓷制品，不燃气体，玻璃棉、岩棉、陶瓷棉、硅酸铝纤维、矿棉、石膏及其无纸制品，水泥、石、膨胀珍珠岩

10.2　化工园区安全规划与化工厂选址的安全措施

化工园区安全规划是指人们为使化工园区工业生产过程安全与经济社会协调发展，而对自身活动所做的时间和空间的合理安排。对化工园区进行合理规划，可有效预防和控制潜在的重特大事故，降低其造成的损失和影响，确保化工园区生产安全和周边环境安全。

近年来，关于化工园区安全规划的研究成果论述很多，介绍了“安全距离法”、“基于后果的方法”、“基于风险的方法”等规划的方法。此处对安全规划的原理不做介绍，但通过对国内外一些重大事故的分析(表10－9)也可以了解安全规划的作用。

表中所列事故所造成的严重后果，不仅仅与物质的危险特性及其量有关，还与区域安全规划还不够完善有关。各类产业园区的建设是经济发展到更高层次的需要，大量的事故使人们更重视园区的安全规划。有些化工事故之所以造成严重的后果，根本原因是缺乏科学的安全规划，其选址、布局不尽合理，与民用设施、居民区以及江海湖泊等脆弱性环境区域之间的安全距离严重不足。

表10－9　国内外事故及其原因分析

序号	事故及其后果	造成严重后果的原因分析
1	1984年11月19日，墨西哥城北郊发生液化石油气槽车爆炸事故，造成544人死亡，1800多人受伤，烧毁面积27公顷，35万人流离失所，120万人迁移出危险区	液化石油气库区位于人口密集的住宅区
2	1984年12月3日，美国联合碳化物公司位于印度博帕尔市(Bhopal)的杀虫剂厂发生爆炸事故，剧毒异氰酸甲酯严重泄漏，事故直接致死3150人，5万多人失明，2万多人受到严重毒害，近8万人终身残疾，20万人中毒，15万人接受治疗，150余万人口受到影响	工厂与居民区距离太近，而且位于居民区主导风向的上风侧
3	1986年，瑞士巴塞尔(Basel)市圣多兹化工厂在灭火时使用了含有水银、有机磷酸酯杀虫剂和其他化学剂的水，造成莱茵河大面积污染，数以百万计的鱼死亡，下游沿岸所有自来水厂关闭，影响波及多个国家	工厂距离莱茵河太近
4	1989年8月12日，中国石油总公司黄岛油库发生特大火灾爆炸事故，造成19人死亡，100多人受伤，直接经济损失3540万元	没有安全规划，布局不合理，储油规模过大，与居民区和交通道路的距离过小

续表

序号	事故及其后果	造成严重后果的原因分析
5	1993年8月5日，深圳市清水河危险化学品仓库发生特大爆炸事故，造成15人死亡，200多人受伤，直接经济损失超过2.5亿元	没有安全规划，擅自将原干杂仓库改作化学危险品仓库，无消防水源，且仓库、储罐等设施设置在人口稠密的居民区，与交通道路的安全距离过小
6	1998年3月5日，西安煤气公司液化石油气管理所发生爆炸事故，造成22人死亡，44人受伤，近10万居民受到影响	没有安全规划，爆炸中心周围是人口密集的生活区和工厂
7	2001年9月21日，法国图卢兹(Toulouse)发生爆炸事故，造成30人死亡，2500人受伤，2km以内数千幢建筑物毁坏或严重破坏	工厂距离生活区较近
8	2003年12月23日，位于重庆市开县高桥镇的中石油川东钻探公司发生特大井喷事故，造成243人死亡，6.5万人紧急疏散，26555人门诊，2142人住院，损失9262.7万元	井场选址时没有进行安全规划，离气井500m范围内有大量居民
9	2004年4月15日，重庆天原化工厂发生氯气泄漏爆炸事故，造成9人死亡，15万人紧急疏散	工厂位于人口稠密的城市中心
10	2005年11月，中石油吉林双苯厂发生爆炸事故，造成8人死亡，60人受伤，100t苯类物质流入松花江致使松花江水域遭到污染，近400万人口的哈尔滨市停水4d	缺乏合理规划，工厂距离松花江太近

在进行区域规划时，应根据石油化工企业及其相邻工厂或设施的特点和火灾危险性，结合地形、风向等条件，合理布置。

在石油化工企业的原料和产品中，许多具有易挥发、易燃易爆、有毒有害等危险特性，应使其泄漏时危害邻近人群的概率降到最低，所以其生产区宜位于邻近城镇或居民区全年最小频率风向的上风向。

在山区或丘陵地区，石油化工企业的生产区应避免布置在窝风地带，因为该地带空气流通不畅，容易积聚爆炸性气体和有毒气体。

石油化工企业的生产区沿江河岸布置时，宜位于临近江河的城镇、重要桥梁、大型锚地、船厂等重要建筑物或构筑物的下游。因为船舶，尤其是小型船舶上常常使用明火，可燃液体泄漏进入水面区域后漂浮于水面，较容易被引燃，对下游的重要设施构成重大威胁。

石油化工企业应采取防止泄漏的可燃液体和受污染的消防水排出厂外的措施。发生火灾时，消防水与泄漏物相互混合是很难避免的，一般要求企业设有应急储存坑等临时储存设施，经无害化处理后再排放。

输电线路的电压通常不低于35kV，一旦发生断线、倒塌事故，其电火花极易引发石油化工设备火灾，反之，生产区发生火灾时对输电线路也会构成严重威胁。公路上行驶的机动车不仅是点火源，且失控时会与生产设施发生冲撞。基于上述原因，公路和地区架空电力线路严禁穿越生产区。

无论是输油管线还是输气管线，一旦发生泄漏或火灾时，都会对相邻的化工设施造成威胁。而远距离输送管线一般不属于工厂管理，日常管理不容易协调，所以要求地区输油、输气管线不应穿越厂区。

在化工园区中，企业多且毗邻，其间距不足时，一旦一个企业发生火灾，就可能殃及邻近企业，造成更大的损失。根据安全距离原理和相应的经验教训，要求与相邻企业或设施的防火间距不应低于相关标准的要求。

安全距离与防火间距是有区别的，防火间距是指防止一处着火引燃相邻设施、建筑所需的最小间隔距离；安全距离是指各设施之间为确保安全需设置的最小距离，如防火、防爆、防撞、防滑坡距离等。

所选择的厂址或建设项目的建设地点应具有满足建设工程所需要的工程地质条件和水文地质条件。对于可能受到洪水、潮水和内涝威胁的地带是不应作为厂址的备选地的，如果必须建在这种地带，必须采取可靠的防洪、排涝的防护措施。在地质灾害危险性评估报告认为有可能发生泥石流、山洪、滑坡等地质灾害的地点也不应作为厂址的备选地。

在下列地段和地区不能选为厂址：

① 发震断层和抗震设防烈度为9°及高于9°的地震区；

② 有泥石流、流沙、严重滑坡、溶洞等直接危害的地段；

③ 采矿塌落(错动)区地表界限内；

④ 爆破危险区界限内；

⑤ 坝或堤决溃后可能淹没的地区；

⑥ 有严重放射性物质污染的影响区；

⑦ 受海啸或湖涌危害的地区；

⑧ 很严重的自重湿陷性黄土地段，厚度大的新近堆积黄土地段和高压缩性的饱和黄土地段等地质条件恶劣地段。

10.3 工厂总体平面布置中的安全措施

总平面布置是指在选定的场地内，合理确定建筑物、构筑物、交通运输线和设施的最佳空间位置的设计过程。在工业企业总平面设计中，一般分成若干个功能分区，即将工业企业各设施按不同功能和系统分区布置，构成一个相互联系的有机整体。合理、有效且采取了安全措施的总平面设计，不仅能减少事故发生，降低事故后果的严重程度，而且通过规划内部道路宽度，确定最小卫生防护距离、防火间距、设备间距，使平面布置安全紧凑、经济合理、节约用地、减少投资。

10.3.1 总体平面布置安全措施的总体要求

工厂总平面应根据工厂的生产流程及各组成部分的生产特点和火灾危险性，结合地形、风向等条件，按功能分区集中布置。

针对防范“漂移”性物质危害的总平面布置，应遵守的基本原则是：

① 气体、蒸气、粉尘等能随风流动的物质，在发生泄漏时，被风吹向人员集中场所的概率最低，减小人员受害的风险。

② 可燃气体和易燃液体蒸气在泄漏时，被风刮向具有点火源地点的概率最低。

③ 当可能影响生产过程安全时，散发的爆炸性、腐蚀性和有害气体及粉尘等被风刮向相应生产设备方向的概率最低。

上述原则可以体现在《工业企业总平面设计规范》和《石油化工企业设计防火规范》的相应条款中，部分内容简述如下：

产生高温、有害气体、烟雾、粉尘的生产设施，应布置在厂区全年最小频率风向的上风侧、地势开阔、通风条件良好的地段，不能采用封闭式和半封闭式布置形式。产生高温的生产设施的长轴与夏季盛行风向垂直或交角不小于45°。

可能散发可燃气体的工艺装置、罐组、装卸区或全厂性污水处理站应布置在厂区、居住区(或人员集中场所)及明火或散发火花地点的全年最小频率风向的上风侧，使爆炸性气体接近点火源的概率降至最低。散发火花地点是指有飞火的烟囱、室外的砂轮、电焊、气焊(割)、室外非防爆的电气开关等固定地点。

需要大宗原料、燃料的生产设施，宜与其原料、燃料的贮存及加工辅助设施靠近布置，并位于原料、燃料的贮存及加工辅助设施全年最小频率风向的下风侧。

公用设施的布置易靠近负荷中心，总降压变电所布置于多尘、有腐蚀性气体场所全年最小频率风向的下风侧和有水雾场所冬季盛行风向的上风侧。

氧(氮)气站空分设备的吸风口应位于乙炔站及散发其他碳氢化合物和粉尘设施的全年最小频率风向的下风侧。压缩空气站应位于散发爆炸性、腐蚀性和有害气体及粉尘等场所的全年最小频率风向的下风侧。

煤气站、天然气配气站和液化气配气站宜布置在厂区的边缘地段和主要用户的全年最小频率风向的上风侧。贮煤场和灰渣场宜布置在煤气站全年最小频率风向的上风侧。天然气配气站应位于有明火或散发火花地点的全年最小频率风向的上风侧。液化气配气站应布置在明火或散发火花地点的全年最小频率风向的上风侧。

锅炉房宜布置在厂区全年最小频率风向的上风侧。贮煤场和灰渣场宜布置在锅炉房全年最小频率风向的上风侧。

易燃及可燃材料的堆场应布置在厂区边缘，并应远离明火及散发火花的地点。易散发粉尘的大宗原料、燃料仓库或堆场应布置在厂区边缘，且应位于厂区全年最小频率风向的上风侧。

行政办公及生活服务设施应位于厂区全年最小频率风向的下风侧。

从上述内容可发现，风向玫瑰图在总平面设计中至关重要，一般将当地的风向玫瑰图标示在建设工程总平面布置图的右上角。

其他有关安全的平面布置内容叙述如下：

液化烃罐组或可燃液体罐组不应毗邻布置在高于工艺装置、全厂性重要设施或人员集中场所的阶梯上，如果受条件限制或工艺要求必须如此布置时，必须采取措施，避免泄漏的液体直接流到阶梯下方区域

厂区出入口的数量不宜少于两个，主要人流出入口宜与主要货流出入口分开设置。

消防车道最好呈环形布置，宽度不小于4m。

工业企业设计标高要比当地防洪标准确定水位高出至少0.5m。

具有可燃性、爆炸危险性及有毒介质的管道不应穿越与其无关的建筑物、构筑物、生产装置、辅助生产及仓储设施、贮罐区等。

需要说明的是，此处介绍的仅仅是设计规范中的一部分内容，目的是让读者平面布置安全措施有一些初步的了解。

10.3.2 防火间距

防火间距是指防止着火建筑、设备设施的辐射热在一定时间内引燃相邻建筑、设备设施，且便于消防扑救的间隔距离。

设置防火间距主要起两个作用，一是满足扑救火灾所需场地的需要，二是防止火势向相邻建筑物、生产设施的蔓延。毫无疑问，增大间隔距离是防止火势蔓延的有效措施，但还需要考虑节约土地，从安全和经济两个方面综合考虑防火间距。

从火灾蔓延的角度考虑，导致火势蔓延的因素主要有“飞火”、“热对流”和“热辐射”三个因素。

从火灾现场的经验来看，在大风的气象条件下，从火场飞出的“火团”可达数十米至数百米远，其与风速、火焰高度密切相关。如果以飞火为主要危险源来确定防火间距，则要求的距离太大，土地利用量很大，实际设计中难以做到。

无论是建筑火灾中热气流喷出窗口，还是露天设备火灾，热气流都会在浮力的作用下向上升腾，对相邻建筑物或化工设施的加热作用都小于“热辐射”的影响，所以一般不考虑“热对流”的影响作用。

“热辐射”是火灾时向四周传递热能的主要形式，所产生的热辐射强度是确定防火间距应考虑的主要因素。热辐射强度与火灾持续时间、可燃物的特性和数量、厂房相对于外墙的开口面积、建筑物或设施的高度和长度、气象条件、以及消防扑救力量等因素有关。在消防燃烧学研究中，已经提出了以计算热辐射强度为基础的计算防火间距的公式，但很难把影响辐射强度的各种因素，如火灾持续的时间、扑救火灾的早晚等都考虑进去，所以常常与实际情况偏差较大。目前，主要根据可类比的经验和教训，以及现有消防力量来确定防火间距。

在实际安全生产工作中，包括安全设计、安全评价、安全管理等，都依据《建筑设计防火规范》、《石油化工企业设计防火规范》等设计技术规范要求的防火间距来设计和判断已有间距的安全性。

各种设计规范中提出的防火间距都是要求间距的最小值，达到该间距的要求时，只是表明发生火灾蔓延的可能性较小，并非不可能，如果条件具备，适当加大防火间距可有效降低“火烧连营”的风险。

思考题

1. 叙述主导风向、全年最小频率风向的含义，二者是否互为相反方向？
2. 可燃气体和可燃液体的火灾危险性是依据什么参数划分的？为什么操作温度超过液体的闪点时，液体的火灾危险性提高？
3. 给定一个场所，如何确定其火灾危险性？物质的数量较少时，如何确定？
4. 生产场所与储存区的火灾危险性有何区别？
5. 对化工园区进行安全规划有何意义？
6. 哪些不良地质区域不能建设化工企业？
7. 全年最小频率风向在化工企业总平面布置中有何用途？
8. 何谓防火间距？其有何作用？

第 11 章　厂房建筑安全措施

在生产、储存场所的建筑物在发生火灾时，如果建筑物未因火烧而坍塌，则人员逃生的几率高，经济损失也小。用防爆墙将爆炸危险区域与非危险区域隔开，将限制爆炸的危害范围。如果厂房发生爆炸，及时将压力泄放则可对建筑的损伤降到最低。车间的疏散通道畅通，则发生事故时，受到威胁的人员可以迅速逃生。本章从降低事故后果严重度的角度，对上述问题的安全措施进行阐述。

11.1　建筑物耐火等级

11.1.1　建筑构件耐火极限

一座建筑物是由墙体、柱、梁、楼板、屋顶等建筑构件组成的，各建筑构件耐受火烧的能力决定了整座建筑的耐火等级。反映建筑构件耐火性能的参数是耐火极限。耐火极限(fire resistance rating)是指在标准耐火试验条件下，建筑构件、配件或结构从受到火的作用时起，至失去承载能力或完整性被破坏或失去隔热作用时止所用时间，用“小时”(h)表示。

从耐火极限定义看出，建筑构件、配件或结构失去稳定性、完整性、或隔热性是计算耐火时间的截止时刻。测试是在国家标准规定的标准耐火试验条件下进行，用明火加热，尽量模拟实际火场的条件。耐火极限时间越长，表示建筑构件耐火性能越强。

建筑构件的耐火极限不仅与材料的性能有关，而且与结构厚度或截面最小尺寸有关。表 11－1 列出部分不同尺寸建筑构件的燃烧性能和耐火极限。

表 11－1　各类建筑构件的燃烧性能和耐火极限

构件名称	结构厚度或截面最小尺寸/cm	耐火极限/h	燃烧性能
普通黏土砖、混凝土、钢筋混凝土实体墙(承重墙)	12	2.50	不燃烧体
	18	3.50	不燃烧体
	24	5.50	不燃烧体
	37	10.50	不燃烧体
钢筋混凝土柱	20×20	1.40	不燃烧体
	20×30	2.50	不燃烧体
	20×40	2.70	不燃烧体
	20×50	3.00	不燃烧体
	24×24	2.00	不燃烧体
	30×30	3.00	不燃烧体
	30×50	3.50	不燃烧体
	37×37	5.00	不燃烧体

续表

构件名称	结构厚度或截面最小尺寸/cm	耐火极限/h	燃烧性能
用厚涂型钢结构防火涂料保护的钢梁	保护层厚度 1.5cm	1.00	不燃烧体
	保护层厚度 2cm	1.50	不燃烧体
	保护层厚度 3cm	2.00	不燃烧体
	保护层厚度 4cm	2.50	不燃烧体
	保护层厚度 5cm	3.00	不燃烧体
用薄涂型钢结构防火涂料保护的钢梁	保护层厚度 0.55cm	1.00	不燃烧体
	保护层厚度 0.70cm	1.50	不燃烧体

受热升温是建筑构件失去耐火性能的前提，如果在构件的外面附加隔热层，可使其在火烧时构件升温速率降低，则耐火极限时间延长。在火场中，钢结构在受热升温至 400 ~ 500℃后，屈服强度明显下降。在某些化工生产装置表面可以使用薄涂型或厚涂型钢结构耐火涂料(又称为防火涂料)来延长耐火极限。涂装耐火涂料后，可以显著减小传热系数，降低传热速率。

薄型和超薄型钢结构防火涂料又称膨胀型防火涂料，主要由基料、脱水剂、成膜剂和发泡剂等组成，涂刷后的厚度(2 ~ 7mm)类似于油漆。当温度升高到一定程度的时候，脱水剂促使多羟基化合物脱水碳化，在发泡剂分解释放出的大量气体作用下，涂层发生膨胀，膨胀倍数可达十几倍甚至几十倍，形成致密的泡沫状炭化隔热层，从而阻止热量向钢结构传递，起到防火保护作用。

厚型钢结构防火涂料又称非膨胀型防火涂料，主要成分为无机绝热材料，呈现粒状面，密度较小，涂层受热不膨胀，由于其自身具有良好的隔热性，因而也叫隔热性防火涂料。其防火机理是利用涂层固有的良好绝热性，阻止火灾热量向钢材传递，并且在高温下形成一种结构致密的釉状物，能有效隔绝氧气并具有反射热量作用，延缓钢结构温升，起到防火保护作用。但这类产品由于涂层厚(8 ~ 50mm)，外观装饰性相对较差，必要时可以配合丙烯酸、聚氨酯面漆使用，隔离腐蚀性气体，增强装饰性。

防火涂料在钢架结构建筑、工厂管廊支柱、油罐外表面等需要隔热防火的场所得到了广泛的使用。厚涂型防火涂料看上去很像混凝土，所以化工厂支撑管道的工字钢常被误认为是混凝土立柱。

电缆防火涂料由叔丙乳液水性材料添加各种防火阻燃剂、增塑剂等组成，涂料涂层受火时能生成均匀致密的海绵状泡沫隔热层，能有效地抑制、阻隔火焰的传播与蔓延，对电线、电缆起到保护作用。

11.1.2 厂房和仓库的耐火等级

为了保证建筑物在发生火灾时其本身结构的安全，必须在建筑设计和施工时采取必要的防火措施，使之具有一定的耐火性，即使发生了火灾也不至于造成太大的损失，通常用耐火等级来表示建筑物所具有的耐火性。一座建筑物的耐火等级不是由一两个构件的耐火性决定的，是由组成建筑物的所有构件的耐火性决定的，即是由组成建筑物的墙、柱、梁、楼板等主要构件的燃烧性能和耐火极限决定的。

在国家标准《建筑设计防火规范》中，对各耐火等级的建筑物，除规定了各建筑构件最低耐火极限外，对其燃烧性能也有具体要求。建筑物(包括厂房和仓库)的耐火等级分为四个等级(即一、二、三、四级)，一般性的定义是：

一级耐火等级建筑是钢筋混凝土结构或砖墙与钢混凝土结构组成的混合结构；

二级耐火等级建筑是钢结构屋架、钢筋混凝土柱或砖墙组成的混合结构；

三级耐火等级建筑物是木屋顶和砖墙组成的砖木结构；

四级耐火等级是木屋顶、难燃烧体墙壁组成的可燃结构。

可见一级的耐火性能最好，四级最差。上述定义不太具体，为了便于对建筑物耐火等级的确定和建筑设计，表 11－2 具体的规定了不同耐火等级厂房和仓库建筑构件的燃烧性能和耐火极限。

表 11－2　不同耐火等级厂房和仓库建筑构件的燃烧性能和耐火极限(h)

构件名称		耐火等级			
		一级	二级	三级	四级
墙	防火墙	不燃性 3.00	不燃性 3.00	不燃性 3.00	不燃性 3.00
	承重墙	不燃性 3.00	不燃性 2.50	不燃性 2.00	难燃性 0.50
	楼梯间和电梯井的墙	不燃性 2.00	不燃性 2.00	不燃性 1.50	难燃性 0.50
	疏散走道两侧的隔墙	不燃性 1.00	不燃性 1.00	不燃性 0.50	难燃性 0.25
	非承重外墙 房间隔墙	不燃性 0.75	不燃性 0.50	难燃性 0.50	难燃性 0.25
柱		不燃性 3.00	不燃性 2.50	不燃性 2.00	难燃性 0.50
梁		不燃性 2.00	不燃性 1.50	不燃性 1.00	难燃性 0.50
楼板		不燃性 1.50	不燃性 1.00	不燃性 0.75	难燃性 0.50
屋顶承重构件		不燃性 1.50	不燃性 1.00	难燃性 0.50	可燃性
疏散楼梯		不燃性 1.50	不燃性 1.00	不燃性 0.75	可燃性
吊顶(包括吊顶搁栅)		不燃性 0.25	难燃性 0.25	难燃性 0.15	可燃性

对于一座具体的建筑，采用哪一种耐火等级，与其火灾危险性等级相关，火灾危险性大的场所应采用较高耐火等级的建筑。例如：

① 使用或储存特殊贵重的机器、仪表、仪器等设备或物品的建筑，其耐火等级应为一级。

② 高层厂房，甲、乙类厂房的耐火等级不应低于二级，建筑面积不大于 300m^2 的独立甲、乙类单层厂房可采用三级耐火等级的建筑。单、多层丙类厂房，多层丁、戊类厂房的耐火等级不应低于三级。

③ 使用或产生丙类液体的厂房和有火花、赤热表面、明火的丁类厂房，其耐火等级均不应低于二级；当为建筑面积不大于 500m^2 的单层丙类厂房或建筑面积不大于 1000m^2 的单层丁类厂房时，可采用三级耐火等级的建筑。

④ 锅炉房的耐火等级不应低于二级，当为燃煤锅炉房且锅炉的总蒸发量不大于 4t/h 时，可采用三级耐火等级的建筑。

⑤ 油浸变压器室、高压配电装置室的耐火等级不应低于二级。

⑥ 高架仓库、高层仓库、甲类仓库和多层乙类仓库的耐火等级不应低于二级。单层乙类仓库，单、多层丙类仓库和多层丁、戊类仓库的耐火等级不应低于三级。

⑦ 粮食筒仓的耐火等级不应低于二级；二级耐火等级的粮食筒仓可采用钢板仓。粮食平房仓的耐火等级不应低于三级；二级耐火等级的散装粮食平房仓可采用无防火保护的金属承重构件。

由于化工物料的燃烧特性强及其场所的危险性较大的原因，相应建筑物的某些构件还有特殊要求，例如：

① 防火墙是为减小或避免建筑、结构、设备遭受热辐射危害和防止火灾蔓延，设置的竖向分隔体或直接设置在建筑物基础上或钢筋混凝土框架上具有耐火性的墙。防火墙是由不燃烧体构成，耐火极限不低于 3h。对于甲、乙类厂房和甲、乙、丙类仓库，其建筑内防火墙的耐火极限应在表 11－2 规定的基础上增加 1h，即应为 4h。

② 一、二级耐火等级单层厂房(仓库)的柱，其耐火极限分别不应低于 2.5h 和 2h。

采取了相应保护措施后，相应构件的耐火要求可适当降低，例如：

① 采用自动喷水灭火系统安全保护的一级耐火等级的单层、多层厂房(或仓库)的屋顶承重构件，其耐火极限可不低于 1.00h。

② 除一级耐火等级的建筑外，设置自动灭火系统的多层丙类厂房的屋顶承重构件和设置自动灭火系统的单层丙类厂房及单、多层丁、戊类厂房(仓库)的梁、柱、屋顶承重构件可采用无防火保护的金属结构，其中能受到甲、乙、丙类液体或可燃气体火焰影响的部位应采取外包覆不燃材料或其他防火保护措施。

对于建筑面积较大的民用或工业建筑，需要划分防火分区。所谓防火分区是指采用防火分隔措施划分出的、能在一定时间内防止火灾向同一建筑的其余部分蔓延的局部区域(空间单元)。在建筑物内采用划分防火分区这一措施，可以在建筑物一旦发生火灾时，有效地把火势控制在一定的范围内，减少火灾损失，同时也可以为人员安全疏散、消防扑救提供有利条件。按照防止火灾向防火分区以外扩大蔓延的功能，防火分区分为两类：其一是竖向防火分区，用以防止多层或高层建筑物层与层之间竖向发生火灾蔓延；其二是水平防火分区，用以防止火灾在水平方向扩大蔓延。

为了发挥防火分区的作用，每一个防火分区的面积应受到限制。厂房的层数和每个防火分区的最大允许建筑面积见表 11－3。对于特殊情况，应参照相关设计规范的要求调整。分区方法和隔离方法参阅有关资料。

表 11-3　厂房的层数和每个防火分区的最大允许建筑面积

生产的火灾危险性类别	厂房的耐火等级	最多允许层数	每个防火分区的最大允许建筑面积/m²			
			单层厂房	多层厂房	高层厂房	地下或半地下厂房（包括地下室和半地下室）
甲类	一级	宜采用单层	4000	3000	不应采用	—
	二级		3000	2000	不应采用	—
乙类	一级	不限	5000	4000	2000	—
	二级	6	4000	3000	1500	—
丙类	一级	不限	不限	6000	3000	500
	二级	不限	8000	4000	2000	500
	三级	2	3000	2000	—	—
丁类	一、二级	不限	不限	不限	4000	1000
	三级	3	4000	2000	—	—
	四级	1	1000	—	—	—
戊类	一、二级	不限	不限	不限	6000	1000
	三级	3	5000	3000	—	—
	四级	1	1500	—	—	—

注：表中"—"表示不允许或不适用。

11.2　爆炸性危险厂房的隔离

厂房内设置防爆墙，将爆炸危险性高的区域与其他区域分隔，可在发生爆炸事故时最大限度地减少受害范围，使人员伤亡和财产损失减少到最低。

防爆墙应具有耐爆炸压力的强度和耐火性能，黏土砖、混凝土、钢筋混凝土、钢板及型钢、砂袋等都是建筑防爆墙的材料。按建筑材料可分为防爆砖墙、防爆钢筋混凝土墙、防爆单层和双层钢板墙、防爆双层钢板中间夹填混凝土墙等。通常防爆墙上不应开通气孔道，不宜开普通门、窗、洞口，必要时应采用防爆门窗。

防爆窗，就是在发生爆炸时，该窗应不致受爆炸产生之压力而破碎。防爆窗的窗框应用角钢板制作，窗玻璃应选用抗爆强度高、爆炸时不易破碎的安全玻璃。如夹层内由两层或多层窗用平板玻璃，以聚乙烯醇缩丁醛塑料作衬片，在高温下加压黏合而成的安全玻璃，抗爆强度高，一旦被爆炸波击破能借中间塑料的黏合作用，不致使玻璃碎片抛出而引起伤害。夹层玻璃透明度很好，没有折光作用，适用于建造防爆窗。

防爆门，同样应具有很高的抗爆强度，防爆门的骨架一般采用角钢和槽钢拼装焊接，门板选用抗爆强度高的锅炉钢板或装甲钢板，故防爆门又称装甲门。门的铰链装配时，应衬有青铜套轴和垫圈，门扇四周边衬贴像皮带软垫，以防止防爆门启闭时因摩擦撞击而产生火花。

11.3 厂房与仓库的爆炸泄压

在厂房、仓库等建筑物内发生爆炸时，冲击波对墙体、柱等造成的压力会因泄压面积的增大而减小，泄压面积的存在抑制了内部空间压力的升高。由于空气的可压缩性使其对压力具有缓冲作用，如爆炸释放相同的能量，对小房间的破坏性较大，对大房间的破坏性较小。

敞开、半敞开式厂房不易于积累爆炸性气体，也具有很大的通透面积，所以，易发生爆炸的厂房应尽量采用敞开、半敞开式厂房。采用钢筋混凝土柱、钢柱承重的框架式和排架式结构，能够起到良好的泄压和抗爆效果。

由于生产的需要，有些厂房是不能采用敞开、半敞开式结构的，必须采用相对密闭的结构，以利于满足冬季采暖等要求。这类厂房最好采用框架或排架结构形式，便于墙面开设大面积的门窗洞口或采用轻质墙体作为泄压面积，且框架和排架的结构整体性强，其较之砖墙承重结构的抗爆性能好。

建筑物泄压部位的设计要满足两个要求，一是能快速泄压；二是能尽量避免或减轻产生物体打击等二次危害。因此泄压设施的设计应考虑以下主要因素：一是泄压设施需采用轻质屋盖、轻质墙体；二是轻质且易于泄压的门窗；三是减小与非泄压部分的连接强度。

易于泄压的门窗、轻质墙体、轻质屋盖是指门窗的单位质量轻、玻璃受压易破碎、墙体屋盖材料容重较小、门窗选用的小五金断面较小、构造节点的处理上要求易断裂、脱落等。比如用于泄压的门窗可采用楔形木块固定，门窗上用的金属百页、插销等可选用断面小一些的，门窗的开启方向选择向外开。这样一旦发生爆炸，因室内压力大，原关着的门窗上的小五金可能遭冲击波而被破坏，门窗则可自动打开或自行脱落，达到泄压的目的。降低泄压面积构配件的单位质量，可减小承重结构和不作为泄压面积的围护构件所承受的超压，从而减小爆炸所引起的破坏。我国标准规定，泄压面积上构配件的单位质量不应大于60kg/m^2，这仍显著高于美国(12.5～39.0kg/m^2)、德国(10.0kg/m^2)等国家的要求，因此，设计要尽可能采用容重更轻的材料作为泄压面积的构配件。

在选择泄压面积的构配件材料时，除要求容重轻外，最好具有在爆炸时易破裂成碎块的特性，便于泄压和减少对人的危害。同时，泄压面设置最好靠近易发生爆炸的部位，保证迅速泄压。对于爆炸时易形成尖锐碎片四散喷射的材料，不能布置在公共走道或贵重设备的正面或附近。有爆炸危险的甲、乙类厂房爆炸后，用于泄压的门窗、轻质墙体、轻质屋盖将会被摧毁，高压气流夹杂大量的爆炸物碎片从泄压面喷出，对周围的人员、车辆和设备等均具有一定破坏性，因此泄压面积应避免面向人员集中场所和主要交通道路。

细长型厂房在爆炸时，冲击波易产生叠加作用(类似于爆轰的形成)，导致爆炸的破坏作用更强，因此要尽量避免。

厂房的泄压面积可按式(11-1)计算，但当厂房的长径比大于3时，宜将建筑划分为长径比不大于3的多个计算段，各计算段中的公共截面不得作为泄压面积。长径比为建筑平面几何外形尺寸中的最长尺寸与其横截面周长的积和4倍的建筑横截面积之比。

$$A = 10CV^{\frac{2}{3}} \tag{11-1}$$

式中 A——泄压面积，m^2；

V——厂房的容积，m^3；

C——泄压比，即泄压面积与厂房体积的比值，可按表11-4选取，m^2/m^3。

表 11-4 厂房内爆炸性危险物质的类别与泄压比规定值(m^2/m^3)

厂房内爆炸性危险物质的类别	C 值
氨，粮食、纸、皮革、铅、铬、铜等 $K_{尘}<10MPa\cdot m/s$ 的粉尘	≥0.030
木屑、炭屑、煤粉、锑、锡等 $10MPa\cdot m\cdot s^{-1}\leqslant K_{尘}\leqslant 30MPa\cdot m\cdot s^{-1}$ 的粉尘	≥0.055
丙酮、汽油、甲醇、液化石油气、甲烷、喷漆间或干燥室，苯酚树脂、铝、镁、锆等 $K_{尘}>30(MPa\cdot m/s)$ 的粉尘	≥0.110
乙烯	≥0.160
乙炔	≥0.200
氢	≥0.250

有些生物化工企业，如抗生素原料药生产，需要大量的粮食作为原料。近些年来，谷物粉尘爆炸事故屡有发生，破坏严重，损失很大。部分谷物粉尘的爆炸特性列于表 11-5 中。

表 11-5 粮食粉尘爆炸特性

物质名称	最低着火温度/℃	最低爆炸浓度/(g/m^3)	最大爆炸压力/(kg/cm^2)
谷物粉尘	430	55	6.68
面粉粉尘	380	50	6.68
小麦粉尘	380	70	7.38
大豆粉尘	520	35	7.03
咖啡粉尘	360	85	2.66
麦芽粉尘	400	55	6.75
米粉尘	440	45	6.68

粮食筒仓在作业过程中，特别是在卸料期间易发生爆炸，由于筒壁设计通常较牢固，并且一旦受到破坏对周围建筑的危害也大，故在筒仓的顶部设置泄压面积十分必要，计算泄压面积时，泄压比可采用 0.008~0.01。

在世界各国有关设计规范中，对有爆炸危险厂房所规定的泄压比不完全一样，但对爆炸指数比较大的物质都采用较大的泄压比。表 11-6 为美国有关生产过程的泄压面积与厂房体积的比值。

表 11-6 泄压面积与厂房容积的比值(美国)

厂房爆炸危险等级	比值/(m^2/m^3)
弱级爆炸危险(颗粒粉尘)	0.0332
中级爆炸危险(煤粉、合成树脂、锌粉)	0.0650
强级爆炸危险(在干燥室内液料溶剂的蒸气、铝粉、镁粉等)	0.2200
特级爆炸危险(丙酮、天然气、汽油、甲醇、乙炔、氢等)	尽可能大

11.4 厂房安全疏散

在发生火灾、有毒气体泄漏等突发事故时，引导人们向安全区域的撤离，保证人员安全的过程就是安全疏散。安全疏散的基本要求是使受威胁人员能在尽可能短的时间内，离开危险场所并到达安全区域。安全疏散要求的基本条件主要包括：通畅的疏散门和疏散通道、与逃生人数相匹配的通道数量、逃生方向的指示标识、排烟设施、人员接受过逃生训练。

厂房安全出口是人员疏散的必经之路，如果安全出口被烟火阻挡，则疏散受阻甚至不能进行。因此，厂房的安全出口应分散布置，根据具体情况进行设计，保证人员有不同方向的疏散路径，当其中一个或几个安全出口被烟火阻挡，仍可保证有其他出口可供安全疏散和救援使用。为实现此目的，每个防火分区或一个防火分区的每个楼层，其相邻2个安全出口最近边缘之间的水平距离不应小于5m。

为提高火灾时人员疏散通道和出口的可靠性，厂房每个防火分区至少应有2个安全出口。上述为安全出口设置数量的一般要求，面积较小且设置2个出口有一定困难时，可设置1个安全出口，但要根据火灾危险性大小和人数的多少来确定最低要求，例如是甲类厂房，如果每层建筑面积不大于100m^2，且同一时间的作业人数不超过5人，或者是丁、戊类厂房，每层建筑面积不大于400m^2，且同一时间的作业人数不超过30人，可设置1个安全出口。对于地下或半地下厂房，由于人员行动受到一定限制，要求应更严一些。防爆墙上安装的防火门可作为安全出口，但每个防火分区至少有一个安全出口直接通到室外安全地点。

安全出口设置要满足安全出口的距离、每100人最小疏散净宽度、以及疏散方向的要求，因此安全出口的数量要根据实际情况和标准要求经计算确定。

单层、多层、高层厂房的疏散难易程度不同，不同火灾危险性类别厂房发生火灾的可能性及火灾后的蔓延和危害也不同，表11－7列出了不同情况下的最大疏散距离。最大疏散距离的含义是厂房内任一点至最近安全出口的距离不应大于的距离。

表11－7　厂房内任一点至最近安全出口的距离(m)

耐火等级		单层厂房	多层厂房	高层厂房	地下或半地下厂房（包括地下或半地下室）
甲	一、二级	30	25	—	—
乙	一、二级	75	50	30	—
丙	一、二级	80	60	40	30
	三级	60	40	—	—
丁	一、二级	不限	不限	50	45
	三级	60	50	—	—
	四级	50	—	—	—
戊	一、二级	不限	不限	75	60

厂房内疏散楼梯、走道、门的各自总净宽度，应根据疏散人数，按每100人的最小疏散净宽度不小于表11－8的规定计算确定。但疏散楼梯的最小净宽度不宜小于1.10m，疏散走道的最小净宽度不宜小于1.40m，门的最小净宽度不宜小于0.90m。当每层疏散人数不相等时，疏散楼梯的总净宽度应分层计算，下层楼梯总净宽度应按该层及以上疏散人数最多一层的疏散人数计算。

表11－8　厂房内疏散楼梯、走道和门的每100人最小疏散净宽度

厂房层数/层	1～2	3	≥4
最小疏散净宽度/(m/百人)	0.60	0.80	1.00

对于高度较高的建筑，其楼梯间具有拔火抽烟作用(烟囱效应)，会使烟气很快通过楼梯间向上扩散蔓延，危及人员的疏散安全。同时，随着高温烟气的流动也大大加快了火势蔓延。高层厂房和甲、乙、丙类厂房火灾危险性较大，高层建筑发生火灾时，普通客(货)用电梯无防烟、防火等措施，火灾时不能用于人员疏散使用，楼梯是人员的主要疏散通道，要保证疏散楼梯在火灾时的安全，不能被烟或火侵袭，所以应要求高层厂房和甲、乙、丙类多层厂房的疏散楼梯应采用封闭楼梯间或室外楼梯。一般情况下，甲类厂房不应采用高层厂房，即高度不超过 32m，如果厂房建筑高度大于 32m 且任一层人数超过 10 人，应采用防烟楼梯间或室外楼梯，防烟楼梯能使人获得更长时间来逃生。室外疏散楼梯是指用耐火结构与建筑物分隔，设在墙外的楼梯。室外疏散楼梯主要用于应急疏散，可作为辅助防烟楼梯使用。

思考题

1. 何谓耐火极限？以什么指标判断耐火时间？耐火极限与建筑构件的几何尺寸有何关系？
2. 薄涂型和厚涂型耐火涂料是如何提高建筑构件耐火极限的？
3. 建筑物的耐火等级分为哪些等级？建筑构件的耐火极限与建筑物的耐火等级有何关系？
4. 火灾危险性高的生产过程必须采用耐火等级高的建筑物？请叙述其原因。
5. 所谓防火分区？生产区域划分防火分区有何作用？
6. 设置防爆墙、防爆门、防爆窗有何作用？什么情况下设置？
7. 在有爆炸危险的厂房设置泄压面有何作用？哪些区域可充当泄压面？
8. 泄压比的含义是什么？泄压比与场所的爆炸危险性有何关系？
9. 厂房安全疏散通道应满足哪些要求？

第 12 章　火灾应急处置与火焰阻隔

12.1 火灾分类和灭火

12.1.1　火灾的定义与分类

在时间和空间上失去控制的燃烧及其所造成的灾害即为火灾。不同类型的火灾其灭火方法也不相同，为了在发生火灾时能迅速判断确定采用哪种灭火方式？在场所的火灾危险因素辨识清楚后，判断应该配置什么种类的灭火器材？设计什么类型的灭火设施？发生火灾后采取什么灭火方法？这些都需要对火灾进行分类。在我国国家标准《火灾的分类》(GB/T 4968—2008)中，根据可燃物的类型和燃烧特性，将火灾定义为 A、B、C、D、E、F 六个不同的类型：

① A 类火灾。指固体物质火灾。这种物质通常具有有机物性质，一般在燃烧时能产生灼热的余烬，如木材、棉、毛、麻、纸张火灾等。

② B 类火灾。指液体火灾和可熔化的固体火灾，如汽油、煤油、原油、甲醇、乙醇、沥青、石蜡火灾等。

③ C 类火灾。指气体火灾，如煤气、天然气、甲烷、乙烷、丙烷、氢气火灾等。

④ D 类火灾。指金属火灾，是指钾、钠、镁、钛、锆、锂、铝镁合金火灾等。

⑤ E 类火灾。指带电火灾，物体带电燃烧的火灾。电气火灾比较特殊，但切断电源后就基本上为固体物质火灾啦。

⑥ F 类火灾。烹饪器具内的烹饪物(如动植物油脂)火灾。

《建筑灭火器配置设计规范》GB 50140—2005 将火灾分为 A、B、C、D、E 五个类型，定义与上述基本相同，其中 E 类火灾也是指带电火灾，如发电机房、变压器室、配电间、仪器仪表间和电子计算机房等在燃烧时不能及时或不宜断电的电气设备带电燃烧的火灾。E 类火灾是建筑灭火器配置设计的专用概念，主要是指发电机、变压器、配电盘、开关箱、仪器仪表和电子计算机等在燃烧时仍旧带电的火灾，必须用能达到电绝缘性能要求的灭火器来扑灭。对于那些仅有常规照明线路和普通照明灯具而且并无上述电气设备的普通建筑场所，可不按 E 类火灾的规定配置灭火器。

12.1.2　灭火的基本原理与方法

研究燃烧理论，在安全生产方面的作用主要有两个方面，一是指导防火的理论研究与实践，二是指导灭火的理论与方法研究。根据燃烧三要素，即可燃物质、助燃物质、引火源，可知可燃物质与助燃物质直接接触是燃烧进行的必要条件，而可燃物质与助燃物质必须处在一定浓度范围内是燃烧的充分条件。根据燃烧过程的机理研究知道，液体燃烧首先经过蒸发气化过程，固体燃烧也要经过液化、热(分)解、气化等过程，而温度对过程进行得快慢起到决定性作用。根据燃烧的连锁反应机理研究，知道燃烧过程必须有自由基参与。灭火的过程就是使燃烧物和助燃物分开，或者降低二者的浓度，或使燃烧不再具备充分的条件，或者是使燃烧不能连续而熄灭。

归纳起来，灭火的方法有如下四大类：

(1) 隔离法

把着火的区域与周围可燃物质隔离开，或把可燃物质移开，使燃烧区域缺乏燃烧物质，火焰不能连续蔓延而停止燃烧即为隔离法。把接近火场的可燃物搬运到安全位置，或者把助燃物质(比如氧气瓶)搬开；把毗邻火场的可燃建筑物拆除，泄漏的气体、液体着火应该首先切断气源或液流，关闭阀门或泵，停止可燃物质“供应”，这些都属于隔离法。

(2) 窒息法

窒息的含义是使燃烧得不到充足的氧气供应。空气中氧气的正常体积百分数为21%，如果氧气浓度降低到10%，则燃烧自行停止。在实际灭火过程中，就是阻止空气进入着火区，或者用惰性气体稀释燃烧区的氧气气体，使着火物得不到充足的氧气而熄灭。大家知道，炒菜锅着火时用锅盖盖上就能立即灭火，此时锅盖下的气体中不是没有氧气，而是氧气浓度降低到不能连续燃烧的浓度以下。在实际灭火时，用石棉毯、湿麻袋、黄沙、泡沫等不燃或难燃物覆盖着火物上；向着火的设备或容器内灌注惰性气体或水蒸气，稀释置换空气；封闭着火空间与大气的连接部位，如油罐口、槽车罐口、建筑物门窗、船舱口等。如果装汽油的槽车停下后没有充分泄放静电，打开油罐盖有可能引发火灾，此时迅速盖上盖就能避免火灾，道理也是窒息。窒息法是靠火焰自身燃烧消耗氧气而降低氧气浓度，如果着火空间较大，则消耗过程产生热量很大，窒息可能效果不明显。

(3) 冷却法

可燃物质需要达到一定的温度才能够燃烧，即必须达到最小着火温度－燃点。对于液体物质，温度低不能快速气化；对于固体物质，温度低不能有效分解和气化。将灭火剂直接喷撒在或喷射到燃烧物体上，可降低燃烧物质的温度至燃点以下，燃烧过程停滞或减缓。水是最常用的冷却灭火剂，扑灭多数固体火灾可直接将水喷射到燃烧固体上，扑灭气体和液体火灾主要是将水喷射到着火或邻近的容器或储罐的表面，降低温度或阻止其温度不断上升。

(4) 化学中断法

根据燃烧的连锁反应理论，在燃烧三要素都具备的条件下，燃烧过程中燃烧物质和助燃物质还必须先转化成自由基，自由基是燃烧持续所必需的一个锁链(环节)，自由基增加则燃烧持续，增加的越多则燃烧得越旺，反之，自由基减少则燃烧速度减慢甚至熄灭。在燃烧过程中，可燃物质在热量的作用下发生热解作用，裂解成小分子，分子中原子间的共价键断裂形成自由基，自由基的化学性质非常活跃，使燃烧过程得以持续、扩展。根据连锁反应理论，生成自由基是燃烧的一个条件，自由基生成的速度快则燃烧反应的速度快。燃烧四面体理论就是指燃烧的连锁反应理论，除了将燃料、氧气、火源作为燃烧条件外，还把自由基作为一个条件，四个条件各代表四面体的一个面，如图12－1所示。

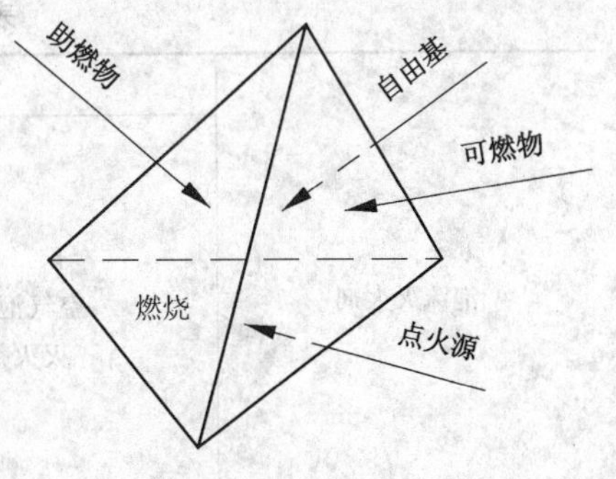

图12－1 燃烧四面体

卤代烷烃等灭火剂灭火机理就是能在燃烧过程中捕捉钝化自由基，或者是抑制连锁反应中自由基的生成，使燃烧链不能传递下去，从而达到灭火的目的，这就是化学中断法。

12.2 常用灭火剂及其灭火原理

12.2.1 灭火剂

在灭火时，被喷洒到着火物表面，在燃烧区能够有效地破坏燃烧条件，从而中止燃烧过程的物质称为灭火剂。从灭火作用机理来分，可以大致分为物理灭火剂和化学灭火剂。对灭火剂灭火效能的了解，有助于选择高效能、低成本、对人和物基本无害的灭火剂。

（1）水及水蒸汽

俗话说水火不容，水是最传统的灭火剂。水是不燃液体，热容较高，可冷却燃烧的固体，阻止气化过程，火场中被气化生成的水蒸气还可稀释空气中的氧气，起到窒息灭火作用，因此水是一般固体火灾中最适宜的灭火剂。

在下面的特殊情况下，一般不能用水来灭火。

① 轻金属、电石等忌水性物质着火不能用水扑救。这类物质与水起化学反应，生成可燃性气体并放热，用水会导致火势扩大甚至导致爆炸。

② 与水不能互溶，且密度小于水的易燃液体（如汽油、煤油等）着火不能用水直接扑救。大量的水使可燃液体四处流淌，着火范围蔓延扩大，但原油、重油可用雾状水扑救。

③ 密集水流不能扑救带电设备火灾，也不能扑救可燃性粉尘聚集处的火灾。

④ 不能用密集水流扑救储存有大量浓硫酸、浓硝酸场所的火灾，因为水流能引起酸的飞溅、流散，遇可燃物质后，又有引起燃烧的危险。

⑤ 高温设备着火，不宜用水扑救，因为这会使金属机械强度受到影响。

⑥ 精密仪器设备、贵重文物档案、图书着火，不宜用水扑救。

以上各条不是绝对的。在一些特定条件下，采取适当措施，采用水适当形式（如雾状水，水蒸气等）可以扑救一些原来不能用水扑救的火灾。

（2）泡沫灭火剂

凡能与水混溶，并可通过化学反应或机械方法产生泡沫的灭火药剂就称为泡沫灭火剂。按照生成泡沫的机理，泡沫灭火剂可以分为化学泡沫灭火剂和空气泡沫灭火剂两大类。空气泡沫灭火剂按泡沫的发泡倍数，又可分为低倍数泡沫、中倍数泡沫和高倍数泡沫 3 类，根据发泡剂的类型和特性，低倍数泡沫又分为 5 种类型，见表 12－1。发泡倍数等于泡沫体积与溶液体积的比值。

表 12－1　泡沫灭火剂分类

<table>
<tr><td rowspan="8">泡沫灭火剂</td><td colspan="3">化学泡沫灭火剂</td></tr>
<tr><td rowspan="7">空气泡沫灭火剂</td><td colspan="2">高倍数泡沫（发泡倍数 200～1000 倍）</td></tr>
<tr><td colspan="2">中倍数泡沫（发泡倍数 20～200 倍）</td></tr>
<tr><td rowspan="5">低倍数泡沫（发泡倍数 <20 倍）</td><td>蛋白泡沫</td></tr>
<tr><td>氟蛋白泡沫</td></tr>
<tr><td>水成膜泡沫</td></tr>
<tr><td>合成泡沫</td></tr>
<tr><td>抗溶泡沫</td></tr>
</table>

化学泡沫是由酸性物质和碱性物质及少量发泡剂和泡沫稳定剂相互作用而成的膜状气泡群，气泡内主要是二氧化碳气，化学泡沫生成的化学反应如下：

$$6NaHCO_3 + Al_2(SO_4)_3 \longrightarrow 2Al(OH)_3 + 3Na_2SO_4 + 2CO_2 \uparrow$$

空气泡沫又称机械泡沫，是由一定比例的泡沫液、水和空气在泡沫发生系统中进行机械混合搅拌而生成的膜状气泡群，泡内一般为空气。

化学泡沫灭火剂主要用于手提式、推车式等移动式灭火器，液体储罐、化工装置等处使用的灭火剂多为低倍数空气机械泡沫灭火剂。

泡沫灭火剂主要用于扑救各种不溶于水的可燃液体(如苯系物液体、燃料油等)的火灾，也可用来扑救木材、纤维、橡胶等固体的火灾，但不如用于前者时的灭火效能高。灭火原理是将泡沫喷在液体表面，将空气与液面隔离，窒息灭火。一般泡沫成分溶于乙醇、丙酮等水溶性的极性溶剂中，有消泡作用，所以不太适用于极性液体，而抗溶性泡沫则可以用于水溶性液体的灭火。在蛋白质水解液中添加有机酸金属络合盐便制成了蛋白型的抗溶性泡沫液，这种有机金属络合盐类与水接触，析出不溶于水的有机酸金属皂。当产生泡沫时，析出的有机酸金属皂在泡沫层上面形成连续的固体薄膜。这层薄膜能有效地防止水溶性有机溶剂吸收泡沫中的水分，使泡沫能持久地覆盖在溶剂液面上，从而起到灭火的作用。这种抗溶性泡沫不仅可以扑救一般液体烃类的火灾，也可以有效地扑灭水溶性有机溶剂的火灾。由于泡沫灭火剂中含一定量的水，所以不能用来扑救带电设备及遇水燃烧物质的火灾。

高倍数泡沫一般用于特殊用途，如扑救船舶火灾、矿井水灾，消除放射性污染等。

(3) 二氧化碳及惰性气体灭火剂

压缩的二氧化碳灭火剂被广泛地应用于手提式灭火器中，其灭火机理主要是窒息作用，用于森林火灾的干冰(固态二氧化碳)也有冷却作用。二氧化碳灭火剂不导电、不含水，价格低廉，可用于扑救电气设备和部分忌水性物质的火灾；灭火后不留痕迹，可用于扑救精密仪器、机械设备、图书、档案等的火灾。由于二氧化碳灭火剂冷却作用较差，不能扑救阴燃火灾，且灭火后火焰有复燃可能。值得注意的是，二氧化碳与碱金属(钠、钾)和碱土金属(镁)等在高温下会起化学反应，引起爆炸；二氧化碳膨胀喷出时，能产生静电，有可能引燃着火；高浓度二氧化碳能使救火人员窒息。

除二氧化碳外，其他惰性气体，如氮气也可用作灭火剂。

(4) 卤代烷灭火剂

卤代烷灭火剂(又称为氟溴烷烃灭火剂)主要用来扑救各种易燃液体火灾。因其绝缘性能好，也用来扑救带电电气设备火灾。此类灭火剂的灭火机理是灭火剂分子捕获自由基，使自由基密度降低，抑制燃烧而熄灭火焰，属化学灭火剂。卤代烷灭火剂灭火后全部气化，不留痕迹，可用来扑救档案文件、图书资料等贵重物品的火灾。

卤代烷灭火剂的主要缺点是毒性较高，因此在狭窄的、密闭的、通风条件不好的场所，如防空洞、地下室、矿井等，最好使用无毒灭火剂(如泡沫、干粉等)灭火。此外，卤代烷不能用来扑灭阴燃火灾，因为此时会形成有毒的热分解产物。卤代烷也不能扑救轻金属如镁、铝、钠等的火灾，因为它们能与这些轻金属起化学反应且发生爆炸。

需要强调的是，由于卤代烷灭火剂会破坏遮挡阳光中有害紫外线的臭氧层，对地球生态环境和人类危害很大，1987 年 9 月世界上有 24 个国家共同签署了“蒙特利尔条约”，严格限制氟氯碳化合物的使用。1990 年 6 月，该条约成员国又召开会议，一致通过对上述物质的使用严格限制，并逐步停止使用。我国现已成为该条约的签署国，并决定在 2005 年完全停止生产卤代烷灭火剂。卤代烷灭火剂的替代品有七氟丙烷(无色、无味、低毒，对大气臭氧层无破坏作用)、气溶胶灭火剂(通过燃烧或其他方式产生具有灭火效能气溶胶的灭火剂)等。

(5) 干粉灭火剂

干粉灭火剂是由灭火基料(如碳酸氢钠、碳酸铵、磷酸的铵盐等)和适量润滑剂(硬脂酸镁、云母粉、滑石粉等)、少量防潮剂(硅胶)混合后共同研磨制成的细小颗粒，用压缩二氧化碳、压缩氮气作喷射动力。喷射出来的粉末，浓度密集，颗粒微细(0.045mm)，盖在燃烧物上能够构成阻碍燃烧的隔离层，同时析出不可燃气体，使空气中的氧气浓度降低，火焰熄灭。自由基与空气中高密度干粉颗粒碰撞，也能够产生显著的器壁效应。

按照干粉灭火剂的适用范围分类，主要分为普通干粉灭火剂(BC 灭火剂)和多用途干粉灭火剂(ABC 灭火剂)两大类。

普通干粉灭火剂主要适用于扑救可燃液体、可燃气体及带电设备的火灾，是目前使用最广泛的干粉灭火剂。其主要包括：

① 以碳酸氢钠为基料的小苏打干粉(钠盐干粉)；

② 以碳酸氢钠为基料，又添加增效基料的改性钠盐干粉；

③ 以碳酸氢钾为基料的紫钾盐干粉；

④ 以溴化钾为基料的钾盐干粉；

⑤ 以硫酸钾为基料的钾盐干粉；

⑥ 以尿素和碳酸氢钾(碳酸氢钠)反应产物为基料的氨基干粉。

多用途干粉灭火剂除了具有普通干粉灭火剂的性能特点外，还适用于扑救一般固体火灾。其主要有：

① 以磷酸盐为基料的干粉；

② 以硫酸铵与磷酸铵盐的混合物为基料的干粉；

③ 以聚磷酸铵为基料的干粉。

磷酸盐干粉灭火剂能在燃烧的固体表面形成白色坚固的泡沫塑料状覆盖层，且附着牢固，从而起到隔离灭火作用。其他干粉不具备这种特性，所以不适合于固体火灾。

干粉灭火剂综合了泡沫、二氧化碳、卤代烷等灭火剂的特点，灭火效率高。此外干粉灭火剂还具有以下优点：

① 化学干粉的物理化学性质稳定，无毒性、不腐蚀、不导电、易于长期储存；

② 干粉适用温度范围广，能在 -50 ~ 60℃的温度条件下储存与使用；

③ 干粉雾能防止热辐射，因而在大型火灾中，即使不穿隔热服也能进行灭火；

④ 干粉可用管道进行输送。

干粉灭火剂也有如下缺点：

① 在密闭房间中，使用干粉时会形成强烈的粉雾，且灭火后留有残渣，因而不适于扑救精密仪器设备、旋转电机等的火灾；精密仪器内残存的干粉，在夏季潮湿季节，有可能导致短路。

② 干粉的冷却作用较弱，不能扑救阴燃火灾，不能迅速降低燃烧物品表面温度，容易发生复燃。因此，干粉若与泡沫或喷雾水配合使用，效果更佳。

干粉灭火剂可以灌装于各种类型的手提式和固定式干粉灭火装置内，可与氟蛋白泡沫灭火剂、水成膜泡沫灭火剂联用，扑救油罐的初起火灾，能快速控制火焰发展，起到迅速灭火的作用。广泛用于油田、油库、炼油厂、化工厂、化工仓库、船舶、飞机场以及工矿企业。

（6）其他灭火物

用细砂、土覆盖物来灭火也很广泛。它们覆盖在燃烧物上，主要起到与空气隔绝的作用，其次砂、土也可从燃烧物吸收热量，起到一定的冷却作用。比如汽车加油站都备有 $2m^3$ 的细砂，主要用于撒漏到地面上油类火灾的灭火。

12.2.2 灭火剂的选择

当发生火灾时，要视火灾类别和具体情况来选用适当的灭火剂，可根据表 12－2 选用适当的灭火剂，以求最好的灭火效果。

表 12－2 各类灭火剂的适用范围

灭火剂种类			火灾种类				
			木材等一般火灾	可燃液体火灾		带电设备火灾	金属火灾
				非水溶性	水溶性		
液体	水	直流	○	×	×	×	×
		喷雾	○	△	○	○	△
	水溶液	直流(加强化剂)	○	×	×	×	×
		喷雾(加强化剂)	○	○	○	×	×
		水加表面活性剂	○	△	△	×	×
		水加增黏剂	○	×	×	×	×
		水胶	○	×	×	×	×
		酸碱灭火剂	○	×	×	×	×
	泡沫	化学泡沫	○	○	△	×	×
		蛋白泡沫	○	○	×	×	×
		氟蛋白泡沫	○	○	×	×	×
		水成膜泡沫	○	○	×	×	×
		合成泡沫	○	○	×	×	×
		抗溶泡沫	○	△	○	×	×
		高、中倍数泡沫	○	○	×	×	×
	特殊液体(7150 灭火剂)		×	×	×	×	○
气体	卤代烷	二氟二溴甲烷(1202)	△	○	○	○	×
		四氟二溴乙烷(2402)	△	○	○	○	×
		四氯化碳	△	○	○	○	×
	不燃气体	二氧化碳	△	○	○	○	×
		氮气	△	○	○	○	×
固体	干粉	钠盐、钾盐干粉	△	○	○	○	×
		磷酸盐干粉	○	○	○	○	×
		金属火灾用干粉	×	×	×	×	○
	烟雾灭火剂		×	○	×	×	×

注：○—适用；△—一般不用；×—不适用。

12.3 灭火器及其配置设计

12.3.1 灭火器

灭火器是指在其压力作用下，将所装填的灭火剂喷出，以扑救初起火灾的小型灭火器具。

依据灭火剂种类、灭火器型式、灭火剂喷射动力可将灭火器分为：

① 按灭火剂的种类可以分为水型灭火器、泡沫灭火器、干粉灭火器、卤代烷灭火器、二氧化碳灭火器等。

② 按灭火器的质量及移动方式可以分为手提式灭火器、背负式灭火器、推车式灭火器等。现在已经很少使用背负式灭火器。

③ 按加压方式可以分为储气瓶式灭火器、储压式灭火器等。

我国灭火器型号由类、组、特征代号和主参数4部分组成，各类灭火器型号的编制参见表12-3。

表12-3 各类灭火器的型号编制

类	组	特征	代号	代号含义
灭火器 M	水 S	清水	MSQ	手提式清水灭火器
		强化液	MQH	手提式强化液灭火器
	泡沫 P	空气泡沫（机械泡沫）	MJP	手提式机械泡沫灭火器
	二氧化碳 T	手提式	MT	手提式二氧化碳灭火器
		推车式	MTT	推车式二氧化碳灭火器
	干粉 F	手提式	MF	手提式干粉灭火器
		推车式	MFT	推车式干粉灭火器
		背负式	MFB	背负式干粉灭火器

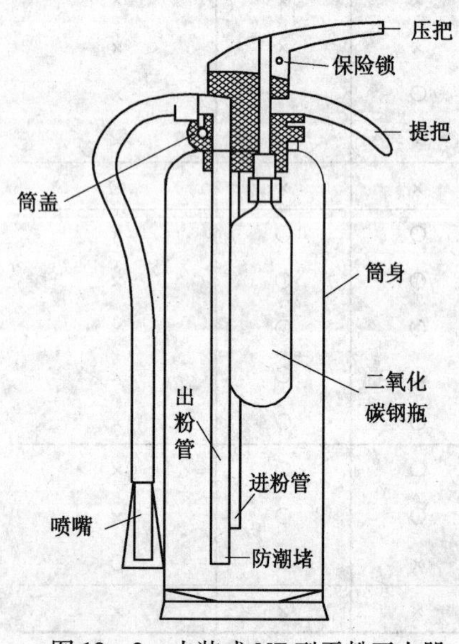

图12-2 内装式MF型干粉灭火器

几种常用灭火器工作原理如下：

① 内装式MF型干粉灭火器。干粉灭火器是以高压二氧化碳气体作为动力的喷射干粉灭火剂的灭火器械。按照储气瓶位置，可以将手提式干粉灭火器分为内装式和外装式两种，二氧化碳钢瓶在灭火器筒身内的称为内装式，装在筒身外的称为外装式，常见的为内装式。灭火时，首先把下保险栓，一只手握住喷嘴，另一只手提起提把，并压下压把，将喷嘴对准火焰根部。干粉在二氧化碳气体压力的作用下由喷嘴射出，形成浓云般粉雾，将火扑灭。扑救地面油火时，要平射并左右摆动，有近及远，快速推进，防止回火复燃。使用前，首先上下颠倒几次，使干粉预先松动，然后再压下压把喷射。图12-2是MF型干粉灭火器结构示意图。

② 手提式泡沫灭火器。手提式泡沫灭火器由筒身、

筒盖、喷嘴、瓶胆、瓶胆盖及螺母构成，如图 12 – 3 所示。使用手提式泡沫灭火器时，应将灭火器竖直向上平衡地提到火场，期间切不可颠倒。到达火场后，再颠倒筒身，略加晃动，使碳酸氢钠和硫酸铝混合，水解产生的二氧化碳气体与氢氧化铝形成泡沫，从喷嘴喷射出去进行灭火。

③ MT 型手提式二氧化碳灭火器。MT 型手提式二氧化碳灭火器主要由筒身、启闭阀和喷筒组成。筒身是由无缝钢管焖成的，具有较高耐压强度。启闭阀由铸铜制造，具有良好密封性能。在启闭阀下部有一根虹吸管，距筒底 3 ~ 4cm 处的管端切成 30°的斜口。在启闭阀上装安全膜，当温度超过 50℃或压力超过 18MPa 时，会自行破裂放出二氧化碳，喷筒由喷管和喇叭筒组成，用来喷射二氧化碳。MT 型手提式二氧化碳灭火器的构造如图 12 – 4 所示。灭火时，将灭火器喷筒对准火焰根部，打开启闭阀，二氧化碳立即喷出。对鸭嘴式，右手打开保险装置，紧握喇叭木柄，左手压下鸭嘴，二氧化碳立即喷出；对于手轮式，逆时针旋转手轮，二氧化碳就立即喷出。

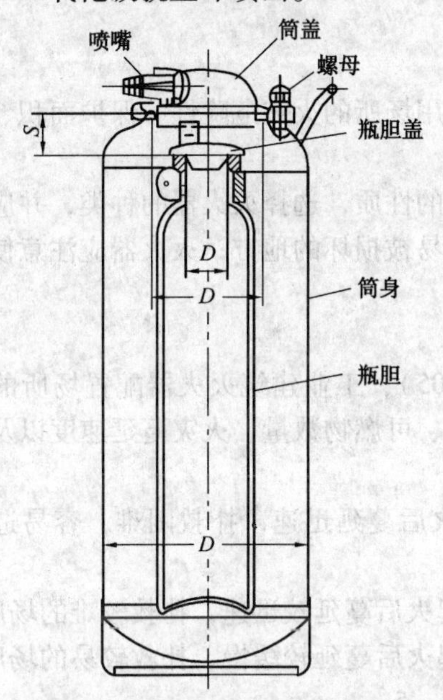

图 12 – 3　手提式泡沫灭火器

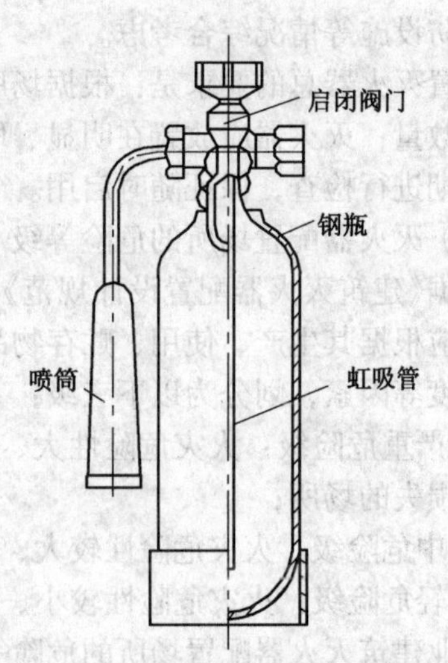

图 12 – 4　MT 型手提式二氧化碳灭火器

各类灭火器适用范围：

① 水型灭火器主要适用于扑救 A 类物质，如木材、纸张、棉麻织物等的初起火灾。

② 空气泡沫灭火器主要适用于扑救 B 类物质，如汽油、煤油、柴油、植物油、油脂等的初起火灾；也可以用于 A 类物质的初起火灾。对于极性(水溶性)物质，如甲醇、乙醇、乙醚、丙酮等物质的初起火灾，只能使用抗溶性空气泡沫灭火器扑救。

③ 干粉灭火器。ABC 干粉灭火器可以扑救 A 类物质的初起火灾。ABC 干粉灭火器和 BC 干粉灭火器都适用于 BC 类火灾。

④ 卤代烷灭火器主要适用于扑救 B 类、C 类物质，如图书、档案和精密仪器、电气设备等的初起火灾。7150(即三甲氧基硼氧六环)灭火器主要适用于扑救轻金属，如镁、铝、铝镁合金等初起火灾。

各类灭火器适用的火灾种类见表 12 – 4。

表 12－4　各类灭火器适用的火灾种类

<table>
<tr><th colspan="2" rowspan="2">火灾类型</th><th rowspan="2">A 类火灾</th><th colspan="2">B 类火灾</th><th rowspan="2">C 类火灾</th></tr>
<tr><th>油品火灾</th><th>水溶性液体火灾</th></tr>
<tr><td rowspan="2">水型灭火器</td><td>清水</td><td rowspan="2">适用</td><td colspan="2" rowspan="2">不适用</td><td rowspan="2">不适用</td></tr>
<tr><td>酸碱</td></tr>
<tr><td rowspan="2">干粉型灭火器</td><td>磷酸铵盐</td><td>适用</td><td colspan="2" rowspan="2">适用</td><td rowspan="2">适用</td></tr>
<tr><td>碳酸氢钠</td><td>不适用</td></tr>
<tr><td colspan="2">化学泡沫灭火器</td><td>适用</td><td>适用</td><td>不适用</td><td>不适用</td></tr>
<tr><td rowspan="2">卤代烷型灭火器</td><td>1211</td><td rowspan="2">适用</td><td colspan="2" rowspan="2">适用</td><td rowspan="2">适用</td></tr>
<tr><td>1301</td></tr>
<tr><td colspan="2">二氧化碳灭火器</td><td>不适用</td><td colspan="2">适用</td><td>适用</td></tr>
</table>

12.3.2　灭火器的配置设计

小型移动式灭火器的配置种类及数量，应根据使用场所的火灾危险性、保护面积、有无其他消防设施等情况综合考虑。

设置灭火器总的要求是：根据场所可能发生火灾的性质，选择灭火器的种类，并应保证足够的数量；灭火器应放置在明显、取用方便、又不易被损坏的地方；灭火器应注意使用期限，定期进行检查，保证随时启用。

(1) 灭火器配置场所的危险等级

根据《建筑灭火器配置设计规范》(GB 50140—2005)，工业建筑灭火器配置场所的危险等级，应根据其生产、使用、贮存物品的火灾危险性、可燃物数量、火灾蔓延速度以及扑救难易程度等因素，划分为以下三级：

① 严重危险级：火灾危险性大、可燃物多、起火后蔓延迅速，扑救困难，容易造成重大财产损失的场所；

② 中危险级：火灾危险性较大、可燃物较多、起火后蔓延较迅速，扑救较难的场所；

③ 轻危险级：火灾危险性较小、可燃物较少、起火后蔓延较缓慢，扑救较易的场所。

工业建筑灭火器配置场所的危险等级举例见表 12－5。

表 12－5　工业建筑灭火器配置场所的危险等级举例

危险等级	举例：厂房和露天、半露天生产装置区	举例：库房和露天、半露天堆场
严重危险级	①闪点＜60℃的油品和有机溶剂的提炼、回收、洗涤部位及其泵房、罐桶间。②橡胶制品的涂胶和胶浆部位。③二氧化碳的粗馏、精馏工段及其应用部位。④甲醇、乙醇、丙酮、丁酮、异丙醇、醋酸乙酯、苯等的合成可精制厂房。⑤植物油加工厂的浸出厂房。⑥洗涤剂厂房石蜡裂解部位、冰醋酸裂解厂房。⑦环氧氯丙烷、苯乙烯厂房或装置区。⑧液化石油气罐瓶间。⑨天然气、水煤气或焦炉煤气的净化(如脱硫)厂房压缩机室及鼓风机室。⑩乙炔站、氢气站、煤气站、氧气站。⑪硝化棉、赛璐珞厂房及其应有用部位。⑫黄磷、赤磷制备厂房及其应用部位。⑬樟脑或松香提炼厂房，焦化厂精萘厂房。⑭煤粉厂房和面粉厂房的碾磨部位。⑮谷物筒仓工作塔、亚麻厂的除尘器和过滤器室。⑯氯酸钾厂房及其应用部位。⑰发烟硫酸或发烟硝酸浓缩部位。⑱高锰酸钾、重铬酸钠厂房。⑲过氧化钠、过氧化钾、次氧酸钙厂房。⑳各工厂的总控制室、分控制室。㉑可燃材料工棚	①化学危险物品库房。②装卸原油或化学危险物品的车站、码头。③甲、乙类液体贮罐、桶装堆场。④液化石油气贮罐区、桶装堆场。⑤散装棉花堆场。⑥稻草、芦苇、麦秸等堆场。⑦赛璐珞及其制品、漆布、油布。⑧油纸及其制品，油绸及其制品库房。⑨60 度以上的白酒库房

续表

危险等级	举例	
	厂房和露天、半露天生产装置区	库房和露天、半露天堆场
中危险级	①闪点≥60℃的油品和有机溶剂的提炼、回收工段及其抽送泵房。②柴油、机器油或变压器油罐桶间。③润滑油再生部位或沥青加工厂房。④植物油加工精炼部位。⑤油浸变压器室和高、低压配电室。⑥工业用燃油、燃气锅炉房。⑦各种电缆廊道。⑧油淬火处理车间。⑨橡胶制品压延、成型和硫化厂房。⑩木工厂房和竹、藤加工厂房。⑪针织品厂房和纺织、印染、化纤生产的干燥部位。⑫服装加工厂房印染厂成品厂房。⑬麻纺厂粗加工厂房和毛涤厂选毛厂房。⑭谷物加工厂房。⑮卷烟厂的切丝、卷制、包装厂房。⑯印刷厂的印刷厂房。⑰电视机、收录机装配厂房。⑱显像管厂装配工段烧枪间。⑲磁带装配厂房。⑳泡沫塑料厂的发泡、成型、印片、压花部位。㉑饲料加工厂房。㉒汽车加油站	①闪点≥60℃的油品和其他丙类液体贮罐、桶装库房或堆场。②化学、人造纤维及其织物、棉、毛、丝、麻及其织物的库房。③纸张、竹、木及其制品的库房或堆场。④火柴、香烟、糖、茶叶库房。⑤中药材库房。⑥橡胶、塑料及其制品的库房。⑦粮食、食品库房及粮食堆场。⑧电视机、收录机等电子产品及其他家用电气产品的库房。⑨汽车、大型拖拉机停车库。⑩ < 60 度的白酒库房。⑪低温冷库
轻危险级	①金属冶炼、铸造、铆焊、热轧、锻造、热处理厂房。②玻璃原料熔化厂房。③陶瓷制品的烘干、烧成厂房。④酚醛泡沫塑料的加工厂房。⑤印染厂的漂炼部位。⑥化纤厂后加工润湿部位。⑦造纸厂或化纤厂的浆粕蒸煮工段。⑧仪表、器械或车辆装配车间。⑨不燃液体的泵房和阀门室。⑩金属(镁合金除外)冷加工车间。⑪氟里昂厂房	①钢材库房及堆场。②水泥库房。③搪瓷、陶瓷制品库房。④难燃烧或非燃烧的建筑装饰材料库房。⑤原木堆场

(2) 灭火器选用

选择灭火器应考虑下列因素进行：①灭火器配置场所的火灾种类；②灭火有效程度；③对保护物品的污损程度；④设置点的环境温度；⑤使用灭火器人员的素质。

选择灭火器应根据火灾的类型和灭火器的灭火特性来进行，一般应符合下列规定：

① 扑救 A 类火灾应选用水型、泡沫、磷酸铵盐干粉、卤代烷型灭火器；

② 扑救 B 类火灾应选用普通干粉、磷酸铵盐干粉、泡沫、二氧化碳、灭 B 类火灾的水型灭火器或卤代烷灭火器，扑救极性溶剂 B 类火灾需选用抗溶性泡沫灭火器；

③ 扑救 C 类火灾应用磷酸铵盐干粉、普通干粉、二氧化碳灭火器或卤代烷灭火器；

④ D 类火灾场所应选择扑灭金属火灾的专用灭火器。

⑤ E 类火灾场所应选择磷酸铵盐干粉灭火器、碳酸氢钠干粉灭火器、卤代烷灭火器或二氧化碳灭火器，但不得选用装有金属喇叭喷筒的二氧化碳灭火器。

非必要场所不应配置卤代烷灭火器。

在同一灭火器配置场所，宜选用相同类型和操作方法的灭火器。当同一灭火器配置场所存在不同火灾种类时，应选用通用型灭火器。当在同一灭火器配置场所内存在不同种类的火灾时，通常应选择配置可扑灭 A、B、C、E 多类火灾的磷酸铵盐干粉(俗称 ABC 干粉)灭火器等通用型灭火器。选择灭火器时应保证不同类型灭火器内充装的灭火剂，如干粉和泡沫，干粉和干粉，泡沫和泡沫之间能够联用，不论是同时使用还是依次(先后)使用，都应防止因灭火剂选择不当而引起干粉与泡沫、干粉与干粉、泡沫与泡沫之间的不利于灭火的相互作用，以避免因发生泡沫消失等不利因素而导致灭火效力明显降低。

（3）灭火器的保护距离

在灭火器配置设计中，保护距离是必须考虑的因素，保护距离是指灭火器计算单元内任何着火点到最近灭火器设置点的行走距离。灭火器的保护距离是确定一个灭火器计算单元内灭火器设置点数目和位置的主要参数。在满足表 12－6 的最大保护距离的前提下，灭火器的设置应相对集中，一般应取最少的设置点。计算单元是指将建筑中若干相邻且危险等级和火灾种类均相同的灭火器配置场所，作为一个总的灭火器配置场所，之后进行灭火器配置设计计算的组合部分，可将一个楼层或一个防火分区作为一个计算单元；灭火器配置场所的危险等级或火灾种类不相同的场所，应分别作为一个计算单元。其保护面积、保护距离和灭火器的配置数量等均按该计算单元所包括的总的灭火器配置场所考虑。

表 12－6　A 类和 B、C 类火灾场所灭火器的最大保护距离（m）

保护距离 / 危险等级	A 类火灾配置场所		B、C 类火灾配置场所	
	手提式灭火器	推车式灭火器	手提式灭火器	推车式灭火器
严重危险级	15	30	9	18
中危险级	20	40	12	24
轻危险级	25	50	15	30

（4）灭火器的灭火级别

灭火器的灭火级别是根据灭火器灭火能力的大小和适于扑救的火灾种类而确定的。目前世界各国仅有 A 和 B 两类灭火级别。表 12－7 列出了目前所有标准规格灭火器的灭火级别。各种灭火器可按其灭火级别相加和等效换算。

表 12－7　灭火器的类型、规格和灭火级别

灭火器类型		灭火剂充装量 L	灭火剂充装量 kg	灭火级别 A 类火灾	灭火级别 B 类火灾
水型	手提式	3		1A	55 B
		6		1A	55 B
		9		2A	89 B
	推车式	20		4 A	—
		45		4 A	—
		60		4 A	—
		125		6 A	—
泡沫	手提式	3		1A	55 B
		4		1A	55 B
		6		1A	55 B
		9		2A	89 B
	推车式	20		4 A	113 B
		45		4 A	144 B
		60		4 A	233 B
		125		6 A	297 B

续表

灭火器类型		灭火剂充装量		灭火级别	
		L	kg	A类火灾	B类火灾
干粉(碳酸氢钠)	手提式		1	—	21 B
			2	—	21 B
			3	—	34 B
			4	—	55 B
			5	—	89 B
			6	—	89 B
			8	—	144 B
			10	—	144 B
	推车式		20	—	183 B
			50	—	297 B
			100	—	297 B
			125	—	297 B
干粉(磷酸铵盐)	手提式		1	1 A	21 B
			2	1 A	21 B
			3	2 A	34 B
			4	2 A	55 B
			5	3 A	89 B
			6	3 A	89 B
			8	4 A	144 B
			10	6 A	144 B
	推车式		20	6 A	183 B
			50	8 A	297 B
			100	10 A	297 B
			125	10 A	297 B
二氧化碳	手提式		2	—	21 B
			3	—	21 B
			5	—	34 B
			7	—	55 B
	推车式		10	—	55 B
			20	—	70 B
			30	—	133 B
			50	—	183 B

扑救可燃气体、可燃液体和电器设备及烷基金属化合物等的火灾，宜选用钠盐干粉。当干粉与氟蛋白泡沫灭火系统联用时，应选用硅化碳酸氢钠盐干粉。

下列火灾场所宜采用干粉灭火系统：

① 封闭空间宜采用固定式干粉灭火系统，并应确保30s内喷射的干粉量达到设计干粉浓度；

② 局部危险性较大的场所宜采用半固定式干粉灭火系统；

③ 扑救液化烃罐区和工艺装置内可燃气体、液化烃、可燃液体的泄漏火灾，宜采用干

粉车。

(5) 灭火器配置的一般要求

在发生火灾时，现场人员一般都慌张，为了及时、就近找到灭火器，灭火器应设置在位置明显和便于取用的地点，例如沿着经常有人路过的建筑场所的通道、楼梯间、电梯间和出入口处设置灭火器。所有灭火器的设置位置和设置方式都不能影响平时行人走路和火灾紧急情况时的安全疏散。灭火器的放置位置和放置方式必须方便取用，这是扑救初起火灾的另一重要因素。对有视线障碍的灭火器设置点，应设置指示其位置的发光标志。因为灭火器要长期存放，存放环境不能有腐蚀性。

根据实践经验，两个灭火器同时灭火的灭火效率高，且灭火器有时也会失效，所以要求一个计算单元内配置的灭火器数不得少于2具。为防止多人同时同地点行动相互干扰，每个设置点的灭火器数量不宜多于5具。

(6) 灭火器的最大保护距离

灭火器距着火点太远则取用所需时间长，设置在A类火灾场所和B、C类火灾场所的灭火器，其最大保护距离必须符合表12-6的规定。液体火灾的蔓延速度较快，所以扑救时刻更要求“尽早”，因此B类火灾的保护距离最短。

(7) 灭火器的最低配置基准

A类和B、C类火灾场所灭火器灭火能力的最低配置基准应符合表12-8要求。

表12-8　A类和B、C类火灾场所灭火器的最低配置基准

火灾种类	危险等级	严重危险级	中危险级	轻危险级
A类	单具灭火器最小配置灭火级别	3A	2A	1A
	单位灭火级别最大保护面积/(m^2/A)	50	75	100
B、C类	单具灭火器最小配置灭火级别	89B	55B	21B
	单位灭火级别最大保护面积/(m^2/B)	0.5	1.0	1.5

(8) 计算单元的划分和保护面积的确定

为减少灭火人员的行动距离，灭火器配置设计的计算单元应按下列规定划分：

① 当一个楼层或一个水平防火分区内各场所的危险等级和火灾种类相同时，可将其作为一个计算单元。

② 当一个楼层或一个水平防火分区内各场所的危险等级和火灾种类不相同时，应将其分别作为不同的计算单元。

③ 同一计算单元不得跨越防火分区和楼层。

计算单元保护面积的确定应符合下列规定：

① 建筑物的保护面积应按其建筑面积确定。

② 可燃物露天堆场，甲、乙、丙类液体储罐区，可燃气体储罐区的保护面积应按堆垛、储罐的占地面积确定。

(9) 灭火器配置场所灭火级别计算

一般情况下，灭火器配置的设计计算可按下述程序进行：

① 确定各灭火器配置场所的火灾种类和危险等级；

② 划分计算单元，计算各计算单元的保护面积；

③ 计算各计算单元的最小需配灭火级别；

④ 确定各计算单元中的灭火器设置点的位置和数量；

⑤ 计算每个灭火器设置点的最小需配灭火级别；

⑥ 确定每个设置点灭火器的类型、规格与数量；

⑦ 确定每具灭火器的设置方式和要求；

⑧ 在工程设计图上用灭火器图例和文字标明灭火器的型号、数量与设置位置。

计算单元的最小需配灭火级别按式(12－1)计算：

$$Q = K\frac{S}{U} \tag{12－1}$$

式中 Q——计算单元的最小需配灭火级别，A 或 B；

S——计算单元的保护面积，m^2；

U——A 类或 B 类火灾场所单位灭火级别最大保护面积，m^2/A 或 m^2/B，按表 12－8 取值；

K——修正系数。未设室内消火栓系统和灭火系统的计算单元，$K=1.0$；设有室内消火栓的计算单元，$K=0.9$；设有灭火系统的计算单元，$K=0.7$；设有室内消火栓和灭火系统的计算单元，$K=0.5$；可燃物露天堆场，甲、乙、丙类液体储罐区，可燃气体储罐区的计算单元，$K=0.3$。

每一个计算单元内灭火器也分若干个设置点存放，在满足要求的前提下，设置点的数量越少越好。各计算单元中的灭火器设置点的位置和数量，可按照表 12－6 所确定的最大保护距离，并结合现场的实际情况，遵照方便取用、不妨碍安全疏散和工作行动的原则确定。

在配置点的数目确定之后，一般将计算单元所需的最小需配灭火级别 Q 均衡地分配到每个灭火器设置点上。灭火器配置场所每个设置点的最小需配灭火级别应按式(12－2)计算：

$$Q_e = \frac{Q}{N} \tag{12－2}$$

式中 Q_e——计算单元中每个灭火器设置点的最小需配灭火级别，A 或 B；

N——计算单元中的灭火器设置点数，个。

灭火配置的数量基准：一个灭火器配置场所内的灭火器不应少于 2 具。每个设置点的灭火器不宜多于 5 具。此基准适用于一般建筑物和一般工业建筑，而石油化工企业另有规定。

根据《石油化工企业设计防火规范》的规定，石油化工企业的生产区内宜设置干粉型或泡沫型灭火器，控制室、机柜间、计算机室、电信站、化验室等处宜设置气体型灭火器。生产区内设置的单个灭火器的规格宜按照表 12－9 来选用。

表 12－9 石油化工企业生产区所用灭火器的规格

灭火器类型		干粉性(碳酸氢钠)		泡沫型		二氧化碳	
		手提式	推车式	手提式	推车式	手提式	推车式
灭火剂充装量	容量/L	—	—	9	60	—	—
	质量/kg	6 或 8	20 或 50	—	—	5 或 7	30

工艺装置内手提式干粉型灭火器的选型及配置，应符合下列规定：

① 扑救可燃气体、可燃液体火灾宜选用钠盐干粉灭火器，扑救可燃固体表面火灾应选

用磷酸铵盐干粉灭火器，扑救烷基铝类火灾宜采用 D 类干粉灭火剂；

② 甲类装置灭火器的最大保护距离，不宜超过 9m，乙、丙类装置不宜超过 12m；

③ 每一配置点（场所）的灭火器数量不应少于两个，多层框架应分层配置；

④ 危险的重要场所，宜增设推车式灭火器。

可燃气体、液化烃、可燃液体的铁路装卸栈台，应沿栈台每 12m 处上下分别设置一个手提式干粉型灭火器。可燃气体、液化烃、可燃液体的地上罐组，宜按防火堤内面积每 $400m^2$ 配置一个手提式灭火器，但每个储罐配置的数量不宜超过 3 个。

下面以一个制药厂合成精制车间为例，说明灭火器配置计算过程。该车间为独立单层建筑，建筑的尺寸为：东西长 40m，南北宽 15m，车间内有 5 台结晶罐，靠北墙西端架设操作台，结晶罐均匀并排布置，溶剂为丙酮。固液离心分离装置在车间东端布置，车间内设有室内消防栓和灭火系统。为保证初期防护的消防安全，试为该车间配置设计灭火器，设计过程如下：

① 确定各灭火器配置场所的火灾种类和危险等级。该车间的危险物质是丙酮液体，可能发生的火灾是 B 类火灾，根据表 12－5，车间的危险等级为严重危险级。

② 划分计算单元，计算各计算单元的保护面积。鉴于该车间为独立单层建筑，将其作为一个独立的计算单元进行灭火器的配置设计。保护面积为厂房的建筑面积，$S = 40 \times 15 = 600m^2$。

③ 计算各计算单元的最小需配灭火级别。所需灭火级别按照式（12－1）计算，其中：$S = 600m^2$；车间为严重危险等级的 B 类火灾配置场所，根据表 12－8，每 B 的最大保护面积为 $U = 0.5\ m^2/B$；由于车间内设有室内消防栓和灭火系统，$K = 0.5$。带入公式计算得：

$$Q = 0.5 \times \frac{600B}{0.5} = 600B$$

④ 确定各计算单元中的灭火器设置点的位置和数量。在一个灭火器配置场所，灭火器设置点的数量和位置主要有灭火器的保护距离决定。由于是液体火灾，拟设定采用干粉灭火器，根据《石油化工企业设计防火规范》的规定，车间属于危险的重要场所，宜增设推车式灭火器。查表 12－6，手提式干粉灭火器最大保护距离为 9m，推车式干粉灭火器最大保护距离为 18m，以 9m 来计算。设置 5 个灭火器设置点，靠南墙东西布置 3 个点，操作台上布置 1 个点，其余 1 个靠北墙布置。5 个保护点覆盖了该单元的所有区域。

⑤ 计算每个灭火器设置点的最小需配灭火级别。该单元的灭火级别均衡分配到每个灭火器设置点上，每个灭火器设置点的灭火级别为：

$$Q_e = \frac{Q}{N} = \frac{600B}{5} = 120B$$

⑥ 确定每个设置点灭火器的类型、规格与数量。车间为属于甲类的 B 类火灾区，一旦发生火灾要求灭火速度快且有效。根据《石油化工企业设计防火规范》的规定，应该使用碳酸氢钠干粉性灭火器，根据表 12－7，6kg 手提式灭火级别 89B，8kg 手提式灭火级别 144B，20kg 和 50kg 推车式灭火级别分别为 183B 和 297B。有 2 个 6kg 手提式碳酸氢钠干粉性灭火器就能满足要求。

⑦ 确定每具灭火器的设置方式和要求。

⑧ 在灭火器配置设计图上用相应灭火器符号和文字标明灭火器的型号、数量与设置位置。

12.4 灭火设施

灭火器只能扑灭初起的火灾，而对于已经燃烧起来的火灾不起作用。凡是有可燃物的场所，都有发生火灾的可能性，所以也都应该设计安装消防系统。在化工生产、储存场所，消防系统主要是以水作为灭火剂的消防水系统，其次是泡沫灭火系统。在石油化工企业，可燃液体主要是与水不可互溶的非极性液体，着火时不能直接用水灭火，需要用消防泡沫灭火。为了防止与着火装置、设施相邻的生产设备、设施受热被引燃，在发生火灾时，需要用水进行冷却降温。

(1) 消防水灭火系统

消防水可由自来水管网、水井或可靠的天然河流供给，在灭火时，水用量较大，需要将足够量的消防水预先储存在消防水池(或储水罐)中，水需要由消防水泵加压并输送到消防水管中，为便于消防水的使用，需要在用水装置、建筑、设施的周围设置消防栓。

在进行消防设计和评价消防设施是否符合安全要求时，一般要从消防水的出口来思考，即倒推式思考。

为便于发现消防栓，最好选用地上式消防栓，如果选用地下式应有明显标志。为了消防车便于通过消防栓取水，消防栓应沿着消防车道敷设，距路边不宜大于5m，距建筑物的外墙不宜小于5m。为减小消防车取水时的阻力，消防栓的大口径出水口应朝向道路。消防栓的保护半径不应超过120m，罐区及工艺装置区的消防栓间距不宜超过60m。爆炸危险场所的危害范围为15m，所以距离罐区及工艺装置区等被保护对象15m以内的消防栓，在火灾时可能无法使用。消防栓的数量应根据所需消防水量来确定。

消防给水管道应环状布置，环状管道的进水管不应少于2条，其目的是为了保证给水的可靠性。消防给水管道应保持充水状态，寒冷季节必须防范结冰，水管应敷设在冻土层以下，一般管顶距冰冻线不应少于150mm。消防给水干管直径小时阻力大，可按照水流速度不大于3.5m/s的要求来确定独立消防给水管道的管径。

消防供水强度(流量)需根据被保护对象的面积确定。不同场所火灾延续的时间不同，如直径大于20m的地上甲、乙、丙类液体固定顶立式储罐的火灾延续的时间为6h，而当其直径小于20m时，火灾延续的时间缩短为4h；又如甲、乙、丙类仓库的火灾延续的时间为3h，而丁、戊类仓库的火灾延续的时间为2h。供水强度和火灾延续时间共同决定了消防水池容积的大小。平时消防水池必须保持充满状态，在使用后必须及时补充，补水时间不宜过长，以免此时发生火灾而无水可用。

按照消防设计规范的要求，消防水泵应保证在火警后30s内启动，所以消防水泵应与动力机械直接连接，且消防泵应采用自灌式吸水。为保证供水的可靠性，此处要采取冗余设计，如一组消防水泵的吸水管不应少于2条，消防泵房应有不少于2条的出水管直接与环状消防给水管网连接，即使关闭一根水管，另一条也能完全满足设计要求。消防水泵应设置备用泵，其工作能力不应小于最大一台消防工作泵。

(2) 低倍数泡沫灭火系统

低倍数泡沫灭火系统包括固定泡沫站和半固定泡沫灭火装置。固定泡沫站是由消防水泵、泡沫比例混合器、泡沫产生器、水池和泡沫液储罐组成的。泡沫喷嘴可以布置在生产的危险部位上，如油罐壁外侧的罐顶沿下位置，一旦发生火灾，开启消防水泵，借助水的压力，泡沫液被吸入比例混合器中，并按比例混合成泡沫混合液，在泡沫产生器中与空气混合，再通过喷嘴进行喷射灭火。泡沫灭火系统原理如图 12－5 所示，泡沫产生器原理如图 12－6 所示。

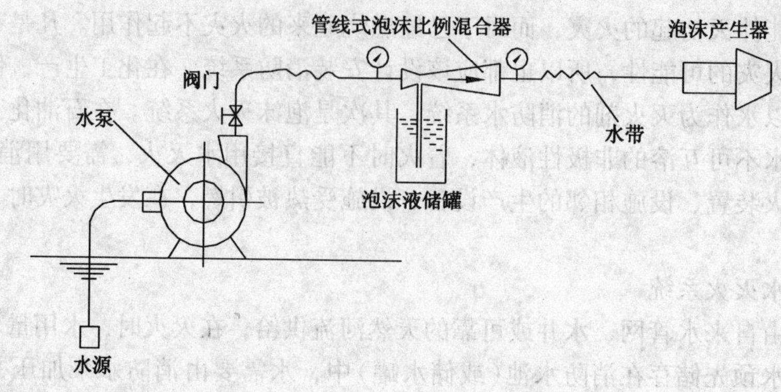

图 12－5　泡沫灭火系统原理示意图

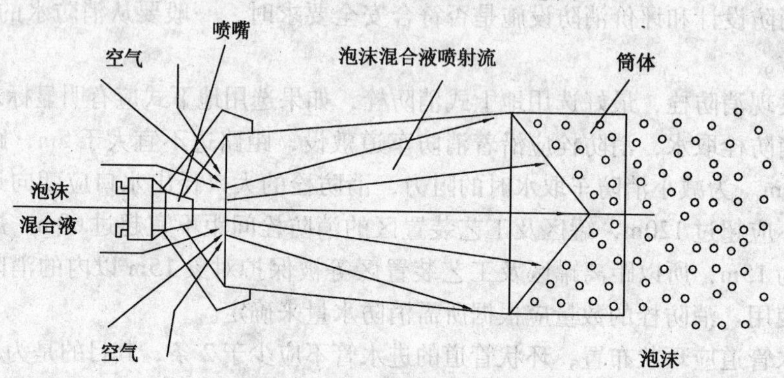

图 12－6　泡沫产生器原理示意图

半固定式空气泡沫灭火装置是指一种固定在易燃液体储罐上的空气泡沫产生器，它借助泡沫消防车或固定消防泵供给泡沫混合液的压力吸入空气，形成空气泡沫进行灭火。

储罐区采用固定泡沫灭火系统，手动操作难以保证在 5min 内将灭火泡沫送入着火罐内，故储罐区混合液管道设置的控制阀宜采用遥控或程控。

浮顶罐初起火灾火焰不大，特别是低液面时难以及时发现，要求设置自动报警系统，能尽快准确探知火情，并在程控下泡沫灭火。

（3）蒸汽灭火系统

蒸汽灭火分固定式蒸汽灭火装置和半固定式蒸汽灭火装置。

① 固定式蒸汽灭火系统。导入蒸汽灭火器（如筛孔管）的蒸汽管必须是直接从蒸汽分配盘上引出的，引用饱和蒸汽灭火比过热蒸汽效果好。固定式蒸汽灭火系统常用于生产厂房、石油泵房、油船舱室等，对建筑物空间不大于 500m^3 的效果最好。

② 半固定式蒸汽灭火系统。系统是在需要蒸汽灭火的地方设置蒸汽管接头和阀门，以备灭火时接蒸汽软管。半固定式蒸汽灭火系统常用于露天的炼油塔、换热器、反应器、框架区及可燃液体泵房等处。

（4）干粉灭火系统

灭火系统工作原理如图 12－7 所示。干粉灭火系统一般由干粉储罐、储气瓶（储压装置)、减压阀、选择阀、管道和喷头等组成。干粉灭火系统有手动操作、半自动操作和自动操作三种形式。探测器探测到火情，经控制器确认后，立即向控制模块发出灭火信号，再经控制接口分时送出脉冲电流，使一组灭火装置瞬间启动。以固体动力药剂的化学能为动力源的灭火装置，产生超音速气流，使内装的干粉被冲击、挤压、撕裂，部分被超细化，最终以气固二相流的状态疾速地射向火场，达到高速、高效的灭火目的。

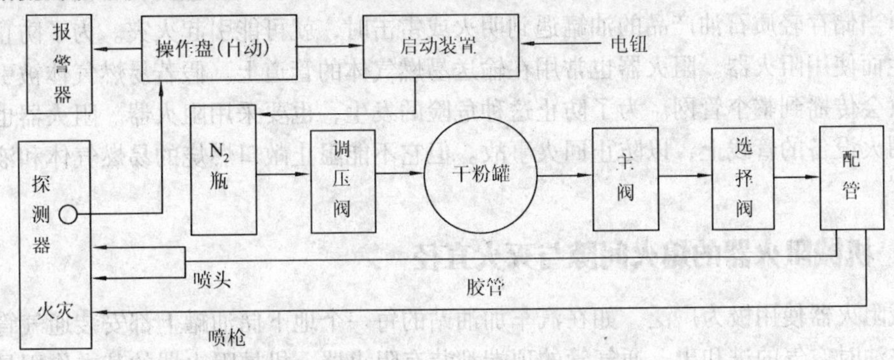

图 12－7　干粉灭火装置系统原理图

干粉灭火剂用量与灭火时间、火灾场所单位体积或单位面积上需要的干粉量有关，干粉灭火时间一般采用 20s。

① 单位空间干粉灭火剂用量。对于密闭厂房、库房和洞室干粉用量不应小于 0.6kg/m^3；若空间有障碍应适当增加喷头，保证干粉喷射到任何部位，干粉用量可采用 0.7～1kg/m^3；若有敞开的门、窗、孔、洞时，应根据开孔面积增加补偿量，补偿量不应小于 2.4 kg/m^3(敞口面积)。

② 厂房、库房内部喷射干粉用量。厂房、库房内部喷射干粉用量可按式(12－3)计算：

$$W = C(V - V_1) + 2.4A \tag{12-3}$$

式中　W——干粉量，kg；

V——建筑物容积，m^3；

V_1——建筑物内不燃物体积，m^3；

A——不能关闭的门、窗面积，m^2；

C——1m^{3}空间需用干粉量，一般采用 0.7kg/ m^3；

2.4——单位敞口面积的补偿量。

③ 易燃、可燃液体火灾的干粉灭火剂用量。扑救易燃、可燃液体火灾，干粉灭火剂的用量按燃烧液体面积进行计算。侧向喷射时，1 m^{2}燃烧液面的干粉量不小于 2.4kg；由上向下垂直喷射时，1 m^{2}燃烧液面的干粉量不小于 3.6kg，喷头喷射压力可采用 68.6～343.2kPa；对于油罐火灾，根据液面积的大小和喷射方式，其干粉用量不小于表 12－10 的规定。

表 12－10　油罐单位面积所需干粉量

油罐液面积/m^2	由罐壁侧向喷射/(kg/ m^2)	罐上方喷射/(kg/ m^2)	油罐液面积/m^2	由罐壁侧向喷射/(kg/ m^2)	罐上方喷射/(kg/ m^2)
6	3.33	5.66	20～30	5.27	8.66
6～10	3.80	6.40	30～40	6.62	9.25
10～20	4.60	7.80			

12.5 阻火器的原理与结构

阻火器又名防火器，阻火器的作用是防止外部火焰窜入存有易燃易爆蒸气的设备、管道内或阻止火焰在设备、管道间蔓延。在石油工业中，阻火器被广泛应用在石油及石油产品的储罐上。当储存轻质石油产品的油罐遇到明火或雷击时，就可能引起火灾。为了防止这种危险的产生而使用阻火器。阻火器也常用在输送易燃气体的管道上。假若易燃气体被引燃，气体火焰就会传播到整个管网。为了防止这种危险的发生，也要采用阻火器。阻火器也可以使用在有明火设备的管线上，以防止回火事故。但它不能阻止敞口燃烧的易燃气体和液体的明火燃烧。

12.5.1 机械阻火器的熄火间隙与灭火直径

机械阻火器使用极为广泛，如在汽车加油站的每一个地下储油罐上都安装通气管，用于抽油或注油时空气的进和出，通气管的顶端都装有阻火器。机械阻火器的基本作用是允许气体通过，但火焰不能通过。机械阻火器的基本结构特征是有大量由固体材料组成的细小通道或孔隙。关于阻火器的工作原理，目前主要有两种观点：一是基于传热作用；一是基于器壁效应。

① 基于传热作用。燃烧所需要的必要条件之一就是要达到一定的温度，即着火点。低于着火点，燃烧就会停止。依照这一原理，只要将燃烧物质的温度降到其着火点以下，就可以阻止火焰的蔓延。当火焰通过阻火元件的许多细小通道之后将变成若干细小的火焰。设计阻火器内部的阻火元件时，则尽可能扩大细小火焰和通道壁的接触面积，强化传热，使燃气温度降到着火点以下，从而阻止火焰蔓延。

② 基于器壁效应。根据燃烧的连锁反应理论，燃烧与爆炸并不是分子间直接反应，而是受外来能量的激发，分子键遭到破坏，产生活化分子，活化分子又分裂为寿命短但却很活泼的自由基，自由基与其他分子相撞，生成新的产物，同时也产生新的自由基再继续与其他分子发生反应。当燃烧的可燃气通过阻火元件的狭窄通道时，自由基与通道壁的碰撞几率增大，参加反应的自由基减少。当阻火器的通道窄到一定程度时，自由基与通道壁的碰撞占主导地位，由于自由基数量急剧减少，反应不能继续进行，也即燃烧反应不能通过阻火器继续传播。

机械阻火器主要应用于以下场所：

① 输送易燃或可燃气体管道；

② 储存石油及石油产品油罐；

③ 爆炸危险系统通风管口；

④ 加热炉中可燃气体网管；

⑤ 油气回收系统及内燃机排气系统等。

阻火器阻止火焰传播的原因是其内部有细小的通道和空隙。根据燃烧学的原理，火焰在管道中传播速度随管道直径的减小而变慢，直径减小到一定程度时，火焰就不能够传播了，这时的直径称为熄灭直径。影响阻火性能的参数包括阻火层的孔隙大小和阻火层厚度，其中熄灭直径可以通过试验来测定，也可通过熄灭间隙来近似估算，即：

$$d_0 = 4.53E_{\min}^{0.403} \quad (12-4)$$

$$D_0 = 1.54 d_0 \tag{12-5}$$

式中　d_0——熄灭间隙，mm；

E_{min}——最小点火能，mJ；

D_0——熄灭直径，mm。

熄灭直径 D_0 是易燃气体的特性参数，直接与气体的最小点火能 E_{min} 有关，由于不同气体的最小点火能 E_{min} 不同，所以不同气体的熄灭直径 D_0 也不相同。

一般来说，阻火层通道或孔隙直径可按气体熄灭直径来选取，但由于爆燃火焰速度远快于标准燃烧速度，因此，在实际设计中，阻火层通道或孔隙直径按半气体熄灭直径选取，当然也可通过增加阻火层厚度来提高阻火器效能。

部分气体的熄火直径见表 12－11。

表 12－11　常态下部分气体燃烧速率及熄火直径数据

气体类型	标准燃烧速度/(m/s)	熄灭直径/mm	气体类型	标准燃烧速度/(m/s)	熄灭直径/mm
甲烷/空气	0.365	3.65	乙炔/空气	1.767	0.78
丙烷/空气	0.457	2.66	氢气/空气	3.452	0.86
丁烷/空气	0.396	2.79	丙烷/氧气	3.962	0.38
己烷/空气	0.396	3.05	乙炔/氧气	11.277	0.13
乙烯/空气	0.701	1.90	氢气/氧气	11.887	0.30

试验表明，对于波纹型和金属网型阻火器的阻火层，其波纹高度和孔网直径一般不得超过熄灭直径的一半，即：

$$h_m \leqslant \frac{1}{2} D_0 \tag{12-6}$$

式中　h_m——波纹(形状为等腰或等边三角形)高度或网孔直径，mm。

阻火层空隙直径确定之后，还应考虑阻火层厚度，气体的燃烧速度越快，则阻火层厚度应越大。对于金属网型和多孔板型阻火器，阻火层能有效阻止火焰传播的最大速度(不包括爆轰火焰速度)可按以下经验公式进行估算：

$$v_m = 0.38 \frac{a\gamma}{d_m^2} \tag{12-7}$$

式中　v_m——阻火器能阻止火焰传播的最大速度，m/s；

a——有效面积比，即阻火层实际面积与阻火层空隙面积之比；

γ——阻火层厚度，cm；

d_m——阻火层孔眼直径，cm。

式(12－7)用于圆形孔眼，d_m 表示直径；用于方形孔眼，d_m 表示宽度；用于三角形孔眼波纹型阻火层，d_m 表示水力直径，并可按下式进行估算：

$$d_m = \frac{4S_{tr}}{P_{tr}} \tag{12-8}$$

式中　S_{tr}，P_{tr}——分别为三角形孔眼的面积(cm^2)及周长(cm)。

值得指出，式(12－8)适用于单层金属网或具有相同孔眼的多层金属网，最多可增大到五层金属网，且必须符合以下使用要求：

① d_m值不得超过熄灭直径的50%；

② γ值对波纹型阻火层厚度至少为13mm。

12.5.2　机械阻火器的结构

在不同场所对阻火器的性能要求也不相同，按用途可把机械阻火器可分为隔爆型、耐烧型及阻爆轰型等几种。隔爆型阻火器主要用于阻隔可燃物燃烧或爆炸火焰的传播，且能承受一定的爆炸压力作用；耐烧型阻火器主要用于阻止可燃物燃烧火焰的传播，且能够承受一段时间的燃烧作用。阻爆轰型阻火器主要用于阻止可燃物从爆燃向爆轰转变火焰的传播，且能承受较大爆炸压力的作用。下面介绍几种类型的机械阻火器。

（1）金属网型阻火器

金属网型阻火器示意结构如图12-8所示。阻火层由16~22目单层或多层不锈钢丝网或铜丝网重叠制作而成，阻火效果随金属网层增加而增强，但当金属网层数增加到一定值后，阻火效果增强不再显著。金属网层数及阻火性能与金属网孔大小有关。一般来说，网孔较小的金属网要求层数相对较少，但金属网孔眼过小会因流体阻力增大而造成堵塞。

（2）波纹型阻火器

波纹型阻火器示意结构如图12-9所示。阻火层由不锈钢或铜镍合金压制成波纹状分层组装而成，组装形式一般可分两种，一种由两个方向折成波纹形薄板材料组成，波纹作用是将其分隔成层并形成许多小孔隙；另一种是在两层波纹形薄板之间加一层0.30~0.47mm厚扁平薄板以形成许多小三角形通道。通常，波纹高为0.43~1.50mm，底宽为0.86~400mm，单层厚为12mm，总厚度为80mm左右，阻火层上孔隙有效截面积不小于阻火器截面积的80%。

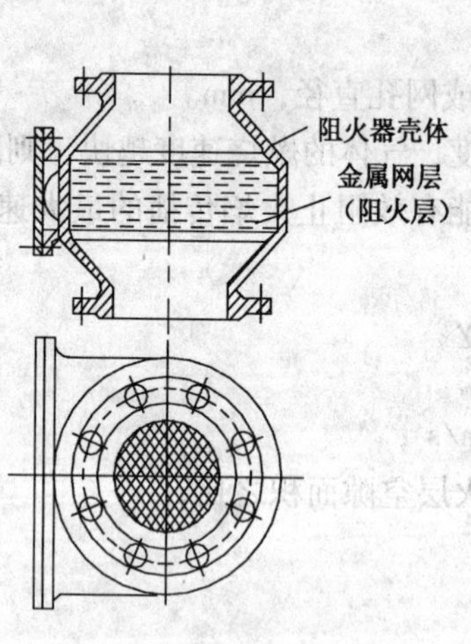

图12-8　金属网型阻火器

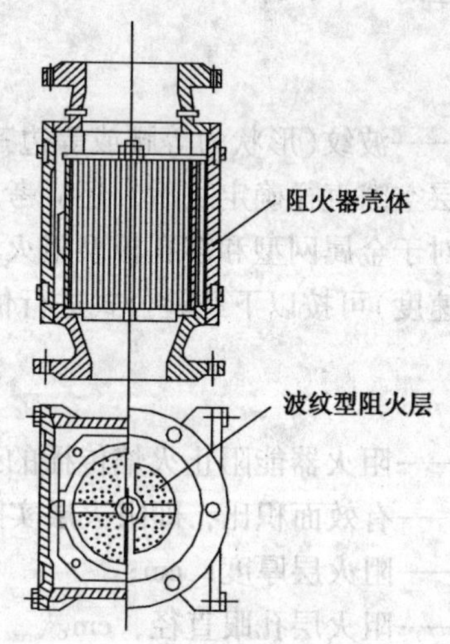

图12-9　波纹型阻火器

关于阻火层厚度与最大火焰速度关系如图12-10所示。

（3）泡沫金属型阻火器

泡沫金属型阻火器的阻火层由多种泡沫金属组分制成，其中以镍、铬合金为主要成分，铬质量分数约占15%~40%，内部结构与多孔泡沫塑料类似。阻火层材质密度一般不小于0.5 g/cm³，具有阻爆性能好、体积小、质量轻、便于安装和置换等优点。

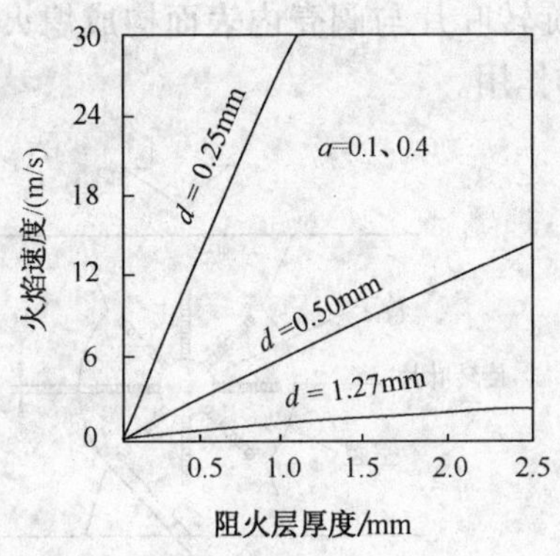

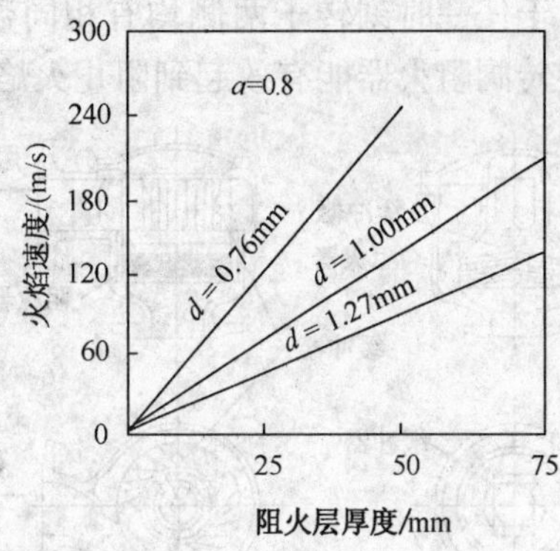

图 12－10　阻火器厚度与最大火焰速度关系

(4) 平行板型阻火器

平行板型阻火器的阻火层由不锈钢薄板垂直或平行排列而成，板间隙在 0.3～0.7mm 左右，以形成大量细小孔道，有利于承受较猛烈的爆炸作用，易于制造和清扫，但流阻较大，且较重。多用于煤矿和内燃机的排气系统。

(5) 多孔板型阻火器

多孔板型阻火器的阻火层由不锈钢薄板水平方向重叠而成，利用板上细小缝隙或孔眼形成大量规则通道。板间隙一般在 0.6mm 左右，以形成固定间距。这种阻火器较金属网型阻火器流阻更小，但不能承受猛烈的爆炸作用。

(6) 充填型阻火器

充填型阻火器示意结构如图 12－11 所示，阻火层介质多为金属或砾石颗粒，也可以是玻璃球或陶瓷圈，堆积充填在阻火器壳体内，利用充填颗粒之间的空隙作为阻火通道，阻火层厚度及充填介质的的粒径取决于可燃气体的火焰熄灭直径。

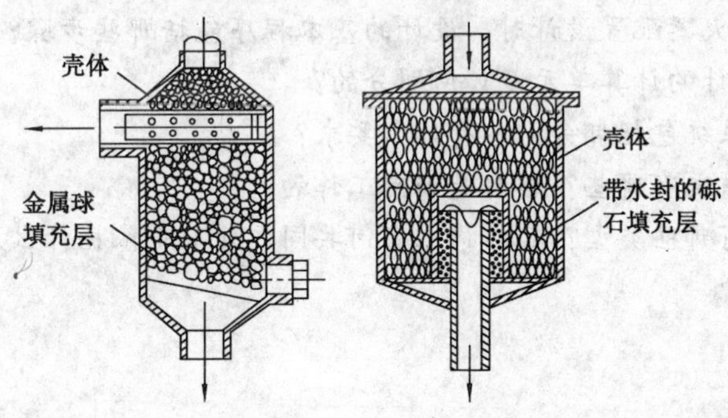

图 12－11　填充型阻火器

(7) 复合型阻火器

复合型阻火器示意结构如图 12－12 所示。复合型阻火器是一种阻爆轰器件，因此，除要求具有一般阻火器性能外，还必须能承受爆轰压力的作用。复合型阻火器内部一般均布缓冲器，爆轰作用先经缓冲器再进入阻火器，从而可大大减弱作用于阻火器上的爆轰压力。

(8) 星型旋转阀阻火器

星型旋转阀阻火器示意结构如图 12－13 所示。主要由阀壳、转子及对称旋转叶片等部分组成，由于任一时刻转子两侧均有相同数目的旋转叶片与阀壳内表面构成熄火间隙，因此，星型旋转阀阻火器能有效起到阻止火焰传播的作用。

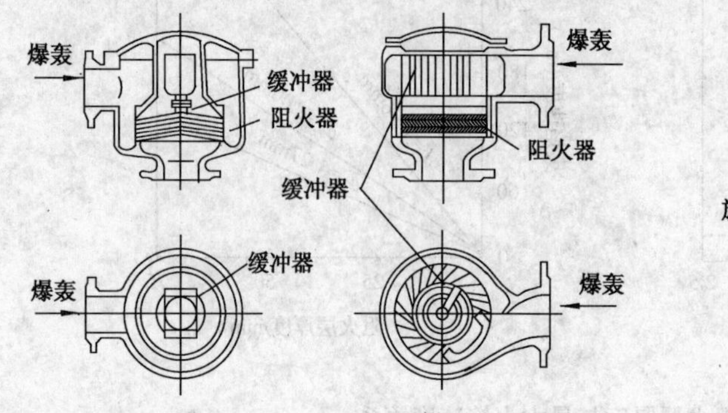

图 12－12　复合型阻火器

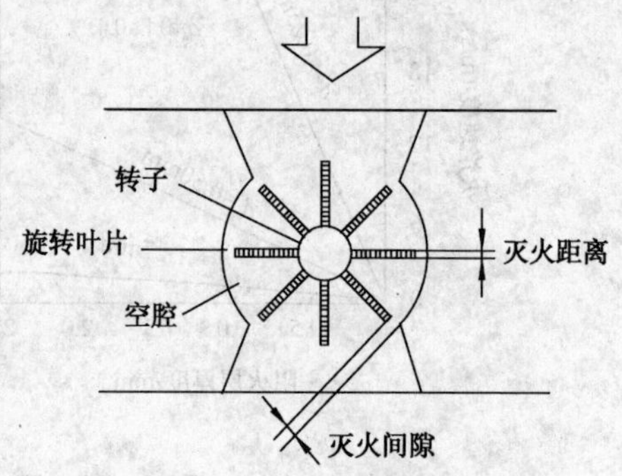

图 12－13　星型旋转阀阻火器

思考题

1. 火灾分为哪几种类型？进行火灾分类有什么作用？
2. 灭火方法分为哪几类？各自的灭火原理是什么？
3. 常用的灭火剂有哪几种？叙述各自的灭火机理。
4. 化学泡沫灭火剂与其他泡沫灭火剂有何区别？扑救甲醇、丙酮液体火灾应使用哪种泡沫？叙述原因。
5. 扑救阴燃火灾用哪种灭火剂？请说明原因。
6. ABC 干粉灭火剂和 BC 干粉灭火剂区别是什么？各适合于扑灭什么火灾？
7. 分别简述干粉灭火器、泡沫灭火器和二氧化碳灭火器的工作原理。
8. 对车间进行灭火器配置设计时，设计的基本程序包括哪些步骤？
9. 灭火器配置设计的计算单元是如何划分的？
10. 消防水灭火系统包括部分？各有什么要求？
11. 常见的灭火系统有哪些？各自是如何工作的？
12. 机械阻火器有哪些类型？其结构上有何共同之处？是依据什么原理进行阻火的？

第13章　设备超压保护

设备发生超压爆炸、破裂的基本原因是什么？是密闭及相对密闭设备内部的气相压力超过设备的承受能力而破裂，超压的原因有内部压力过高和设备承压能力下降两个方面。如果设备的某一小部分比其他主体部分机械强度小，但也能满足正常的承压强度要求，则在设备内压力超过该部分的承压能力后，该部分破裂并泄压，设备的其他部分受到保护。这就是采用了安全技术学原理中的“设置薄弱环节”原理，当压力超过设备安全工作范围时，“薄弱环节”部分首先“破裂”，这种破裂属于安全设计中的“主动破裂”。电气线路中的熔断器和爆炸性建筑物的泄压面积都属于“薄弱环节”。为防止可能超压设备发生超压破裂损坏，常常设置安全阀、爆破片和易熔塞泄压，保护设备主体不被损坏。本章介绍其泄压原理、结构特点、适用范围和泄压排放计算。

13.1　安全阀

安全阀(safety valve，又称泄压阀 relief valve)，一般安装于封闭系统的设备或管路上，如用于锅炉、压力容器和管道等压力系统上。当设备或管道内介质的压力超过规定值(安全阀的设定压力值)时，安全阀自动开启，向系统外排放气态介质，当系统内压力低于设定压力值时，安全阀自动关闭，这样就可以防止管道或设备内介质压力超过规定数值，避免超压破裂。

根据安全阀阀瓣的压力来源，可将安全阀分为弹簧式和杠杆式两大类。弹簧式安全阀是指阀瓣与阀座的密封靠弹簧的提供的作用力，而杠杆式安全阀是靠杠杆和重锤的作用力。为了满足大容量(泄放量)安全阀的需要，又有一种脉冲式安全阀，也称为先导式安全阀，其由主安全阀和辅助阀组成，当管道内介质压力超过规定压力值时，辅助阀先开启，介质沿着导管进入主安全阀，并将主安全阀打开，使增高的介质压力降低。

安全阀的排放量决定于阀座的口径与阀瓣的开启高度，根据开启高度可将安全阀分为微启式安全阀和全启式安全阀，微启式的开启高度是阀座内径的(1/15)~(1/20)，全启式的开启高度是阀座内径的(1/3)~(1/4)。

弹簧式安全阀主要由阀座、阀瓣和加载机构三部分组成，如图13-1所示。

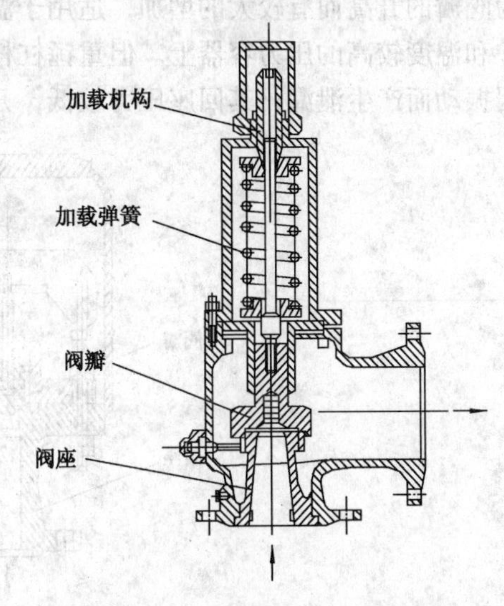

图13-1　石化企业常用的弹簧式安全阀

阀座与设备连通，阀瓣紧扣在阀座上，阀瓣上面是加载机构，载荷的大小是可以调节的。当设备内的压力在规定的工作压力范围内，设备或管道的内压作用于阀瓣上的力小于加载机构施加在它上面的力，此时，阀瓣紧压着阀座，设备内介质无法排出，整个系统处于正常的工作状态。

当设备内的压力超过规定的工作压力并达到安全阀的开启压力时，内压作用在阀瓣上的力大于加载机构加在它上面的力，于是阀瓣离开阀座，安全阀开启，设备内介质通过阀座排出。经过排出一部分介质后，内部压力很快降至正常工作压力，此时内压作用在阀瓣上的力又小于加载机构施加在它上面的力，阀瓣又紧压着阀座，停止排出介质，设备继续正常运行。所以，安全阀是通过作用在阀瓣上的两个方向相反的作用力来使它开启或关闭，以达到防止压力容器超压的目的。也就是当容器内压力超过正常工作压力时，它立即自动起跳，将容器内的介质排出一部分，直至容器内压力下降到正常工作压力时，它又自动关闭，以达到保证容器不致超压而发生爆炸事故。设备或管道都有其设计压力，也都有其正常工作压力，前者高于后者，安全阀设定的启动压力处于二者之间，此压力时设备或管道还不会发生破裂。此外，安全阀起跳排出高速气体时，能发生较大的气流响声，也起到了自动报警作用。

微启式和全启式两种弹簧式安全阀的结构如图 13－2 所示。

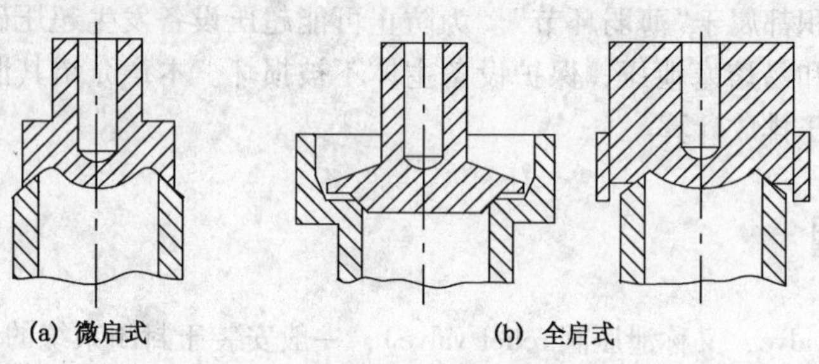

图 13－2　弹簧式安全阀阀芯(瓣)与阀座结构示意图

杠杆式安全阀又称为重锤杠杆式安全阀，重锤杠杆式安全阀是利用重锤和杠杆来平衡作用在阀瓣上的力。根据杠杆原理，它可以使用质量较小的重锤通过杠杆的增大作用获得较大的作用力，并通过移动重锤的位置(或变换重锤的质量)来调整安全阀的开启压力。

重锤杠杆式安全阀结构简单(见图 13－3)，调整容易而又比较准确，所加的载荷不会因为阀瓣的升高而有较大的增加，适用于温度较高的场合，过去用得比较普遍，特别是用在锅炉和温度较高的压力容器上。但重锤杠杆式安全阀结构比较笨重，加载机构容易振动，并常因振动而产生泄漏；其回座压力较低，开启后不易关闭及保持严密。

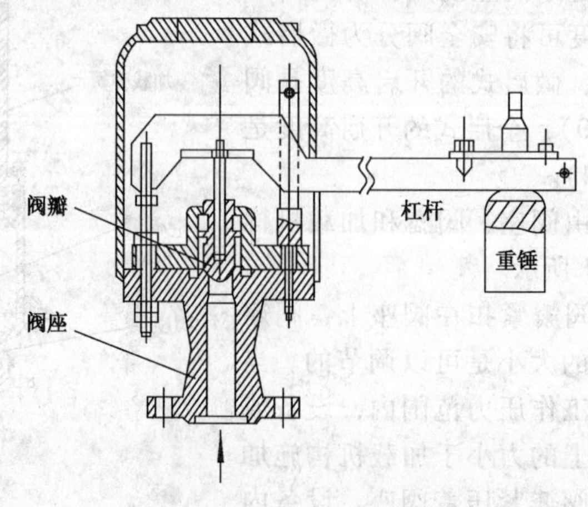

图 13－3　杠杆式安全阀

弹簧式安全阀和重锤杠杆式安全阀都属于直接作用式安全阀，内部压力与施加于阀瓣上的压力之差是阀瓣开启和闭合动力，在正常工作时阀瓣并不经常动作，阀瓣与阀座之间紧密配合，保持密封状态。通常推荐的最小密封压差为，当工作压力小于等于于7MPa时为整定压力的10%，但不得小于35kPa；当工作压力大于7MPa时，为整定压力7%。对于金属密封的安全阀，如果使用于有毒、腐蚀性、低温或特别贵重介质时，或当系统压力如在往复式泵或压缩机的出口管道中那样，呈现为波动情况，则可能不得不增加密封压差。整定压力是指按有关规程规定所整定的安全阀起座压力(set pressure)。

非直接作用式安全阀可以分为先导式安全阀、带动力辅助装置的安全阀。

先导式安全阀是依靠从导阀排出的介质来驱动或控制的。导阀本身是一个直接作用式安全阀，有时也采用其他形式的阀门。特别适用于高背压、大流量、高压力和安装位置紧凑的场所应用。先导式安全阀的结构原理如图13－4所示。

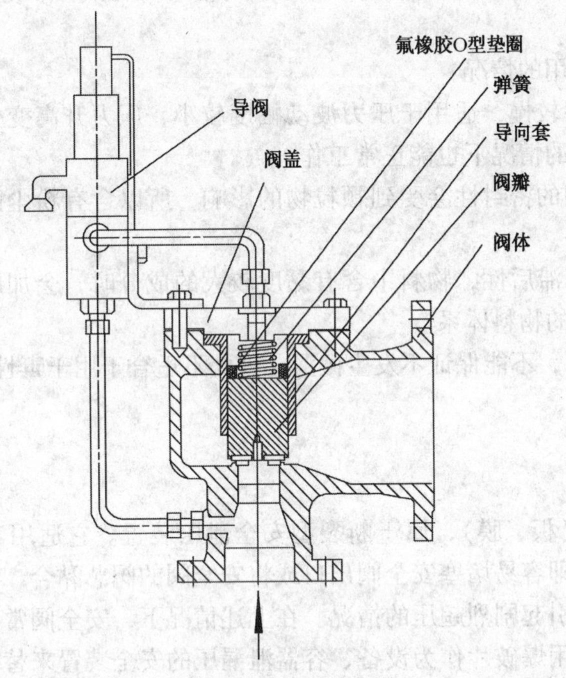

图13－4　先导式安全阀

当系统正常工作，先导式安全阀处于关闭状态时，系统压力通过进口压力管、导阀和气室压力管传到主阀阀瓣顶部的圆顶气室，从而在主阀瓣上产生了一个向下的净作用力，使主阀处于关闭状态。当系统压力达到整定压力时，导阀开启且滑梭封闭导阀进气通道，主阀气室的压力通过导阀排放卸压，由于系统压力高于回座压力，滑梭封闭进气通道，从而隔断流体在导阀中的流动，这时主阀气室的压力急剧下降，主阀的阀瓣完全打开，流体通过主阀泄放降压。当系统压力降到一定值时，导阀的弹簧力克服了阀进口压力作用在滑梭上的力，导阀回座，顶杆顶开滑梭，最后使得流体重新进入主阀的圆顶气室，关闭主阀。这种安全阀的缺点在于它的可靠性同主阀和导阀有关，动作不如直接作用式安全阀那样迅速、可靠，而且结构较复杂。

带动力辅助装置的安全阀是借助于一个动力辅助装置，在低于正常开启压力的情况下强制安全阀开启。这种安全阀适用于开启压力很接近于工作压力的场合，或需定期开启安全阀以进行检查或吹除粘着、冻结的介质的场合。同时，也提供了一种在紧急情况下强制开启安全阀的手段。

目前石化企业中使用最多的有弹簧式安全阀，其次是杠杆式安全阀和先导式安全阀。

为保证压力容器不致因为超压而破坏，安全阀必须满足下列几项基本要求：

① 必要的密封性。设备处于正常工作压力时，关闭状态的安全阀应具有必要的密封性。

② 可靠地开启。当压力达到开启压力时，安全阀应能可靠地开启。

③ 及时稳定地排放。阀开启后，应达到规定的开启高度，达到规定的排放量。

④ 适时地关闭。经过安全阀排放使器内压力降低后，安全阀应适时地关闭。

⑤ 关闭后的密封。阀关闭后，应能有效阻止介质的继续流出，重新达到密封状态。

安全阀具有如下优点：安全阀属于自动阀，压力回复到预定值以下时，自动关闭，不影响生产的进行；由于气体释放的速率较小，可以用导管将毒性气体、易燃气体等引入回收设备或者火炬。

安全阀适用与不适用的情况：

① 安全阀泄压速率较慢，适用于压力波动幅度较小、压力升高变化率不大的情况，压力异常升高的频率略大的情况下也能正常工作。

② 阀瓣与阀座之间的密封性会受到颗粒物的影响，所以含有粉尘的气体介质不适合于使用安全阀。

③ 阀瓣的启动具有滞后性，物料中含有黏度较大的成分时，会加剧滞后性，因此，不适合用于含有黏度较大的物料体系。

④ 由于腐蚀等原因，不能保证不发生微漏，因此不适合于用于毒性稍大的气态物料。

13.2 爆破片

爆破片也叫防爆片(板、膜)，属于断裂型安全泄压装置。它适用于易于结晶、聚合或带有较多的黏性物质，即容易堵塞安全阀出口或将安全阀的阀芯黏合，或由于物料的反应剧烈，操作稍有不当就会引起剧烈超压的情况。在上述情况下，安全阀常常不能及时泄压，危及生产安全，故可以采用爆破片作为设备、容器泄漏压的安全装置来替代安全阀。

当容器内压力超过正常工作压力，并达到设计压力时，它即自行爆破。容器内之介质通过爆破口向外排出，达到容器内迅速泄压的作用，以避免容器本体发生爆炸事故。

(1) 爆破片工作原理

爆破片是用金属板制成的，按照结构型式来分类，爆破片主要有三种，即平板型、正拱型和反拱型。平板型爆破片的综合性能较差，主要用于低压和超低压工况，尤其是大型料仓。正拱型和反拱型的应用场合较多。对于传统的正拱型爆破片，其工作原理是利用材料的拉伸强度来控制爆破压力，爆破片的拱出方向与压力作用方向一致(见图 13 - 5)。在使用中发现，所有的正拱型爆破片都存在相同的局限：爆破时，爆破片碎片会进入泄放管道；由于爆破片的中心厚度被有意减弱，易于因疲劳而提前爆破；操作压力不能超过爆破片最小爆破压力的 65%。由此导致了反拱型爆破片的出现。这种爆破片利用材料的抗压强度来控制其爆破压力，较之传统的正拱型爆破片，其具有抗疲劳性能优良、爆破时不产生碎片且操作压力可达其最小爆破压力 90% 以上的优点。细分之下，反拱型爆破片包括反拱刻槽型、反拱鳄齿型以及反拱刀架型等。

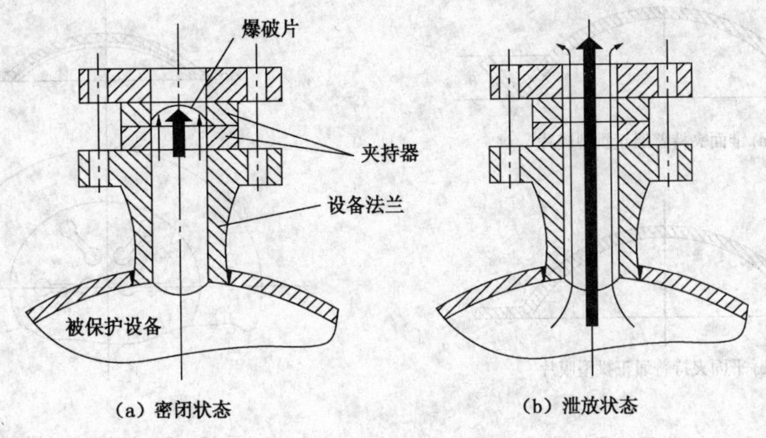

图 13－5　爆破片的动作原理

与安全阀不同，爆破片破裂时泄压面积大，泄压速度快，适用于发生化学反应造成急剧超压的情况。爆破片一旦破裂，生产必须停止。

(2) 爆破片的结构与安装

平板型爆破片的结构与安装如图 13－6 所示。平板型膜片是多为塑性金属或石墨材质的一块平板，通过法兰夹紧或直接用螺栓压紧在容器的短管法兰上。这种爆破片结构简单、安装方便，但爆破元件抗疲劳性能较差，故它主要适用于操作压力稳定及压力不高的场合。

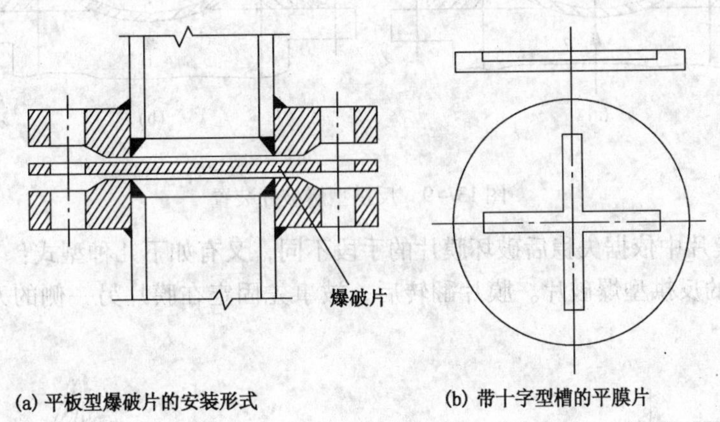

图 13－6　平板式爆破片结构

正拱型膜片（爆破片）是由平板型膜片发展而来的，它比平板型提高了耐疲劳性能，使用寿命延长且爆破压力精度较高。通常有普通正拱型和开缝式正拱型两种具体型式。普通正拱型的结构如图 13－7 所示，它使用范围较广，可以用于低压、中压、高压和超高压的各种压力场合。

开缝式正拱型的结构如图 13－8 所示，其膜片可以采用较大的厚度，以增加刚性；调整小孔的孔桥宽度可以获得任意动作压力；开裂的程度较大，有利于气体的排放；加工精度要求高，制造较困难等。它们可用于液体介质的超压泄放，但膜片破裂后的实际通道面积较小，泄压速度相对较慢。

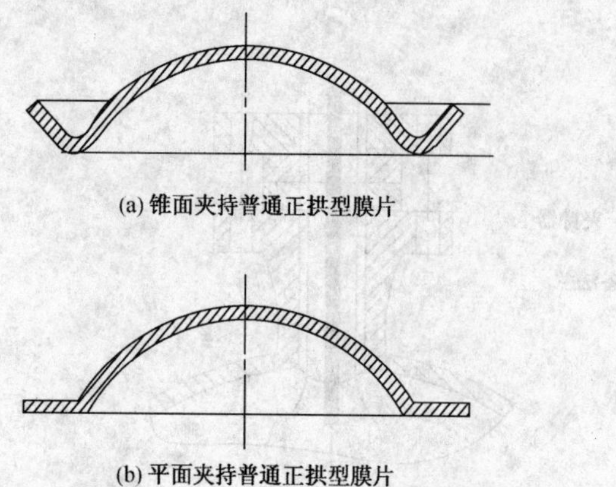

(a) 锥面夹持普通正拱型膜片

(b) 平面夹持普通正拱型膜片

图 13－7　普通正拱型膜片

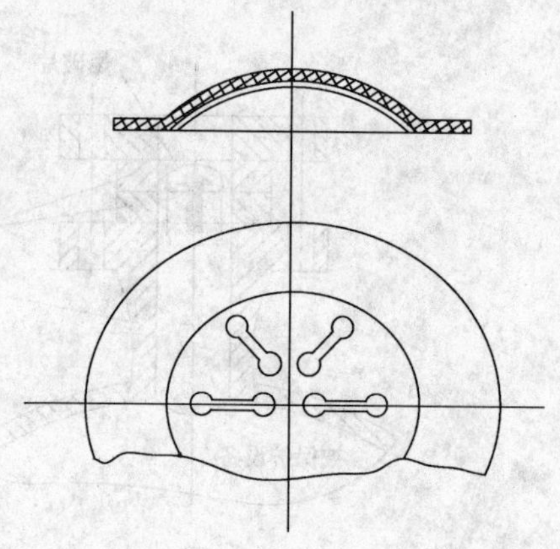

图 13－8　开缝式正拱型膜片

反拱型膜片(失稳破坏型)的特点是在其凸面侧承受介质压力，膜片内产生压缩应力。当介质压力达到临界值时，膜片丧失稳定，拱形在一瞬间翻转失稳而破坏，达到超压泄放的作用。这类膜片称为反拱型膜片，如图 13－9 所示，它只适用于气态介质或其他泄放能量大、足以使膜片翻转的介质的超压泄放。

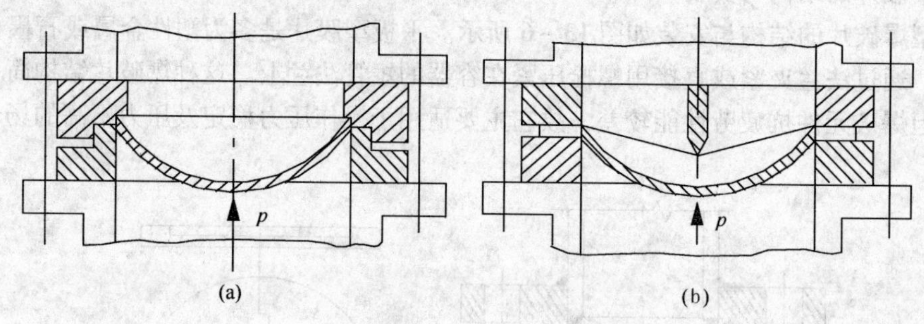

图 13－9　反拱型爆破片装置

在反拱型膜片中依据失稳后破坏膜片的手段不同，又有如下几种型式：

① 带刀架的反拱型爆破片。膜片翻转后，被事先固定在膜片另一侧的刀架割破，如图 13－10 所示。

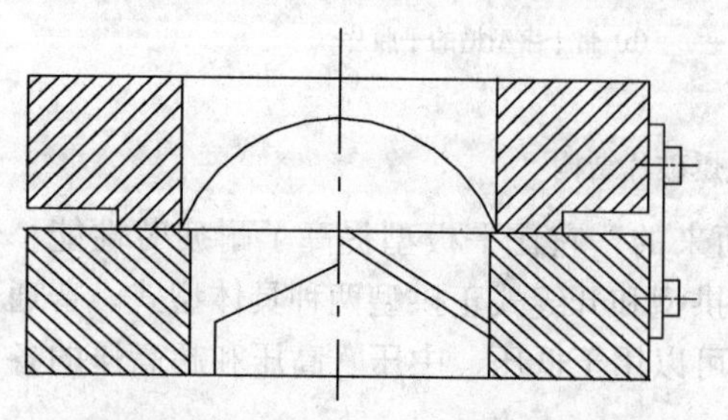

图 13－10　带刀架的反拱型爆破片

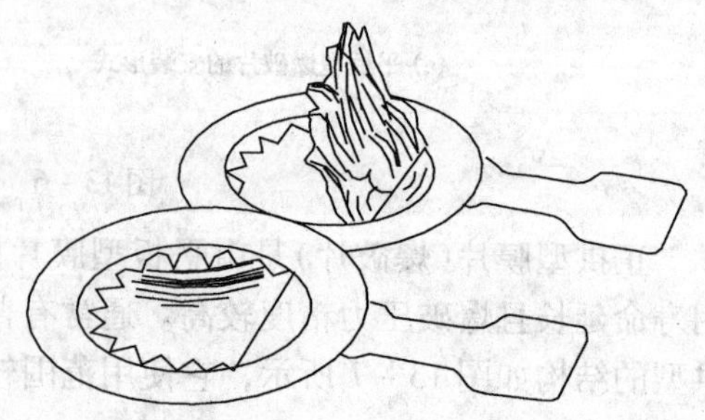

图 13－11　带齿环的反拱型爆破片

② 带齿环的反拱型爆破片。膜片翻转后被事先固定在膜片另一侧的齿环割破，如图

13－11所示。

③ 刻槽反拱型爆破片。在膜片凹面侧刻有十字槽，膜片翻转后自行裂开，如图 13－12 所示。

④ 弹射脱落型爆破片。膜片无夹持周边而是镶嵌在支承圈内，受压翻转后，即自行弹射脱落，如图 13－13 所示。

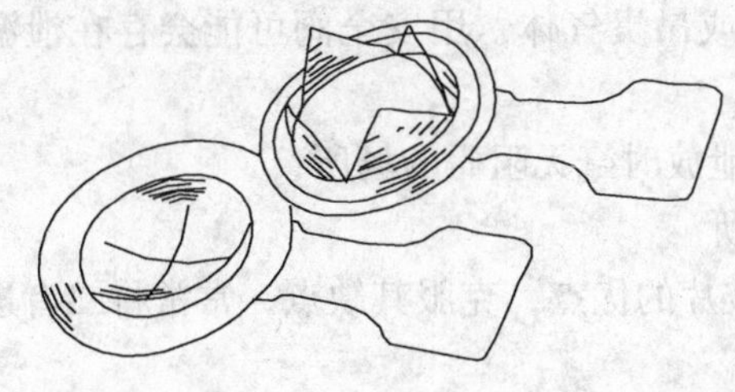

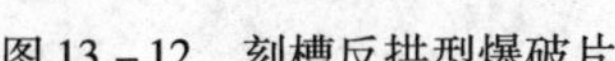

图 13－12　刻槽反拱型爆破片

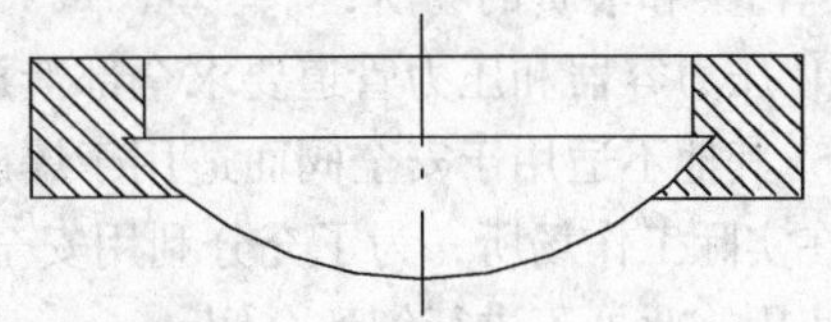

图 13－13　弹射脱落型爆破片

反拱型膜片的抗疲劳性能良好，是目前已经使用的各类膜片中性能最好的一类，故常用在反应釜上，但值得注意的是该膜片不能反装，否则成了相当于正拱型膜片的结构，爆破压力也将失去作用。

爆破片的安装：

① 在盛装有腐蚀性介质和盛装易燃或有毒、剧毒介质的容器上设置爆破片时，设计人员必须在图样上注明爆破片的材料和设计时所确定的爆破压力，以免错用爆破片而发生事故。

② 爆破片与容器的连接管线应为直管，泄放管线应尽可能垂直安装，阻力要小，管线通道横截面积不得小于爆破元件的泄放面积(或爆破片排放管线的内径应不小于爆破元件的泄放口径)。若爆破片破裂有碎片产生时，则应装设拦网或采用其他不使碎片堵塞管道的措施。该管线应避开邻近的设备和一般为操作人员所能接近的空间。若流体为易燃、有毒或剧毒介质时，则应引至安全地点作妥善处理。

③ 爆破片应与容器液面以上的气相空间相连；对普通正拱型爆破片也允许安装在正常液位以下。

④ 爆破片的安装要可靠，夹紧装置和密封垫圈表面不得有油污，夹持螺栓要上紧，以防爆破元件受压后滑脱。

⑤ 运行中注意观察，经常检查法兰连接处有无泄漏，一旦发现应及时做出处理。

⑥ 由于特殊要求，在爆破片和容器间必须装设切断闸时，则要检查阀的开闭状态，并应有具体措施确保运行中使阀处于全开位置。

⑦ 爆破片或安全阀装置的结构、所在部位及安装都应便于检查和修理，且不应失灵。

(3) 爆破片的特点

① 适用于浆状、有黏性、腐蚀性工艺介质，这种情况下安全阀不起作用；

② 惯性小，可对急剧升高的压力迅速作出反应；

③ 在发生火灾或其他意外时，在主泄压装置打开后，可用爆破片作为附加泄压装置；

④ 严密无泄漏，适用于盛装昂贵或有毒介质的压力容器；

⑤ 规格型号多，可用各种材料制造，适应性强；

⑥ 便于维护、更换。

(4) 爆破片的适用场所

① 压力容器或管道内的工作介质具有黏性或易于结晶、聚合，容易将安全阀阀瓣和和底座黏住或堵塞安全阀的场所；

② 压力容器内的物料化学反应可能使容器内压力瞬间急剧上升安全阀不能及时打开泄压的场所；

③ 压力容器或管道内的工作介质为剧毒气体或昂贵气体，用安全阀可能会存在泄漏导致环境污染和浪费的场所；

④ 压力容器和压力管道要求全部泄放或全部泄放时毫无阻碍的场所；

⑤ 其他不适用于安全阀而适用于爆破片的场所。

在实际工作场所，为了充分利用安全阀和爆破片的优点，克服其缺点，常常将二者进行组合使用，此处不进行细致介绍。

13.3 安全泄放量的计算

安全泄压装置的排量是指它在全开状态时在排放压力下单位时间内所能排出的气量。压力容器的安全泄放量则是指压力容器超压时为保证它的压力不会再升高而在单位时间内所必须泄放的气量。

压力容器的安全泄放量应该是容器在单位时间内由产生气体压力的设备所能输入的最大气量，或容器在受热时，单位时间内器内所能蒸发、分解出的最大气量，或容器内部的工作介质发生化学反应，在单位时间内所能产生的最大气量。因此，对于各种压力容器，应该分别按不同的方法来确定其安全泄放量。

安全泄压装置的作用是防止压力容器超压，要达到这个目的，就必须使安全泄压装置的排放能力不小于压力容器的安全泄放量。对于充装处于饱和状态或过热状态的气液混合介质的压力容器，设计爆破片装置应计算泄放口径，确保不产生空间爆炸。因为只有这样，才能保证安全泄压装置完全开启后，容器内的压力不会继续升高。

13.3.1 压力容器安全泄放量的计算

(1) 压缩气体或水蒸气压力容器的安全泄放量计算

压缩气体或水蒸气压力容器的安全泄放量按照式(13-1)计算。

$$W_s = 2.83 \times 10^{-3} \rho v d^2 \tag{13-1}$$

式中 W_s——压力容器的安全泄放量，kg/h；

d——压力容器进口管的内径，mm；

v——压力容器进口管内气体的流速，m/s；

ρ——气体密度，kg/m^3。

(2) 液化气体压力容器的安全泄放量计算

液化气体压力容器的安全泄放量分几种情况来计算。

① 介质为易燃液化气或位于有可能发生火灾环境下工作的非易燃液化气。

无绝热材料保温层的压力容器的安全泄放量计算如下：

$$W_s = 2.55 \times 10^5 F A_x^{0.82} / q \tag{13-2}$$

有完善的绝热材料保温层的液化气体压力容器，其安全泄放量按照式(13-3)计算。

$$W_s = 2.61(650 - t)\lambda A_x^{0.82}/(\delta q) \tag{13-3}$$

式中　W_s——压力容器安全泄放量，kg/h；

q——在泄放压力下液化气体的气化潜热，kJ/kg；

F——系数；压力容器装在地面以下，用沙土覆盖时，取 $F=0.3$；压力容器在地面上时，取 $F=1$；当设置大于 10L/(m^2·min)的喷淋装置时，取 $F=0.6$；

λ——常温下绝热材料的导热系数，kJ/(m^2·h·℃)；

δ——保温层厚度，m；

t——泄放压力下的饱和温度,℃；

A_x——容器受热面积，m；半球形封头的卧式压力容器，$A_x = \pi D_0 L$；椭圆形封头的卧式压力容器，$A_x = \pi D_0(L + 0.3D_0)$；立式压力容器，$A_x = \pi D_0 L'$；球形压力容器，$A_x = \pi D_0^2/2L$ 或从地平面起到 7.5m 高以下所包括的外表面积，取二者中较大的值；

D_0——压力容器外径，m；

L——压力容器总长，m；

L'——压力容器内最高液位，m。

② 介质为非易燃液化气体的压力容器，置于无火灾危险的环境下工作时，安全泄放量可根据有无保温层，分别参照式(13-2)、式(13-3)计算结果确定，其值不低于计算值的30%。

(3) 由于化学反应使气体体积增大的压力容器，其安全泄放量应根据压力容器内化学反应所需时间或压力上升速度来确定。

13.3.2　安全阀排放能力的计算

(1) 气体

① 临界条件：

$$\frac{p_0}{p_d} \leqslant \left(\frac{2}{k+1}\right)^{\frac{k}{k-1}}$$

$$W_s = 7.6 \times 10^{-2} CKp_d A\sqrt{\frac{M}{ZT}} \tag{13-4}$$

② 亚临界条件：

$$\frac{p_0}{p_d} > \left(\frac{2}{k+1}\right)^{\frac{k}{k-1}}$$

$$W_s = 55.84Kp_d A\sqrt{\frac{M}{ZT}}\sqrt{\frac{k}{k-1}\left[\left(\frac{p_0}{p_d}\right)^{\frac{2}{k}} - \left(\frac{p_0}{p_d}\right)^{\frac{k+1}{k}}\right]} \tag{13-5}$$

$$p_d = 1.1p_s + 0.1$$

式中　W_s——安全阀的排放能力，kg/h；

K——排放系数；与安全阀结构有关，应根据实验数据确定，无参考数据时，可按下述规定选取：

全启式安全阀，$K=0.60 \sim 0.70$；

带调节圈的微启式安全阀，$K=0.40 \sim 0.50$；

不带调节圈的微启式安全阀，$K=0.25 \sim 0.35$；

p_d——安全阀的排放压力(绝压)，MPa；

p_s——安全阀的整定压力，MPa；

p_0——安全阀的出口侧压力(绝压)，MPa；

A——安全阀最小排气截面积，mm^2；

C——气体特性常数，不同的 k，其对应的 C 值不同，见表 13－1；

M——气体的摩尔质量，kg/kmol；

T——气体的温度，K；

Z——气体在操作温度压力下的压缩系数；

k——气体绝热常数，$k = C_p / C_v$。

全启式安全阀，即 $h \geqslant d_1/4$ 时，$A = \pi \dfrac{d_1^2}{4}$

微启式安全阀，即 $h < \dfrac{1}{20} d_1$ 时，$\begin{cases} 平面密封：A = \pi D h \\ 锥面密封：A = \pi d_1 h \sin\varphi \end{cases}$

d_1——安全阀的最小流通直径(阀座喉径)，mm；

D——安全阀阀座口径，mm；

h——安全阀的开启高度，mm；

φ——锥形密封面的半锥角，(°)。

(2) 液体

$$W_s = 5.1 K A \sqrt{\rho \Delta p} \tag{13-6}$$

$$\Delta p = p_d - p_0$$

$$p_d = 1.2 p_s + 0.1$$

式中 ρ——阀门入口侧温度下的液体密度，kg/m^3；

Δp——阀门前后压力降，MPa；

p_s——安全阀的整定压力，MPa。

表 13－1 不同 k 值气体特性系数 C 值

k	C	k	C	k	C	k	C
1.00	315	1.20	337	1.40	356	1.60	372
1.02	318	1.22	339	1.42	358	1.62	374
1.04	320	1.24	341	1.44	359	1.64	376
1.06	322	1.26	343	1.46	361	1.66	377
1.08	324	1.28	345	1.48	363	1.68	379
1.10	327	1.30	347	1.50	364	1.70	380
1.12	329	1.32	349	1.52	366	2.00	400
1.14	331	1.34	351	1.54	368	2.20	412
1.16	333	1.36	352	1.56	369		
1.18	335	1.38	354	1.58	371		

(3) 饱和蒸汽

饱和蒸汽中蒸汽含量不小于 98%，最大过热度为 10℃。

① 当 $p_d \leqslant 10\text{MPa}$ 时：

$$W_s = 5.25Kp_dA \tag{13-7}$$

$$p_d = 1.03p_s + 0.1 \tag{13-8}$$

② 当 $10\text{MPa} < p_d \leqslant 22\text{MPa}$ 时：

$$W_s = 5.25Kp_dA\left(\frac{190.6p_d - 6895}{229.2p_d - 7315}\right) \tag{13-9}$$

$$p_d = 1.03p_s + 0.1$$

13.3.3 爆破片排放面积的计算

(1) 气体

① 临界条件：

$$\frac{p_0}{p_B} \leqslant \left(\frac{2}{k+1}\right)^{\frac{k}{k-1}}$$

$$A \geqslant \frac{W_s}{7.6\times10^{-2}CKP_B\sqrt{\frac{M}{ZT}}} \tag{13-10}$$

② 亚临界条件：

$$\frac{p_0}{p_B} > \left(\frac{2}{k+1}\right)^{\frac{k}{k-1}}$$

$$A \geqslant \frac{W_s}{55.84KP_B\sqrt{\frac{k}{k-1}\left[\left(\frac{p_0}{p_B}\right)^{\frac{2}{k}} - \left(\frac{p_0}{p_B}\right)^{\frac{k+1}{k}}\right]}\sqrt{\frac{M}{ZT}}} \tag{13-11}$$

式中 W_s——压力容器的安全泄放量，kg/h；

A——爆破片的排放面积，mm^2；

P_B——爆破片设计爆破压力(绝压)，MPa；

P_0——泄放侧压力，MPa；

K——排放系数，与爆破片装置入口管道形状有关，如图 13－14 所示。

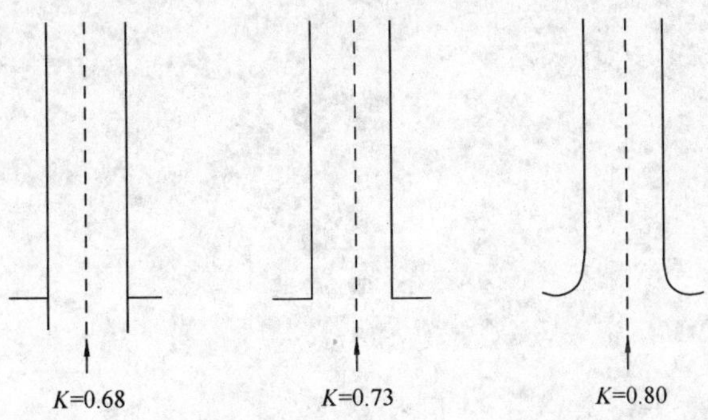

图 13－14 爆破片装置入口管道形状与 K 值的确定

(2) 液体

$$A \geqslant \frac{W_s}{5.1K\sqrt{\rho\Delta p}} \tag{13-12}$$

$$\Delta p = p_B - p_0$$

式中　ρ——液体密度，kg/m³；

$K=0.62$。

（3）饱和蒸汽

饱和蒸汽中蒸汽含量不小于98%，最大过热度为10℃。

① 当$p_d \leqslant 10$ MPa时：

$$A \geqslant \frac{W_s}{5.25KP_B} \tag{13-13}$$

② 当10MPa $< p_d \leqslant$ 22MPa时：

$$A \geqslant \frac{W_s}{5.25Kp_d\left(\frac{190.6p_d - 6895}{229.2p_d - 7315}\right)} \tag{13-14}$$

（4）爆破片厚度

由具有爆破片装置制造许可证的单位负责计算确定。

思考题

1. 为什么安全阀和爆破片都属于设备、管道的“薄弱环节”？“薄弱环节”是设备的缺陷吗？
2. 总结弹簧式安全阀的工作原理与重锤杠杆式安全阀工作原理的异同点？其主要由哪几部分构成？
3. 弹簧式安全阀中弹簧的压力可以调节，你认为应根据什么来确定安全阀的启动压力？
4. 微启式安全阀和全启式安全阀的主要区别是什么？
5. 安全阀适用于哪些条件？简述原因。
6. 爆破片泄压有何优点和缺点？爆破片主要分为哪几种形式？
7. 在进行爆破片安装位置设计时，爆破片朝向哪里才能减少对人员的伤亡？

参考文献

1 崔克清．安全工程燃烧爆炸理论与技术．北京：中国计量出版社，2005
2 霍然，杨振宏，柳静献．火灾爆炸预防控制工程学．北京：机械工业出版社，2007
3 胡源，宋磊，尤飞等．火灾化学导论．北京：化学工业出版社，2007
4 杜文峰．消防燃烧学．北京：中国公安大学出版社，1997
5 董文庚，苏昭桂．化工安全工程．北京：煤炭工业出版社，2007
6 程远平，李增华．消防工程学．徐州：中国矿业大学出版社，2002
7 王福海，冯顺山．防爆学原理．北京：北京理工大学出版社，2004
8 张国顺．燃烧爆炸危险与安全技术．北京：中国电力出版社，2003
9 许文，张毅民．化工安全工程概论(第二版)．北京：化学工业出版社，2011
10 蔡凤英，谈宗山，孟赫等．化工安全工程．北京：科学出版社，2001
11 冀和平，崔慧峰．防火防爆技术．北京：化学工业出版社，2004
12 杨泗霖．防火防爆技术．北京：中国劳动社会保障出版社，2008
13 Daniel A. Crowl，Joseph F. Louvar 著，蒋军成，潘旭海译．化工过程安全理论及应用．北京：化学工业出版社，2006
14 国家安全生产监督管理总局化学品登记中心，中国石化集团公司安全工程研究院组织编写，张海峰主编．危险化学品安全技术全书(第二版)．北京：化学工业出版社，2008
15 董文庚，刘庆洲，苏昭桂．安全检测技术与仪表．北京：煤炭工业出版社，2007
16 孙金华，丁辉．化学物质热危险性评价．北京：科学出版社，2005
17 Bretherick L. Handbook of Reactive Chemical Hazards. 3rd ed London：Butterworths，1985
18 姜威，刘雄，李江南．预防富氧积聚的安全防护措施研究．安全与环境工程，2010，(17)3：97－101
19 陈莹．工业火灾与爆炸事故预防．北京：化学工业出版社，2010
20 王祥，朱焕勤，石永春．油库电气安全防爆技术．北京：中国电力出版社，2006
21 张庆河．电气与静电安全．北京：中国石化出版社，2005
22 刘尚合，魏光辉，刘直承等．静电理论与防护．北京：兵器工业出版社，1999
23 王祥，郑发正．石油库(站)防雷技术及案例剖析．北京：中国石化出版社，2007
24 张小青．建筑防雷与接地技术．北京：中国电力出版社，2003
25 弗朗西斯·施特塞尔著，陈网桦，彭金华，陈利平译．化工工艺的热安全——风险评估与工艺设计．北京：科学技术出版社，2009
26 许铭，多英全，吴宗之．化工园区安全规划发展历史回顾．中国安全科学学报，2008，18(8)：140－149
27 李志义，喻健良．爆破片技术及应用．北京：化学工业出版社，2006

参考的相关标准

1 《工作场所有害因素职业接触限值　第1部分：化学有害因素》 GBZ 2.1—2007
2 《工作场所空气中有害物质监测的采样规范》 GBZ 159—2004
3 《化学品分类和危险性公示　通则》 GB 13690—2009
4 《化学品分类、警示标签和警示性说明安全规范》 GB 20567—2006～GB 20602—2006
5 《危险品　喷雾剂点燃距离试验方法》 GB/T 21630—2006
6 《危险品　喷雾剂封闭空间点燃试验方法》 GB/T 21631—2006
7 《石油化工企业设计防火规范》 GB 50160—2008
8 《石油化工可燃气体和有毒气体检测报警设计规范》 GB 50493—2009
9 《静电安全术语》 GB/T 15463—2008
10 《防止静电事故通用导则》 GB 12158—2006
11 《建筑物防雷设计规范》 GB 50057—2010
12 NFPA50－2001，Bulk Oxygen Systems at Consumer Sites [S]

参考文献

1. [illegible]. 安全工程[illegible]. 北京: [illegible]出版社, 2005
2. [illegible]. [illegible]. 北京: [illegible]工业出版社, 2007
3. [illegible]. [illegible]. 北京: [illegible], 2006
4. [illegible]. [illegible]. 北京: 中国[illegible]出版社, 1997
5. [illegible]. [illegible]. 北京: [illegible]工业出版社, 2007
6. [illegible]. [illegible]. [illegible]出版社, 2002
7. [illegible]. [illegible]. 北京: [illegible]工业出版社, 2001
8. [illegible]. [illegible]. [illegible]出版社, 2003
9. [illegible]. [illegible]. 北京: 化学工业出版社, 2011
10. [illegible]. [illegible]. 北京: [illegible]出版社, 2007
11. [illegible]. [illegible]. [illegible]出版社, 2004
12. [illegible]. [illegible]. 北京: 中国[illegible]出版社, 2004
13. Daniel A. Crowl, Joseph F. Louvar 著. [illegible]. 北京: [illegible]出版社, 2006
14. [illegible]. [illegible]. 北京: 化学工业出版社, 2008
15. [illegible]. [illegible]. 北京: [illegible]出版社, 2006
16. [illegible]. [illegible]. [illegible]出版社, 2003
17. [illegible]. Handbook of Hazardous [illegible]. London: Butterworth, 1983
18. [illegible]. [illegible]. [illegible]学报, 2010, [illegible]: 97~101
19. [illegible]. [illegible]. 北京: [illegible]工业出版社, 2010
20. [illegible]. [illegible]. 北京: [illegible]出版社, 2006
21. [illegible]. [illegible]. 北京: 中国[illegible]出版社, 2005
22. [illegible]. [illegible]. 北京: [illegible]出版社, 1999
23. [illegible]. [illegible]. 北京: 中国石化出版社, 2005
24. [illegible]. [illegible]. 北京: [illegible]出版社, 2007
25. [illegible]. [illegible]. 北京: [illegible]出版社, 2009
26. [illegible]. [illegible]. [illegible], 2008, [illegible]: 140~143
27. [illegible]. [illegible]. 北京: 化学工业出版社, 2006

参考的相关标准

1. [illegible]. GB [illegible]—2007
2. [illegible]. GB [illegible]—2001
3. [illegible]. GB [illegible]—2009
4. [illegible]. GB [illegible]—2000
5. [illegible]. GB/T 21850—2006
6. [illegible]. GB/T 21851—2006
7. [illegible]. GB [illegible]—2008
8. [illegible]. GB 50493—2009
9. [illegible]. GB [illegible]—2008
10. [illegible]. GB 19158—2006
11. [illegible]. GB 50[illegible]—2010
12. NFPA [illegible]—2001, Bulk Oxygen Systems at Consumer Sites [illegible]